Manual de periodismo científico

Navegando entre dos aguas

Manual de periodismo científico

Navegando entre dos aguas

René Anaya

PAX

MANUAL DE PERIODISMO CIENTÍFICO

Primera edición: noviembre de 2020

Portada: Julieta Bracho.estudio Jamaica

ISBN: 978-607-713-253-0

EDITORIAL
TERRACOTA ET

DR © 2020, Editorial Terracota, SA de CV
Av. Cuauhtémoc 1430
Col. Santa Cruz Atoyac
03310 Ciudad de México

Tel. 55 5335 0090
www.editorialpax.com

Impreso en México / *Printed in Mexico*

2024 2023 2022 2021 2020
5 4 3 2 1

Índice

In memoriam
Manuel Calvo Hernando
Promotor del periodismo científico en Iberoamérica.
Juan José Morales Barbosa
Pionero del periodismo científico de México en el siglo xx.

Para Priscila por su tenacidad, sugerencias, comprensión
y apoyo total en la consecución de esta obra.

Para Carlos por su inspiradora manera de enseñar
que la vida es un continuo desarrollo y aprendizaje.

Para Héctor por ser cómplice fraterno
de mis andanzas en el oficio.

Los detectives de la ciencia y el periodismo

¿Por qué hemos fracasado en comunicar la aventura de la ciencia?, se preguntaba Isidor Rabi, premio Nobel de Física en 1994. En esta interrogante está implícita la idea de que la ciencia es una interesante narración del mundo, un relato que trata de descifrar lo que nos rodea, que se interna en avenidas inesperadas, que despierta la curiosidad y nos impulsa a una lectura que nos permite ver más allá de las apariencias. Este rasgo es compartido por la buena literatura: Amos Oz decía que las novelas nos permiten ver el lado invisible de lo visible. Eso es justamente también lo que genera el buen periodismo como nos señala René Anaya, en este libro, al citar a Thomas E. Patterson: "Los periodistas se dedican al trabajo diario de hacer visible lo invisible, de conectarnos con el mundo que trasciende nuestra experiencia directa".

Lo que empieza a perfilarse es que, aunque las metodologías de la ciencia y el periodismo son distintas, hay rigores que tienen en común: uno de ellos es la calidad y pertinencia de las preguntas. En este manual de periodismo científico, René Anaya subraya el punto, al abordar el tema del arte de la entrevista desde la perspectiva de grandes maestros del oficio periodístico como Vicente Leñero y Gabriel García Márquez. Esto no está muy lejos de una historia que contaba el ya mencionado físico Isidor Rabi. Señalaba que su vocación científica fue impulsada por una madre que le enseñaba a ver otros ángulos de la realidad, sin que ella se lo propusiera. Cuando los niños regresaban de la escuela en el barrio de Brooklyn, las madres les solían preguntar a sus hijos: "¿Qué aprendiste el día de hoy?" Ese no era el caso de la madre de Rabi, quien le decía algo distinto: "¿Hiciste una buena pregunta el día de hoy?" Comenta el premio Nobel: "La diferencia de enfatizar la necesidad de las buenas preguntas es lo que me hizo ser científico".

Tanto en el periodismo como en la ciencia hay un compromiso con la verdad, con las preguntas relevantes, con tratar de desentrañar fenómenos y hechos que deben ubicarse en el contexto adecuado. Se tiene que pasar del dato que explora la ciencia, al dato esencializado que comparte el periodismo y descubrir que el buen periodismo puede ser gran literatura como nos han enseñado Ryszard Kapuściński y Gabriel García Márquez. Aquí es donde empiezan las presiones de dos aguas distintas, a las que hace alusión René Anaya: ¿Cómo comunicar los hallazgos de la ciencia sin ser reduccionistas? ¿Cómo extraer lo más valioso de la información del relato científico sin perder rigor? ¿Cómo narrar con destreza literaria sin que esto se preste a confusión? ¿Cómo contar "lo asombroso de las cosas obvias" a las que aludía Aldous Huxley, sin perder la brújula de lo que se tiene que transmitir?

Esto se vuelve delicado porque —sin pasarse de la raya— una de las reglas del buen periodismo, como dice García Márquez, es procurar que no se aburra el lector. De acuerdo con el novelista Isaac Bashevis Singer, ese también es uno de los mandamientos de la buena literatura: "¡No aburrirás!"

La ventaja es que los relatos de la ciencia son fascinantes por sí mismos. La clave es saber narrarlos y es así como, en este manual de periodismo científico, René Anaya nos adentra en las técnicas y criterios para enfrentar esta tarea en donde deben coexistir tanto la precisión como la premura que exige el oficio periodístico. Un gran aliciente en esta difícil labor, nos dice el autor de este libro, es que los divulgadores de la ciencia y los periodistas tienen una pasión común: comparten el interés por narrar un hecho, comparten "la capacidad de asombrar al público, de transmitir la emoción, el placer que sintieron al descubrir las maravillas de la ciencia y la tecnología; el deseo irrefrenable de compartir con otros la experiencia del descubrimiento, el momento en que se desvelan algunos de los misterios universales ante los ojos y el cerebro del comunicador".

Esta tarea se vuelve esencial para enfrentar los retos que tenemos en el siglo XXI en que el pensamiento crítico de la ciencia es clave para buscar soluciones audaces e inesperadas ante las crisis que vivimos. Sam Pitroda, el fundador de las telecomunicaciones en India, señalaba que el problema es que tenemos una mentalidad del siglo XIX, procesos del siglo XX y necesidades del siglo XXI. En este contexto subraya que lejos de lo que se piensa, la información no tiene poder organizativo. ¡Compartir información es lo que tiene poder organizativo! De ahí la importancia de este manual de periodismo científico con el cual René Anaya comparte generosamente su amplia y documentada experiencia como maestro y divulgador de la ciencia, en el afán de democratizar la información en nuestra conciencia colectiva para poner su granito de arena en la creación de sociedades de imaginación y conocimiento.

José Gordon

Presentación

Hubo un tiempo en que se consideró que la apertura de los medios de comunicación masiva a la información científica y tecnológica conllevaría *per se* a un mejor entendimiento de su importancia para el desarrollo social, económico y político del país y, por lo tanto, contribuiría a que se creara una política científica de Estado.

La realidad ha impedido demostrar si ese supuesto es acertado o no, ya que en términos generales los medios de comunicación siguen cerrados a la ciencia y la tecnología, y los pocos espacios que se abren y se mantienen más de un año —lo cual es una larga supervivencia— no han logrado influir en la política científica del país.

Entonces, el planteamiento de que más espacio para ciencia y tecnología conduciría a una mayor conciencia de su importancia no ha podido ser probado. Pero en realidad es fallido, porque parte de un supuesto casi mágico, ya que difundir el conocimiento científico y tecnológico no puede por sí mismo cambiar la percepción que tienen tanto el ciudadano común y sonriente, como el político feliz y corriente, sobre la investigación científica y tecnológica.

Considerar que a mayor conocimiento de la investigación científica y tecnológica habrá una mayor comprensión de la necesidad de invertir más en ciencia y desarrollo tecnológico es tan utópico como pensar que las artes, la literatura y la cultura en general cambian al ser humano como por arte de magia. Eso ya lo demostraron los cultos y bestiales nazis que por las noches disfrutaban de la música, la pintura y otras bellas artes, después de torturar y exterminar a miles de personas.

Planteado así, parecería que no habría esperanza ni razón de ser de la comunicación social de la ciencia, pero si se considera que la comunicación científica y tecnológica no debe limitarse a divulgar el dato curioso o el avance espectacular de las investigaciones, entonces adquiere sentido la necesidad de discutir sobre las tendencias actuales en este campo.

En los últimos años, varios especialistas e investigadores han referido que se requiere un nuevo contrato social para la ciencia y la tecnología, en el que las comunidades se incorporen como interlocutores y actores principales de los programas de desarrollo social y tecnológico que estén sustentados en el aparato científico y tecnológico. En ese nuevo contrato deberá realizarse una verdadera comunicación, es decir que el mensaje vaya en las dos direcciones, en una realimentación productiva, y no solo del científico y el comunicador hacia la sociedad.

En esas condiciones, podría considerarse que la comunicación social de la ciencia, además de dar cuenta del acontecimiento científico y tecnológico, debe proporcionar el contexto sociocultural, económico y político en el que sucede, así como las repercusiones que podrá tener tanto en el ámbito privado como en el público. De esa forma podrá presentarse una visión más completa de la trascendencia de la investigación científica y tecnológica, pues no se considerará como un fenómeno aislado del entorno ni será el dato curioso del "¿Sabía usted que…?", como pretenden relegar a la comunicación científica en ciertos diarios, revistas, programas radiofónicos, televisivos y páginas de internet.

Abordar las noticias de ciencia y tecnología con este otro enfoque podrá contribuir a que la ciencia deje de ser la convidada de piedra en los espacios de comunicación, en los que —salvo contadas excepciones— se presenta como un cúmulo de datos, muchas veces explicados de una manera sencilla, clara, precisa y hasta divertida, pero desligada de las cuestiones cotidianas, de las preocupaciones diarias y mucho más alejada de la agenda política nacional.

Deberá procurarse que, si la política educativa y la situación económica aleja a niños y jóvenes del conocimiento científico y de las aulas, la comunicación social de la ciencia los acerque a los avances científicos y tecnológicos, ya que las manifestaciones y repercusiones de la ciencia y la tecnología siempre están presentes en nuestra vida cotidiana. Todos los días utilizamos productos y servicios derivados de la ciencia y la tecnología, que en términos generales nos hacen la vida más amable, aunque no a toda la población, porque el corto brazo del progreso no llega a todos los rincones del territorio nacional.

Por esa razón, en una tarea informativa que pudiera parecer subversiva, el periodismo científico está obligado a comunicar y procurar que los productos y servicios generados por la investigación científica y tecnológica puedan ser usados y disfrutados por toda la población. En la medida en que se informe sobre los beneficios y también los perjuicios que ha producido la ciencia, así como de sus aportaciones para lograr la comprensión de los fenómenos naturales y sociales, se entenderá mejor la importancia de cultivarla y de orientar o redefinir líneas de investigación que tarde o temprano nos podrán afectar.

Asimismo, un mejor conocimiento del contexto sociopolítico, económico y cultural en que se produce la investigación científica y tecnológica permitirá ahuyentar los temores injustificados a los avances de las diferentes disciplinas, al tiempo que contribuirá a formar un juicio crítico y objetivo de las repercusiones del mundo científico y tecnológico en la marcha de la humanidad.

Si logra insertarse la actividad científica y tecnológica en las preocupaciones cotidianas de la sociedad y la clase gobernante, entonces podrán tenerse más oportunidades de contribuir a crear un pensamiento científico que aliente la conciencia crítica de la población para que influya en la política científica, con el propósito de lograr el desarrollo integral del país. Esto solo será posible si se conforma una política científica de Estado en la que se considere, indudablemente, una política de comunicación social de la ciencia.

Debe reiterarse que no se trata únicamente de comunicar el nuevo conocimiento y señalar las repercusiones que pueda tener, sino también de propiciar la participación de la población en el planteamiento de los problemas y posibles soluciones. Pero esa participación en la política científica del país no puede lograrse solo con la comunicación social de la ciencia, se requiere que cada sector haga su tarea.

Las autoridades educativas lo deberán hacer en las aulas; en tanto que el comunicador social de la ciencia deberá hacerlo en su medio, donde deberá reforzar ese pensamiento científico, vale decir crítico, con el propósito de que cada niño, joven y adulto analice la información que se le proporciona, sea capaz de formarse un juicio crítico y decida con conocimiento de causa sobre las situaciones que le atañen directamente en el ámbito cercano, y que los jóvenes y adultos, en el ámbito público, influyan en la toma de decisiones sobre política científica y sobre otros aspectos de la vida democrática del país.

Probablemente de esa manera podrá lograrse la democratización del conocimiento y quizá, solo entonces, el conocimiento científico y tecnológico, así como la apreciación del arte y otras expresiones culturales, modifiquen a la sociedad.

Con la intención de contribuir a esa tarea, en este Manual, en su acepción de "Libro o cuaderno que sirve para hacer apuntamientos" (*Diccionario de la Real Academia Española*), se reúne lo más relevante de las técnicas periodísticas y la experiencia adquirida tanto en el ejercicio del periodismo como en la docencia y coordinación del primer Diplomado en Periodismo Científico que se impartió en el país, bajo el patrocinio de la Universidad del Claustro de Sor Juana.

Se revisan brevemente las técnicas periodísticas de nota informativa, entrevista y reportaje, pero fundamentalmente se transmite la experiencia, las "mañas" o "trucos" adquiridos en el oficio de periodista y divulgador de la ciencia. También se han querido aportar algunos apuntes sobre la historia del periodismo y la divulgación científica en México desde la época colonial hasta la actualidad así como antecedentes de la formación de comunicadores de la ciencia en México en las últimas décadas.

Navegando entre dos aguas

Entre dos aguas, en medio de la nada o como una actividad cómoda en la que no se le puede exigir la precisión que se le pide a un científico ni la claridad que se espera de un periodista o relator, la divulgación y el periodismo científicos parecen estar condenados a recibir críticas y burlas de la comunidad científica y hasta de profesionales de la comunicación que consideran el periodismo científico como una especialización menor y la divulgación científica como un híbrido de géneros literarios.

De los divulgadores con formación científica se dice que lo hacen porque no pudieron ser investigadores, aunque muchos de los buenos divulgadores han sido científicos de reconocido prestigio, como fue el caso de Carl Sagan, a quien se le impidió su ingreso a la Academia de las Ciencias de Estados Unidos, no obstante que tenía más de cien artículos publicados en revistas arbitradas, así como aportaciones significativas en astronomía. Pero precisamente su vocación divulgadora se consideró "sintomática de su incapacidad para hacer ciencia", según denunció R. Olson (citado en Llácer y Ballesteros, 2012: 57). Lee Hotz, del diario *Los Angeles Times* argumentó que se negó el ingreso de Sagan a la Academia porque "era indecoroso ser tan popular, tan aplaudido y obtener tan jugosos contratos editoriales" (Hartz y Chappell, 2001: 88). Por su parte, Gould (1993: 9), prestigiado paleontólogo y divulgador de la ciencia, ha señalado diferencias en la percepción social del divulgador científico:

> En Francia (y en toda Europa), la *vulgarisation* cuenta entre las más altas tradiciones del humanismo y goza asimismo de un antiguo pedigrí: desde San

> Francisco, que conversaba con los animales, hasta Galileo, que eligió escribir sus dos grandes obras en italiano, en forma de diálogos entre profesor y estudiante, y no en el latín formal de iglesias y universidades. En los Estados Unidos, por razones que no comprendo (y que son realmente perversas), esto de escribir para los no científicos se encuentra emparedado por vituperios.

En los últimos años ha cambiado poco a poco esa situación, pero el estereotipo del científico alejado de la realidad se modifica lentamente; por ejemplo, algunos funcionarios conminan a los científicos a divulgar sus trabajos, como Daniel S. Goldin, administrador de la Administración Nacional de la Aeronáutica y del Espacio (NASA, por sus siglas en inglés) de 1992 a 2001 (citado en Hartz y Chappell, 2001: 83), quien consideraba: "si ellos pueden hacer las maravillas que hacen con la ciencia, también pueden tomarse el tiempo de explicarla en lenguaje común, entender que es el público el que financia gran parte de ese trabajo; ese público es el cliente, no sus pares investigadores. Una vez que esto se entienda, creo que habrá un cambio significativo".

Poco a poco se produce ese cambio, tanto entre los estadounidenses como entre nuestra comunidad científica. Cada vez hay más investigadores serios y prestigiados que incursionan en la divulgación científica sin recibir duras críticas y burlas de sus compañeros, pero todavía falta un buen trecho por recorrer.

De los periodistas científicos se comenta que se les envía a cubrir esas fuentes como castigo o se les llama científicos *light*, ya que se supone que pretenden entender la ciencia sin pasar por el duro proceso de la formación académica rigurosa. En Gran Bretaña, hasta fines del siglo pasado "el periodismo científico fue el rincón de la cenicienta para todos aquellos que no eran suficientemente buenos haciendo las páginas políticas y económicas o editando las páginas de artes o las reseñas de libros" (Dunbar, 1999: 231).

A pesar de que en las últimas décadas ha habido un mayor apoyo y desarrollo de la divulgación y el periodismo científicos, debe reconocerse que aún faltan muchas líneas que escribir, bits que grabar y audiencias que convencer para que ambas actividades dejen de ser consideradas propias del martirologio o de la labor misionera de quien lleva la palabra de la ciencia a todas las comunidades.

Los mitos de la ciencia

Tal vez ese sea uno de los principales problemas de estas áreas de la comunicación, que a quienes las ejercen se les pretende adjudicar el papel de voceros o acólitos del altar del laboratorio y la técnica, cuya misión es transmitir el quehacer científico a un público interesado en que se le desvelen los íntimos secretos de la ciencia, y que está ávido de descubrir el porqué de los fenómenos que ocurren a su alrededor.

Pero ni el público está ávido de esa información ni los medios muestran una preferencia por acoger en sus páginas noticias científicas, ya que son contados los diarios y revistas que tienen una sección de ciencia, menos aún la radio y la televisión. En ese sentido sigue teniendo gran actualidad lo que planteó Sagan (1997: 22):

> La ciencia origina una gran sensación de prodigio. Pero la pseudociencia también. Las popularizaciones dispersas y deficientes de la ciencia dejan unos nichos ecológicos que la pseudociencia se apresura a llenar. Si se llegara a entender ampliamente que cualquier afirmación de conocimiento exige las pruebas pertinentes para ser aceptada, no habría lugar para la pseudociencia. Pero en la cultura popular prevalece una especie de ley de Gresham, según la cual la mala ciencia produce buenos resultados.

En efecto, de tiempo en tiempo los medios publican rumores sobre animales mutantes que asuelan ciertas regiones; meteoritos que provocarán el fin del mundo, según cálculos de miembros de la NASA nunca identificados; avistamientos de naves de otros planetas; curas del cáncer gracias al magnetismo o a otros supuestos métodos científicos; inminentes terremotos predichos con algoritmos cibernéticos; descubrimientos de genes de la pobreza, del liderazgo, de la homosexualidad; panaceas creadas a partir de los nuevos materiales y otras informaciones revestidas con un lenguaje pseudocientífico.

La aceptación de estas notas por los lectores refleja la actitud acrítica de buena parte de la población, que ahora fundamenta sus creencias en páginas de internet de dudosa reputación, las cuales considera veraces y objetivas precisamente porque están en la red, como si eso fuera una garantía de rigor científico. Y esta situación la conoce de sobra el pseudocientífico: "Sobre la base de que lo profundo suele ser oscuro, oscurece sus argumentos para fingir profundidad. A la vez, sus incautos seguidores dan por sentado que verbalizar palabras difíciles equivale a comprender conceptos importantes", como describe Cereijido (2009: 127).

Por lo tanto, ni los medios son portadores de la palabra científica ni el común de la gente está vivamente interesada en recibir el conocimiento científico como si fuera necesario para su subsistencia y realización. En todo caso está interesada en la curiosidad científica o el dato espectacular y en la solución mágica —con fraseología seudocientífica— de sus problemas más apremiantes, pues considera que la ciencia podrá resolverle todos sus males, empezando por los de salud. Por esa razón fácilmente es embaucada y timada por quienes invocan la ciencia como un nuevo dios al que hay que reverenciar: "Los términos científicos, que ayudan a hacer creer que cualquier afirmación, por peregrina que sea, está *comprobada científicamente*, se convierten de esta forma en los ídolos de esa religión del siglo XX que es la ciencia" (Gutiérrez Rodilla, 1998: 321).

Pero esa religión, que también forma parte de principios de este siglo, como muchas otras, está basada en dogmas; por ejemplo, considerar que a mayor conocimiento científico y tecnológico habrá una mayor comprensión de que algunos de los problemas socioeconómicos de un país podrán resolverse con aplicaciones científicas y tecnológicas y, por lo tanto, se invertirá más en ciencia y desarrollo tecnológico. Eso es tan utópico como pensar que las artes, la literatura y la cultura, en general, nos harán más humanos:

> De acuerdo con su concepto original, la "cultura" no debía ser una preservación del *statu quo* sino un agente de cambio; más precisamente, un instrumento de navegación para guiar la evolución social hacia una condición humana universal. El propósito original del concepto de "cultura" no era servir como un registro de descripciones, inventarios y codificaciones de la situación imperante, sino más bien fijar una meta y una dirección para las iniciativas futuras (Bauman y Zygmunt, 2013: 13).

Ese planteamiento, como bien señala Bauman, se ha demostrado completamente equivocado, pues ya sabemos que el refinamiento artístico y científico no garantiza un mejor comportamiento, según lo denunció Steiner (2002: 14), a propósito de la bestialidad nazi:

> la evidencia es que esa refinada intelectualidad, esa virtuosidad artística y su apreciación y la eminencia científica colaborarían activamente con las exigencias totalitarias o, como mucho, se mantendrían indiferentes al sadismo que las rodeó. Los conciertos brillantes, las exposiciones en grandes museos, la publicación de libros eruditos, la búsqueda de una carrera académica, tanto científica como humanística, florecen en las proximidades de los campos de la muerte.

Sin embargo, esa percepción errónea de la ciencia, como dadora de vida y bienestar, probablemente comenzó a gestarse durante la Revolución Industrial, aunque no fue sino hasta los años de la posguerra cuando el progreso científico y tecnológico, que permitió a las grandes potencias resarcirse de los efectos del conflicto bélico con asombrosa rapidez, alimentó la idea de que con ella se resolverían todos los problemas. En ese ambiente, los periodistas científicos de esos países contribuyeron a forjar una imagen idílica de la ciencia (Nelkin, 1990: 105): "Cautivados por la ciencia y con un respeto reverencial por los científicos, la mayor parte de los reporteros especializados escriben acerca de aquellos en términos entusiastas, muy parecidos a los que emplean los periodistas deportivos al referirse a los grandes astros".

Esa veneración por la ciencia se ha pretendido perpetuar, no solo por algunos periodistas que mal interpretan su labor, sino principalmente por investigadores que se sienten en una frágil torre de marfil que cuenta con muy poco presupuesto. En esas condiciones, se plantea que si se cuestiona el quehacer científico o la actuación de algún integrante de esa comunidad, se deteriorará su imagen, por lo que el gobierno y la sociedad no tendrán interés en apoyar sus labores de investigación.

Es probable que tengan razón en defender sus centros de trabajo, pero no en intentar controlar y manipular la información que proporcionan a los medios. A finales del siglo pasado ya se avizoraba una situación irregular que dificulta aún más la labor del divulgador científico: las empresas privadas, como laboratorios químico-farmacéuticos e incluso universidades y centros de investigación se dedican a promover sus productos o servicios no con el interés de que la sociedad conozca las excelencias de sus investigaciones, sino para atraerse más recursos públicos y privados. Nelkin (1999: 170) señaló: "Los científicos deben reprimir la tendencia promocional que los conduce a ejercer controles sobre la información y a un exceso de publicidad sobre su trabajo".

El mayor presupuesto a la ciencia y la tecnología no debería obtenerse mediante una labor periodística de canonización de los científicos o de defensa *a priori* del producto de su investigación, sino a partir de información confiable y debidamente corroborada que muestre tanto los buenos resultados de una investigación como sus avances y limitaciones. Pero muchos científicos, en pos de mayores fondos o puestos públicos, se convierten en voceros y jefes de relaciones públicas para promover sus trabajos como si fueran mercancías que se introducen al mercado.

La labor de promoción del quehacer científico y tecnológico ha sido mal entendida por investigadores y organismos gubernamentales, ya que si bien es legítimo buscar el convencimiento de los ciudadanos para que presionen a las autoridades en búsqueda de mayores presupuestos, también lo es que se trata de un camino equivocado. Deberían intentar opciones como la que llevó a cabo Daniel S. Goldin en la NASA (citado en Hartz y Chappell, 2001: 221): "no vamos a tener más relaciones públicas, vamos a tener educación pública. Ese es un cambio significativo, porque no es trabajo de una agencia del gobierno tratar de convencer al público que lo realizado por nosotros es bueno [...] Lo que necesitamos decir es que el público estadounidense es básicamente listo y entiende, y abastecerlo de material".

Esa recomendación sigue siendo válida y adquiere más relevancia cuando se viven crisis de confianza y credibilidad en las instituciones, ya que hasta las áreas gubernamentales aparentemente libres de toda sospecha, como las dedicadas a la educación y a la investigación científica y tecnológica, se ven con escepticismo. Los boletines e informaciones provenientes de esas fuentes se etiquetan como propaganda política disfrazada para mejorar la reputación de algún funcionario u oficina gubernamental. Ningún sector se salva de la duda: el agropecuario, el industrial, la educación, la salud son objeto de escrutinio y, principalmente, de actitudes prejuiciosas, ya que todo logro de las instituciones se considera un esfuerzo de relaciones públicas.

Por tal razón, en lugar de invertir en esos boletines y vocería oficialista, las instancias gubernamentales dedicadas a la investigación científica y tecnológica deberían dejar de subestimar a los ciudadanos, proporcionarles los elementos suficientes para que comprendan la labor que realizan y entregarles la información —desprovista de matices publicitarios— de ciencia y tecnología, en esa siempre postergada labor de educación informal.

En descargo de los investigadores e instituciones, debe reconocerse que no únicamente ellos pretenden controlar la información sobre ciencia y tecnología, Gutiérrez Rodilla (1998: 317) advirtió: "la utilización que se hace en ocasiones de los medios de comunicación de masas, en una sociedad fuertemente consumista, tiende a degradar la divulgación científica, porque se manipula su consumo de acuerdo con un modelo socioeconómico preestablecido y que se relaciona con unos intereses concretos".

Si el divulgador científico, en especial el periodista especializado, se presta voluntariamente a esas manipulaciones desvirtúa su profesión, ya que uno de sus objetivos es dar cuenta del quehacer científico y tecnológico en el contexto social, político, económico y cultural, para que el receptor norme su criterio y pueda tener más elementos para juzgar el papel de la ciencia y la tecnología en la actualidad, como plantea Dunbar (1999: 229): "La ciencia es necesariamente una actividad de la comunidad y tenemos que ser capaces de comunicar nuestros hallazgos a los demás para lograr construir el rompecabezas colectivo". Entonces, en ese rompecabezas colectivo deben insertarse los divulgadores y periodistas de la ciencia, como una más de las piezas que pueden contribuir a cambiar nuestra percepción del mundo que nos rodea y a hacerlo más soportable, tolerable y amable. Sagan (1997: 47) invita a reflexionar sobre el papel de la ciencia:

> Como la ciencia nos conduce a la compresión de cómo es el mundo y no de cómo desearíamos que fuese, sus descubrimientos pueden no ser inmediatamente comprensibles o satisfactorios en todos los casos [...] Cuando nos alejamos de ella porque parece demasiado difícil (o porque nos la han enseñado mal) abandonamos la posibilidad de responsabilizarnos de nuestro futuro. Se nos priva de un derecho. Se erosiona la confianza en nosotros mismos.
>
> Pero cuando atravesamos la barrera, cuando los descubrimientos y métodos de la ciencia llegan hasta nosotros, cuando entendemos y ponemos en uso este conocimiento, muchos de nosotros sentimos una satisfacción profunda.

Parte de la responsabilidad de provocar esa satisfacción profunda se encuentra en la divulgación científica, en la que se encuadra el periodismo científico, cuando logra transmitir el entusiasmo de saber. Lo trascendente es que esa transmisión de conocimientos prácticamente la ha hecho la divulgación científica desde que surgieron los primeros vestigios de cultura, como reconocen tácitamente quienes han propuesto definiciones de este quehacer humano.

Divulgación científica

François Le Lionnais (citado en Roqueplo, 1983: 21), formuló en el siglo pasado una de las más amplias definiciones que, con ciertas modificaciones, sigue vigente en nuestros días. Le Lionnais señaló que la divulgación científica abarca:

> toda actividad de explicación y de difusión de los conocimientos, la cultura y el pensamiento científico y técnico, bajo dos condiciones, con dos reservas: la primera es que esas explicaciones y esa difusión del pensamiento científico y técnico sean hechas fuera de la enseñanza oficial o de enseñanzas equivalentes [...] La segunda reserva es que esas explicaciones extraescolares no tengan por fin formar especialistas, ni tampoco perfeccionarlos en su propia especialidad, ya que, por el contrario, reivindicamos completar la cultura de los especialistas fuera de su especialidad.

Con esta definición, Le Lionnais prácticamente marca una diferenciación más que semántica entre difusión y divulgación; la primera se refiere a la comunicación que se realiza de manera horizontal, entre científicos, como las revistas arbitradas de ciencia, los congresos, libros científicos y técnicos, realizados para comunicarse entre sí expertos de una disciplina o de áreas afines.

En tanto que la divulgación se realiza de manera vertical, pero no en un sentido jerárquico sino como una comunicación hacia legos en la materia, los cuales pueden ser científicos de otras disciplinas así como personas con instrucción básica, como apunta Cassany (2006: 245): "Circula de abajo arriba, de las necesidades cotidianas a la búsqueda técnica de soluciones. Y también circula de lado a lado: de una disciplina a otra. En cada caso, el conocimiento científico se reencarna para conectar con cada audiencia. No cabe hablar de traición ni de pérdida. Si se pierde precisión, se incrementa la audiencia. Cada reformulación enriquece el contenido original".

Se trata de una recreación, como el mismo autor precisa (Cassany, 2006: 245) en un planteamiento sobre lo que no es la divulgación científica: "no es *popularización*: no se transforma en algo "selecto" o "exclusivo" para uso del pueblo. Tampoco es vulgarización: traducir algo "formal" o "técnico" a un lenguaje coloquial o más general, cercano al habla corriente. Ni una simple *traducción*, porque esto supone aceptar que el contenido es independiente de la forma. No: el contenido y las palabras con que se formula son una unidad".

Sánchez Mora (2010: 24), por su parte, destaca en su definición de divulgación científica la diversidad de medios y públicos a los que se dirige: "es una labor multidisciplinaria cuyo objetivo es comunicar, utilizando una diversidad de medios, el conocimiento científico a distintos públicos voluntarios, recreando ese conocimiento con fidelidad y contextualizándolo para hacerlo accesible".

Con un criterio semejante, Gutiérrez Rodilla (1998: 320) asume que la divulgación científica es una disciplina con una labor creativa: "Estamos convencidos de que la divulgación es más que una reformulación retórica del discurso científico químicamente puro destinado a los especialistas, y de que ambos discursos son dos formas igualmente lícitas de acercarse a la realidad".

Cassany (2006: 280) parece resumir estos planteamientos en su epílogo: "Los discursos divulgativos son géneros nuevos, que están en proceso de elaboración. Es un tipo de mestizaje discursivo, que mezcla unos orígenes científicos con los recursos populares del habla y los cánones del periodismo o de los otros canales de comunicación".

Por lo tanto, la divulgación científica va dirigida a un público no especialista para transmitirle el saber científico sin falsearlo, pero sí recreándolo. No se trata de trasladar el lenguaje científico a los espacios de la divulgación, sino de proporcionar, como refieren Llácer y Ballesteros (2012: 59): "un conjunto de informaciones, eventos científicos a través de recursos lingüísticos conceptuales y terminológicos, que ayudan al lector a entender, e incluso participar, en los temas científico-tecnológicos que tienen lugar en nuestra sociedad, tan dependiente de la ciencia y la tecnología".

En esa tarea de acercamiento del conocimiento científico y tecnológico, Gould (1993: 10) marca algunas recomendaciones en la labor del divulgador científico: "Todos debemos empeñarnos en recobrar la ciencia accesible como una tradición intelectual honorable. Las reglas son sencillas: nada de compromisos con la riqueza conceptual; nada de pasar por alto las ambigüedades o lo que se ignora; eliminar la jerga, naturalmente, pero no sacrificar las ideas (cualquier complejidad intelectual puede ser transmitida en el lenguaje corriente)".

Gould se refiere primordialmente a la divulgación escrita, pero también son válidas estas reglas para toda la gama de medios en los que puede desarrollarse la divulgación científica: museos, libros, carteles, folletos, programas de radio, televisión, obras de teatro, instalaciones, talleres, publicaciones periódicas, páginas de internet, redes sociales, blogs y las opciones de comunicación que se vayan ensayando o adecuando.

Conviene destacar que algunos investigadores de la divulgación científica, como Alcíbar (2009: 167), consideran una diferencia fundamental entre divulgadores y periodistas de ciencia:

> La diferencia básica es que la divulgación, por lo general, la practica la fuente (en este caso, el científico) y, por consiguiente, suele estar enfocada a beneficiar al entorno de esta. El periodismo científico, aunque a veces presente rasgos divulgativos, surge de la necesidad de contextualizar socialmente determinados descubrimientos científicos o innovaciones tecnológicas.

Tal vez sea cierto en España, porque en México tenemos periodistas y egresados de carreras de ciencia y tecnología, no necesariamente científicos, que se han especializado en la divulgación escrita y en otras ramas de la divulgación. Y, claro, en este amplio universo de divulgadores se encuentran los periodistas científicos que en México son egresados de las áreas de comunicación o de la ciencia, los primeros en la práctica se han adentrado en el conocimiento científico y los segundos, también en la práctica, se han formado en la teoría y técnica periodísticas.

Periodismo científico

Por supuesto que el periodismo científico no es la aplicación del método científico al periodismo, tampoco hay la pretensión de convertirlo en una disciplina científica. El término se refiere a una especialidad del periodismo, así como hay periodismo económico, deportivo, cultural o de espectáculos, el periodismo científico se dedica a informar de acontecimientos científicos y tecnológicos, ya que "un periodista científico ha de ser, en primer lugar, ante todo, periodista. Eso es lo sustantivo y lo científico, lo adjetivo", como lo describe Calvo Roy (2016: 14).

Esta denominación de periodismo científico probablemente se presta a equivocaciones o confusiones, aunque ya ha sido aceptada en organismos internacionales como la Organización de las Naciones Unidas (ONU), la Organización de Estados Americanos (OEA), asociaciones profesionales e incluso se realizan periódicamente congresos y reuniones de periodismo científico en muchos países.

Incluso Kevin Barnhurst (citado en Patterson, 2018: 114), establece una relación estrecha entre periodismo y ciencia: "Ambos atienden los incidentes del exterior, hacen suposiciones (que se convierten en sucesos o en hipótesis), ambos resuelven asuntos para llegar a los hechos (o teorías), y ambos buscan establecer la verdad (o un paradigma)".

Antes de referir las diferentes definiciones de periodismo científico, cabe recordar una de las consideraciones sobre el periodismo que hace Kapuściński (2013: 38-39), la cual no está reñida con el paralelismo que encuentra Barnhust: "El verdadero periodismo es intencional, a saber: aquel que se fija un objetivo y que intenta provocar algún tipo de cambio. No hay otro periodismo posible". Por supuesto que al establecer una verdad o un paradigma, se llega a un cambio, de ahí la semejanza entre periodismo y ciencia. Aunque el propio Patterson (2018: 114) en su libro establece: "diferencias clave entre ciencia y periodismo. Tiempos de entrega, limitaciones de tiempo y espacio, la necesidad de atraer y mantener la atención de la audiencia; estos factores son de carácter distintivamente periodístico. Además [...] los reporteros no tienen la opción de 'ignorar sucesos que no se comprenden bien'".

Por el contrario, deben proporcionar todos los factores que contribuyan a comprender mejor un acontecimiento, como lo plantea Xosé López García (2012: 35): "La función del periodismo consiste en contar lo que acontece (es decir; explicar, contextualizar, interrogar, interpretar, criticar, sugerir, etc.). Este trabajo exige distancia, recursos, capacitación, compromiso, participación... y ciudadanos exigentes que colaboren en el objetivo de construir sociedades más y mejor informadas".

En ese contexto habría que reflexionar sobre las definiciones de periodismo científico que han propuesto practicantes y estudiosos de esta especialidad. Calvo Hernando (1982: 19) lo identifica como "el género periodístico que consiste en divulgar la ciencia y la tecnología a través de los medios informativos de comunicación de masas".

El periodista brasileño Wilson da Costa Bueno (citado en Calvo Hernando, 2002: 12), considera: "el periodismo científico como un proceso social que se articula a partir de la relación entre organizaciones formales (editoras, emisoras) y la colectividad (públicos, receptores), a través de canales de difusión (diario, revista, radio, televisión, cine) que aseguran la transmisión de informaciones (actuales) de naturaleza científica y tecnológica, en función de intereses y expectativas (universos culturales o ideológicos)".

En el mismo documento, Calvo Hernando (2002: 12) proporciona una definición más acorde con los tiempos actuales: "Se trata de una actividad que selecciona, reorienta, adapta, refunde un conocimiento científico, producido en el contexto particular de ciertas comunidades científicas, con el fin de que tal conocimiento así transformado, pueda ser apropiado dentro de un contexto distinto y con propósitos diferentes, por una determinada comunidad cultural".

Por su parte, Nelkin (1990: 170) recomienda que los periodistas:

> tienen que tratar de transmitir conocimientos además de información. No es suficiente con la mera reacción ante los acontecimientos científicos y la interpretación y aclaración de estos para consumo popular. Para entender de qué se ocupan la ciencia y la tecnología, los lectores necesitan conocer su contexto: las implicaciones sociales, políticas y económicas de la actividad científica, la naturaleza de las pruebas que dan pie a las decisiones y el poder y los límites de la ciencia en relación con los asuntos humanos.

En concordancia con lo expuesto por la investigadora, considero que, en función de la labor social y cultural que debe desempeñar el periodismo en general, el periodismo científico debe definirse como:

> La comunicación pública de la ciencia y la tecnología que se lleva a cabo por los medios informativos de comunicación de masas con el triple objetivo de *a)* informar al público de los conocimientos y avances científicos y

> tecnológicos; *b)* proporcionar el contexto político, social y cultural de esos nuevos conocimientos y sus posibles repercusiones, y *c)* contribuir a crear un pensamiento científico que aliente la conciencia crítica de la población para que pueda influir en la política científica, con el propósito de lograr el desarrollo integral del país (cfr. Anaya, 2002: 15).

Es decir que el periodista científico interpreta el conocimiento científico y debe transmitir la información recreada dentro del contexto sociopolítico, económico y cultural en que se desarrolla; asimismo, debe ponderar las repercusiones del acontecimiento. De esta manera, su trabajo se inscribe enteramente en las funciones que debe cumplir el periodismo en general, ya que no debe limitarse a emitir la información, también debe darle su dimensión social, cultural, política y económica; así como señalar cómo afecta o podría afectar a la población. Específicamente, debe procurarse —tal vez de manera ambiciosa, pero legítima— contribuir a crear un pensamiento científico o, por lo menos, a alentar al receptor a pensar críticamente para que pueda influir en la política científica del país.

Se aprecian coincidencias con lo planteado por Cristine Rusell, quien fue reportera de ciencias de *The Washington Post*: "Conforme se vaya acelerando el ritmo de los nuevos desarrollos científicos y tecnológicos, los periodistas [del área científica] tendrán que cubrir cada vez más tanto información técnica complicada como las potenciales consecuencias sociales, legales, religiosas y políticas de la investigación científica" (citada en Patterson, 2018: 125).

Esa información sobre la investigación científica debe darse con absoluta fidelidad, pues el principal valor agregado de la información científica es la credibilidad, como ha expresado Pérez Oliva (1998): "En la medida en que la producción científica se rige con carácter general por procedimientos de validación objetivos, con un grado de consenso sobre los métodos muy superior a los de cualquier otra disciplina, el producto informativo resultante va acompañado casi siempre de un plus de credibilidad que no se da en otras informaciones".

Esa credibilidad es muy importante tenerla y conservarla en todo el periodismo, pero especialmente en el científico, ya que ante el mar de información que encuentra quien navega por internet o por la letra impresa, el periodista tiene la obligación ética de elaborar su material con apego a la información y conocimiento científico, pues su trabajo cumple una función informativa sobre ciencia.

No hay que olvidar que en países con poco desarrollo económico y cultural, como el nuestro, una buena parte de la población recibe información científica y tecnológica únicamente de los medios impresos (revistas: 65.9 por ciento, periódicos 49.9 por ciento), electrónicos (televisión 18.1 por ciento y radio 16.3 por ciento) y cibernéticos, y que la mayoría de la población mayor de quince años tiene una escolaridad promedio de 9.3 años (INEGI, 2013, 2018). Es decir que al término de la secundaria la única información científica y tecnológica que se recibe es por los medios de comunicación.

En estas circunstancias el periodismo científico tiene una gran responsabilidad, pues debe proporcionarle al individuo la información científica y, al propio tiempo, herramientas para analizar y decidir con objetividad y conocimiento de causa sobre sucesos científicos y acciones del gobierno, empresarios y comunidad, que le afecten o puedan afectarle tanto en el ámbito público como en el privado. Y aquí está uno de los graves problemas del periodismo en general y, en particular, del periodismo de ciencia, pues como plantea Patterson (2018: 101): "Los periodistas por lo general están en la ingrata posición de saber menos del tema en cuestión que las figuras a las que están cubriendo, a la inversa de la situación común, en la que el profesional es la parte con mayor conocimiento".

Esta amarga realidad obliga a los periodistas a prepararse mejor, tanto en el campo periodístico como en el área que cubren y, además, es necesario que tengan una amplia cultura general que les permita conocer mejor el contexto de un descubrimiento o investigación, que tengan el *conocimiento de cómo usar el conocimiento* o, dicho de otra manera: *no saber de todo pero sí saber quién sabe*, así como cumplir con las cuatro máximas de la comunicación verdadera: *cantidad, cualidad, relevancia y claridad.*

Las máximas de la comunicación verdadera

El primer objetivo del periodismo científico (en orden de aparición, no necesariamente de importancia), según la definición que he expuesto, plantea que debe informarse al público de los conocimientos y avances científicos y tecnológicos.

Hasta ahí, se asemeja al divulgador científico, pues ambos deben recrear la información científica y tecnológica, de tal manera que su lenguaje sea claro y comprensible para el común de la gente, es decir que vaya dirigido a personas con una formación educativa de tercer grado de secundaria (por supuesto que en las secciones y suplementos infantiles el lenguaje se ajusta o debería ajustarse a la edad e instrucción del receptor). Sin ánimos de consolarnos, ese nivel promedio de instrucción es semejante al de Estados Unidos, de acuerdo con datos de Daniel S. Goldin (citado en Hartz y Chappell, 2001: 182).

Por esa razón, el divulgador y el periodista de ciencia recurren con frecuencia a paráfrasis para explicar conceptos muy técnicos, a analogías y a metáforas, como lo disecciona Muñoz (2012):

> Un recurso al que apela el divulgador es a las explicaciones analógicas, comparativas o metafóricas y a personificaciones que intentan adaptar los mecanismos de la realidad científica a la vida corriente. El razonamiento analógico ocupa una posición privilegiada porque es particularmente apto para que el lector relacione las nociones científicas con su experiencia corriente y su imaginación. La metáfora léxica es una forma recurrente para la explicación de conceptos especializados. Su presencia es reiterativa en el discurso de divulgación.

En la recreación de los datos científicos no debe olvidarse que la divulgación y el periodismo científicos no pretenden sustituir ni complementar la educación formal, sino aportar información y análisis para que la población esté enterada de esos quehaceres, tome conciencia de la importancia de esta actividad, amplíe su cultura y, eventualmente, despierte o aliente las vocaciones científicas de niños y adolescentes.

En esta transmisión de los conocimientos científicos y tecnológicos, tradicionalmente se ha observado una actitud vigilante y rígida de una parte de la comunidad científica, porque considera los medios impresos y electrónicos como una prolongación del aula o de las reuniones científicas donde se lleva a cabo la enseñanza formal de las ciencias y se comunica a los pares las más recientes investigaciones en el campo.

En ese supuesto, las críticas al quehacer periodístico tendrían toda la razón, pues evidentemente el material publicado en revistas y diarios de circulación general y difundido en radio y televisión no cumplen —ni tienen porqué cumplir— con las especificaciones propias de un artículo científico o una ponencia para congresos y reuniones científicas. Su objetivo no es contribuir a la educación formal del receptor, sino presentar información científica y tecnológica, de acuerdo con el conocimiento actual y con un lenguaje que pueda ser entendible por un individuo con instrucción media básica o menor.

Con lo que sí debe cumplirse es con las cuatro máximas que Paul Grice considera debe haber para establecer una comunicación verdadera: *cantidad, cualidad, relevancia y claridad*, como cita Grijelmo (2012: 143-144, 149), quien considera que la "máxima de cantidad establece que la información que se suministra al interlocutor debe ser todo lo informativamente necesaria para el contexto, pero no demasiada".

Probablemente esta sea la queja principal de algunos científicos que se asoman por primera vez a los medios, no consienten que se resuman sus conceptos o informaciones porque consideran que todo es importante, y puede serlo, pero la mayoría de las veces no resulta fundamental para comprender el tema del trabajo periodístico. El periodista, por su parte, debe evitar caer en el otro extremo: ofrecer menos información de la que se tiene y que pudiera ser de interés para el receptor, ya que "quien emite un mensaje que induce a construir un significado falso, por vía de silenciación, está engañando del mismo modo que si dijese una mentira, puesto que [...] el silencio es un significante más entre los significantes proferidos" (Grijelmo, 2012: 385).

La máxima de *cualidad* es uno de los pilares fundamentales del periodismo: "Trate usted de que su contribución sea verdadera. No diga usted lo que crea que es falso. No diga usted aquello de lo cual carezca de pruebas adecuadas", recomienda Grice (citado en Grijelmo, 2012: 152). Este es un compromiso ético e ineludible de no publicar nada de lo que no se tengan pruebas y no solo en la información científica. Walter Lippman (citado en Patterson, 2018: 115), hace cien años recomendaba en su libro *Libertad y prensa*: "No importa que las noticias no sean susceptibles de aseveraciones matemáticas. De hecho, precisamente porque las noticias son complicadas y difíciles de asir, el buen reportaje requiere que se ejerzan las virtudes científicas más altas". Por lo tanto, en la redacción de la nota, la entrevista o el reportaje debe tomarse en cuenta lo que plantea Grijelmo (2012: 385): "Este fundamento de la comunicación resulta quizás el más obvio: *hay que decir la verdad*. Sin partir de hechos verdaderos no se puede establecer una comunicación eficaz. El sujeto hablante debe trasladar hechos que cree reales; y no presentar como tales las meras conjeturas o suposiciones suyas".

Cuando se falta a esa máxima en el periodismo científico, los investigadores tienen toda la razón en reclamar la falta de fidelidad del reportero. Pero la distorsión de la información no solo ocurre entre los periodistas, también sucede (lamentablemente cada vez con más frecuencia) dentro de la comunidad de investigadores por diferentes razones, principalmente económicas y de prestigio social.

En esas circunstancias, una mejor preparación permitirá al periodista científico distinguir la información falseada. Eso no significa, por supuesto, que el periodista deba convertirse en un experto en ciencias básicas, ya que ni los propios científicos pueden acumular tanta información de las diferentes disciplinas. Lo que sí puede y debe hacer el periodista científico es entender y comprender los fundamentos básicos del método científico y de la investigación científica, de tal forma que esté preparado no para validar la información de los investigadores, sino para sospechar de determinada información o documento y recabar opiniones e información de otros investigadores o de otras fuentes documentales.

Claro que esa mejor preparación no garantiza que la información que se publique cumpla con la máxima de *cualidad*, pero sí podrá ser útil para desechar informaciones procedentes de embaucadores que afirman tener la cura del cáncer, métodos para predecir sismos, pruebas fehacientes de que nadie ha llegado a la Luna o datos "científicos" de que la Tierra es hueca, por ejemplo. Si se tiene la suficiente preparación para crear un primer filtro que detenga esa información sensacionalista, se evitará que los medios se llenen de noticias falsas y tendenciosas que persiguen el lucro o la notoriedad.

Ese primer tamiz, sin embargo, no impedirá que se difunda información sobre resultados espectaculares de experimentos llevados a cabo en centros de investigación libres de toda sospecha. Debe recordarse que cuando los científicos asumen el papel de voceros o jefes de relaciones públicas de sus instituciones pueden incurrir voluntariamente en falsedades o verdades a medias, con tal de obtener ciertos beneficios económicos o de prestigio. De esta forma se han producido numerosos fraudes científicos, como el anuncio de la fusión en frío.

El 23 de marzo de 1989, Stanley Pons y Martin Fleischman, de la Universidad de Utah, convocaron a una conferencia de prensa para anunciar que habían producido fusión en frío, lo cual abría una gran posibilidad de obtener energía sin el alto costo económico y ambiental de la fusión a elevadas temperaturas. Se trató de un gran montaje con el que pretendieron utilizar a los periodistas para forzar la entrega de fondos a su institución, ya que existía el riesgo de que investigadores de la Universidad Brigham Young, también de Utah, recibieran la aportación federal. Pons y Fleischman no cumplieron con la máxima de *cualidad*, pues en pocos meses se descubrió que no tenían pruebas para demostrar lo que habían afirmado.

Otro caso más reciente fue el de la falsa clonación de embriones humanos. El investigador coreano Hwang Woo-Suk logró engañar no solo a sus compañeros de la Universidad de Seúl, Corea del Sur, sino también a los dictaminadores de la prestigiada revista *Science*, que en junio de 2005 publicó un artículo con esa información; unos cuantos meses más tarde se descubrió el fraude y se castigó al culpable. Pero el daño ya estaba hecho, se había deteriorado el prestigio de *Science*, de sus dictaminadores y de los propios científicos, aunque ese daño ha sido reversible.

Si bien es cierto que los mismos científicos pueden ser engañados por investigadores carentes de ética, eso no debe ser un pretexto para que los periodistas se justifiquen si son engañados por charlatanes y embaucadores que con lenguaje pseudocientífico intentan convencer de las bondades de sus productos o métodos fraudulentos. Por lo tanto, siempre debe cuidarse de cumplir la máxima de *cualidad*.

De la máxima de *relevancia*, Grijelmo (2012: 158) expone:

> La selección de los datos relevantes se hace de forma natural en una conversación. El sentido pragmático nos ha educado al respecto sin que nos demos cuenta (como la gramática). Tomamos los datos que añaden información y

> suprimimos los reiterativos y por tanto irrelevantes. Eso sucede así porque las verdades en toda la historia son cuando menos una selección [...] en cualquier texto se plantea el problema de qué se deja de lado, "en especial qué se deja de lado y puede ser reivindicado como relevante".

Este también puede ser uno de los problemas de la recreación del discurso científico por parte del divulgador y periodista de la ciencia, que se omita algo relevante. La responsabilidad de que eso suceda puede ser tanto del investigador como del periodista; el investigador puede ser que por deformación profesional no proporcione el contexto o información trascendente de su trabajo, porque caiga en el supuesto de que se sobreentiende, y así es en efecto, pero entre sus pares. El periodista, por su parte, llega a omitir lo relevante por falta de conocimiento o de preparación en el tema o por negligencia en el uso de las técnicas periodísticas.

Para cumplir con esta máxima es indispensable —aunque sea reiterativo— tener un mínimo de preparación en el tema para distinguir lo trascendental de lo superfluo en una información periodística, ya que como refiere Grijelmo (2012: 388): "Si callamos lo relevante, estamos haciéndolo pasar por irrelevante y, por tanto, por normal; cuando en realidad no lo era y se trataba de hechos o datos necesarios para recomponer la realidad transmitida como relevante [...] Por tanto, la ocultación de hechos relevantes (haciéndolos pasar así por irrelevantes) constituye una maniobra de engaño".

Ese engaño, intencional o no, impide que se transmita adecuadamente la información científica y tecnológica, por lo que el receptor tendrá una percepción errónea de la realidad que el periodista quiso transmitir. Es necesario insistir en que la credibilidad es un valor agregado del periodismo científico que debe conservarse para beneficio tanto del medio como de quien recibe la información, por lo que debe identificarse lo relevante para incluirlo y reconocer lo irrelevante para desecharlo.

Acerca de la *claridad*, la cuarta máxima de Grice, Geoffrey N. Leech recomienda: "Evite la oscuridad en su expresión; evite la ambigüedad; evite ser innecesariamente prolijo; sea ordenado", según cita Grijelmo (2012: 158-159), quien refiere al respecto: "La máxima de claridad lleva implícita una necesidad de orden. La sucesividad de los significados no puede ser casual siempre: a menudo el orden implica una diferencia de sentido. La pertinencia no solo se relaciona, pues, con la relevancia de la información que ofrecemos, sino con la gradualidad en la progresión de nuestros enunciados".

El cumplimiento de estas cuatro máximas en la comunicación entre periodistas y científicos garantiza que se produzca una comunicación verdadera, pero debe tomarse en cuenta que: "Normalmente, la realidad es más amplia que el relato que se hace de ella; y por lo tanto se suele dar un efecto de silencio: se omite una parte de la realidad a la hora de relatarla; y eso puede efectuarse con ecuanimidad o, por el contrario, con deseo de alterar la percepción" (Grijelmo, 2012: 64-65).

Por supuesto que el periodista científico procura ser ecuánime en la redacción de su material para que la información científica y tecnológica sea de buena calidad, es decir que no se excluya información relevante y que se presente en orden de importancia; para que se cumpla con las cuatro máximas de Grice.

Debe reconocerse que hace algunos años la relación entre periodistas y científicos no fue del todo profesional, sino más bien parecía una pugna entre el poseedor de la información y el que buscaba compartirla con su público. También debe reconocerse que la actitud de los investigadores se ha modificado, cada vez son más quienes están dispuestos a conceder entrevistas, a hacer labores de asesoramiento y a escribir en diarios y revistas de información general. Esta simbiosis hace más productiva la labor, pues los científicos ya no son espectadores sino actores principales en el desarrollo del periodismo especializado en ciencia.

En esta evolución se confirma que la información científica y tecnológica de los medios de comunicación lentamente se ha desprendido del aire presuntuoso que llegó a tener, por responsabilidad de periodistas que consideraban que la lectura de un artículo o la investigación de un tema les confería la autoridad para —con pedantería— transmitir al común de los mortales el recién adquirido conocimiento sobre ciencia y tecnología.

Asimismo, se aprecia que en las páginas y transmisiones de radio y televisión va desapareciendo el tono académico de investigadores que con buena voluntad, pero pocos recursos técnicos de divulgación, se aventuraban a transmitir información de ciencia y tecnología. Ahora cada vez hay más investigadores que incursionan en la divulgación y el periodismo científico con excelentes resultados.

De esos grandes científicos divulgadores, de México y el extranjero, debe aprenderse la amenidad y desparpajo con que explican lo más complejo del conocimiento científico, como Ruy Pérez Tamayo, Marcelino Cereijido, Ricardo Tapia Ibargüengoitia, Arturo Menchaca, Shahen Hacyan, Pedro Bosch Giral, Julieta Fierro, Miguel Ángel Herrera y Simón Brailowsky, por citar algunos mexicanos. De otros países se encuentran, entre otros, Carl Sagan, Oliver Sacks, Richard Dawkins, Stephen Hawking y Stephen Jay Gould. De los libros de los tres últimos, Dunbar (1999: 281) escribió: "tienen un carácter muy distinto de los escritos por periodistas o escritores que no son especialistas: poseen una inmediatez y un sentido de la excitación que solo aquellos que están de verdad interesados a fondo en los asuntos de la ciencia pueden lograr".

Tiene razón, estos divulgadores son un buen ejemplo tanto para investigadores como para periodistas científicos de que la ciencia no pierde dignidad ni credibilidad cuando se le despoja de solemnidad, sale de la torre de marfil en que muchos se empeñan en mantenerla y se transmite con palabras sencillas y ejemplos prácticos de la vida diaria.

El contexto noticioso

El segundo objetivo del periodismo científico: proporcionar el contexto político, social y cultural de esos nuevos conocimientos y sus posibles repercusiones, constituye una de las grandes funciones y responsabilidades del periodismo científico.

La sola transmisión del quehacer científico y tecnológico al público en general cumple una función muy importante, ya que contribuye a compartir el conocimiento, pero si consideramos —como es el caso— que las actividades científicas y tecnológicas obedecen también a los intereses políticos, económicos y sociales de cada época, entonces se debe ponderar y analizar la información en el marco de la sociedad.

No puede ni debe separarse el avance científico y tecnológico de las motivaciones políticas, económicas y sociales que llegan a encauzarlos en una u otra línea. Debe recordarse —aunque duela admitirlo— que uno de los factores que más ha impulsado la investigación científica y tecnológica ha sido la aspiración de gobernantes de señoríos, reinos e imperios de aumentar su zona de influencia, expandir sus mercados y conquistar más territorio. En el siglo pasado las dos guerras mundiales fueron grandes motores de progreso de la tecnología y de la ciencia. Aún más, la Guerra Fría con su carrera espacial trajo consigo nuevos productos y procedimientos que, tiempo después de que los usaron astronautas y militares, la población civil empezó a emplear y disfrutar.

Así, los avances científicos y tecnológicos no deben darse a conocer desligados de las implicaciones sociales, políticas, económicas y culturales que pueden tener, tanto en nuestros círculos familiares y de amistades como en la sociedad. Por ejemplo, ¿qué modificaciones hemos sufrido con la fortuna o desgracia de ser localizables en cualquier lugar del mundo?, ¿cuáles son las ventajas de las técnicas para producir organismos modificados genéticamente?, ¿las redes sociales nos aíslan porque formamos grupos homogéneos o aumentan nuestros contactos con una diversidad de personas? Estas y muchas otras preguntas debe intentar responder el periodismo científico con la mayor objetividad posible, como lo expone Sagan (1997: 452): "los poderes sin precedentes que la ciencia pone ahora a nuestra disposición deben ir acompañados de una gran atención ética y preocupación por parte de la comunidad científica... además de una educación pública basada fundamentalmente en la importancia de la ciencia y la democracia".

El periodista científico, entonces, debe ponderar en su contexto todas las aportaciones de la ciencia y la tecnología, y no debe sentirse satisfecho únicamente con informar sobre las novedades. Si bien es importante transmitir esos datos, lo es más mostrarlos como el resultado de la conjunción de una serie de factores que van conformando los cambios en la sociedad. No hay que olvidar que muchos de los avances científicos tienen sus antecedentes en los descubrimientos y conocimientos que se han generado en otras épocas.

El tercer objetivo del periodismo científico: contribuir a crear un pensamiento científico que aliente la conciencia crítica de la población para que pueda influir en la política científica, con el propósito de lograr el desarrollo integral del país, termina por confirmar su importancia. No se trata de comunicar solo un conocimiento de épocas pasadas o actuales y señalar las repercusiones que tuvo o que podrá tener, sino también de colaborar de manera activa y directa con un buen sistema educativo nacional que permita difundir el pensamiento científico entre toda la población.

Las autoridades educativas lo deberán hacer en las aulas, ya que uno de los principales objetivos de la educación básica debe ser enseñar a pensar al alumno, fomentarle una actitud crítica, como refiere Theodore Schikk, Jr., profesor de filosofía en el Colegio Muhlenberg, de Estados Unidos (citado en Hartz y Chappell, 2001: 132): "A menos que nuestro sistema educativo se centre más en enseñar a los estudiantes cómo pensar más que en qué pensar, nuestro pueblo se volverá cada vez más crédulo".

García Márquez (2014) planteaba los beneficios que puede traer consigo el fomento del pensamiento crítico: "Una educación, desde la cuna hasta la tumba, inconforme y reflexiva, que nos inspire un nuevo modo de pensar y nos incite a descubrir quiénes somos en una sociedad que se quiera más a sí misma. Que aprovecha al máximo nuestra creatividad inagotable y conciba una ética —y tal vez una estética— para nuestro afán desaforado y legítimo de superación personal".

Por su parte, Roqueplo (1983: 167) considera que la divulgación científica puede contribuir a alentar una actitud crítica:

> Esta actitud [experimental] es la que conduce a verificar, a controlar... y, por ese mismo hecho, a eliminar la credulidad perezosa. Esa anti-credulidad debe ejercerse contra todo verbalismo, toda propaganda, toda publicidad, comprendida aquella de que se rodea la propia ciencia. Lejos de conducir a una suerte de ideología anticientífica, el método experimental así divulgado (a partir del conjunto de situaciones de divulgación, situadas en la vida cotidiana de todos y cada uno) debería llevar a conferir a las ciencias su dimensión cultural auténtica, demistificando [sic] la forma tan a menudo anticientífica en que su autoridad se halla míticamente reivindicada.

No se crea que pensar científicamente es algo difícil de lograr o que está fuera del alcance de las personas comunes y sonrientes, por el contrario, es natural y cotidiano. Debe hacerse un descubrimiento como el que Jourdain, personaje de Moliere en *El burgués gentilhombre* hace: "¡Por vida de Dios! ¡Más de cuarenta años que hablo en prosa sin saberlo!" Así como hablamos en prosa —y algunos no lo saben—, también en toda la vida se toman decisiones después de pensar científicamente —aunque no se sepa—, como escribió Jared Diamond en *Kinship with the Stars*, publicado en *Discover Magazine* en 1997 (citado en Hartz y Chappell, 2001: 213):

> Cada uno de nosotros —ya sea poeta, portero o físico nuclear— tiene que ser capaz de pensar científicamente y entender algo de ciencia para arreglárselas en la vida. Todos los días enfrentamos decisiones que se apoyan en la ciencia, tales como si conviene fumar, qué cosas comer, con quién tener sexo y qué protección usar (si acaso). Incluso para decisiones que no dependen de hechos científicos, la ciencia provee el conjunto probado de métodos mejores para adquirir información confiable acerca del mundo.

En la medida en que se esté consciente de la importancia del pensamiento científico, podrá tenerse una actitud crítica que permitirá tomar mejores decisiones sobre política científica y sobre otros aspectos de la vida personal y democrática del país, como ha planteado Stephen Hawking (1989): "Si admitimos que no es posible impedir que la ciencia y la tecnología cambien el mundo, podemos al menos intentar que esos cambios se realicen en la dirección correcta. En una sociedad democrática, esto significa que los ciudadanos necesitan tener unos conocimientos básicos de las cuestiones científicas, de modo que puedan tomar decisiones informadas y no depender únicamente de los expertos".

Esta importante función del periodismo científico (el cumplimiento de los tres objetivos) ha sido reconocida en todo el mundo en diferentes foros. En España, país pionero en el periodismo científico de habla española, durante su Primer Congreso sobre Comunicación Social de la Ciencia, celebrado en Granada, en marzo de 1999, se planteó:

> Es urgente [...] incrementar la cultura científica de la población. La información científica es una fecundísima semilla para el desarrollo social, económico y político de los pueblos. Como se ha repetido a lo largo del Congreso, el conocimiento debe ser considerado de enorme valor estratégico. La complicidad entre los científicos y el resto de los ciudadanos es una excepcional celebración de la democracia. Pero es que además esa nueva cultura contribuiría a frenar las supercherías disfrazadas de ciencia, aumentaría la capacidad crítica de los ciudadanos, derribaría miedos y supersticiones, ha-

ría a los seres humanos más libres y más audaces. Los enemigos a batir por la ciencia son los mismos que los de la filosofía, el arte o la literatura, esto es, la incultura, el oscurantismo, la barbarie, la miseria, la explotación humana.

Esos enemigos convergen en nuestro país, por lo que se requiere que se unan los esfuerzos de periodistas, editores, universidades, centros de investigación, empresarios y autoridades educativas para contribuir a conformar un pensamiento científico entre la población y tener una excepcional celebración de la democracia, la cual tiene características semejantes a la ciencia (Sagan, 1997: 57):

> Tanto la ciencia como la democracia alientan opiniones poco convencionales y un vivo debate. Ambas exigen raciocinio suficiente, argumentos coherentes, niveles rigurosos de pruebas y honestidad. La ciencia es una manera de ponerles las cartas boca arriba a los que se las dan de conocedores. Es un bastión contra el misticismo, contra la superstición, contra la religión aplicada erróneamente. Si somos fieles a sus valores, nos puede decir cuándo nos están engañando. Nos proporciona medios para la corrección de nuestros errores.

Claro que eso sería enormemente subversivo si las autoridades actuaran de espaldas a la población, porque todo gobierno democrático debería preciarse de contar con una sociedad pensante y participativa en la política social, económica, cultural y científica del país. En consecuencia, la divulgación y el periodismo científicos tienen una gran tarea por desarrollar en coordinación con todos los sectores de la sociedad.

Todavía más, la definición de periodismo científico aquí propuesta tiene muchos puntos en común con el periodismo de resistencia que propone Pena de Oliveira (2011: 156), quien afirma: "Creo en las posibilidades de construcción social de la realidad a través del periodismo y aún observo en el profesional de la prensa un papel importante en dicha dinámica". Este periodismo, según Oliveira (2011: 159-160), se ejerce a través de nueve premisas, las cuales considero importante reproducir como corolario de la definición de periodismo científico:

- el periodista ejerce la autocrítica antes y después del reportaje, y procura distinguir los prejuicios, estereotipos y limitaciones;

- busca siempre el elemento nuevo y las posibilidades de inversión del eje [el enfoque de la noticia] en el tratamiento de la historia;
- trabaja con objetividad, pero introduce las opiniones de sectores representativos de la comunidad, evitando resaltar a [...] las autoridades y expertos;
- observa la historia bajo la óptica del servicio que presta a la comunidad y no en función del valor de mercado;
- como parte de la estrategia de resistencia, utiliza el lenguaje con sutileza y precisión, al acecho de lo que se dice entre líneas y los discursos no verbales;
- regula sus entrevistas con preguntas que dan prioridad a las demandas de la comunidad, en la búsqueda de un tratamiento que las haga interesantes incluso para los individuos que no forman parte de ella;
- negocia constantemente con sus compañeros y jefes, con el objeto de cambiar la cultura profesional y producir nuevos valores para determinar qué es y qué no es noticia;
- propone pautas relacionadas con una temática positiva para las cuestiones sociales, preocupado por mantener el interés del gran público;
- deja de ser un observador neutro. Se implica en el reportaje y busca su objetivo social a través de la aplicación de los puntos anteriores.

Por lo tanto, la divulgación y el periodismo científicos tienen una gran tarea por desarrollar y, como afirma Patterson (2018: 29): "Los periodistas se dedican al trabajo diario de hacer visible lo invisible, de conectarnos con el mundo que trasciende nuestra experiencia directa. La vida pública es cada vez más compleja y necesitamos una fuente continua de información oportuna y relevante sobre los asuntos del día, por eso necesitamos a los periodistas".

Y yo añadiría que nosotros los periodistas necesitamos a los científicos, los investigadores, los estudiantes para generar un pensamiento crítico y científico en la población, que contribuya a conformar la sociedad democrática a la que debemos aspirar, en la cual podrá exigirse la rendición de cuentas a los gobernantes.

La narración como núcleo informativo

En esa labor, tanto el periodismo científico, según la definición arriba desarrollada, como el de resistencia propuesto por Pena de Oliveira utilizan valiosas herramientas técnicas que en el pasado ya han probado su eficacia. No se trata de ningún procedimiento o metodología científica, sino de uno de los más antiguos oficios del ser humano, el del narrador que cuenta hechos, comparte conocimientos, refiere experiencias propias y ajenas, transmite un saber a partir de creaciones y recreaciones, porque para el relator es tan importante la forma como el contenido, ya que finalmente es un contador de sueños y de cuentos.

Hasta en las canciones encontramos historias muy bien contadas en cualquier género, no solo los corridos, sino también se tienen excelentes narraciones en bolero, salsa, rock, balada, ballenato, merengue...

Claro que para algunos podrá parecer una herejía comparar una canción con el material del periodismo de ciencia, pero se trata finalmente de algo que se ha hecho siempre: narrar una historia, así parezca la más insulsa, pero que el ingenio y creatividad del relator la convierten en la más bella. Narrar es rehacer la historia, recrearla, aunque en esencia sea la misma pero dicha de diferente manera:

> Los cuentos narrados y vueltos a narrar a lo largo de todo el planeta, a pesar de las *variora* locales, reflejan las constantes biológicas y sociales de la especie humana. Exteriorizan y representan procesos pulsionales y cerebrales comunes a la humanidad. Más concretamente, permiten a la psique humana acomodarse y responder a provocaciones y contradicciones irresolubles como las que crea el tabú del incesto, nuestras ambiguas relaciones con el entorno cultural y animal o la ineluctabilidad de la muerte (Steiner, 2002: 162).

En esa etapa ineluctable, Mankell (2015: 167) en su último libro, en el que ofrece brillantes pinceladas de divulgación científica, reafirma esta concepción de la palabra hablada: "Siempre me reafirmaba en la idea de que el ser humano es un ser narrante. Más *Homo narrans* que *Homo sapiens*. En los relatos de los otros nos vemos a nosotros mismos. Toda obra de arte sincera contiene un fragmento pequeñísimo de un espejo".

Pero no solo eso, "las narraciones orales pueden considerarse un tipo de pre-periodismo", como señala Pena de Oliveira (2011: 23-24), quien cita a Bill Kovach y Tom Rosenstiel, y agrega: "las narraciones orales son los primeros grandes *media* de la humanidad. El historiador Peter Burke las clasifica como un medio de comunicación específico e importante, pero que ha sido objeto de poca atención por parte de la historiografía oficial, a pesar de la vasta literatura sobre la oralidad".

Como escribió León Felipe en "Contadme un sueño" (1972: 155):

> Voy a contar mi sueño, narradores de cuentos.
> Voy a contar mi sueño.
> Es un sueño sin lazos,
> sin espejos,
> sin anillos,
> sin redes,
> sin trampas... y sin miedo.

Es el sueño que todos contamos de diferente manera, con distinto tono pero siempre con la misma pretensión e intensidad: dejar el mundo un poco mejor de como lo encontramos. Y ese mundo puede abarcar desde todo el planeta hasta el modesto pero orgullosamente eficaz logro de modificar en cierta forma la visión del oyente, lector o espectador que atiende el relato de los divulgadores y periodistas científicos del siglo XXI, como se ha hecho prácticamente desde la aparición del *Homo sapiens*, pues en la tradición oral y gráfica se encuentra el origen o cimiento de las culturas, que se nutren de la experiencia propia y ajena para formarse una idea del mundo y conformar ideas que lo transformen, ya que narrar historias es un medio de forjar cultura.

Gutiérrez Rodilla (1998: 315) ha señalado puntualmente: "La cultura de las grandes mayorías que, en las sociedades tradicionales, ha dependido durante larguísimos periodos principalmente de la transmisión oral, no ha sido nunca impermeable a los conocimientos científicos, sino que en todas las épocas los ha ido incorporando a su propio *bagage*, a través de una prolongada convivencia con ellos".

Esa preocupación sigue vigente, incluso en estos tiempo de inmediatez cibernética, de redes sociales, de búsqueda frenética de novedades, de modernidad líquida en que "la cultura, al igual que el resto del mundo experimentado por los consumidores, se manifiesta como un depósito de bienes concebidos para el consumo, todos ellos en competencia por la atención insoportablemente fugaz y distraída de los potenciales clientes, empeñándose en captar esa atención más allá del pestañeo" (Bauman, 2013: 19).

Tal vez precisamente por esa nueva característica, "se requiere que [los estudiantes de periodismo] aprendan a contar historias en tantas formas como sea posible, porque eso es lo que el mercado del periodismo digital exige ahora", advirtió Fagin (2015), director del Programa de Ciencia, Salud y Medio Ambiente del Instituto de Periodismo Arthur L. Carter de la Universidad de Nueva York.

Así que no basta con transmitir un conocimiento de manera sencilla y comprensible, sino que también es necesario atrapar al lector, cautivar al televidente, seducir al radioescucha, encantar al espectador, interesar al público de tal manera que pida más, que desde la primera frase, escena o sala de exposición quede prendado y prendido por la obra.

Pero este objetivo no es privativo del divulgador o el periodista de ciencia, también parece ser una cualidad muy apreciada en las publicaciones científicas. Hillier *et al.* (2016: 9) realizaron una investigación sobre la relación entre el estilo narrativo y la citación frecuente de artículos sobre cambio climático, en la que encontraron que, a pesar de que el diseño de su estudio no podía establecer una relación entre estilo narrativo y citación frecuente:

> nuestros resultados se agregan a una creciente literatura que pone de relieve el papel importante de la estructura narrativa para que los lectores procesen y recuerden la información. Sin conocer los mecanismos cognitivos específicos involucrados, parece ser que la comprensión y la posterior utilización de la información científica está influida positivamente por la escritura narrativa.

Este parece ser uno de los puntos de unión entre científicos y divulgadores y periodistas: el interés por narrar un hecho. Y también parece ser el secreto mejor guardado que asemeja a divulgadores y periodistas: la capacidad de asombrar al público, de transmitir la emoción, el placer que sintieron al descubrir las maravillas de la ciencia y la tecnología; el deseo irrefrenable de compartir con otros la experiencia del descubrimiento, el momento en que se desvelan algunos de los misterios universales ante los ojos y el cerebro del comunicador.

Por tal razón, John Wilkes, profesor de literatura inglesa, ha señalado: "las tres cualidades más importantes para un periodista científico son *1)* bagaje científico, *2)* talento para escribir, *3)* pasión para escribir", según lo citan Hartz y Chappell (2001: 207).

Con esos trabajos de divulgación, que no se limitan a traducir conceptos sino a recrear el conocimiento científico para transmitirlo al resto de la sociedad:

> los profesionales de la ciencia no serán en adelante los únicos que puedan detentar el conocimiento científico. Eso es lo que persigue esta nueva forma de género literario (narrativo), creando un espacio de generación de nuevos conocimientos, necesidades y actitudes que, a su vez, contribuirá a una nueva consideración de espacios tradicionalmente "científicos" y que ahora pasarán a formar parte de la vida diaria de una gran parte de los ciudadanos de nuestra sociedad (Llácer y Ballesteros, 2012: 59).

Para lograr ese objetivo se hace uso de diferentes recursos técnicos en la redacción, como los que señala Gutiérrez Rodilla (1998: 322):

> en este tipo de texto [...] es frecuente encontrar posiciones militantes y argumentaciones menos objetivas de las que habitualmente se manejan en los artículos científicos destinados a los especialistas. Todo lo dicho implica la inclusión de distintos recursos emotivos, como el humor, los juegos de palabras, las alusiones constantes a elementos del mundo cotidiano... típicos de los textos de divulgación y proscritos en el discurso científico.

Por supuesto que no basta con emplear esos recursos retóricos como la paráfrasis, la metáfora y la analogía, también se requiere una buena técnica narrativa, porque finalmente el ser humano es un narrador por excelencia: narraba alrededor del fuego, en el interior de las cavernas, narraba en las aventuras del oeste o en las historias de amor o en las novelas de grandes escritores o en los ensayos memorables. En realidad la historia de la humanidad es un cuento sin fin, vivimos contando la vida, algunos lo hacen bien, otros mejor y, por supuesto, otros muy mal, pero todos queremos contar una historia y eso pretende el periodista científico, el divulgador de la ciencia, el museógrafo, el guionista, el tallerista: contar una historia de la manera más entretenida, atractiva, interesante, que capte al público primero, después lo capture y termine por cautivarlo, no como lo hace el escritor de narrativa (novela, novela corta y cuento), pero sí con la claridad, precisión y amenidad del ensayista.

Entonces, si se acepta que el lenguaje narrativo nos ayuda a construir nuestra realidad, nuestro mundo, se puede considerar que el encuentro con un material periodístico es un viaje, el cual puede ser enriquecedor o decepcionante, pero siempre transformador. Ese lenguaje narrativo, que contribuye a crear visualizaciones que más tarde conducirán a los conceptos, permite interactuar con los objetos y conformar una bitácora de viaje, que va modificando al lector.

Claro que hay viajes más provechosos que otros y no depende únicamente del lugar que se visita (el contenido), sino cómo se hacen los recorridos (la forma). Basta recordar las *Instrucciones para subir una escalera* de Julio Cortázar o sus andanzas con una mosca que no podía volar al revés para detenerse en el techo, o los magníficos relatos de Guillermo Cabrera Infante en obras como *Tres tristes tigres* y *La Habana para un infante difunto*.

Por su parte, Gabriel García Márquez, reportero en sus inicios, ha defendido la idea de que el buen periodismo es literatura, debe recordarse que antes que todo un reportaje es un relato documentado. En sus memorias, García Márquez (2002: 315) escribe:

> La sangre fría y el ingenio con que Elvira Mendoza aprovechó la necedad de Berta Singerman para revelar su personalidad verdadera, me puso a pensar por primera vez en las posibilidades del reportaje, no como medio estelar de información, sino mucho más: como género literario. No iban a pasar muchos años sin que lo comprobara en carne propia, hasta llegar a creer como creo hoy más que nunca que novela y reportaje son hijos de una misma madre.

Y esa madre también tiene al periodismo científico como hijo cuando la entrevista, la crónica, el reportaje y hasta la nota informativa, además de estar bien escritos, alcanzan niveles literarios. Joseph Schwartz, autor del libro *El momento creativo* (citado en Dunbar, 1999: 281) afirma: “hay signos esperanzadores que indican que la literatura está empezando a tomar a la ciencia como un asunto serio a explorar".

Jon Franklin, periodista estadounidense especializado en ciencia (citado en Hartz y Chappell, 2001: 200) coincide con esa opinión:

> La verdad es que "una parte de la mejor literatura de nuestros días aborda temas de ciencia, pese a que no es llamada literatura científica —dice Jon Franklin—. Puedo citar, como me viene a la cabeza, *The Right Stuff* [Lo que hay que tener: Elegidos para la gloria] de Tom Wolfe y cualquier cantidad de piezas de John McPhee. Pero no los llamamos escritores de ciencia, ¿verdad? No, no lo hacemos, así como tampoco podemos llamar a Hemingway un escritor de guerra, o a Steinbeck un escritor de la pobreza o a Mark Twain un escritor para niños".

Afirmar que algunos textos de divulgación y periodismo científicos pueden considerarse literarios no es una pretensión de divulgadores y periodistas que fracasaron en el intento de ser escritores de ficción, sino una legítima aspiración de la divulgación y el periodismo científicos que parecen navegar entre dos aguas: la de la ciencia y la de la literatura. Más importante aún sería que se le reconociera su validez literaria, ya que entonces su forma y contenido serían imprescindibles, según el criterio de Steiner (2002: 264-265):

> La creatividad en las artes y en las propuestas filosóficas es, respecto a la supervivencia de la conciencia, de un orden distinto al de la invención en las ciencias. Somos un animal cuyo aliento vital es el sueño narrado, pintado, esculpido y cantado. No hay, ni puede que exista, comunidad alguna en la tierra, por rudimentarios que sean sus medios materiales, que carezca de música, de algún tipo de artes gráficas, o de esas narraciones de la rememoración imaginaria que llamamos mito y poesía.

Aspirar a que la divulgación y el periodismo científicos se incluyan en la rememoración imaginaria no es una empresa imposible. Está en manos del divulgador y el periodista trascender esta situación y crear —con el valor de la palabra— vehículos e itinerarios que permitan transitar entre las dos aguas (ciencia y literatura) sin temor a naufragar, pues se podrá contar con las herramientas de esas dos disciplinas.

Estas posibilidades ya se han explorado en otros países, como lo apunta Sánchez Mora (2010: 109). A partir de la revisión de los criterios que siguieron autores de antologías de divulgación científica en lengua inglesa para incluir textos de divulgadores, la autora considera que:

> ahora la divulgación puede ser *además* concebida como literatura. Y esta concepción es la que me parece que ha asegurado la aceptación y la permanencia de los "grandes escritos de divulgación": aquella que toma recursos literarios, que involucra preocupaciones humanas (más allá de las cotidianas), que recrea a la ciencia, en el sentido de darle nueva forma de expresión a algo ya existente; la que no mira a la ciencia como conocimiento aislado sino que la sumerge en el mar de las inquietudes intelectuales que los seres humanos comparten; la que no se limita a mostrar lo que se debe saber para que su lector sea considerado científicamente culto; esta parece ser la divulgación exitosa: la explicación de la realidad nos incluye e incluye el significado de nuestra existencia.

En este trayecto del divulgador —incluido el periodista— existe la posibilidad de que se sacrifique la precisión de los datos por cuidar el estilo. Pero eso dependerá de los recursos que se tengan, pues también hay buenos y malos ensayistas. Lo deseable es cuidar la cantidad, la cualidad, la precisión y la relevancia (las cuatro máximas de la comunicación), al tiempo que se construye el entramado de la historia.

Nunca debe perderse el objetivo de la divulgación y el periodismo científicos: transmitir información del quehacer científico y tecnológico obtenida de fuentes confiables, que no se preste a confusión. Deberá tenerse en cuenta que el hilo conductor de la entrevista, el reportaje o el artículo será una historia bien contada, pero el contenido siempre será lo más importante, por lo que no debe confundirse al lector con personajes ficticios o situaciones irrelevantes. Deberán emplearse las técnicas narrativas y las de los géneros periodísticos, nunca las de la narrativa de ficción.

Algunos divulgadores han incursionado con relativo éxito en el cuento y la novela, pero no logran el objetivo de divulgar el conocimiento científico, y no porque su técnica o habilidad narrativa sea mala, sino porque el lector no puede distinguir lo real de lo ficticio, dónde terminan los hechos científicos y tecnológicos y dónde comienzan los recursos de la ficción.

En las novelas y cuentos que tienen la pretensión de presentar ciencia en ficción, y no ciencia-ficción, llega a suceder lo mismo que en las novelas históricas: se combinan los hechos reales con los creados por el autor, y solo los avezados en los temas históricos pueden distinguir entre la trama ficticia y los acontecimientos reales. Por supuesto que esa falta de fidelidad histórica no le resta valor literario a la obra, pero finalmente se inserta entre las obras de ficción.

En el caso de las novelas de ciencia en ficción, el propio autor de este término y de cuatro obras con esa orientación, Djerassi (1996: 10), reconoce que: "Aparte de algunas concesiones inevitables que impone la narrativa, *El gambito de Bourbaki* mantiene un alto nivel de verosimilitud gracias a la ayuda de muchos asesores en temas tan diversos como la cultura científica japonesa".

Es decir que el contenido de la novela tiene apariencia de verdadero, ya que tiene "un alto nivel de verosimilitud". Sin restarle méritos a la calidad narrativa del científico, debe aceptarse que la mejor forma de divulgar la información y el conocimiento científico y tecnológico es el género de no ficción. En una consideración que abarca todos los géneros periodísticos, Romero (1996) advierte:

> no siempre hay garantía de que el destinatario de los relatos no ficcionales posea una competencia similar a la del emisor; puede, incluso, darse el caso de que el receptor actualice esos textos como si fueran relatos de ficción. Esta posibilidad no debe extrañarnos, pues al publicarse en forma de libro y estar a disposición del lector mucho tiempo después de haber ocurrido el acontecimiento narrado en el relato, es factible que el destinatario olvide no solo el hecho narrado sino el contexto en el que se desenvolvió. Por si fuera poco, el recurso de emplear las técnicas de la novela para narrar induce, con mayor razón, a decodificar como si se tratara de un relato de ficción.

Por esa razón, una parte importante de la preparación del divulgador y el periodista de la ciencia es descubrir de qué están hechas las mejores historias, los mejores relatos, las mejores obras de la divulgación científica. Se deben leer de otra manera los diarios y revistas, apreciar de otra forma los guiones de programas de radio y televisión, pero sobre todo buscar el entramado con que se han tejido las mejores creaciones, descubrir cómo el literato va hilando fino hasta realizar una obra maestra del tapiz de la literatura.

Claro que de ese análisis deberá pasarse al ejercicio constante de la escritura con un sentido autocrítico. De esta forma se podrán encontrar las técnicas o *mañas* que podrán convertir a un redactor en un buen narrador, porque —como en cualquier oficio— el dominio de la técnica de la nota informativa, la entrevista, el reportaje o el guion no garantiza la creación de buenos trabajos.

Para lograrlo, todo comienza desde el principio, el *incipit*, dicen los críticos. Los grandes comienzos, como el del Quijote (Cervantes, 2005: 27): "En un lugar de La Mancha de cuyo nombre no quiero acordarme, no ha mucho tiempo que vivía un hidalgo de los de lanza en astillero, adarga antigua, rocín flaco y galgo corredor".

El clásico principio de *Cien años de soledad* (García Márquez, 2007: 9): "Muchos años después, frente al pelotón de fusilamiento, el coronel Aureliano Buendía había de recordar aquella tarde remota en que su padre lo llevó a conocer el hielo".

El intrigante comienzo de *El almohadón de pluma* (Quiroga, 1996: 97): "Su luna de miel fue un largo escalofrío. Rubia, angelical y tímida, el carácter de su marido heló sus soñadas niñerías de novia".

Por su parte, los divulgadores de la ciencia mexicanos también tienen buenos principios, como José Gordon, quien en un libro reúne una selección de artículos, de los que se presenta el inicio de uno de ellos (Gordon, 1995: 22): "Los enamorados dicen que la distancia es el olvido pero que no conciben esa razón. También los poetas niegan la separación al expresar que 'nadie puede cortar una flor sin perturbar una estrella'. Por su parte, el filósofo Heráclito de Éfeso se enfrenta al concepto de la lejanía al afirmar que la verdadera sabiduría consiste en saber que todo está comunicado con todo".

Shahen Hacyan (1989: 11) comienza una de sus obras de divulgación de esta forma:

> La Tierra se mueve en el espacio como un grano de polvo en un vendaval: gira alrededor del Sol a 30 kilómetros por segundo, y este astro se mueve a su vez a 30 000 kilómetros por segundo alrededor del centro de la Vía Lác-

> tea, que es sólo una galaxia entre los millones de galaxias que efectúan un baile cósmico enlazadas por sus mutuas atracciones gravitacionales. Y sin embargo, no percibimos ninguno de estos movimientos; la Tierra parece ser lo único firme e inmutable a nuestro alrededor.

Otro investigador y divulgador, Antonio Sarmiento (1991: 9), tiene este inicio en una de sus obras:

> Está en todo lugar pero no ocupa espacio alguno. Podemos medirlo pero no podemos verlo, tocarlo, deshacernos de él o ponerlo en algún recipiente.
>
> Cualquiera sabe lo que es y lo usa a diario, pero ninguno ha podido definirlo.
>
> Podemos usarlo, ahorrarlo, desperdiciarlo o matarlo, pero no podemos destruirlo o cambiarlo, y nunca aumenta o disminuye.
>
> Todas las frases del epígrafe se refieren al tiempo [...] Hoy día, el enigma del tiempo continúa siendo objeto de frustración, confusión y fascinación y un reto para el ser humano.

O como bien señala Mutis (1988: 11) en *La última escala del Tramp Steamer*: "Hay muchas maneras de contar esta historia —como muchas son las que existen para relatar el más intrascendente episodio de la vida de cualquiera de nosotros—. Podría comenzar por lo que, para mí, fue el final del asunto pero que, para otros participantes de los hechos, pudo ser apenas el comienzo".

Lo importante es atrapar la atención, el interés del lector y luego no permitirle que deje el texto, que lo que se prometa en el primer párrafo se vaya entregando conforme se desarrolle la lectura. Cualquier inicio es válido, siempre que sea único, irrepetible y que cumpla su cometido: cautivar al público, seducirlo. Se podría decir que un periodista científico debe ser creativo y buen redactor.

Quien aspire a ser un buen divulgador o periodista que pretenda dominar el oficio de narrador, deberá contar con las herramientas del periodismo como valiosos auxiliares en su tarea de transmitir al receptor un mensaje atractivo y seductor que, además de ser disfrutado, le transmita nuevos conocimientos o le aporte elementos de juicio sobre determinados acontecimientos científicos o tecnológicos del pasado o de la actualidad.

Con esas herramientas y, sobre todo, con el interés y entusiasmo por comunicar se podrá cumplir con las numerosas funciones que tiene el periodismo científico.

Antes de pasar revista a algunas de las funciones del periodismo científico, conviene presentar las funciones que, a juicio de Alcíbar (2017), competen a la divulgación científica, pero que evidentemente se imbrican con las del periodismo científico: "Hay variados y sólidos argumentos para afirmar que la divulgación de la ciencia *1) es la mejor manera de promover las vocaciones científicas, 2) de extender y afianzar el conocimiento científico más allá del restringido núcleo de los especialistas, y 3) de obtener financiación para que la investigación científica pueda desarrollarse.*

Sería conveniente que los divulgadores de la ciencia meditaran seriamente sobre estas funciones que el escritor y periodista español plantea que debe cumplir la divulgación de la ciencia.

Funciones

Sin una actitud pragmática, pero sí con la intención de destacar la importancia de la divulgación del conocimiento científico y tecnológico en la sociedad, puede considerarse que el periodismo científico debe cumplir con funciones agrupadas en siete grandes grupos:

- Compartir el conocimiento.
- Informar de los acontecimientos en su debido contexto.
- Alentar una actitud crítica.
- Combatir la pseudociencia.
- Colaborar en la tarea de elevar el nivel educativo y cultural de la población.
- Destacar la importancia de la ciencia y la tecnología para el desarrollo del país.
- Contribuir a establecer una infraestructura de comunicación de la ciencia.

Compartir el conocimiento

La sola divulgación del conocimiento de una manera sencilla, clara y precisa no es suficiente, debe transmitirse también el asombro, el gozo y la alegría de saber más, una sensación semejante a la que experimentó el periodista cuando leyó y asimiló esa información o cuando el científico se la explicó. De esa manera podrá disfrutarse la adquisición de ese nuevo conocimiento y se buscará ampliarlo o compartirlo con más personas.

Asimismo, se podrá aumentar o despertar el interés por conocer y comprender mejor lo que sucede alrededor, vale decir que se logrará compartir la necesidad de saber más, de preguntar y buscar respuestas a inquietudes sobre diferentes fenómenos que suceden todos los días. Si se consigue esta empatía con el receptor, se logrará: "Poner al servicio de la mayoría los conocimientos de la minoría, y acercar al pueblo al trabajo de los científicos, en un ejemplo de la más difícil y exigente democracia, la de la cultura" (Calvo Hernando, 1977: 31).

Informar de los acontecimientos en su debido contexto

A riesgo de parecer reiterativo, debe insistirse en la obligación del periodista científico de mostrar los aspectos sociales, políticos y culturales relacionados con los acontecimientos científicos y tecnológicos, tanto del pasado como de la actualidad, con el fin de ayudar a desterrar la idea generalizada de que los hitos históricos ocurren aislados del entorno.

En otras palabras, el periodista científico no debe limitarse a presentar la información, sino que debe ofrecer los elementos informativos y de análisis que permitan enterar al receptor de la trascendencia de la invención, descubrimiento o avance científico.

Alentar una actitud crítica

La información científica debe presentarse con explicaciones razonables que den cuenta —de forma breve— de los experimentos o metodología que se emplearon para llegar al avance que se describe. Esa información es indispensable para contribuir a que la gente comprenda la importancia del quehacer del investigador, que sepa que en el trabajo cotidiano el investigador pone en práctica una metodología científica, que es un legado de los precursores de la ciencia moderna de los siglos XVI y XVII, como aguda y críticamente puntualiza Cereijido (2009: 180):

> Es demasiado raro que esta divulgación, tal como hoy se la hace se ponga a divulgar *qué es* la ciencia moderna, cómo se desarrolló, cuál es su esencia,

por qué no es una aventura exclusiva de la razón, qué diferencia hay entre el modo científico y el religioso de interpretar la realidad o *por qué los países del Primer Mundo tienen ciencia y los del Tercer Mundo, no,* y qué papel desempeñan los analfabetos científicos encaramados en el Gobierno.

De esta forma, el receptor podrá saber que los científicos no llegan a sus conclusiones por un rapto de inspiración, por intuición o por un soplo divino, como sí lo hacen los charlatanes y embaucadores, quienes nunca revelan los procedimientos que supuestamente siguieron para obtener sus sorprendentes resultados, ya sean "curas milagrosas" o "invenciones extraordinarias".

En la medida en que se transmita correctamente la información al receptor y se le muestre parte del trabajo científico, podrá apreciar mejor la importancia de la investigación y podrá participar, en cierto grado, en los planteamientos científicos, de tal manera que tenga más elementos para formarse una opinión sobre las repercusiones que podrán tener los avances científicos y tecnológicos, como refirió Picardo Joao (2001):

> ciencia y tecnología, cada vez más generan un sentimiento encontrado entre miedo y esperanza; miedo por la capacidad letal demostrada a través de los productos bélicos y por las implicaciones desconocidas de nuevos artefactos y materiales, y por la incertidumbre genética; esperanza por el desarrollo inmunológico, por los avances comunicacionales y por el desarrollo del bienestar, pero a fin de cuentas, serán los medios de comunicación y los periodistas quienes fiscalicen, exijan e informen para disminuir la brecha de temores y sobre todo, para exigir el cumplimiento de los requisitos éticos.

Esa actitud, más que vigilante, debe ser informativa para que se forje una cultura científica y un pensamiento crítico que permita advertir de los beneficios y perjuicios de los adelantos científicos y tecnológicos y, asimismo, acabe con las fobias y angustias que nacen de la falta de información.

La tarea no es nada sencilla, y no solo porque se debe navegar a contracorriente de la pseudociencia que inunda el mercado con historias fantásticas salpicadas de términos científicos; sino también porque las propias autoridades gubernamentales llegan a difundir esas patrañas, tal vez con buenas intenciones pero pavimentan el camino a la sinrazón y el desasosiego, como los jefes de Estado que atribuyen a la fe, los rezos y la "buena vibra" de la gente que fenómenos naturales, como los huracanes, no causen graves daños. En esas circunstancias puede esperarse lo peor, pues "cuando los gobiernos y las sociedades pierden la capacidad de pensar críticamente, los resultados pueden ser catastróficos", afirmó Sagan (1997: 232), y en esta segunda década del siglo XXI lo estamos comprobando y padeciendo. Por esta razón, adquiere una gran vigencia lo planteado por el propio astrónomo y divulgador científico:

> Si no podemos pensar por nosotros mismos, si somos incapaces de cuestionar la autoridad, somos pura masilla en manos de los que ejercen el poder. Pero si los ciudadanos reciben una educación y forman sus propias opiniones, los que están en el poder trabajan para *nosotros*. En todos los países se debería enseñar a los niños el método científico [...] Con ello se adquiere cierta decencia, humildad y espíritu de comunidad. En este mundo poseído por demonios que habitamos en virtud de seres humanos, quizá sea eso lo único que nos aísla de la oscuridad que nos rodea (Sagan, 1997: 466).

La lucha contra esos demonios deberá ser permanente porque en la medida en que se formen y forjen ciudadanos libres de prejuicios y con una actitud crítica ante los acontecimientos, en esa medida podrá conformarse una sociedad más libre y responsable de sus actos y de los del gobierno, que podrá rendir cuentas sin sentirse enjuiciado, sino como parte de los ejercicios propios de una sociedad democrática.

Además de esa tarea de los ciudadanos comunes y causantes de impuestos, los políticos también deben asumirla, ya que como reitera Cereijido (2009: 182):

> Una vez más: todos los quehaceres de envergadura en el mundo moderno requieren ser interpretados y manejados con base en la ciencia moderna y tecnología avanzada. *Cada funcionario de Estado debe tener, entonces, una formación que le permita entenderse con la ciencia, la tecnología y los científicos*. Hoy, los del Tercer Mundo no la tienen.

Combatir la pseudociencia

La carencia de un pensamiento crítico y de una actitud científica propicia el surgimiento y florecimiento de la pseudociencia, la cual hace uso de terminología científica que puede envolver a personas de todos los niveles sociales y educativos. Schulz (2005) afirma que en la pseudociencia: "*Lo que falla es que los postulados de donde parten estas deducciones son irracionales, dogmáticos, y no se produce un estudio crítico para contrastarlos a través de sus consecuencias con la realidad.* Es decir, falta el control interno que da su poder inmenso a la ciencia: la facultad de desechar una teoría cuando no se ajusta a la única verdad, que es la realidad".

Pero la pseudociencia tiene otro gran poder "se torna extremadamente peligrosa cuando goza del apoyo de los gobiernos, las religiones organizadas o las grandes empresas" (Bunge, 2015). Ese apoyo se da de manera directa o sutil, con información falsa o con verdades a medias de políticos y líderes de opinión. Bunge (1985: 65) enlistó esos riesgos que, a pesar del paso del tiempo y de la sociedad de la información (o tal vez por esa inmediatez en la adquisición de datos falsos y verdaderos), todavía siguen vigentes:

> *a)* Intenta hacer pasar especulaciones desenfrenadas o datos no controlados por resultados de la investigación científica; *b)* da una imagen equivocada de la actitud científica; *c)* contamina algunos campos de conocimiento, en particular las ciencias blandas (semiciencias) y las humanidades; *d)* es accesible a millones de personas (en tanto que la ciencia genuina es difícil y por esto está reservada a unos pocos), y *e)* goza del apoyo de poderosos grupos de presión —a veces iglesias y partidos políticos— y goza de la simpatía de los medios de comunicación de masas.

Esto sigue siendo cierto, a pesar de que ha habido más espacios en los medios impresos y electrónicos para la información científica; sin embargo, en esos medios impresos y electrónicos, y en internet, se propala información pseudocientífica que penetra más rápidamente y genera alarmas por supuestos acontecimientos desastrosos, como el inminente fin del mundo por el impacto de un enorme meteorito con la Tierra o por la aparición de extraños animales que atacan al ganado, como el *chupacabras*.

La habilidad de estas personas para embaucar a la gente se basa en técnicas que manejan y dominan con gran destreza, pues como desvela Cereijido (2009: 127):

> La *pseudociencia* adopta el lenguaje de la ciencia verdadera, hace extrapolaciones inconcebibles, saca conclusiones después de razonar con tontas analogías y, sobre esa base, apoya una escuela de filosofía o psicología, un culto religioso o una técnica exótica para dominar la realidad con el poder de la mente, conversar con los muertos y presentar sus conclusiones como si hubieran sido procesadas por medio de la maquinaria estricta de la epistemología.

En estas condiciones, el periodismo científico está llamado a contribuir a desvelar los ardides de la pseudociencia y sus propagadores, ya que muchos científicos se niegan a hacerlo porque consideran que es tiempo perdido. Además, los pseudocientíficos tienen una gran ventaja sobre los científicos: gozan de fama, popularidad y simpatía, así que todo lo que digan puede ser creído, en contraste, lo dicho por científicos siempre es objetado o negado sin prueba alguna.

El periodismo científico deberá aportar las argumentaciones científicas con la finalidad de desenmascarar a los embaucadores y alertar a la gente sobre los riesgos de atender las indicaciones de esos charlatanes, que lo mismo conducen al suicidio colectivo a sus seguidores, que esquilman a quienes compran sus pociones milagrosas. El reto es hacerlo con las armas del periodismo: sencillez, claridad, precisión y, sobre todo, amenidad para atrapar al receptor y persuadirlo de la verdad científica, pues como señaló Schulz (2005):

> Sencillamente, no hay vuelta atrás. Nos guste o no, estamos atados a la ciencia. Es mejor sacarle el máximo provecho, que despotricar contra ella, o crear sustitutos inútiles. Pero la superstición y la pseudociencia no dejan de interponerse en el camino para distraer a todos, proporcionándonos respuestas fáciles, evitar el escrutinio escéptico, apelar a nuestros temores y devaluar la experiencia, convirtiéndonos en practicantes rutinarios y cómodos además de víctimas de cuanto timador se presente.

Esa actitud escéptica no debe limitarse al ataque directo e inmediato de la pseudociencia, sino indagar las razones o situaciones que propician la propagación de infundios, es decir buscar los factores sociales, culturales y políticos que llevan a la aceptación de fantasías o habladurías como verdades, por lo que se:

> requiere desarrollar una conciencia tanto de las fortalezas como de las limitaciones del método científico. Las fortalezas radican en la solidez de las técnicas experimentales que distinguen el conocimiento confiable del no confiable, la distinción clave entre "buena" y "mala" ciencia.
>
> Sus debilidades, sin embargo, radican en incentivar una forma de arrogancia en la que la ciencia moderna es vista como la única fuente de conocimiento confiable, y discontinuar, por ejemplo, la aplicación del conocimiento tradicional que podría haber servido por siglos a las comunidades u ofrecido alternativas para las cuales la ciencia brinda una limitada visión (Dickson, 2012).

De esta forma, el periodista científico estaría en posibilidades de contribuir a que las comunidades aprovechen tanto el conocimiento surgido del método científico, como el saber transmitido durante generaciones que en la práctica ha probado su eficacia. Este maridaje, hasta ahora no del todo bien avenido, podría mejorar e impedir que la pseudociencia, la superstición y la charlatanería llenaran esa brecha que en ocasiones se abre entre las culturas autóctonas y la ciencia moderna.

Colaborar en la tarea de elevar el nivel educativo y cultural de la población

Esta es una de las funciones más ambiciosas del periodismo científico, ya que no está en sus manos la política educativa y cultural del país, por lo que su repercusión en la población solamente puede ser mensurable de manera subjetiva. Además, tanto la divulgación como el periodismo de la ciencia no intervienen, ni es su papel hacerlo, en la educación formal de las personas.

Lo que sí puede hacerse es contribuir a crear una conciencia pública del valor de la educación, la ciencia, la tecnología y la innovación en el desarrollo de los pueblos, con la finalidad de promover las actividades científicas y tecnológicas en centros académicos y de investigación, por medio de trabajos que demuestren las bondades de los productos y servicios derivados de la ciencia y la tecnología.

Asimismo, pueden impulsarse verdaderas reformas educativas que propicien la formación de profesionales calificados para crear una masa crítica de investigadores. Una de las formas de lograrlo es promoviendo la divulgación del quehacer científico y tecnológico para despertar las vocaciones científicas entre los jóvenes.

Este planteamiento ya no es subjetivo o un buen deseo sino un hecho demostrado, gracias a una encuesta entre investigadores de la Facultad de Ciencias Exactas y Naturales de la Universidad de Buenos Aires, los resultados de la encuesta pudieron comprobar que "la comunicación pública de la ciencia, además de su función emblemática de informar y formar al ciudadano y brindarle herramientas para participar activamente en las decisiones políticas acerca de aspectos vinculados a la ciencia, también influye, de una manera significativa, en plasmar vocaciones científicas" (Stekolschik *et al.*, 2007: 178).

La confirmación de que el periodismo científico —la divulgación científica en general— sí influye en la elección de carreras científicas conlleva una mayor responsabilidad de los periodistas científicos, quienes en un momento determinado pueden alentar o desanimar al estudiante de secundaria y de bachillerato con sus trabajos.

La elevación del nivel educativo y cultural de la población podrá contribuir a que el conocimiento científico y tecnológico no se concentre en unos cuantos, sino que ese saber se utilice para disminuir la desigualdad política, cultural y económica... por lo menos en teoría, o siempre que se cumpla con la siguiente función.

Destacar la importancia de la ciencia y la tecnología para el desarrollo del país

Los grupos sociales mejor informados podrán aumentar la presión social para ayudar a conformar una política de Estado sobre ciencia y tecnología, que se lleve a cabo en beneficio de la sociedad, como se propuso en la Conferencia Mundial sobre la Ciencia que se celebró en Budapest, en 1999, donde se planteó la generación de un nuevo contrato social para la ciencia y la tecnología, el cual deberá constar de dos componentes, como explica Lozano (2008):

> el primero es la necesidad de orientar los sistemas de ciencia y tecnología hacia las necesidades de las poblaciones, de forma que propicie un desarrollo social integral de los países en el que también sea atendida la demanda social sin valor de mercado y el segundo es la necesidad de abrir las políticas públicas sobre ciencia y tecnología a las sensibilidades y opiniones de los ciudada-

nos afectados e interesados, de forma que se facilite la viabilidad práctica de la innovación y se profundice en la democratización de los sistemas.

Para contribuir a la conformación de ese nuevo contrato social, los periodistas científicos deberán cubrir preferentemente las investigaciones de científicos del país, pero sin caer en el pragmatismo de privilegiar los trabajos de la investigación aplicada, es decir de aquella que aporta soluciones a los problemas locales; sino que también deben difundirse los resultados de los investigadores de las ciencias básicas.

De esta manera se impedirá apoyar los planteamientos tecnócratas, que pretenden estimular solo la investigación científica y tecnológica que produce ganancias económicas en el corto plazo y, por lo tanto, relegar, erróneamente, las ciencias básicas, que son el motor de desarrollo de la tecnología y las innovaciones. Deberá hacerse caso de la advertencia de Cereijido (2009: 210-211): "Ningún maestro ni doctor deberá creer por un solo momento que el desarrollo de la ciencia moderna puede ser alcanzado con solo inyectar dinero al analfabetismo científico imperante u obligando a los buenos científicos que tenemos a que se pongan a inventar mercaderías".

El periodismo científico también alentará o propiciará la participación de la población en el análisis de sus problemas y en las propuestas de solución. Asimismo, deberá estimular la aplicación de las técnicas locales, para evitar la imposición de decisiones etnocentristas, especialmente en las comunidades indígenas.

Esta labor periodística también debe contribuir a modificar la percepción de los investigadores sobre los problemas de las comunidades, para desterrar las imposiciones de usos y costumbres de la ciencia, que no siempre son la mejor solución a los problemas locales. Esta tarea debe hacerse conjuntamente con los científicos sociales y los líderes de opinión.

El periodismo científico también debe informar a la clase política, en especial a los legisladores, de las implicaciones científicas y tecnológicas de ciertas decisiones, así como de las investigaciones que podrían ayudar a resolver graves problemas sociales.

Por supuesto que no se trata de formar grupos de cabildeo, sino de elaborar material periodístico que responda a los intereses científicos, tecnológicos y de innovación del país, para que los políticos, líderes de opinión y la población en general, tengan elementos informativos y de análisis que les permitan tomar decisiones sobre la política científica de Estado, que deberá conformarse de acuerdo con las necesidades de la población. En ese sentido, también se requiere información confiable sobre el presupuesto destinado a ciencia y tecnología y a las áreas en que se invertirá.

Como se aprecia, ya no se trata únicamente de divulgar el conocimiento científico y tecnológico, sino de plantearlo en el contexto social, político, económico y cultural. Esta función requiere de comunicadores que

> tengan una visión más comprensiva primero, de cómo se estructura la práctica científica y tecnológica en la región; segundo, de las relaciones entre ciencia, tecnología y la sociedad en contextos sociales y culturales específicos y locales y tercero, de la exploración de estrategias y alternativas de comunicación en doble vía, en la solución de conflictos y en la toma de decisiones que involucran conocimiento científico y tecnológico (Lozano, 2008).

En ese sentido, adquiere mayor relevancia la definición de periodismo científico propuesta, ya que se insiste en que la información se encuadre en el contexto social, político, económico y cultural, de tal forma que se entregue al receptor una información que le ayude a tomar decisiones o a formarse una opinión más amplia de las implicaciones de la ciencia y la tecnología, tanto en el mundo como en el país y en las regiones.

Contribuir a fortalecer una infraestructura de comunicación de la ciencia

Como otros comunicadores, el periodista científico debe contribuir a fortalecer la infraestructura de la comunicación. La tarea es muy ardua, pues prácticamente tanto el divulgador como el periodista científico se han formado de manera autodidacta. Aunque ya hay posgrados en comunicación de la ciencia en el país, todavía no se han diseñado planes de estudio de nivel licenciatura para formar divulgadores y periodistas científicos.

Por supuesto que la formación de periodistas y divulgadores de la ciencia es una labor de largo plazo, al igual que la consolidación de una sociedad más consciente de la necesidad de invertir en ciencia y tecnología para el desarrollo del país. Tal vez, en lugar de pensar en una licenciatura, podría empezarse por estas medidas:

- La incorporación de asignaturas obligatorias de periodismo científico a los planes de estudio de las carreras de comunicación.
- La impartición de cursos, talleres, diplomados y seminarios de divulgación y periodismo científico.
- La creación de especializaciones en comunicación de la ciencia y en periodismo científico, tanto para periodistas como para investigadores científicos.
- La inclusión de asignaturas y talleres sobre comunicación de la ciencia en las carreras científicas y técnicas.

Estas acciones serían inútiles si no se pusieran en práctica otras medidas como:

- Creación de departamentos de comunicación social de la ciencia en todas las universidades y centros públicos de investigación.
- Creación o reforzamiento de áreas de divulgación científica, tecnológica y de innovación en dependencias y entidades del gobierno federal, que cuentan con presupuesto para la ciencia y la tecnología.
- Aplicación de medidas semejantes en todas las entidades federales.

Estas acciones no las puede llevar a cabo el periodismo científico, pero sí le corresponde, entre sus funciones, promover la elaboración de un programa nacional de divulgación de la ciencia realista y aplicable, que pueda alentar la formación y actualización de los periodistas científicos y que tome en cuenta algunos de los puntos expuestos.

Así, combinando los conocimientos básicos del quehacer científico, además del ejercicio de las técnicas narrativas, aunados a una cultura general, podrán formarse buenos periodistas y divulgadores de la ciencia, quienes evidencien que la ciencia es un discurso cotidiano, que la ciencia y la tecnología están presentes en los problemas diarios.

Esos comunicadores podrán contribuir a conformar un pensamiento científico en la población y a hacer comprender a la sociedad que los conocimientos científicos tarde o temprano harán la vida más amable no solo de un sector de la población, sino de todos, de acuerdo con sus necesidades y sus formas de apropiación de la ciencia y la tecnología.

En consecuencia, la formación de periodistas científicos debe ser una preocupación de las autoridades educativas, los centros de investigación y el gobierno en general, ya que en la medida en que se cuente con profesionales de la divulgación y el periodismo científicos mejor preparados, podrán realizarse campañas de divulgación del conocimiento científico, de sus beneficios y sus repercusiones; además de que se generará un pensamiento crítico y científico en la población, que contribuirá a conformar la sociedad democrática a la que debemos aspirar, en la cual podrá exigirse la rendición de cuentas a los gobernantes.

Una historia que falta por contar

El periodismo científico en México tiene una larga historia que se remonta a la época colonial… pero que nunca se ha contado por completo porque ha faltado el investigador que, con un trabajo minucioso y metódico, reúna todos los retazos o jirones de episodios que han conformado la más admirable trayectoria de una especialidad periodística que han ejercido destacados periodistas mexicanos.

Esa historia empezó hacia 1672, apenas cuatro décadas después de que apareció la *Gazette de France*, uno de los primeros órganos de difusión de la ciencia entre profanos, en el continente europeo, como apunta Calvo Hernando (1977: 83), quien consigna que en ese medio se presentaba una relación de las reuniones que hombres de ciencias y artes tenían cada lunes en casa de Teofrasto Renaudot.

De acuerdo con ese planteamiento de periodicidad, los *Lunarios*, publicados por Carlos de Sigüenza y Góngora hacia 1672, constituyen el primer periódico científico de habla española, en su acepción de periodicidad, ya que se publicaron de 1672 a 1701 en la entonces Nueva España. En los *Lunarios* o almanaques de De Sigüenza "se conjuga el conocimiento tanto de la medicina como de los fenómenos relativos al tiempo, para hacer importantes pronósticos de temporales para la agricultura y la navegación" (Ortiz, 2006).

Los *Lunarios* eran adquiridos principalmente por los habitantes de la capital del virreinato de la Nueva España, por lo que "creemos que los lectores de Sigüenza, peninsulares o criollos en su inmensa mayoría, e indios o castas, compartieron el mismo nivel socio cultural" (Peraza-Rugeley, 2011).

A este universo de lectores, Carlos de Sigüenza y Góngora dirigió sus almanaques, que "eran órganos para pronosticar el comportamiento de los astros y los fenómenos meteorológicos así como su posible relación con la medicina, agricultura y mar [...] Asimismo, aprovechó la circulación de este género efímero pero eficiente para educar a sus lectores, para que desecharan las supersticiones astrológicas que solamente terminaban en histerias colectivas" (Peraza-Rugeley, 2011).

Por estos antecedentes puede considerarse que en México nació la divulgación científica de habla española, por lo que no es de extrañar que en el siglo XVII y en los siguientes hubiera periodistas interesados en informar sobre el acontecer científico. En un recuento a saltos (faltan investigadores que descubran el camino andado por el periodismo científico mexicano después de los *Lunarios*), pues solo tenemos documentados algunos hitos periodísticos; por ejemplo, se sabe que José Antonio Alzate y José Ignacio Bartolache fueron los principales periodistas científicos de la segunda mitad del siglo XVIII.

Lo que sí se conoce, como refiere Saladino (1996: 17), es que la prensa de la Ilustración latinoamericana "nació signada por los contenidos científicos. De manera particular otorgó amplios espacios a las informaciones de las distintas ciencias e incluso contempló rubros como los que conforman la historia de la ciencia".

Sin embargo, la integración de información científica en la prensa mexicana de fines del siglo XVIII no es únicamente producto del Siglo de las Luces, sino que forma parte de una tradición periodística, ya "en 1693 apareció de manera efímera el primer *Mercurio Volante* puesto a la luz por el eminente Carlos de Sigüenza y Góngora" (Saladino, 1996: 68).

Se trata de los gérmenes del periodismo en general y del científico en particular, aunque Saladino (1996: 18) lo subestime ya que considera que la información científica de la prensa de la segunda mitad del siglo XVIII y primera década del xix permitieron crear la divulgación científica en América Latina y no el periodismo científico, al cual define como el "esfuerzo dedicado a interesar al público en temas de ciencia y tecnología". Pero líneas abajo señala que en esas publicaciones se cultivó el "género literario de inspiración científica que entonces se redujo a la nota informativa, la reseña y el ensayo". Por supuesto que la nota informativa es uno de los géneros informativos del periodismo y la reseña y el ensayo pertenecen al género de opinión del periodismo.

Al margen de esos comentarios, Saladino (1996: 64) destaca "el hecho de que las publicaciones periódicas ilustradas tuvieron preocupaciones legítimas de la época al manifestar recurrentemente que ocuparían espacios destacados las informaciones científicas". Así lo testimonian los periódicos efímeros de esa época.

José Antonio Alzate publicó en 1768 el *Diario Literario de México*, que trataba asuntos científicos y ofrecía consejos útiles sobre agricultura, minería y otras disciplinas. Cuatro años más tarde, el sábado 17 de octubre de 1772, Bartolache publicó *El Mercurio Volante*, "con noticias importantes y curiosas sobre varios asuntos de física y medicina", que fue uno de los primeros periódicos especializados en divulgar información científica. A la semana siguiente, el lunes 26 de octubre, Alzate puso en circulación el periódico *Asuntos varios sobre ciencias y artes*; posteriormente publicó *Observaciones sobre la Física, Historia Natural y Artes Útiles*, que más tarde se convirtió en la *Gaceta de Literatura de México*.

Sobre el nombre de esta publicación, que algunos lectores consideraban que no se ajustaba a su contenido, el propio Alzate refirió en el número fechado el 26 de julio de 1791:

> Mas permitaseme decir, que estos Señores están muy distantes de conocer lo que comprehende una Gazeta de Literatura, y si se tomasen el trabajo de registrar las Obras periódicas que se han impreso con semejante título en la sabia Europa, hubieran visto como estas son unas especies de colecciones que se proponen ideas de todas clases de asuntos: discursos dirigidos al alivio del mas miserable Patán, mezclados con disertaciones sobre los mas sublimes cálculos de Astronomía (Alzate, 1791).

Así, Bartolache y Alzate, entre otros editores y periodistas mexicanos, mostraban su interés por llevar el conocimiento a un mayor universo de lectores, como Saladino (1996: 85-86) reconoce: "el objetivo periodístico de interesar a los profanos en tópicos científico-técnicos, que engendró la divulgación científica [...] el cultivo del aprecio de la época moderna por la ciencia y todo lo relacionado con ella, ya que era opinión generalizada que: 'El conocimiento científico es conocimiento probado'".

A principios del siglo XIX, en 1805, aparece el *Diario de México*, fundado por Carlos María de Bustamante y Jacobo de Villaurrutia, que en su primer número estableció: "que estaba dirigido a un amplio público, de cualquier condición social y sexo, que tuviera la intención de divertirse, conocer las leyes, respetar a las autoridades y leer artículos que no tuvieran 'materia de alta política y de gobierno', como los avances en la ciencia, la industria, la agricultura y el comercio" (Delgado, 2000: 86).

Bustamante y De Villaurrutia consideraban a la ciencia como ajena a la política, también había el temor de inmiscuirse en temas políticos, aunque la invasión napoleónica a España en 1809 y sus repercusiones en la Nueva España los llevó a fijar una postura sobre los derechos civiles y políticos. Aun así, la noticias científicas las trataban sin matices políticos: "El material científico continuó publicándose en el *Diario*, en el cual se destacaban los asuntos sobre los avances de la agricultura, las vacunas, la topografía de México, entre otros", según consigna Delgado (2000: 87).

Además de los testimonios de esos periódicos, se tienen datos dispersos sobre el periodismo científico. Poco después de la guerra de Independencia no hubo mayor interés al respecto, si acaso se reeditaron las *Gacetas* de Alzate, como señala Trabulse (1983: 174), quien refiere que en esa época:

> Otras revistas como la *Biblioteca Mexicana Popular y Económica,* la *Revista Mexicana,* el *Mosaico Mexicano* o el *Museo Mexicano* consagraron secciones de sus entregas a artículos científicos escritos con fines de vulgarización. Más especializadas, aunque de nivel no necesariamente más alto, fueron revistas tales como *El Ateneo Mexicano,* el *Registro Trimestre* y la *Revista Mexicana*, todas ellas anteriores a 1850 y de vida, por lo general, efímera.

A principios del siglo XX seguramente hubo publicaciones de divulgación y periodismo científico, pero falta por hacer una investigación minuciosa y detallada de esos años y los siguientes, pasando por la etapa revolucionaria y la primera mitad del siglo.

A partir de la segunda mitad de la década de 1950 se tiene un poco más de información. En 1957, al inicio de la era espacial, Juan José Morales, como muchos otros periodistas, se interesó por las hazañas de los soviéticos, pero además entrevistó a astrónomos y especialistas sobre la naciente tecnología espacial. De esta forma abrió espacio al periodismo científico, primero en el vespertino *Diario de la Tarde* del ya desaparecido *Novedades* y posteriormente en otras publicaciones.

La calidad de sus trabajos fue apreciada por Fernando Benítez, quien lo invitó a colaborar en el suplemento *México en la Cultura*, de *Novedades*, donde se dio cabida a la ciencia y la tecnología. A partir de ahí, Juan José Morales Barbosa se convirtió en uno de los precursores del renacimiento del periodismo científico en el país; por supuesto no fue una labor de misionero, sino que su trabajo mostró, de manera indirecta, la necesidad de informar sobre ciencia y tecnología en los medios nacionales.

En 1963 fue uno de los fundadores de la revista *Contenido*, dirigida por Armando Ayala Anguiano, la cual llegó a ser una de las mejores revistas de México. En esta, Juan José Morales fue pilar en reportajes especializados sobre ciencias naturales, incluyendo la ecología. También escribió en los diarios *El Día, El Universal* y *El Heraldo* y las revistas *Política, Mañana, Técnica Pesquera* y *Revista de Geografía Universal*. Asimismo, produjo programas de radio para la Universidad Nacional Autónoma de México (UNAM) y el Consejo Nacional de Ciencia y Tecnología (Conacyt).

Tal vez lo más relevante fue que a principios de la década de 1970, en la Facultad de Ciencias Políticas y Sociales de la UNAM creó la primera cátedra de periodismo científico, la cual impartió después Eduardo Monteverde (otro pionero del periodismo de ciencia de la segunda mitad del siglo XX); más tarde, la cátedra desapareció.

En la década de 1960 otros periodistas y divulgadores publicaron trabajos sobre ciencia y tecnología en los medios. Por ejemplo, la página de ciencia de *El Día*, dirigida por Carmen Galindo en 1965, publicó muchos artículos de la revista *Información Científica y Tecnológica* del Conacyt, como refiere Tonda (2005).

En la siguiente década, el *unomásuno* y alguno que otro medio de circulación nacional, como *Contenido*, brindaron espacios a la divulgación de la ciencia. Al final de esa década, en 1979, se celebró en México el III Congreso Iberoamericano de Periodismo Científico, del 7 al 11 de octubre, convocado por la Asociación Iberoamericana de Periodistas Científicos.

A esa reunión asistieron periodistas procedentes de países que eran guía en ese campo, como Manuel Calvo Hernando de España, Arístides

Bastidas de Venezuela, Julio Abramczyk de Brasil y otros dignos representantes del periodismo de ciencia de Colombia, Cuba y Canadá, así como representantes de la Comunidad Europea de Asociaciones de Periodismo Científico.

De México participaron personalidades del periodismo como Henrique González Casanova y Antonio Delhumeau, que si bien tenían conocimientos sobre el periodismo de ciencia no eran especialistas en la materia (ANUIES, 1979). Los integrantes de la Asociación Mexicana de Periodistas Científicos (Ampeci), ingenieros la mayoría, hicieron un gran trabajo de organización con Javier Vega Cisneros al frente, pero su asociación no estaba a la altura de las otras. Sin embargo, fue meritorio el esfuerzo que se hizo en ese tiempo, ya que por primera vez se reunieron en México periodistas de ciencia de otros países. La Ampeci, de la que fueron presidentes destacados miembros como Juan Rueda Ortiz y José de la Herrán, poco a poco fue perdiendo el impulso inicial hasta su extinción.

En esos años, diarios como *Excélsior, Novedades, El Día, Ovaciones* primera edición, *unomásuno, La Jornada* y revistas como *Contenido* y otras que surgieron con consejos útiles para educar a los hijos, ofrecieron en las décadas de 1970 y 1980 información sobre ciencia y técnica.

Así, se ha visto aparecer y extinguirse secciones de ciencia y columnas. Claro que han sobrevivido secciones, reporteros y columnistas que persisten en esos espacios con buena calidad y mucho tesón. En las dos últimas décadas del siglo pasado, diarios como *La Jornada, Reforma, La Crónica de Hoy* y *El Financiero* crearon secciones de ciencia, algunas de efímera existencia y otras que aún persisten. En revistas, *Contenido* sigue con sus secciones de ciencia y tecnología y *Siempre!* dedica semanalmente espacio al acontecer científico y tecnológico.

Pero falta reseñar la labor de periodistas y divulgadores en otras entidades federativas, tanto en los diarios y revistas como en las universidades, donde se empezaron a crear algunos de los grupos sólidos de divulgadores científicos que ahora tenemos.

De forma extracurricular se impartieron cursos y talleres, incluso diplomados, sin que se les reconociera su justo valor académico, pero que en la práctica han dado muy buenos resultados, pues han contribuido a la formación de periodistas y divulgadores de la ciencia.

En mayo de 1994, en la Universidad del Claustro de Sor Juana se creó el primer Diplomado de Periodismo Científico en México (bajo la coordinación académica del autor), que impartió un grupo de periodistas científicos en activo, que privilegiaron la enseñanza teórico-práctica, pues su objetivo fue formar periodistas de ciencia que pudiesen ingresar al mercado laboral, como lo hicieron muchos de ellos, que a la fecha siguen ejerciendo tanto en medios periodísticos como en instituciones dedicadas a la ciencia y la tecnología. El diplomado tuvo otra particularidad, estaba dirigido tanto a estudiantes y profesionales de las áreas científicas como de la comunicación, de tal manera que se conformaron grupos heterogéneos en los que se complementaron los conocimientos de ciencia con los de comunicación, y se encontraron afinidades y puntos de encuentro entre comunicadores y egresados de las áreas científicas y técnicas.

Durante varios años, de manera irregular se impartió el diplomado, algunas veces con el apoyo del Conacyt y otras sin él, pero siempre con la disposición y generosidad de los profesores de módulos, como Javier Flores, Juan Carlos Villa Soto, Javier Crúz, Carmen Loyola, Héctor Anaya, Leonardo Schwebel, Rolando Ísita, Marco Julio Linares y Patricia Vega, así como de los profesores invitados, entre quienes se cuentan: Juan José Morales, Julieta Fierro, Marcelino Cereijido, José Gordon, Estrella Burgos, Rosalba Namehira y Patricia Magaña,

Con los cambios de administración, los funcionarios de la Universidad del Claustro de Sor Juana perdieron el interés, y este diplomado pionero se extinguió, pero sus egresados han contribuido a fortalecer la divulgación y el periodismo de ciencia en el país.

El diplomado que persiste es el de la Dirección General de Divulgación de la Ciencia, de la UNAM. En cuanto a maestrías, el Instituto Tecnológico y de Estudios Superiores de Occidente (ITESO) forma maestros en Comunicación de la Ciencia y la Cultura.

Respecto a asociaciones, además de la Sociedad Mexicana para la Divulgación de la Ciencia y la Técnica, A.C. (Somedicyt), fundada en 1986, que reúne principalmente a divulgadores, se cuenta con una nueva sociedad de periodistas, la Red Mexicana de Periodistas de Ciencia (RedMPC), creada en 2016, que ha reunido en poco tiempo a periodistas, divulgadores e investigadores de la comunicación de la ciencia en una asociación largamente anhelada desde fines del siglo pasado que por fin se ha concretado.

Con estos esfuerzos se podrán reunir los jirones que darán forma a la trama histórica del periodismo científico.

Del dato a la nota informativa científica

La nota informativa en el periodismo científico se rige, como en las demás especialidades del periodismo, por los mismos principios más algunas características particulares. Por lo pronto, conviene recordar que el objetivo del periodismo es "la satisfacción de nuestra curiosidad por saber lo que ha ocurrido o está ocurriendo en el mundo aunque, como sucede en la mayoría de los casos, ese conocimiento no nos permita intervenir en los hechos ni, por lo general, evitarlos" (Urabayen, 1993: 19).

Por supuesto que hay otros objetivos y definiciones pero, para los fines del manual, se procederá a desarrollar este objetivo que le sigue dando un carácter distintivo al periodismo.

Eso que ha ocurrido o está ocurriendo en el mundo podría considerarse que es noticia. Urabayen (1993: 20) define: "noticia es todo hecho de actualidad susceptible de interesar a un número amplio de personas". Sin embargo, algunos autores se rehúsan a definirla, Ferguson y Patten (1988: 57) señalan con perspicacia: "Noticia es lo que imprimen los periódicos. El que quiera conocer las noticias debe comprar un periódico y leerlo". Ahora debería añadirse que es lo que difunden los noticiarios de radio y televisión y las páginas de internet dedicadas a la información de actualidad.

Leñero y Marín (1986: 47) señalan: La noticia es un escrito veraz (porque transmite la verdad periodística sin mentir), oportuno (porque se refiere a la actualidad inmediata) y objetivo (porque no admite las opiniones ni los juicios del reportero).

En ese sentido, Edo (2012), en la compilación de Martínez Mendoza, considera que el periodista como redactor de notas informativas: "es un narrador objetivo y, a la vez, un intérprete crítico que tiene en cuenta las necesidades y las exigencias de los lectores y su ecuanimidad, su honestidad intelectual, debe estar libre de sospechas. La objetividad informativa puede ser imposible al cien por cien, pero no es un tópico y, en la medida de lo posible, debe distinguir un mensaje informativo de otro cargado de opinión".

Grijelmo (2001: 31) señala contundente: "Noticia es todo aquel hecho novedoso que resulta de interés para los lectores a quienes se dirige el diario". Sin embargo, habría que recordar lo que dijo William Randolph Hearst (citado en Patterson, 2018: 56): "un editor no tiene objeciones ante hechos que también sean novedosos. Pero prefiere una novedad que no sea un hecho a un hecho que no sea novedad".

Desde otra perspectiva podría afirmarse que "Noticia es lo que alguien hace en alguna parte y no quiere que se sepa. Todo lo demás es publicidad", como ha planteado Lord Northcliffe, dueño de varios periódicos (citado en Reig, 2004: 140). Pero no hay que olvidar lo planteado por Leon Sigal (citado en Patterson, 2018: 63): "la mayoría de las noticias no son lo que pasó, sino lo que alguien dice que pasó", lo cual conduce a uno de los graves problemas del periodismo: resaltar las declaraciones de alguien, en lugar de los acontecimientos.

En un primer acercamiento, Pena de Oliveira (2011: 67) menciona el libro *Journalismo: matéria de primeira página*, de Luiz Amaral: "El autor cita la revista americana [*sic*] *Collier's Weekly*, que define noticia como 'todo lo que el público necesita saber, todo de lo que el público desea hablar', y añade que la noticia es 'la inteligencia exacta y oportuna de los acontecimientos, descubrimientos, opiniones y asuntos de todas las categorías que interesan a los lectores'".

Quiénes y cómo determinan qué es noticia es una cuestión importante de la que se han ocupado periodistas y comunicólogos. Kapuściński (2013: 112-113) asegura: "la paradoja, el drama y el peligro están en el hecho de que conocemos cada vez más la historia creada por los medios de comunicación y no la de verdad [...] En consecuencia, los medios de comunicación crean su propio mundo y ese mundo suyo se convierte en más importante que el real".

Grijelmo (2012: 64), por su parte, señala una diferencia entre lo que ocurre y lo que se cuenta:

> existe una relación entre la "noticia" como hecho sucedido y la "noticia" como hecho narrado, pero no son la misma cosa aunque los nombre la misma palabra. Entre aquella y esta —como entre la verdad y su relato— pueden registrarse factores de silencio: detalles omitidos, aspectos que el informador considera irrelevantes y de los que, por tanto, no da cuenta; o directamente hechos relevantes que se decide silenciar; y siempre la presencia de un *punto de vista* del informador que se convierte en el punto de vista del lector.

Urabayen (1993: 20) aborda ampliamente el tema cuando da su definición de noticia: "Es la transmisión del hecho. Quien lo transmite ha realizado una selección entre los innumerables detalles y elementos que componen cualquier fragmento de la realidad".

En consecuencia, la información de un hecho no es tan sencilla y directa, ya que se hace una selección de detalles y elementos, y esa selección implica un juicio de valor de quien lo realiza; por lo tanto, la noticia no es nunca una transmisión directa de la realidad. X. López García (2012: 25) coincide en esta cuestión y advierte: "no se puede entender el acontecimiento como algo ajeno a la construcción de la realidad por parte del sujeto".

Por su parte, Pena de Oliveira (2011: 121) considera que efectivamente se hace una selección de hechos, pero no es obra de una sola persona, del periodista, sino de criterios de diferentes actores: "El periodismo está lejos de ser el espejo de lo real. Es, más bien, la construcción social de una supuesta realidad. De este modo, es en el trabajo de la enunciación donde los periodistas producen los discursos que, sometidos a una serie de operaciones y presiones sociales, constituyen lo que el sentido común de las redacciones llama noticia. Así, la prensa no refleja la realidad, sino que ayuda a construirla".

Pero eso no significa que el periodista esté condenado a someter los hechos a los criterios de quienes pretenden construir la realidad. En el caso de los periodistas de ciencia la situación puede ser diferente, ya que se trata de un periodismo especializado que pocos practican. En una encuesta muy limitada (16 periodistas de Argentina, Francia y Alemania), Rosen *et al.* (2016) refieren:

> periodistas de ciencia de Francia y Argentina dijeron que eran relativamente autónomos al decidir qué cubrir, si trabajaban como independientes o a

> tiempo completo. Generalmente no tuvieron que negociar muchas de sus decisiones con editores, ya sea porque al mismo tiempo trabajaron como editores y reporteros o porque no había editores especializados en los medios donde trabajaban. Los independientes normalmente se adaptan a los medios en que colaboran.

Esta posición privilegiada no se cumple del todo en México, ya que en ocasiones el periodista, involuntariamente, puede afectar los intereses de dependencias gubernamentales o centros de investigación que se anuncian en el medio; entonces la noticia sobre ciencia se somete a los mismos criterios que las notas generales.

Por lo tanto, es válido también para el periodismo científico lo que señala Jorge Pedro Sousa (citado en Pena de Oliveira, 2011: 125) sobre la interacción de seis fuerzas o acciones:

> *Acción personal:* las noticias resultan parcialmente de las personas y sus intenciones.
>
> *Acción social:* las noticias son fruto de las dinámicas y los constreñimientos del sistema social.
>
> *Acción ideológica:* las noticias tienen origen en las fuerzas de interés que dan cohesión a los grupos.
>
> *Acción cultural:* las noticias son producto del sistema cultural en el que tienen lugar.
>
> *Acción del medio físico:* las noticias dependen de los dispositivos tecnológicos que se usan en su fabricación.
>
> *Acción histórica:* las noticias son un producto de la historia, durante la cual interactúan las otras cinco fuerzas.

Ahí se encuentra una de las cuestiones más importantes del periodismo actual, cómo y quiénes determinan qué es lo que interesa a los lectores, cuáles acciones determinan lo que es noticia. Pena de Oliveira (2011: 67) advierte: "Revelar el modo en que las noticias se producen es algo más que la clave para comprender su significado, es contribuir al perfeccionamiento democrático de la sociedad".

En efecto, algunas veces se privilegia alguna de esas fuerzas, pero en muchas ocasiones se combinan más de una de esas acciones para llevar al emisor la noticia, de acuerdo con un criterio alejado de la objetividad o imparcialidad que algunos de los manuales de periodismo recomiendan.

Y esto es muy cierto, la objetividad es tan solo una aspiración, incluso si el periodista pudiera ser el único generador de noticias. Bernal y Chillón (1985: 13) plantean:

> todo mensaje informativo, que no puede ser otra cosa que un discurso sobre el mundo o sobre una porción de él, está tejido de subjetividad, y registra de modo indeleble, aunque no siempre aparente, las ideas, estados de ánimo y percepciones de su emisor. Ningún mensaje informativo puede ser objetivo, apolítico, imparcial, neutral e independiente, porque su emisor, en el acto de selección, registro, elaboración y transmisión, discrimina, ordena, manipula e interpreta la realidad que pretende comunicar a su auditorio.

Por supuesto que una primera selección de los hechos la realiza el periodista, posteriormente intervienen los otros actores o fuerzas mencionadas, que contribuyen a construir la realidad, ya que lo que no se publica nunca ha existido. Pena de Oliveira (2011: 150) subraya: "Los medios reconstruyen el acontecimiento en la operación periodística, pero junto con ella, venden la creencia de que el montaje no interfiere en la construcción de la realidad".

Por lo que Alcíbar (2016) hace una recomendación pertinente:

> Redactar una noticia no es un acto mecánico gracias al cual el periodista por medio de un lenguaje aséptico traslada al público ignorante la verdad de los hechos relatados. Se trata más bien de un *complejo proceso retórico de elecciones y descartes*, de construcción de tramas fácticas, que provoca en el receptor diferentes respuestas interpretativas. No podemos *(ni debemos) esperar periodistas objetivos, pero sí podemos (y debemos) exigir periodistas honestos y conscientes* de los efectos que el uso del lenguaje al tratar los hechos noticiables puede ocasionar en sus audiencias. Y esto, qué duda cabe, es una gran responsabilidad.

Pena de Oliveira (2011: 47) plantea otra posible solución: "los hechos se construyen de forma tan compleja que no podemos rendirles culto como expresión absoluta de la realidad. Al contrario, es preciso desconfiar de esos hechos y crear un método que asegure algún rigor científico al informar sobre ellos".

Ese rigor científico probablemente empiece a buscarse en el *periodismo de precisión* o *asistido por computadora* que, apoyado por las tecnologías, pretende analizar los datos para proporcionar una información precisa de la realidad. X. López García (2012: 27) puntualiza: "El periodismo de precisión trata al periodismo como si fuera una ciencia, adoptando el método científico, la objetividad científica y los ideales científicos en el proceso completo de la comunicación de masas".

Las opiniones en la noticia

En tanto se afinan o determinan las limitaciones y posibilidades de esta corriente, Pena de Oliveira (2011: 49) advierte que en los medios actualmente hay una mezcla de informaciones y opiniones: "La noticia nunca ha estado tan cargada de opiniones. Y uno de los motivos es justamente atender el criterio de objetividad, lo que obliga al periodista a oír siempre los dos lados de la historia. Los periódicos valoran más las declaraciones que los propios hechos. Es decir, se preocupan más de los comentarios sobre los acontecimientos que de los acontecimientos en sí".

En coincidencia con ese planteamiento, Grijelmo (2001: 30) insiste en que "la información, en sentido estricto, no incluye opiniones personales del periodista, ni mucho menos juicios de valor"; sin embargo, esta característica casi ha desaparecido de los noticiarios de radio y televisión, como lo denunció enérgicamente Leñero (2010: 66-67):

> Quienes dan la noticia, quienes en su papel de locutores sirven de voceros al trabajo reporteril, suelen proporcionar un juicio de lo que están informando en el momento mismo de proporcionar la noticia. Lo mismo locutores de izquierda que locutores de derecha proponen lo que algunos consideramos una aberración: "la noticia comentada". La noticia valorada ya desde que se produce. La noticia inducida que ofende, antes que a nadie al público receptor. Como si este fuera menor de edad. Como si este no tuviera la capacidad de analizarla por su cuenta.

Lo grave es que se desvirtúa la nota informativa, pero lo peor es que esos comentarios de gente sin experiencia ni conocimiento de causa (nadie puede saber todo de todo) desorientan y pueden confundir al receptor. Si el comentario es sobre ciencia y tecnología, la situación es mucho peor, pues las implicaciones éticas, políticas, sociales y económicas de los adelantos en estos campos no deberían ser tratadas de manera superficial. Así, leemos o escuchamos notas de agencia, bien redactadas y cuidadas, sobre la clonación, los organismos modificados genéticamente u otras, que son desvirtuadas y sacadas de contexto por el deseo irresistible de opinar, sobre todo de los conductores de radio y televisión.

Si, además, se toma en cuenta que el único contacto que la mayoría de la población tiene con la ciencia y la tecnología es por los medios electrónicos e impresos, se comprende lo grave que resulta la perniciosa costumbre de editorializar las notas informativas.

Pero volviendo a la noticia, el poeta José Agustín Goytisolo (citado en Calvo Hernando, 1992: 116), señala que "noticia —de *noscere*— significa, en su mejor y originario sentido, conocimiento, noción más o menos profunda de una cuestión".

Este es el sentido que se le debe imprimir a la nota informativa científica o noticia científica: tener una noción más clara de porqué ocurren determinados hechos y qué consecuencias pueden acarrear. Claro que esto forma parte de las preguntas que deben responderse en toda nota informativa, pero en la noticia científica adquiere mucha más importancia, pues permite comprender mejor el alcance de un hallazgo o descubrimiento, así como las modificaciones que podrá introducir en nuestro mundo cotidiano; es decir, las conductas, costumbres y concepciones éticas que podrá transformar.

Tarde o temprano los avances científicos y tecnológicos, que en su momento se han dado a conocer por los medios de comunicación masiva, influyen en la conducta de la mayoría de la población, ya sea porque han servido para crear nuevos artefactos tecnológicos que ahora son de uso común o los han empleado los políticos para atemorizar a la gente y preservar el dominio de la clase gobernante o de determinado sistema político.

Los ejemplos son varios, la fisión nuclear controlada sirvió para entablar una carrera armamentista entre la desaparecida Unión Soviética y Estados Unidos, en la cual más que el prestigio de sus científicos, se jugaba supuestamente la hegemonía de un sistema económico.

Algo semejante sucedió con la exploración espacial, que se convirtió en una competición por demostrar la supremacía de quien lograra primero enviar a un hombre a la Luna. La ventaja de esta carrera desaforada fue que trajo consigo un gran impulso a la investigación científica y tecnológica, lo que dio como resultado tanto la generación de nuevos conocimientos como de la mayoría de los artefactos tecnológicos inventados en la segunda mitad del siglo pasado.

Muchos de esos adelantos tecnológicos modificaron nuestra cotidianidad, como la ahora arcaica videocasetera, el DVD, las grabadoras portátiles, el teflón, los plumones, el telediagnóstico médico, los microchips que dieron paso a la miniaturización de las computadoras y a los numerosos dispositivos (*gadgets*) que de ellas se derivaron. Tan es así que los niños citadinos no conciben una sociedad sin esos artefactos, como antes nuestros padres o abuelos no pensaban que alguien hubiera podido vivir sin televisión o sin radio.

Actualmente la información sobre esos nuevos dispositivos se encuentra en revistas especializadas que en cada número se refieren a la versión más reciente, así que han dejado de ser materia del periodismo científico para ser confinadas a la parte de catálogo de novedades, excepto si se trata de verdaderos avances tecnológicos.

Orientaciones para la búsqueda de noticias

En esas condiciones, la noticia científica obedece a los lineamientos de la nota informativa general, pero deben resaltarse esas características, recordar que: "ningún acontecimiento es un simple dato, o una suma de datos. La realidad es más compleja y, en el caso de la noticia científica, es forzoso situarla dentro del contexto generalizado de las sociedades humanas en sus respectivas civilizaciones" (Calvo Hernando, 1992: 117).

La nota no debe limitarse a informar sobre algún avance o descubrimiento, sino que también debe situar la información en su contexto, señalar sus alcances y posibles consecuencias para que cumpla con una de las principales funciones del periodismo científico: proporcionar el contexto político, social y cultural de esos nuevos conocimientos y sus posibles repercusiones.

Además de las dificultades ya referidas para la publicación de un hecho que se convierte en noticia, el periodista se enfrenta al reto de detectar acontecimientos que puedan tener un enfoque noticioso. Claro que hay informaciones en las que no hay ningún problema, como el anuncio de los ganadores de los premios Nobel o Nacionales de Ciencia, pero otras pueden encontrarse aparentemente ocultas en un cable informativo o en comunicados de universidades y centros de investigación, sin que se descubra a primera lectura lo trascendental de la información.

Un factor importante para descubrir una noticia científica donde todos ven solo un cable más de relleno es la preparación del comunicador, por supuesto. Quien tenga más cultura e información científica y tecnológica tendrá más probabilidades de descubrir una noticia, pero esa preparación no garantizará que se pueda detectar la información importante y noticiosa. Se requiere algo más que finalmente conforma en buena proporción el oficio periodístico.

Se trata de lo que los periodistas del siglo pasado llamaban "olfato", el cual, se decía, no puede enseñarse a nadie y —en cierto sentido— tenían razón, pues es parte de un entrenamiento muy semejante al que reciben quienes ejercen cualquier otra profesión que se adquiere en la práctica, no en el discurso teórico.

Por ejemplo, se sabe de casos de médicos con grandes conocimientos sobre su especialidad, pero que fracasan en el diagnóstico de sus pacientes porque fallan en la recolección de información (historia clínica) o en la interpretación de los datos (signos y síntomas), lo que les impide llegar a identificar la enfermedad del paciente. Generalmente, la causa de esos errores de diagnóstico no reside en la falta de conocimientos, sino en la impericia o incapacidad para hacer deducciones e inducciones, pues una vez establecido el diagnóstico, esos médicos son capaces de describir la enfermedad, prescribir el tratamiento adecuado y señalar las posibles complicaciones o secuelas del padecimiento.

De una manera semejante, el periodista entrenado en descubrir la noticia encontrará el enfoque adecuado de la información ahí donde otros preferirán lo aparatoso o superfluo del acontecimiento, pero ¿cómo pueden descubrirse las noticias? Cuando ya están publicadas es relativamente fácil encontrarlas, los diarios las destacan y los noticiarios de radio y televisión las presentan al principio de sus emisiones. Pero antes de publicarlas, se puede estar ante una gran noticia sin darse cuenta.

Por eso una de las principales cualidades que debe tener un periodista es la observación cuidadosa de todo lo que le rodea y un ansia irrefrenable por saber y comunicárselo a la gente. El periodista siempre debe estarse preguntando, interrogando al mundo, buscando respuestas y observando.

En la medida en que se tengan los ojos abiertos, los oídos atentos, el olfato aguzado y todos los sentidos despiertos, podrán encontrarse noticias donde parece que no las hay, podrán descubrirse hechos interesantes donde otros solo ven la misma rutina del laboratorio o la misma porción de cielo con sus estrellas y cuerpos conocidos.

No basta con tener los sentidos atentos, también debe tenerse la capacidad de procesar la información que se capta, interpretarla, analizarla y ubicarla en su contexto, ya que se puede estar ante una información trascendental sin darse cuenta. Por lo que debe recordarse que "en el campo de la investigación el azar no favorece más que a los espíritus preparados", como lo advirtió Louis Pasteur en la conferencia que pronunció en la Universidad de Lille el 7 de diciembre de 1854, ya que si los investigadores no cuentan con los conocimientos necesarios no pueden interpretar en su correcta dimensión los fenómenos que observan.

En el caso de los periodistas, sin un conocimiento previo o una cultura general resulta difícil —si no imposible— detectar o descubrir la noticia en un mar de información a la que se está expuesto diariamente. Por ejemplo, en el lejano 1984 publiqué uno de los primeros reportajes sobre la lluvia ácida en la Ciudad de México, cuando todavía no se hablaba de ese fenómeno y, en todo caso, cuando se hacía, se proponían escenarios catastrofistas en que los capitalinos seríamos quemados por una lluvia semejante al agua de los acumuladores, según advertían los grupos de ecologistas alarmistas.

La idea de hacer ese reportaje surgió de la lectura de una noticia sobre los lagos de Suecia que se habían acidificado por la precipitación ácida que recibían. La búsqueda de información sobre lo que sucedía en la Ciudad de México me condujo al Centro de Ciencias de la Atmósfera de la UNAM, donde científicos expertos en el tema me proporcionaron información y aclararon que, aunque ya se habían registrado las primeras precipitaciones con pH bajo, no se producirían lluvias tan ácidas como en Suecia, por el tipo de suelo y contaminación que padecemos. Entonces, el reportaje contribuyó a desechar ideas catastrofistas que propagaban personas mal informadas, pero se originó en una noticia sobre la forma de alcalinizar los lagos suecos.

De esa información surgió la pregunta: ¿a quién podrá importarle esa información aquí en México? Sinceramente a pocas personas, es probable que solo a los suecos residentes en el país y a algunos investigadores, por lo que estrictamente ahí no había noticia.

Pero si a partir de esa información se plantea la posibilidad de que también en el país o en la ciudad en que uno vive haya lluvia ácida, entonces puede ser que sí se pueda estar ante una noticia, pues la presencia de precipitaciones ácidas en el lugar en que uno vive es importante. Por lo que ante la pregunta, ¿a quién le importa?, podría contestarse que a muchas personas y entonces se habría descubierto una noticia, ya que la respuesta tiene que ver, por lo menos, con tres enfoques distintos:

a) *La índole de la noticia y el medio en que se labora*. Por ejemplo, la apertura del primer centro de investigación científica en Abasolo, Guanajuato, será relevante para el diario local, pero carecerá de importancia para *The Washington Post*.
b) *La índole de la noticia y la sección en que se trabaje*. Para el reportero de la sección de ciencia será de interés la publicación en *Nature* de un artículo científico sobre la migración de ciertas aves, pero no así para el reportero de política, a menos que se pretenda hacer una broma sobre los pájaros de cuenta de la política.
c) *La índole de la noticia atrae el interés general*. Si en el centro de investigación científica de Abasolo se descubre la técnica para lograr la fusión nuclear en frío, entonces se tendrá una noticia de primera plana nacional y de gran repercusión mundial.

Por supuesto que una noticia como la anterior es aparentemente muy fácil de detectar. Con este ejemplo puede confirmarse que "la noticia en estado puro viene dada siempre por un acontecimiento sorprendente, estremecedor, paradójico o trascendental y, sobre todo, reciente [...] sin embargo, puede carecer de alguna de estas características y ser digna igualmente de publicación" (Grijelmo, 2001: 31). Algo semejante planteaba Aldous Huxley (1971: 323) en palabras de uno de los personajes de su novela *Contrapunto*, reflejar "lo asombroso de las cosas más obvias".

Por supuesto que para encontrar esa noticia debe ejercitarse el raro arte de preguntar, pero no como un bombardeo incesante (las preguntas a entrevistados se tratan en otro capítulo), sino como una práctica constante en que las preguntas se las formula uno mismo sobre un hecho en particular. Además de la primera pregunta ("¿a quién le importa?") es recomendable hacerse muchas otras, tal vez de la misma manera en que lo hace un investigador para desarrollar hipótesis de trabajo: analizar todos los ángulos de un fenómeno o acontecimiento para buscar el enfoque novedoso, trascendental o interesante del hecho.

Así como el investigador busca la posible solución o explicación de un fenómeno, el periodista científico debe buscar la parte medular de una información, la que proporcionará el lado interesante de un acontecimiento, la que impida que una información se convierta en un dato curioso de almanaque o de las columnas del lugar común de *¿Sabía usted que...?* y sea realmente una información valiosa para el lector, radioescucha o televidente.

Deberá superarse una de las prácticas más perniciosas de quienes se consideran divulgadores de la ciencia, a quienes critica agudamente Cereijido (2009: 179-180):

> es muy común que la divulgación desarrolle ciertos vicios perjudiciales. Se empeña en seducir con portentos. *"¿Sabía usted que si una persona brincara como una pulga, podría saltar un edificio de veinte pisos?; "un balde de materia de una estrella enana blanca pesa tanto como toda la Tierra"; "un agujero negro puede comerse toda una galaxia".)* [...] Esta divulgación acaba dando la idea de que los científicos somos una manga de anteojudos, de cabellos revueltos y jocosidad estentórea que, en medio de una sociedad donde no todos llegan a fin de mes, pretendemos que el Estado solvente nuestros ocios con fósiles de gliptodonte, dispersión de la luz en rayitos de colores y fotos de los anillos de Saturno.

El periodista de ciencia debe sacudirse esa manía perezosa y comodina de tomar la ciencia y la tecnología como un compendio de datos curiosos o una versión del libro *Guinness World Records,* lo cual resulta muy sencillo pero contribuye a perpetuar una errónea concepción de la ciencia y sus practicantes. Por lo tanto, es conveniente ejercitarse en la búsqueda de enfoques novedosos sobre los acontecimientos científicos y tecnológicos, que la técnica periodística puede ayudar a encontrar.

Elementos que conforman la noticia o noticiabilidad

Existen diferentes enfoques sobre los elementos que conforman la noticia, los hay muy generales, como el propuesto por Edo (2012), quien señala:

> entre los criterios que integran las convenciones periodísticas que facilitan selección de noticias el primero es la necesidad de atraer la atención de la audiencia —dar que hablar— y el segundo, el interés, que abarca muchos aspectos diferentes, varía en cada circunstancia concreta y debe ser contemplado desde la perspectiva de un medio determinado y de la diversificación de las audiencias.

Otros autores los hacen más específicos, pues incluyen varios rasgos distintivos. En cualquier caso, puede establecerse una lista de elementos que conforman a una noticia —ya sea general o científica— y que determinarán la importancia que tenga y su interés. Warren (1975: 25) y Pena de Oliveira (2011: 68-69) apuntan elementos clave para detectar las noticias.

El primero, considera que son ocho los elementos que conforman la noticia: *actualidad, proximidad, prominencia, curiosidad, conflicto o drama, suspenso, emoción o interés humano, consecuencias.*

Actualidad

Lo que ocurre en nuestros días y se presenta con oportunidad y prontitud. No hay nada más viejo que el diario de la mañana o, como decía una vieja canción de Héctor Lavoe, refiriéndose a un amor pasado: *eres periódico de ayer.* Pero toda información desconocida hasta el momento, aunque se refiera a hechos viejos, constituye una noticia.

El anuncio de los premios Nobel de ciencias es de actualidad, el descubrimiento de una cultura antigua también lo es; la revelación de un fraude científico o el hallazgo de restos arqueológicos o de fósiles de homininos hasta ahora desconocidos.

Proximidad

Lo más importante es lo que se refiere a nosotros mismos, luego a gente cercana, pareja, familiares, amigos, vecinos o que ocurre en lugares próximos: el barrio, el municipio, la ciudad, el país, el continente. Se trata de una cercanía psicológica y física. Cuanto más cerca de nosotros suceda algún hecho, más noticioso será. El otorgamiento de un premio Nobel de ciencias a un científico latinoamericano; la investigación de un científico de nuestro país; un nuevo equipo para la universidad estatal; el descubrimiento de una especie animal o vegetal endémica de la región.

Prominencia

La fama o popularidad del protagonista del hecho noticioso contribuye a darle más importancia. No es lo mismo que una amiga esté embarazada a que haga ese anuncio la actriz de telenovelas del momento. Por desgracia, o por fortuna, los científicos todavía no tienen la fama de las estrellas del espectáculo, pero sí puede cobrar más notoriedad y tener más repercusiones que un científico premiado por el gobierno critique la falta de una política científica de Estado, que si lo hace un joven investigador todavía con poco reconocimiento.

Curiosidad

Lo curioso o raro es uno de los elementos definitorios de la noticia, como señalaba en 1882 Charles A. Dana: "Cuando un perro muerde a un hombre no es noticia; pero si un hombre muerde al perro, eso sí constituye una noticia", según cita Warren (1975: 31-32). Aquí debe destacarse el carácter singular, curioso, increíble de un hecho o acontecimiento, como puede ser algún fenómeno meteorológico inusitado, del cual debe dejarse constancia, con su respectiva explicación; también pueden caber en este elemento los abundantes casos de serendipia, que Pérez Tamayo (1981: 135) define como "La capacidad de hacer descubrimientos por accidente y sagacidad, cuando se está buscando otra cosa". Por supuesto no debe caerse en los errores del "¿Sabías que...?"

Conflicto o drama

Cuando un acontecimiento, incidente o accidente ocurre y modifica las conductas o actividades ordinarias, se presenta el conflicto o drama, la vida ordinaria se convierte en motivo de interés, en noticia, como el ciudadano que en un acto de heroísmo salva a una persona de un incendio o evita un asalto. Hablar de personas o pueblos en sus vidas comunes no es noticia. El doctor Mario Molina no fue noticia para nosotros sino hasta que obtuvo el premio Nobel de Química, antes fue otro más de nuestros científicos expatriados.

En ese sentido, al periodismo científico le ha faltado describir las hazañas científicas como una victoria del ser humano. Por ejemplo, se destacó más la aparición del sida, que el descubrimiento del virus como una hazaña de Luc Montagnier, un científico que no habría sido reconocido mundialmente si no hubiese identificado el virus.

Entonces, en lo extraordinario, en el conflicto o el drama se encuentra uno de los elementos más usados e impactantes de la nota informativa. Pero en el periodismo científico debe tenerse mucho cuidado, ya que de la nota atractiva periodísticamente puede pasarse al amarillismo, al sensacionalismo, que es una de las características que nunca deberá estar presente en el periodismo, menos aún en el científico.

Cabe referir que el término *amarillismo* surgió en Estados Unidos entre 1895 y 1898, cuando se publicó "la célebre tira cómica, el *Yellow Kid* de R.F. Outcault, primero en el *[New York] World* y luego en el *[New York] Journal* [que] se caracterizó desde su aparición por la agresividad del tono y el tratamiento de los temas más escabrosos", como consigna X. López García (2012: 65).

En su justa dimensión, sin amarillismo, nuestros investigadores y sus centros de trabajo pueden ser dignos protagonistas de noticias científicas, si se encuentra lo extraordinario de la vida del científico o de los estudios y experimentos que se llevan a cabo. La visita a un centro de investigación puede ser relevante, cuando el periodista con "olfato" descubre la importancia de las investigaciones que se llevan a cabo en ese laboratorio y las sabe transmitir al receptor.

Debe tenerse sumo cuidado en no atravesar la delgada línea que separa lo periodístico de lo sensacionalista, para evitar incurrir en otro de los errores que se le han encontrado al periodismo de ciencia: el tratamiento poco ético y manipulador de los datos científicos. Claro que se han tenido esos excesos, pero también debe admitirse que investigadores celosos de su trabajo en ocasiones exageran o consideran una información periodística equivocada, porque pretenden analizarla como lo hacen con un artículo de una revista arbitrada.

Actualmente ya son menos los periodistas que recurren al sensacionalismo para destacar una nota científica y son menos también los investigadores que ven con desconfianza al periodista de ciencia.

Suspenso

Antes de la resolución del conflicto o del drama surge el suspenso, que crea expectativas. En la nota informativa científica se ha utilizado muy poco, pues la investigación científica tiene entre sus preceptos la confidencialidad o secrecía de los resultados de los experimentos, hasta que se corroboran y se publican en revistas arbitradas.

Por supuesto que en ocasiones se encuentra el suspenso, aun después de conocerse los resultados de trabajos científicos, como ocurrió en septiembre de 2011, cuando un grupo de investigadores informó que había encontrado una partícula que se desplazaba a mayor velocidad que la luz. La confirmación de este resultado habría representado el replanteamiento de las leyes físicas que actualmente explican el funcionamiento del Universo; es decir, que habría significado el derrumbamiento de buena parte del conocimiento de la física moderna, que se fundamenta en la teoría de la relatividad especial. Así que hubo nerviosismo y expectación en tanto otros grupos de investigadores repetían el experimento. Por fin, en noviembre del mismo año se comprobó que las mediciones iniciales eran erróneas porque había habido un par de fallos en el procedimiento de medición, por lo que el suspenso terminó.

Puede encontrarse el suspenso en otras investigaciones, como la exploración de Marte en búsqueda de vida, la lucha por vencer el cáncer, las promesas de la nanotecnología y los brotes epidémicos de enfermedades virales emergentes.

Emoción o interés humano

La aventura, la epopeya, la hazaña, la pasión de los seres humanos también son elementos periodísticos. La investigación en condiciones desfavorables de los científicos latinoamericanos es motivo de noticia porque pone a prueba sus convicciones y su vocación. Asimismo, existen ejemplos de sacrificio humano por alcanzar objetivos determinados, como la ardua tarea de conseguir que los proyectos científicos y tecnológicos pasen de la etapa de prueba piloto a la industrial; las condiciones adversas en que trabajan los investigadores en países en desarrollo; la lucha que libraron los padres de una niña con graves y constantes crisis convulsivas para conseguir la autorización del uso de cannabidiol, derivado de la marihuana, para tratar sus crisis.

Consecuencias

El conocimiento de un hecho concreto no basta para concluir el trabajo, debe irse más allá, buscar antecedentes, consecuencias y repercusiones. Algunas veces, pueden cobrar gran importancia en relación con el hecho noticioso. Por ejemplo, la noticia de la creación de organismos modificados genéticamente debe plantearse en su contexto, no anatematizar la investigación, sino ponderar los pros y contras, sin caer en sensacionalismos ni normarse por criterios políticos, morales o religiosos. De esta manera se podrá poner a disposición del receptor el hecho científico con la mayor objetividad posible.

Asimismo, las noticias sobre el calentamiento global o la extinción de especies animales y vegetales deben salir de la esfera del alarmismo para situarlas en su contexto real, con la descripción imparcial de sus repercusiones en el ambiente y la vida cotidiana.

Noticiabilidad

Por su parte, Mauro Wolf en su libro *Teorias da comunicação* (citado en Pena de Oliveira, 2011: 67-69), llama *noticiabilidad* (dispensando el neologismo) "a la capacidad que tienen los hechos de convertirse o no en noticia. Cuanto mayor sea el grado de *noticiabilidad*, mayor es esa capacidad".

El grado de *noticiabilidad* siempre, según Wolf, son los valores-noticia que se agrupan en cinco categorías: *sustantivas*, importancia de las personas involucradas, cantidad de personas involucradas, interés nacional, interés humano, hechos excepcionales; *relativas al producto*, brevedad, actualidad, novedad, organización interna de la empresa, calidad, ritmo, acción dramática, equilibrio: diversificación de los asuntos; *relativas al medio de información*, accesibilidad a la fuente o lugar, formato previo, manuales, política editorial; *relativas al público*, plena identificación de los personajes, servicio e interés público, protección: evitar suicidios u otros hechos; *relativas a la competencia*, exclusividad o primicia, generación de expectativas, modelos referenciales.

Pero no basta con tomar en cuenta los ocho elementos que según Warren conforman la noticia, ni someter a revisión las cinco categorías de los valores-noticia considerados por Wolf. Además de hacer las ponderaciones propuestas, es muy importante la cultura personal del periodista, su grado de información y la malicia. Allí donde unos ven una nota más, el más avezado, mejor informado y más analítico verá el motivo para la noticia principal del diario.

Al margen de la habilidad del periodista para encontrar la noticia en un hecho que parece ordinario, se debe tomar en cuenta que:

> Es importante subrayar que la noticiabilidad se negocia [...] El reportero negocia con el editor, que a su vez negocia con el director de redacción, etc. Y los propios criterios se inscriben en la rutina periodística, o mejor aún, hacen posible esa rutina, pues están contextualizados en el proceso productivo, en el que adquieren un significado, desempeñan una función y se convierten en elementos tenidos como ciertos, el conocido sentido común de la redacción (Pena de Oliveira, 2011: 70).

La pirámide invertida

Esos elementos o noticiabilidad deben tomarse en cuenta para redactar la noticia, la cual puede presentarse de diversas maneras, pero la pirámide invertida es considerada como la forma más acabada de redactar una nota informativa.

La pirámide invertida no tiene sus inicios con el periodismo, sino hasta la segunda mitad del siglo XIX. En realidad esa forma de contar algo (empezar con lo más trascendental y después agregar detalles de los más relevantes a los menos) es probablemente la más antigua y sigue siendo la más común o por lo menos la que da fama de buen conversador a un individuo, pues interesa inmediatamente al interlocutor en su narración de los hechos. Por el contrario, si se empieza con cuestiones accesorias o se desvía con frecuencia la atención de la trama principal, esa persona es calificada como tediosa y se procura huir de su conversación.

En el periodismo, se considera que la pirámide invertida surgió gracias a dos acontecimientos que ocurrieron en Estados Unidos con una diferencia de pocos años. El primero, relacionado con la tecnología: la invención del telégrafo en 1844, que permitió el envío de mensajes a larga distancia, y el otro, ligado a cuestiones económicas: la Guerra de Secesión, que se inició en 1861, y que enfrentó a dos concepciones distintas del capitalismo, uno basado en una economía industrial y el otro en una economía agrícola (el norte contra el sur), que luchaban por su hegemonía territorial.

En esas condiciones, la batalla del Fuerte Sumter, que inició la Guerra de Secesión en abril de 1861, también dio comienzo a la pirámide invertida, pues los diarios estadounidenses enviaron a sus reporteros a los frentes de batalla, donde se convirtieron en los primeros corresponsales de guerra, con grandes dificultades y ensayando una nueva forma de dar las noticias, como describe Warren (1975: 95):

> Las líneas telegráficas se cortaban con gran frecuencia. Desalentados por las interrupciones en la transmisión y las demoras en los informes bélicos, los editores ordenaron a sus corresponsales que incluyeran los hechos principales —el *quid* o meollo de una información— en las primeras líneas.
>
> El resultado fue revolucionario. En cuanto al estilo, los despachos continuaron observando las normas de la buena prosa, pero en su estructura interna se alejaron de los otros tipos de redacción. Hoy día, el ordenamiento de la noticia periodística es único en el mundo literario.

Ese resultado se puede ver todavía ahora, cuando se continúa empleando en la mayoría de las notas informativas: se escribe primero el desenlace, luego los párrafos en orden de interés decreciente, de tal forma que puedan cortarse de la parte media pero nunca del final porque allí está el remate (figura 1).

Figura 1. La pirámide invertida

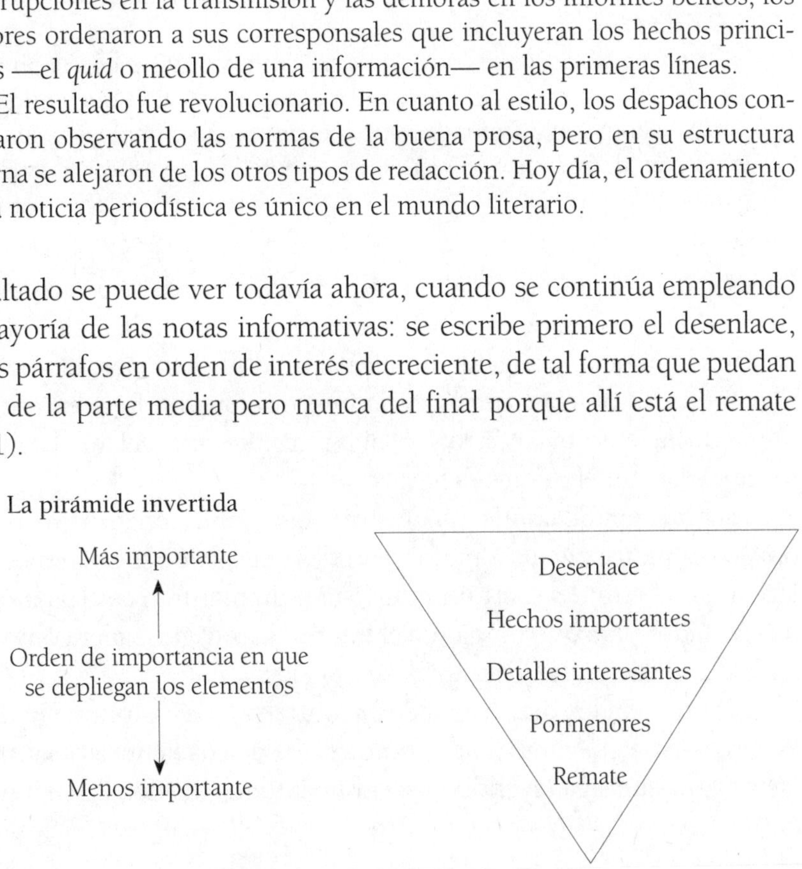

Así la describe Cassany (2006: 271), específicamente en relación con la nota informativa científica: "En un periódico, la noticia sobre ciencia mantiene la estructura de pirámide invertida, con el aparato titular (título, antetítulo, *lead*) y los párrafos breves y autónomos —para poder ser cortados por el final en caso de que falte espacio—. Los datos se ordenan de más relevantes a menos y se formulan con un estilo objetivo y despersonalizado".

Con el uso de las computadoras se han ensayado nuevas formas de redactar las notas informativas: ahora primero se busca un hueco en el periódico y luego se escribe la noticia, en lugar de hacerlo a la inversa, como se acostumbraba antes de la revolución digital. Grijelmo (2001: 33) explica lo que la tecnología ha permitido:

> Y cuando, en contadas ocasiones, se hace preciso reducirla [la noticia] por acontecimientos posteriores, siempre se puede cortar por el medio, por una frase, por una palabra de cada párrafo: para ello disponemos de un teclado, una pantalla [...]
>
> Así que en ocasiones no está de más romper la línea de la pirámide invertida para introducir explicaciones o documentación que enriquezcan la noticia, aunque ello suponga romper el desarrollo cronológico de un relato, la relación de hechos o su estructura elaborada conforme al interés de cada párrafo.

Sin embargo, el propio Grijelmo considera que no debe prescindirse para siempre de la pirámide invertida, ya que sigue siendo la mejor manera de redactar la noticia, porque le implica al reportero un ejercicio de ordenamiento que lo obliga a organizar la información con base en criterios de importancia jerárquica y, a la vez, obliga a situar por delante hechos o datos que atraerán el interés del lector.

Esta manera de contar una historia también se encuentra en algunas obras literarias, películas, piezas teatrales, en las que se muestra el desenlace, pero el reto del escritor, guionista o dramaturgo es atrapar al lector o espectador para que no pierda el interés, le intrigue saber cómo se llegó a ese desenlace y quede atrapado hasta el final.

Si se revisan los diarios puede encontrarse que —aunque parezca anticuada— se sigue empleando, porque una de sus ventajas es interesar al lector para que siga leyendo hasta el final todos los detalles. La principal desventaja es que el lector se acostumbra a interesarse solo en el primer párrafo. Pero incluso ahí se encuentra una ventaja.

En la vida apresurada de las ciudades, las personas que solo tienen tiempo de leer el periódico durante sus viajes en el transporte público, pueden hacerse una idea de lo más importante que ha sucedido solo con leer los primeros párrafos de las noticias que les interesan, por lo tanto, en los medios impresos se continúa recomendando y publicando notas informativas con la estructura de la pirámide invertida.

La nota informativa en la red

En estos tiempos apresurados, de navegación y naufragio en la red, los medios digitales han captado a antiguos lectores de noticias u oyentes de los noticiarios, y también a los nuevos usuarios que prácticamente nacieron en la revolución digital y leen más cómodamente en la web que en los soportes impresos.

Ante estas transformaciones, algunos periodistas y especialistas de la red han cuestionado la pirámide invertida como la estructura idónea para la nota informativa en la red. Álvarez Marcos (2003: 246) reconoce:

> La pirámide invertida sigue siendo un patrón redaccional utilizado de forma mayoritaria por periodistas de todo el mundo. Si bien es cierto que la convivencia de los medios impresos con los audiovisuales ha desactivado la rigidez de dicha estructura, sigue siendo una norma generalizada en la elaboración de noticias, sobre todo aquellas que emanan de fuentes externas a los diarios, como las agencias o los gabinetes de prensa.

Sandoval (2003: 443) hace una revisión de los criterios que algunos expertos han planteado en sus obras, como Jim Hall (*Online-Journalismus*) y Mike Ward (*Journalism Online*), quienes consideran que la pirámide invertida presenta ciertos problemas en la red por lo que consideran que debe romperse su formación monolítica, lo cual no resulta difícil, ya que la nota informativa, por su naturaleza, en términos generales es breve. Sin embargo, la autora acepta que:

> Al plantearse si la estructura de la pirámide tiene cabida o no, el mismo Ward llega a la conclusión de que, en cierta manera, sí la tiene, puesto que

> cuando desmantelamos la pirámide para el uso en la red y tomamos tres o cuatro secciones colocándolas aparte, nos encontramos con una serie de piezas enlazadas que responden a una forma piramidal, lo que implica que no la desechamos completamente.

Podría decirse, entonces, que la pirámide invertida de la nota informativa está compuesta por "fractales" informativos, pues los fragmentos en que se descompone, siguen la misma estructura que la pirámide invertida. Por su parte, Franco (2008) considera que esta estructura sigue siendo válida en el ambiente digital:

> De acuerdo con Mencher, la pirámide invertida ha persistido porque satisface las necesidades de los usuarios de los medios. "Los lectores desean saber qué pasa tan pronto la historia comienza a desenvolverse. Si es interesante, prestarán atención. De otra forma, se irán a otra parte. La gente está muy ocupada para detenerse sin ninguna recompensa", dice. Aunque Mencher no hizo esta afirmación en la versión original de su libro [*News Reporting and Writing*] para referirse a textos escritos para internet sino a impresos, esta forma de presentación de contenidos es la que más se ajusta al ambiente digital y satisface las necesidades de los usuarios tanto en páginas de inicio, resultados de búsqueda y canales RSS, como boletines enviados a través de correo electrónico.

Por su parte, G. López García (2015: 123) considera: "La escritura de contenidos informativos para internet también ha reivindicado una de las figuras clásicas del periodismo para estructurar los contenidos: la pirámide invertida".

No obstante existen diferencias entre la pirámide invertida de los medios impresos y las que se emplean en el ciberperiodismo. La mayoría de los medios digitales emplean la pirámide invertida básica, con el texto lineal, que sería el nivel básico. En el segundo nivel se realiza una división temática de la nota informativa para que el lector pueda escoger un subtema, pero cada uno de ellos debe tener la estructura de la pirámide invertida ("fractales informativos"). El tercer nivel lo explican Jensen y Højberg (2010) en estos términos:

> En el tercer nivel, el texto lineal está dividido en subtemas que aparecen en diferentes sitios web, las denominadas pirámides flotantes. Eso quiere decir que el editor saca provecho del potencial de enlazamiento que ofrece la web, y que el usuario puede escoger su propia ruta de navegación y de este modo construir su propia pirámide. Lógicamente, no tendría sentido dividir temáticamente un texto muy corto, así como tampoco lo tendría mandar al usuario a ver el desarrollo de un subtema en un sitio diferente cuando este apenas tiene dos o tres párrafos.

Esa estructura de la nota informativa en la red sigue los mismos principios fundamentales de la pirámide invertida que surgió en el siglo XIX. Jakob Nielsen, el experto más respetado en la *usabilidad* de la red (citado en Franco, 2008), recomienda: "Comience el artículo diciéndoles a los lectores la conclusión, siga con la más importante información de apoyo y termine dando contexto. Este estilo es conocido como pirámide invertida por la simple razón de que da la vuelta al estilo tradicional de pirámide".

El propio Nielsen establece tres directrices principales y básicas de la escritura en la red, como las cita Benito Llauradó (2012: 66):

1. Ser breve. No se debería escribir más de la mitad de lo que ese tema requeriría si la publicación se hiciera en papel. Se recomienda usar palabras cortas frente a las largas y, si se puede prescindir de alguna, mejor quitarla.
2. Escribir para que el usuario encuentre. Claridad. Sencillez. No ocultar los datos en textos largos y densos; no obligar a los lectores a atravesar el espesor de los largos entramados textuales. Utilizar párrafos cortos, encabezados, listas numeradas o apoyadas en viñetas. Los adornos pueden entorpecer la comunicación.
3. Aprender a utilizar el hipertexto para segmentar la información extensa en varias páginas. El enlace es uno de los elementos más poderosos de la escritura para web: aprovéchalo.

Como se aprecia, son las reglas fundamentales de la escritura periodística, en la que debe haber precisión, claridad y sencillez, por lo tanto, la transición de la nota informativa del papel a la pantalla no debe significar mucho problema, si se hacen las adaptaciones requeridas por este soporte.

Por último, debe considerarse lo que G. López García (2015: 128) escribe sobre la nota informativa digital:

> Puesto que en internet los plazos de publicación y las necesidades logísticas para la elaboración de las noticias son más ágiles y sencillos que en cualquier otro medio, los cibermedios tienden a desarrollar una estructuración de las noticias en capas, que sigue normalmente el referido esquema de la pirámide invertida. La sucesión de capas corresponde a otras tantas actualizaciones de la información con el fin de ofrecer continuamente más datos a la audiencia (y un motivo para volver más veces al cibermedio).

Estructura de la noticia

La estructura de la pirámide invertida puede dividirse en tres grandes secciones: entrada, cuerpo y remate, pero ya en una nota informativa completa se encuentran otras dos: cabeza o titular y sumario o secundaria, de la que puede prescindirse, según la extensión de la nota o el estilo editorial del medio. De esta manera, la noticia está estructurada en cinco secciones:

- Cabeza o titular
- Sumario o secundaria
- Entrada
- Cuerpo
- Remate

Cabeza o titular y sumario o secundaria

La cabeza o titular y el sumario o secundaria se considera que le corresponde redactarlos al jefe de información o a los cabeceadores. Sin embargo, en el periodismo científico es conveniente poner un título como sugerencia, para que el cabeceador se dé cuenta de la importancia de la nota y no la mate con una mala cabeza o la distorsione con un titular sensacionalista o, en el mejor de los casos, chusco, como uno que se publicó en un diario de circulación nacional hace algunos años, que anunciaba: "Clonarán becerros científicos argentinos".

De todos modos, sugerir la cabeza y el sumario no garantizan un buen titular ni una secundaria atractiva, pero sí pueden tomarse como base para la presentación final y, por lo menos, el periodista estará más satisfecho con su trabajo. Asimismo, el ejercicio de cabecear la nota puede servir para reafirmar que la ventana que se eligió fue la más adecuada.

Entrada

La entrada es muy importante, debe ser atractiva, seducir al lector, pero no ofrecerle lo que no obtendrá. Debe evitar que se abandone la nota, la cual debe responder en su primer párrafo a algunas de las seis preguntas clásicas del periodismo:

CUADRO 1. Las seis preguntas clásicas

Qué	El hecho	Qué sucedió
Quién	El sujeto	Quién realizó la acción
Cómo	La forma	Cómo ocurrió
Cuándo	El tiempo	Cuándo pasó
Dónde	El lugar	Dónde sucedió
Por qué	La causa	Por qué ocurrió

Fuente: Elaboración propia.

El profesor y periodista João de Deus (citado en Pena de Oliveira, 2011: 40) agrega otras tres preguntas: *¿a quién?*, *¿para qué?* y *¿con qué consecuencias?*, que considera esenciales, y a pesar de que los periodistas las formulan cotidianamente, no han adquirido carta de naturaleza en el *lead* o entrada, como anota Pena de Oliveira (2011: 40):

> los periodistas solo se habían apegado "de oídas" a lo que se ha dado en llamar los cinco o seis elementos esenciales, y sin embargo, desde hace décadas incluyen en los *lead* de las noticias el "para qué", muchas veces el "con qué consecuencias" y siempre el "quién pasivo" —incluso cuando rehúyen el esfuerzo reflexivo o teórico que hayan ejercido o al que han tenido acceso—. Tal vez falte algún autor más atento para sistematizar cada una de esas prácticas y aplicar el sello de "esencial", incluyéndolas, simultáneamente, en los manuales de redacción de los diversos medios.

El mismo autor plantea que la entrada tiene entre otras funciones:

- ofrecer el contexto en que tuvo lugar el evento,

- provocar en el lector el deseo de leer el resto de la historia,
- articular de forma racional los diversos elementos constitutivos del acontecimiento,
- resumir la historia, de la forma más compacta posible, sin perder la articulación.

En la nota científica esas funciones adquieren gran importancia, ya que pueden brindar de manera ágil y rápida un panorama de la información científica. Por supuesto que las respuesta a las seis preguntas clásicas son fundamentales, pero en especial el *cómo* adquiere una mayor relevancia, pues siempre debe contestarse lo más ampliamente que sea posible, ya que es importante referir los antecedentes y la metodología utilizada.

Estas características permiten que el receptor pueda diferenciar una nota científica de una de pseudociencia o de charlatanería, ya que en estas nunca se explica cómo se obtuvo tal o cual resultado, porqué se recomienda algún producto o técnica o cómo se llegó a una conclusión. Lo que normalmente acostumbran los embaucadores es dar por sentado lo planteado como si fuera una verdad irrebatible, ya que son dogmas pseudocientíficos.

Por esta razón, adquiere gran importancia que se informe, así sea brevemente, de la metodología, se describa el experimento y se explique cómo llegaron a sus conclusiones los investigadores. De esa forma se ayudará a desterrar la imagen del periodista científico descuidado y poco preciso, como señaló Gutiérrez Rodilla (1998: 325) que hacía el periodista científico: "La introducción y la conclusión, tan importantes en el artículo especializado, pierden aquí parte de esa importancia y reducen su tamaño considerablemente; no se insiste demasiado ni en el método seguido, ni en los detalles del experimento realizado; como tampoco se hace gran hincapié en los valores o resultados minuciosos obtenidos".

Claro que el periodista científico no tiene la intención de resumir un artículo científico, sino de transmitir la información relevante al lego y, eso sí, permitir atisbar parte del trabajo científico, para que se logre tener una mejor comprensión del campo de la ciencia. Entonces, en la medida en que las noticias científicas se acompañen del *cómo*, los receptores tendrán más elementos para aprender a diferenciar entre una información científica y una propia de charlatanes y pseudocientíficos. Asimismo, el propio reportero podrá someter la información a ese escrutinio para ponderar la veracidad de la nota.

Además de las seis preguntas clásicas, en la noticia científica deben agregarse las tres preguntas de João de Deus y otras dos: *según quién* y *cuánto.*

Según quién (el periodista, otra fuente o un documento). El periodista que sabe todo de todo no existe, menos aún en el campo del periodismo científico, donde lo más importante ya no es tener el conocimiento sino saber a qué fuentes acudir para obtener la información más reciente, el dato preciso, las opiniones convergentes y divergentes y el conocimiento contextualizado.

Una clasificación de las fuentes, propuesta por López (2012), las agrupa en propias, institucionales, espontáneas, confidenciales y anónimas. Las propias son "las establecidas por el propio medio: la plantilla de periodistas es la base de este tipo de fuentes, pero también los pactos del editor con empresas e instituciones".

Las fuentes institucionales u oficiales permiten estar enterados del acontecer de instituciones gubernamentales, de educación superior y de investigación, pero se corre el riesgo de convertirse en un instrumento publicitario, por lo que debe acudirse a ellas con cautela.

Las fuentes espontáneas, como su nombre indica, se presentan cuando un tema determinado les atañe, pueden ser ciudadanos que se sienten afectados u organismos de la sociedad civil (OSC) que responden a intereses legítimos y que pueden proporcionar información relevante y comprobable.

Las fuentes confidenciales o anónimas, que también pueden ser espontáneas, deben tomarse con mucho cuidado, ya que pueden intentar difundir información falsa, sin embargo, como refiere López (2012): "Las *fuentes confidenciales* están relacionadas con el poder y a través de ellas obtenemos documentos e informes de gran valor periodístico a los que no hemos podido acceder por vías convencionales".

Específicamente, las principales fuentes del periodista científico son libros científicos, revistas arbitradas de prestigio y de difusión-divulgación, conferencias, exposiciones, boletines o comunicados de prensa de dependencias gubernamentales, de centros de investigación y de instituciones de educación superior, conferencias de prensa, notas de agencias de noticias, entrevistas con investigadores y otros materiales que en ocasiones proporcionan los propios investigadores. Aquí habría que advertir que ahora se cuenta con una valiosa herramienta de consulta, pero que como todas las herramientas puede ser utilizada en nuestro beneficio o en nuestro perjuicio, se trata de internet.

En la red deben buscarse las páginas confiables, serias y calificadas, así como los *blogs* desarrollados por científicos o que usan *twitter*. De la misma manera que no es posible fiarse de un documento apócrifo o de un libro de pseudociencia, en internet se encuentran numerosas páginas elaboradas sin la menor ética profesional, que el periodista deberá distinguir como información veraz o falaz. Hartz y Chappell (2001: 199) advierten:

> Cualquiera con una computadora puede montar un sitio en la red que parezca auténtico, cargado de información falsa o espuria. Todo lo que se baje de la red se debe verificar. FACS [la red de Fundación para las Comunicaciones en Estados Unidos] dice: "Trátela como lo haría con cualquier proyecto de escuela primaria, broma o travesura —todo eso está en internet—. Los periodistas tienen siempre la responsabilidad final de verificar las fuentes, validar documentos y realizar otras pruebas sobre la veracidad de lo que reportan".

Una buena opción para documentar cierta información, ampliarla o corroborarla es acudir a las páginas de instituciones educativas y de investigación de prestigio, como plantean Múnera y Marín (2014): "las principales posibilidades que la web le brinda a la divulgación científica es la participación activa de los usuarios en la generación de contenidos, la cocreación, la interactividad y los múltiples recursos audiovisuales que se pueden utilizar para contar una historia".

Una de esas opciones, probada y comprobada, es el portal *Ciencia UNAM*, que surgió en 2011 con el propósito de servir a periodistas y otros profesionales de la comunicación de la ciencia, pero no logró consolidarse como un portal de noticias, según reseña Valek (2015), quien comenta:

> Se busca que con la inclusión de contenidos en diferentes formatos del medio internet, el portal sea más ágil y atractivo; asimismo, ofrezca a los

> usuarios un panorama amplio de la ciencia actual, dándoles elementos que les permitan entender la naturaleza del quehacer científico, sus alcances y su impacto en la vida cotidiana y, sobre todo, que jóvenes encuentren en este sitio un espacio para la consulta de información científica validada y confiable.

Estas páginas pueden ayudar a confirmar informaciones, pero en ocasiones no es posible ni recurrir a otros investigadores (siempre existe el riesgo de toparse con quienes tengan animadversión al *investigador-fuente*), ni encontrar en la web información al respecto. Otra opción es recurrir a los artículos publicados en revistas científicas arbitradas (*papers*, según el lenguaje común de estos trabajos). Con sus raras excepciones, los trabajos ahí publicados son garantía de veracidad pues han pasado el examen de dictaminadores expertos en el tema.

Esta forma de verificar las fuentes es muy útil, pero requiere de una sólida preparación profesional y conocimientos científicos básicos. Lamentablemente algunos periodistas siguen reverenciando a los científicos y en lugar de cuestionarlos solo toman la información que les proporcionan: "Faltos de agresividad y descansando en las fuentes oficiales, los periodistas científicos ofrecen una estrecha banda de información. En realidad, muchos de ellos se dedican a vender ciencia y tecnología antes que a investigarlas, identificándose con sus fuentes en lugar de cuestionarlas" (Nelkin, 1990: 164).

López (2012) advierte también sobre esas fuentes institucionales, que producen publicidad disfrazada de material informativo: "Un buen ejemplo de esta estrategia lo observaremos en los suplementos científicos de algunos periódicos que no sólo están patrocinados por grandes corporaciones químicas y médicas, sino que los reportajes publicados proceden también de sus gabinetes de comunicación".

Esta situación, tan común en otros tiempos, va cambiando en el país, ahora empieza a formarse una masa crítica de periodistas de ciencia que si bien se encuentran cerca de los científicos, también se atreven a cuestionar o dudar de ciertas informaciones, aunque provengan de centros de investigación o de instituciones de educación superior reconocidos. Todo debe ser verificado.

Para qué, es decir las consecuencias. La respuesta a esta pregunta le puede dar una dimensión utilitaria a la noticia, lo que podría desvirtuar la información. Sin embargo, deberán ponderarse las aplicaciones prácticas que haya, así como las contribuciones que haga al acervo de conocimiento. Esta pregunta se presta para abandonar la objetividad, pues se puede ser muy optimista o pesimista, según el dato o acontecimiento científico o tecnológico del que se informe, por lo tanto debe responderse con cuidado. Algunas veces puede abrir el camino a nuevas líneas de investigación o cancelarlo, si se comprueba que las hipótesis no pueden confirmarse.

Lo más importante es evitar conclusiones apresuradas, pues otro error frecuente en los medios impresos, electrónicos y digitales es aventurar ciertos beneficios. Por ejemplo, es común que ante los resultados de una sola investigación sobre un fármaco o el descubrimiento de un proceso fisiológico que combate *in vitro* o en ratones las células cancerosas, se publique que en pocos años se tendrá la cura del cáncer.

El periodista poco avezado o el comentarista improvisado ignoran que la publicación de un trabajo científico es apenas el comienzo de una larga cadena de investigaciones, que podrán confirmar o descartar lo descubierto por los investigadores. El resultado de esa comunicación es tanto la creación de falsas esperanzas entre pacientes como la alimentación de la hoguera donde se desea consumir los trabajos de divulgación y periodismo de la ciencia, con el argumento de que distorsionan la información.

Cuánto. La cuantificación de beneficios, daños, generación de conocimiento, participantes o inversión son importantes, con políticas tecnócratas o sin ellas, porque proporcionan una idea de las repercusiones que puede tener la investigación y pueden ayudar a forjar una idea del amplio campo de la investigación científica.

Ventana

Las palabras con que se inicia una entrada se llaman *ventana*, puede ser cualquiera de las respuestas a las preguntas fundamentales. Por eso, antes de empezar a escribir la nota informativa debe ponderarse qué es lo más importante: *si quien* lo hizo, *qué* sucedió, *cómo* fue, *cuándo* ocurrió, *dónde* sucedió, *por qué* pasó, según *quién, para qué* o *cuánto*.

Esa no es una tarea fácil, hay ocasiones en que el hecho está ahí, pero si no se descubre cuál es la respuesta más trascendental o importante de las seis preguntas tradicionales o de las tres ya comentadas, es probable que se deje escapar la noticia o que otro reportero mejor preparado la difunda en su medio.

Algunas veces se tienen dificultades para encontrar la ventana, es decir una buena entrada, por lo que es recomendable ejercitarse en esa práctica, preguntándose constantemente a quién le importa esa información o qué es lo que atrajo más, llamó la atención o atrapó de esa información.

Es conveniente realizar ejercicios constantes con notas informativas ya publicadas, desmenuzarlas y decidir si efectivamente la entrada que eligió el reportero es la misma que nosotros elegiríamos o preferiríamos otra y porqué.

Una vez que se haya elegido la entrada, es recomendable enumerar las razones por las que se eligió, de esa manera pueden aclararse las dudas o verificar que la decisión fue la más adecuada. Otra forma —cuando hay tiempo— es mostrar dos o tres entradas a familiares o amigos para que ellos decidan cuál consideran la más atractiva y cotejarla con la seleccionada.

Lo importante es que en las entradas se plantee específicamente lo que se trate en la nota informativa, no debe hacerse una entrada que pueda ser utilizada para numerosas notas. Aunque parezca obvio, debe recordarse que a cada nota informativa debe corresponderle una entrada particular, de lo contrario puede caerse en graves errores.

Una de las fallas más comunes entre quienes comienzan en este oficio es la redacción de entradas "de la creación del mundo"; se llaman así porque son tan generales que parecen pensadas para hablar del origen de la materia y la energía, como quienes empiezan con: "Desde tiempos remotos la humanidad se ha interesado por..." o "Una de las grandes preocupaciones que siempre ha habido a lo largo de la historia es..." o "Nuestro planeta es hogar de numerosas especies de animales y plantas, pero uno de los más característicos es..." Y así pueden encontrarse numerosos ejemplos, en los que la entrada puede referirse a cualquier tema. Debe recordarse que cada entrada debe ser única y específica para cada nota informativa.

Quienes se han formado en las carreras técnicas y científicas pueden tener la deformación profesional de intentar redactar notas informativas de ciencia con la misma técnica que se sigue en los artículos para las revistas científicas; es decir iniciar su nota con los antecedentes, que son relevantes, pero no despiertan el interés al inicio de una nota. Por eso, siempre es importante recordar a quién va dirigido el texto y en qué medio se difundirá.

Hay numerosas formas de empezar una nota informativa, con fines didácticos se presentan dos clasificaciones, la primera es de Leñero y Marín (1986: 67-72):

Cita directa. Trasciende lo que se dice y quién lo dice.

De cita indirecta. El reportero da una visión de lo ocurrido, cuando son declaraciones muy extensas que no pueden ser publicadas en su totalidad.

De datos simples. Hay dos elementos de importancia noticiosa.

De datos múltiples. Son tres o más datos los que se incluyen.

De interpretación. Elementos fuertemente analíticos o interpretativos que la componen.

De enumeración. Se enumeran los hechos noticiosos después de una breve entrada.

De relieve. Se destaca algún rasgo o hecho esencial. Uno de los elementos integrantes de la noticia lo aclara, amplía o interpreta para resaltar su significación.

De cápsula. Frase de impacto.

De interrogante. Se formula una pregunta que pueda atrapar al receptor y se ofrece la respuesta, lo que puede dar pie a una amplia explicación sobre algún tema que puede parecer trivial o árido.

Por su parte, Pena de Oliveira (2011: 41-45) propone, entre otras entradas:

Clásico. Presenta todos los elementos fundamentales sin preocuparse de la jerarquización de los datos para envolver al receptor.

Circunstancial. Presentación del elemento "cómo" o circunstancial.

Cliché. Un dicho o refrán que se relaciona con el acontecimiento.

Conceptual. Se emplea una idea o definición atractiva por su novedad o enfoque.

Cronológico. Se estructuran los datos en la secuencia en que se produjeron.

De apelación directa. Se destaca un aspecto del acontecimiento.
De contraste. Comienza con un concepto o idea vagos que contrastan con la noticia.
Descriptivo. Se presenta la descripción del lugar donde se originó la noticia.
De enumeración. Lista o secuencia de condiciones, hipótesis o consecuencias.
Rememorativo. Se comienza con los datos más antiguos.
Adversativo. Se introduce a la noticia con una conjunción adversativa.
Explicativo. Se explica el contexto en que se hace algo o es posible entender un acontecimiento.
Apelativo. Se aprovecha la posible ambigüedad de datos para informar maliciosamente.
Multilead. No se presentan los datos fundamentales en el primer párrafo, sino en varios.

Estas clasificaciones son tan válidas como otras. Pero debe aclararse que aunque haya una estructura para la nota informativa, no significa que toda la información deba someterse a un molde rígido. Ya se mencionaba que en los últimos tiempos se ha roto la pirámide invertida en algunos medios, lo cual es válido siempre que se cumpla con el cometido de transmitir información novedosa de una manera clara, precisa y atractiva.

Así, la nota informativa no tiene por qué estar sujeta a reglas rígidas, por el contrario, como uno de los principales géneros periodísticos puede ejercerse con mucha creatividad.

He aquí un ejemplo de entrada literaria: "Hace 15 mil millones de años, el universo registró una inmensa explosión. Y unos científicos de la Universidad de California en Berkeley han anunciado que la acaban de oír".

Claro que también hay entradas de boletín o institucionales, como esta: "La Secretaría del Medio Ambiente y Recursos Naturales lanzó ayer un programa de trabajo en el que se plantea, para fin del sexenio, la meta de que el 10 por ciento del territorio nacional sea un Área Natural Protegida (ANP)". Como saben quienes trabajan en esas instituciones, la nota informativa oficialista está supeditada a los intereses políticos. Pero en dependencias y entidades gubernamentales que, además de sus actividades políticas, sociales y administrativas, se dedican al quehacer científico y tecnológico, la nota informativa científica debería desligarse de las entradas institucionales o publicitarias, de tal forma que sus boletines realmente fueran informativos y atraparan el interés de los jefes de información de los medios impresos y electrónicos.

En la medida en que el boletín informativo del quehacer científico y tecnológico se diferencie del institucional, se podrá cumplir con las funciones del periodismo científico.

Esa es una tarea ardua que no solo compete a los periodistas científicos, pues el *publiboletín* de prensa es un producto que lejos de facilitar la labor del reportero la entorpece, porque pretende influir en la generación de noticias y su enfoque, como señala Nelkin (1990: 124): "Los boletines de prensa son un invento norteamericano. El primero apareció en 1907, pero solo en los años recientes se ha convertido en un medio común de influir en las noticias".

Por supuesto que las oficinas de comunicación social gubernamentales se felicitan por la inclusión de su material en los medios impresos y electrónicos, porque es un índice favorable de su desempeño, pero va en detrimento del periodismo científico, que corre el peligro de convertirse en vocero oficialista.

Esta crítica puede hacerse extensiva a las instituciones de educación superior y a los centros de investigación en los que las áreas de comunicación social se transforman en oficinas de relaciones públicas, en beneficio del titular o de algunos investigadores, y se deja de lado la función de informar a la sociedad de sus actividades e investigaciones. Nelkin (1990: 127) resume esta situación: "Los científicos y sus instituciones, cada vez más motivados para aumentar su influencia sobre la información científica y tecnológica, han refinado estas prácticas. Ejercen su influencia primordialmente a través de dos estrategias: amplios esfuerzos de relaciones públicas y mayores controles sobre la difusión de informaciones para la prensa".

En ocasiones, los responsables de la comunicación social de los centros generadores de información científica y tecnológica emplean en los boletines el lenguaje científico, lo que impide que el mensaje sea transmitido con claridad y sencillez a la sociedad.

Es importante, por lo tanto, que en esas oficinas se encuentren profesionales que manejen las técnicas periodísticas y, sobre todo, tengan presente que la función del periodismo de ciencia es transmitir el quehacer científico y tecnológico con claridad, sencillez y precisión, al tiempo que se proporciona el contexto social, cultural, político y económico, cuando así corresponda. En la medida en que se tengan periodistas mejor capacitados, la información científica y tecnológica procedente de entidades gubernamentales y académicas será mejor valorada y podrá cumplir con la función de dar a conocer de manera lo más objetiva posible su quehacer científico y tecnológico.

Recomendaciones

Para finalizar, se presenta un prontuario (no receta) para elaborar notas informativas, que debería seguirse para redactar noticias de ciencia y tecnología:

- No hacer un resumen como entrada, utilizar la ventana más conveniente.
- No agrupar párrafos que comiencen con las mismas palabras, a menos que haya una intención estilística que sea evidente; es decir que no necesite explicarse la razón del uso repetido.
- Evitar cacofonías por semejanza fonética, rima y vecindad de vocales, lo cual puede detectarse si se lee en voz alta.
- Alternar párrafos largos y cortos, cuando la extensión de la nota así lo permita.
- Procurar que cada párrafo tenga unidad propia, de tal manera que si es necesario pueda suprimirse alguno sin detrimento de la comprensión del texto, de acuerdo con la estructura de la pirámide invertida. Pero principalmente para que el lector pueda ser atraído por cualquier párrafo, ya que no siempre se leen los textos desde el principio, algunas veces se comienza a la mitad o al final de la nota, sobre todo cuando se navega por internet.
- Escribir con colorido la noticia, cuando la extensión lo permita, por medio de:
  - Intercalar frases o expresiones textuales.
  - Agregar detalles descriptivos.

    - Añadir detalles humanos significativos.
    - Interpretar las cifras estadísticas.
    - Hacer comparaciones gráficas ilustrativas.
- Buscar la máxima precisión, la cual es un requisito indispensable en toda nota periodística, pero más todavía en las que dan cuenta de acontecimientos científicos y tecnológicos, pues muchos términos o conceptos de medida no son claros para toda la población; por ejemplo, el término "una pequeña distancia" tiene un significado en el campo astronómico y otro muy distinto en el área de la nanotecnología.
- Dudar de lo que se escucha, siempre deben corroborarse los datos con otros especialistas o documentos, artículos o libros. Si no es posible, debe advertirse que la fuente es dudosa o, cuando se trate de una noticia sobre un nuevo conocimiento (un descubrimiento o el resultado de una investigación), es conveniente referir con cautela que nuevos estudios podrán corroborar o descartar esa información, ya que debe recordarse que el conocimiento científico siempre es corroborable.
- Aclarar si la fuente es dudosa o digna de crédito. Si es dudosa, decidir la razón por la que debe publicarse sin buscar otra fuente más confiable.
- No decir todo a la vez, sino poco a poco, con un orden lógico, para que se dé el contexto de la información científica o tecnológica, y no solamente el dato, que puede recibirse como una curiosidad o como algo sorprendente, pero nada más.
- No empezar las notas con la pregunta "Sabía usted que..." De esa manera queda la impresión de que la información científica y tecnológica es una colección de curiosidades, propias de los almanaques, y se pierde la oportunidad de atrapar al receptor por el interés de la información.
- Evitar el tono didáctico y de erudición, que ahuyenta a los lectores.
- Seguir los cánones de la nota informativa periodística.

El encuentro crucial de periodistas y científicos

Todos hemos participado alguna vez en una entrevista ya sea como entrevistados o como entrevistadores, ya que es la forma más natural y tal vez la más antigua que se ha empleado para obtener información o simplemente para iniciar una conversación, como asegura Steiner (2002: 29): "Antes que *Homo sapiens* somos *Homo quarens*, un animal que no deja de preguntar. Un animal que abarrota los límites del lenguaje y de las imágenes (¿será sólo la música la que parece atravesar esos límites?) con la convicción elocuente o rudimentaria, metafísicamente arcana o tan inmediata como el llanto de un niño, de que existe un 'otro', que hay un 'afuera'".

Por supuesto que la mayoría de esas entrevistas no tiene pretensiones periodísticas, algunas son para solicitar trabajo, otras se realizan en sesiones con psicoanalistas, en consultas médicas o en reuniones con otros profesionales a quienes se les solicitan sus servicios como abogados, ingenieros, arquitectos, veterinarios, vendedores u otros más. También deben considerarse los encuentros casuales con un desconocido que pregunta por una calle, la ruta de un autobús o de quien intenta iniciar una conversación para matar el tiempo o con fines de cortejo.

Prácticamente todos los días participamos en entrevistas, hasta en las conversaciones con amigos y familiares. Tal vez por eso muchas personas consideran que es muy sencillo hacer una entrevista periodística y se internan en ese género sin conocer sus bases, únicamente con la preparación que se supone proporciona haber leído algunas entrevistas en diarios y revistas.

Sin embargo, la realidad es otra, Morales (2009) destaca la importancia del interrogatorio en la entrevista periodística: "La pregunta en el periodismo es la herramienta por antonomasia. La profesión exige un dominio cabal de sus singularidades. Baste conocer que más de 70 por ciento del material publicado en la prensa se obtiene a través de preguntas. Su manejo y empleo consecuentes definen al reportero de raza".

En efecto, la entrevista periodística es uno de los géneros fundamentales del periodismo, como precisa Halperín (1995: 9): "Todo lo que no obtiene de su experiencia directa —es decir la mayor parte de lo que escribe—, lo que no surge de los cables y despachos, de los otros medios y de los archivos, solo lo consigue sobre la base de conversaciones con infinidad de personas conocidas y anónimas. Por lo tanto, cada día el periodista entrevista casi tanto como respira".

Pero la incorporación de la entrevista como hoy la conocemos al trabajo periodístico es relativamente reciente. Según documenta Del Río (1991: 161), James Gordon Bennet, periodista de *The New York Herald*, en 1836 publicó la primera entrevista en forma de preguntas y respuestas, que hizo a la administradora de un burdel de Nueva York. Cinco lustros más tarde, Horace Greeley, de *The New York Tribune* publicó una entrevista a Brigham Young, segundo profeta de los mormones. "Pero esta forma de la entrevista disgustó a más de un periódico. La publicación londinense *Pall Mall Gazete*, expresó que 'esta entrevista a la americana es degradante para el periodista, que la hace odiosa para el entrevistado y cansadora para el público'" (Del Río, 1991: 161).

En Francia también se alzaron voces en contra de este género, pero del rechazo europeo inicial se pasó, a fines del siglo XIX, a la reconsideración de la entrevista como uno de los géneros periodísticos más importantes.

Por su parte, Halperín (1995: 293) considera que los orígenes de la entrevista como género periodístico son anteriores a los ochocientos: "en los siglos XVIII y XIX el género de la entrevista ya se había instalado en los diarios norteamericanos: primero tímidamente en *The Boston News-letter*, a principios de 1700, con una serie de entrevistas sobre la muerte del pirata Barbanegra. Y un siglo más tarde con las entrevistas policiales de *The New York Herald* y *The London Morning Chronicle*.

Por eso no resulta descabellado lo planteado por Hugh C. Sherwood hace más de cuatro décadas, quien afirmaba que cualquiera que fuese el objetivo que quisiera alcanzar un periodista, debería ser reportero y para serlo debería ser, primero que nada, un buen entrevistador. Ahora ese planteamiento está más vigente que nunca, pues se requiere una buena preparación para llegar a dominar el raro arte de preguntar.

Para ser un buen entrevistador debe saberse qué es una entrevista periodística, porque hemos escuchado conversaciones entre conductores de noticias y políticos, deportistas, artistas del espectáculo, científicos e intelectuales, que no llegan a ser una entrevista, sino una oportunidad de lucimiento del entrevistado, en el mejor de los casos, en el peor el entrevistador pretende parecer conocedor de los temas y hasta emite su opinión.

Ahí está el problema, porque en una entrevista periodística el entrevistado aporta nuevos datos sobre un acontecimiento, información relevante sobre una investigación o sobre su propia vida, gracias a las habilidades del entrevistador, por lo que la agencia de noticias de la CBS (citada en Ibarrola, 1986: 17), resalta su finalidad: "obtener información de la persona entrevistada, por información debe entenderse no solo los 'hechos' objetivos y posiblemente sujetos a comprobación, sino también el tono, los motivos, las actitudes, que a su vez, pueden llevarnos a nuevos hechos e información. Por eso el entrevistador debe estar alerta para descubrir nuevos aspectos en la entrevista".

El entrevistador debe, sobre todo, salvar una seria contradicción para obtener buenos resultados según considera Bauducco (2008: 7): "la entrevista es una charla que, en la mayoría de los casos, se desarrolla en privado y posteriormente se convierte en una conversación pública. Y además, se realiza generalmente entre dos personas que no se conocen y una de ellas somete a la otra a un interrogatorio, pretendiendo saber cosas que —usualmente— la otra no le cuenta a los demás".

Una concepción semejante es la de Halperín (1995: 13) que describe una atmósfera parecida: "La entrevista es la más pública de las conversaciones privadas [...] El sujeto entrevistado sabe que se expone a la opinión de la gente. Por otra parte, no es un diálogo libre con dos sujetos. Es una conversación radial, o sea centrada en uno de los interlocutores, y en la que uno tiene el derecho de preguntar y el otro el de ser escuchado".

Martínez Vallvery (citado en Robles, 2001: 66), en una definición más académica señala: "Se trata de un conjunto de actos de habla: por parte del periodista el interrogatorio y por parte del entrevistado el constatativo o afirmativo. Ambos tienen en cuenta: el sentido común, el conocimiento de la situación concreta y los fines que buscan con esa interacción".

Entonces hasta aquí podríamos decir que en una entrevista se procurará que el entrevistado dé muchas respuestas, pero también deberá ponerse atención en qué dice, cómo lo dice, por qué lo dice, qué autoridad tiene en la materia, ya sea como conocedor de una disciplina científica o tecnológica o como protagonista o testigo de un acontecimiento, como lo advierte Dallal (1989: 71):

> La verdadera *entrevista* es un diálogo, un diálogo razonado. Esto quiere decir que el entrevistador está obligado a poseer agilidad, sí, pero debe llegar al sitio de la *entrevista* pertrechado con preguntas que elaboró gracias a una investigación y a una reflexión previa. Debe razonar —no sólo lanzar— estas preguntas para hacer que el entrevistado conteste también razonadamente. Antes que nada, la *entrevista* es un diálogo, un intercambio de inteligencias, de puntos de vista, de elucubraciones.

Asimismo, siempre debe tenerse presente que la entrevista periodística no es una plática entre amigos, aunque se pretenda que sea cordial, pero no complaciente. Halperín (1995: 14) puntualiza:

> *la entrevista periodística es un intercambio entre dos personas físicas y unas cuantas instituciones que condicionan subjetivamente la conversación.* El entrevistado habla para el periodista, pero también está pensando en su ambiente, en sus colegas, en el modo como juzgarán sus declaraciones la gente que influye en su actividad y en su vida, y el público en general.

Por lo tanto, este diálogo no es entre pares, sino asimétrico. El entrevistado es el centro de atención, se le eligió por su trayectoria, su relevancia o por situaciones circunstanciales, pero es él quien debe externar sus opiniones, así que el periodista debe dejarlo hablar, pero sin abandonar una postura crítica ante sus declaraciones.

Es decir que no debe perderse de vista que, aunque el entrevistado parezca muy amable y afectuoso —para eso los políticos, funcionarios, banqueros y empresarios se pintan solos—, en realidad está representando su papel para quedar bien, primero con el periodista y su medio, y después con los lectores o audiencia, ya que siempre estará pensando en el efecto que causarán sus comentarios, denuncias o (supuestas) indecisiones. Allí es donde el entrevistador deberá buscar los matices, la no complacencia y las preguntas que permitan obtener opiniones genuinas.

Por supuesto que hay excepciones y una gama de actitudes e intenciones, que dependen tanto del oficio o profesión del entrevistado (político, escritor, analista político, económico o social, empresario, investigador social o científico, artista del espectáculo o de las bellas artes, deportista, artesano, carpintero, mecánico, constructor) como de los objetivos que persiga con la entrevista. Nunca debe olvidarse que el entrevistador pretende mostrar su mejor imagen para que le hagan las revelaciones más trascendentes, en tanto que el entrevistado busca aprovechar la oportunidad para hacer aclaraciones o declaraciones que le favorezcan ante los lectores y la audiencia.

Así, debe desterrarse la idea de que la entrevista periodística con científicos y tecnólogos puede ser un diálogo espontáneo, cuyo único objetivo será dar a conocer el conocimiento científico o los proyectos tecnológicos y mejorar la percepción de la sociedad sobre la ciencia y los científicos, ya que en mayor o menor medida, el entrevistado busca aprovechar la oportunidad de aparecer en los medios para determinados fines.

Eso, por supuesto, no es condenable por sí mismo, porque finalmente la entrevista periodística puede ser un instrumento provechoso para el entrevistador, el entrevistado y el público, si se transmiten con fidelidad los datos e información sobre proyectos o investigaciones, al mismo tiempo que se utiliza como un foro para que el entrevistado dé a conocer sus inquietudes legítimas sobre la política científica del gobierno o sobre algún otro tema de interés para la sociedad.

También hay otros casos, sin embargo, en que el personaje rehúye los interrogatorios, como Kundera (1990: 135), quien además hace una dura crítica a los periodistas y, en especial, a los entrevistadores, pues su concepción de la entrevista tal vez esté influida por los interrogatorios a los que se sometía a los ciudadanos en la Europa Oriental: "Periodista no es aquel que pregunta, sino aquel que tiene el sagrado derecho de preguntar, de preguntarle a quien sea lo que sea. ¿Acaso no tenemos todos ese derecho? ¿Y no es acaso la pregunta un puente de comprensión tendido de hombre a hombre? Quizá. Por eso precisaré mi afirmación: el poder del periodista no está basado en el derecho a preguntar, sino en el derecho a exigir respuestas".

Ese derecho a exigir respuestas también lo tenemos todos, solo que en nuestra perfectible sociedad democrática no contamos con los mecanismos o procedimientos transparentes y accesibles para exigir la rendición de cuentas. Tal vez por esas consideraciones, el escritor checo Milan Kundera es enemigo de las entrevistas periodísticas.

Cuando se tienen estos desencuentros con personajes enemigos de las entrevistas se trata evidentemente de entrevistas fallidas, de las cuales son corresponsables el entrevistador y el entrevistado, ya que no se le puede atribuir toda la culpa al entrevistador. Como en cualquier otra actividad humana en que intervienen dos o más personas, el triunfo o el fracaso se comparten, no en una dilución de responsabilidades, sino en la asunción de fallas y aciertos de cada quien.

No se pretende reducir todo a errores y aciertos del periodista y el entrevistado o a un buen o mal manejo de la técnica de la entrevista. Eso sería condenar al entrevistador a realizar un trabajo mecánico que siempre sería excelente cuando se lograra dominar la técnica de la entrevista. Hay, si acaso, recomendaciones, aprovechamiento de experiencias propias y ajenas, un sentido de responsabilidad y una amplia preparación cultural. Sin embargo la reunión de estas características no garantiza que alguien pueda ser un buen entrevistador, pues también se requiere el instinto o las habilidades del buen conversador. Halperín (1995: 109) lo describe así: "*La entrevista, como la conversación en general, pertenece al reino del instante, y el entrevistador debe adquirir maestría en las leyes que gobiernan su curso: lo efímero y lo banal entremezclado con lo profundo, la dispersión, el juicio terminante y muchas veces arbitrario, los cambios de ritmo, el mutuo semblanteo, los juegos de manipulación y de ocultamiento, la confidencia, las puestas en escena*".

El periodista que reúna esas cualidades tendrá mayores probabilidades de obtener buenas entrevistas. Pero no debe olvidarse que para hacer una entrevista, como para hacer el amor, se requiere por lo menos de dos personas, a menos que se practique el monólogo o el onanismo. Claro que ha habido entrevistas ficticias con objetos o personajes históricos, pero esos textos entran en los géneros literarios de ficción más que de periodismo.

El entrevistado

En la entrevista es importante el periodista, pero también lo es el otro, el que está frente a la grabadora, el micrófono, la cámara de video o la ya rudimentaria libreta de apuntes.

Así como circula un chiste sobre una situación poco probable en que el paciente se enfrenta a su primera cirugía presa de miedo y el embozado cirujano trata de tranquilizarlo diciéndole: "No se preocupe, también para mí es la primera operación que hago", en el terreno periodístico también llega a suceder que el periodista novato y el individuo que recientemente ha adquirido celebridad se enfrenten a su primera entrevista.

Lo que sale del quirófano después de la cirugía es deseable que no sea algo catastrófico y en todo caso será asunto de la Comisión Nacional de Arbitraje Médico. Lo que puede obtenerse de la primera entrevista, en términos generales, es una información desordenada, incompleta, con preguntas vacilantes y respuestas vagas. Ese resultado no será causado únicamente por el nerviosismo natural del primer encuentro de dos desconocidos, porque aquí no se trata de técnicas periodísticas ni del especialista al que le hacen preguntas, sino de dos seres humanos que de común acuerdo deciden reunirse para que uno pregunte y otro conteste.

Ese encuentro entre dos personas desconocidas siempre causa emociones encontradas: grandes expectativas o incertidumbres, más aún cuando se sabe que un individuo extraño llegará al sitio de trabajo, a la sala de la casa a husmear, a irrumpir en la intimidad laboral o familiar y, además, hará preguntas que podrán ser inteligentes, oportunas e ingeniosas o torpes, vagas, aburridas, reiterativas y descuidadas.

No importa si el entrevistado ha concedido numerosas entrevistas, siempre existe la duda sobre las preguntas o habilidades del entrevistador, que puede irrumpir no solo en su ambiente laboral o familiar, sino también en su intimidad emocional o anímica. Además, aunque sea experimentado o tal vez por esa razón, siempre estará midiendo sus respuestas por las posibles reacciones de sus superiores, sus colegas, sus discípulos, sus subordinados y quienes lean o escuchen sus comentarios, como refiere Campbell (2012): "Y es es que la entrevista es una interlocución, el encuentro de dos inteligencias: una relación humana —cada uno llega con su personalidad y su bagaje cultural— de la que surge un texto distinto al que elaboraría una persona en la intimidad de su escritura". Además, debe tenerse en cuenta que si bien la entrevista puede ser una buena fuente de información, también es falible, como apunta Patterson (2018): "El entrevistado, las preguntas, e incluso el tiempo y el lugar de la entrevista pueden afectar las respuestas, que están sujetas a errores de memoria o incluso a decisiones de la fuente de confundir al reportero".

En el caso de la entrevista con científicos y tecnólogos, muchas veces el entrevistado ve con recelo al periodista o tiene aversión a las entrevistas porque no está acostumbrado a dirigirse al ciudadano común y menos aún a través de los medios, como señala Kennedy (2010): "Los científicos tienen que hacer mucho más trabajo: aprender a hablar con más claridad acerca de lo que están haciendo, salir al mundo real a hablar más directamente al público, teniendo cuidado de ser científicamente sólidos y rigurosos, para que se relacione su trabajo con la sociedad".

Por su parte, Dean (2010) reconoce que algunos científicos son reacios a las entrevistas por dos razones principales:

> En primer lugar, la ciencia como una institución premia los resultados de la investigación y publicación en los medios académicos. Un científico una vez me dijo: "Cada minuto en la banca es una pérdida de tiempo. Los científicos no ganan donaciones o promociones o algo más por explicar las cosas a la prensa o ver sus nombres en los periódicos o sus imágenes en una pantalla de televisión o sitio web".
>
> En segundo lugar, gastan su tiempo hablando con un reportero solo para encontrar su trabajo tergiversado en la prensa o el medio electrónico. Lamentablemente esto no es raro. Muchos científicos creen que los periodistas no se preocupan por la precisión, pero en gran parte debido a la incapacidad de los científicos para describir su trabajo en términos claros y sencillos.

En una entrevista con Russell (2010), la propia Cornelia Dean, escritora de ciencia que fue editora de *The New York Times*, señaló: "No creo que nadie deba obtener un doctorado en ciencia sin tener cierta disposición para decirle a un ciudadano común lo que está haciendo. Los científicos tienen la obligación de tomar parte en el debate. Su ausencia es uno de los factores que ha envilecido el diálogo nacional". Así, si ya es difícil que algunas personalidades entrevistables acepten, los científicos y tecnólogos pueden tener más razones o sinrazones para negarse a ser entrevistados. Algunos, en el caso de aceptar la entrevista, pueden ser muy puntillosos y exageradamente meticulosos, tanto así que en ocasiones es imposible que fluya la conversación.

No ha sido nunca una tarea sencilla obtener buenas entrevistas de científicos y tecnólogos, aunque debe reconocerse que en los últimos tiempos ya se cuenta con gente sobresaliente de la comunidad científica que acepta de buen grado las entrevistas, coopera para que el producto publicado sea de buena calidad y hasta sugiere nuevos temas y otros entrevistados de su área.

El entrevistador

Del otro lado está el reportero, quien por más experimentado que sea no dejará de sufrir cierto nerviosismo, como el veterano actor que cada noche debe controlar sus emociones para representar su papel en una obra de teatro. Si el periodista ya ha entrevistado antes a esa persona, no se sentirá menos nervioso, porque siempre deberá tener presente que cada encuentro es diferente, y que no deberá dejar que el afecto o empatía prevalezca sobre su profesionalismo. Si es la primera vez que se reúne con el entrevistado también lo asaltarán dudas e inquietudes: ¿lo recibirá bien?, ¿estará dispuesto a hablar, hará revelaciones importantes, noticiosas? Esas emociones deben ser controladas, pues la tensión extrema del reportero puede inquietar al entrevistado y aumentar sus preocupaciones y temores.

Entonces, entrevistador y entrevistado son dos seres humanos que se encuentran como si fuera la primera vez para entablar un diálogo que va más allá de la charla informal, de la plática de café, que difícilmente llegará a ser una conversación entre amigos, aunque eso sería lo deseable. Por lo que debe recordarse lo que un hombre con gran experiencia en los dos extremos, como entrevistador y como entrevistado, Gabriel García Márquez, escribió sobre quienes participan en las entrevistas:

> Hay entrevistadores de diversas clases, pero todos tienen dos cosas en común: piensan que aquella será la entrevista de su vida, y están asustados. Lo que no saben —y es muy útil que lo sepan— es que todos los entrevistados con sentido de la responsabilidad están más asustados que ellos [...] Los que creen que el susto solo lo tienen ellos, incurren en uno de los dos extremos: o

> se vuelven demasiado complacientes, o se vuelven demasiado agresivos. Los primeros no harán nunca nada que en realidad valga la pena. Los segundos no consiguen nada más que irritar al entrevistado (García Márquez, 1981).

Planteadas en esos términos, las entrevistas estarían condenadas al fracaso, pero no es así, el propio García Márquez en 1983 reconoció que Ron Sheppard, uno de los redactores literarios de la revista *Time*, le había hecho una muy buena entrevista.

En relación con el encuentro entre entrevistador y entrevistado, el escritor colombiano apuntó: "Unos y otros [...] no han aprendido aún que las entrevistas son como el amor: se necesitan por lo menos dos personas para hacerlas, y solo salen bien si esas dos personas se quieren. De lo contrario, el resultado será un sartal de preguntas y respuestas de las cuales puede salir un hijo en el peor de los casos, pero jamás saldrá un buen recuerdo" (García Márquez, 1981).

Habría que añadir, siguiendo el símil del amor, que no basta con que una de las dos personas quiera, sino que es necesaria la aquiescencia para que se dé un acto de amor, una buena entrevista.

¿Cuántas veces hemos salido de una entrevista con la sensación de fracaso porque no logramos una conversación fluida, sino que fue una sesión de preguntas y respuestas? ¿Cuántas veces nos hemos sentido decepcionados por aquel científico o tecnólogo a quien admirábamos y que al conocerlo nos muestra amargura, mezquindad u otros rasgos de su personalidad poco agradables?

¿Cuántas veces dejamos al entrevistado con una sensación de vacío o frustración porque no pudimos formularle la pregunta que esperaba o no nos prestamos para que explicara ampliamente su teoría o fundamentara su opinión? En fin, ¿cuántas veces la entrevista se convierte en un acto fallido, en un encanto al inicio y un desencuentro al final?

En esos casos fallan tanto el entrevistador como el entrevistado. Los errores de este último no está en nuestras manos corregirlos, pero del primero, del entrevistador, sí. Deberá procurarse que si la entrevista no fue buena no recaiga sobre el entrevistador la mayor responsabilidad. Otra vez, en el parangón de García Márquez, sería deseable que nosotros fuéramos los dolidos amantes de un amor no correspondido.

El cortejo

Por supuesto que a nadie le gusta asumir el papel de amante no correspondido, para evitarlo se ensayan elíxires, pociones mágicas, requiebros y demás artes, incluyendo el celestinaje, con el fin de conquistar a la persona amada.

En la entrevista sucede algo semejante, el cortejo empieza a distancia, desde el momento en que se elige a quién entrevistar. Cabe aclarar que esto es válido para las entrevistas de opinión y de semblanza, las noticiosas son instantáneas las más de las veces y no hay oportunidad de elegir, sino que debe preguntarse lo más pronto posible para no perder la oportunidad noticiosa. Más adelante se presentará una clasificación de las entrevistas por su contenido.

En las entrevistas de opinión y de semblanza debe hacerse primero una buena elección, debe elegirse al entrevistado con base en su capacidad, su prestigio social, su autoridad moral o su relevancia. También se le puede elegir por su popularidad permanente o efímera; su singularidad, como un personaje pintoresco de la ciudad; por su representatividad social; por su trascendencia circunstancial, como el héroe civil que ayudó a combatir un incendio en un laboratorio universitario; por ser protagonista de una noticia, como el ganador de una distinción científica internacional.

Cualquiera que sea la razón por la que se elija al entrevistado, debe tomarse en cuenta que como profesional del periodismo deben dejarse de lados los afectos, no preferir al amigo o conocido, a menos que se trate de una autoridad en el campo y no haya nadie más que pueda o deba hacer la entrevista. Entonces, debe quedar muy claro para el amigo que se sostendrá una entrevista y que todo lo que diga podrá ser publicado; el resultado casi nunca será satisfactorio para el entrevistado, quien siempre esperará un tratamiento especial. Lo que debe procurar el entrevistador es esmerarse en cumplir profesionalmente con la encomienda, como lo haría con cualquier otro entrevistado.

Tanto si es un amigo u otro personaje, debe quedar muy claro el objetivo de la entrevista, lo que se espera conseguir del entrevistado, Halperín (1995: 19-20) enlista siete objetivos:

- conseguir que haga una revelación inédita,
- llevarlo a formular una denuncia importante,

- mostrar un ángulo desconocido del personaje,
- lograr que el sujeto profundice en algo que ha llamado la atención de la gente,
- producir con él una exposición fascinante sobre un tema de interés público,
- obtener un retrato completo de su personalidad,
- exponerlo como un caso testigo.

Por supuesto que puede haber muchas otras finalidades y que, en el transcurso de la entrevista, podrá cambiar el objetivo debido a las declaraciones que haga el entrevistado.

Una vez hecha la selección del entrevistado y definido el objetivo de la entrevista, debe tramitarse una cita, al tiempo que el periodista se documenta tanto en el tema como en la trayectoria del personaje. Este es el cortejo a distancia.

Lo ideal es hablar directamente con quien se desea entrevistar, pero en ocasiones resulta difícil hacerlo, en esos casos puede buscarse a un amigo o conocido mutuo o a una secretaria solícita que haga labor de celestinaje para concertar la cita. Por lo tanto, siempre es conveniente tener un trato cortés y amable con quien conteste el teléfono, que puede ser la secretaria o recepcionista, quienes pueden obstaculizar o franquear el paso hacia el entrevistado.

Cuando también falla el intermediario, debe abordarse directamente al personaje en el ascensor, a la salida del trabajo, en un restaurante o donde esté. El acercamiento debe ser cauteloso, suave, amable, con gentileza pero al propio tiempo firme y decidido. La mayoría de las veces se consigue una cita.

Si se le explica al personaje porqué se le quiere entrevistar —porque es una autoridad en la materia, porque al lector le interesaría saber más de su vida o lo que opine sobre cierto aspecto— lo más seguro es que acepte, sobre todo si se deja entrever, solo entrever, que el reportero tiene algún conocimiento sobre el tema o sobre su trayectoria profesional.

Y aquí cabe decir que no hay medio pequeño ni entrevistado inalcanzable, siempre que se pongan en práctica todas las armas o habilidades del cortejo. En febrero de 1993, cuando la *trevimanía* estaba en su apogeo, trabajaba en el semanario *Punto*, una publicación tabloide de análisis político, económico, social y cultural, que circulaba principalmente en el medio universitario. Benjamín Wong Castañeda, su director, me indicó que consiguiera una entrevista con Gloria Trevi; con este objetivo, le envié a su representante (Rosa María Esquivel, no Sergio Andrade) una carta en la que le manifestaba mi interés por entrevistar a la Trevi:

> no sólo por la enorme popularidad que ha alcanzado, que ya de por sí constituye un fenómeno social relevante, sino también porque con el contenido de las letras de sus canciones y sus declaraciones agudas y oportunas, así como por su manera de vestir y actuar en los escenarios, se ha convertido en la vocera de las inquietudes de miles de jovencitas que se rebelan contra el autoritarismo familiar y de miles de jóvenes, en general, que coinciden con las opiniones de ella.

En dos semanas me contestaron y concedieron la entrevista, que se publicó el 15 de marzo de 1993, con llamada en la portada y cuatro páginas de extensión, en la que Gloria Trevi habló de la virginidad, los anticonceptivos, la prostitución, los políticos, las injusticias, la pobreza. Fue una entrevista planeada, con un buen final porque hubo un acercamiento adecuado y el contenido no los defraudó, ya que mostró por primera vez las opiniones y comentarios de la Trevi más allá de la farándula. Seguramente nuestra solicitud de entrevista competía con las de revistas de espectáculos. Lo cierto es que ese día, antes de mí, fue entrevistada por un reportero de *Proceso*, que solamente le dedicó media página en su edición del 15 de marzo.

Los preparativos

Además del cortejo inicial, debe contarse con una preparación previa, ya que no se puede confiar únicamente en el ingenio, la candidez o la simpatía del entrevistador para obtener una buena entrevista. Las malas experiencias también les ocurren a los más experimentados entrevistadores, como le sucedió a Elena Poniatowska, quien fracasó ante el premio Nobel de Literatura François Mauriac (citada en Del Río, 1991: 173):

> —¿Ha leído usted algunas obras mías?

—No, señor Mauriac. Apenas voy a comenzar. Ayer compré *Nido de víboras*... Pero, dígame usted, ¿cuál es su mejor libro?

—De nada serviría que le conteste, señorita, usted no conoce mi pensamiento. No hay conversación posible.

La periodista y escritora continúa su texto con una crónica sobre el ambiente en que se desarrolló el encuentro y con una descripción del literato. Aquí no hubo cortejo a distancia, la entrevistadora se lanzó sin medir las consecuencias y el rechazo fue brutal y aleccionador. Si hay una preparación previa, el coqueteo inicial, es decir el preámbulo de la entrevista puede marcar su tónica, aunque no necesariamente.

Por eso, lo primero que debe hacerse es tener la mejor preparación posible. Aunque suene reiterativo, es indispensable que el periodista científico tenga una cultura general y que se encuentre al tanto de lo que sucede en su ciudad, su país y el mundo, por medio de la lectura de diarios y revistas que lo nutran del acontecer científico y tecnológico, pero también de lo que sucede en la política, la economía, la sociedad y la cultura, ya que la ciencia y la tecnología son actividades que influyen y son influidas prácticamente por todos los campos del quehacer humano. Cuanto mejor informado se encuentre el periodista, mejor capacitado estará para proporcionar el contexto sociocultural de un descubrimiento o adelanto científico y tecnológico; asimismo, contará con más herramientas para conseguir más y mejor información de sus entrevistas.

Con ese arsenal de conocimientos y cultura se facilitará el trabajo de conocer lo más que se pueda del entrevistado: su trayectoria profesional, su nivel académico, sus principales logros, los reconocimientos o distinciones que ha recibido, los cargos que ha desempeñado, los artículos, documentos y obras que ha escrito como autor y coautor y, de ser posible, sus gustos y aficiones. Asimismo, si es un personaje público que ha concedido entrevistas, leerlas para evitar caer en las mismas preguntas, en todo caso procurar descubrir facetas que hayan quedado sin revelar.

Al tiempo que se realiza esa investigación, deberá obtenerse información sobre el tema que se tratará, si es una entrevista de opinión, o sobre los temas y aspectos que haya abordado el entrevistado, si se realizara una entrevista de semblanza.

Las fuentes de información son, primero, los archivos del medio en que se escribe o los propios, posteriormente, los centros bibliohemerográficos especializados y los de la institución donde trabaja el entrevistado. También puede recurrirse a sus compañeros y amigos, pero debe tomarse con cierta cautela la información que proporcionen, pues podría haber fuego amigo.

Actualmente se cuenta con internet, pero es recomendable consultar solo los sitios que sean completamente confiables, como los de las instituciones de prestigio o la propia página del entrevistado. No puede confiarse en las redes sociales (facebook, linkedin, twitter, snapchat y otras), pues aunque son eficaces para comunicarse con otras personas, no son confiables como medios de comunicación. Incluso, se han documentado casos en los que se han creado páginas a nombre de celebridades, que no las tienen o que usan otra dirección en las redes sociales.

Una vez que se cuente con toda la información, debe realizarse un temario que será la base para la formulación de las preguntas. Leñero y Marín (1986: 112) recomiendan:

> La preparación con base en un temario es conveniente para entrevistas de opinión sobre temas muy amplios o para entrevistas de semblanza. Tienen la ventaja de que el reportero no obliga al personaje a ceñirse a preguntas concretas que aquel lleva ya preparadas. Relaja el tono de la conversación, ayuda al reportero a realizar una verdadera charla y a comportarse con mayor naturalidad y soltura.

Por ejemplo, si se aborda el insomnio, podrán tenerse como temas principales: *a)* su definición, *b)* clasificación, *c)* prevalencia por edad y sexo, *d)* causas, *e)* complicaciones o problemas que trae consigo, *f)* tratamientos, *g)* medidas preventivas. Las preguntas surgirán prácticamente de los mismos temas, pero cada respuesta puede abrir nuevas preguntas y otros temas, como insomnes célebres, el insomnio en el arte y la literatura, estudios recientes sobre las causas neurofisiológicas del insomnio y los centros de atención en el país.

Estos puntos son únicamente indicativos, durante la entrevista se pedirá que se desarrollen en ese u otro orden y de diferente manera. Sin embargo, Halperín (1995: 20) considera conveniente la formulación de unas diez buenas preguntas, así que define como las virtudes de una buena pregunta:

> que sea clara; que provoque información; que se haga cargo de una demanda colectiva o que exprese las dudas de la gente si se trata de un personaje público; que sea abierta (que no lleve simplemente a responder "Sí" o "No" —a menos que sea indispensable—); que permita profundizar; que consiga explicaciones; que dé lugar a oposiciones (discutir una afirmación); que busque lo nuevo; que invite al personaje a usar imágenes y fantasías; que seleccione lo importante; que piense en lo global y en los detalles; que atraiga anécdotas.

Lo importante es que el reportero llegue bien preparado a la entrevista, con un conocimiento claro y lo más completo posible de su entrevistado y del tema por tratar; así como de las preguntas básicas que formulará, con la idea de que esas preguntas puedan cambiar según el rumbo que tome la entrevista, pues no es poco frecuente que se planee un tema y el entrevistado proponga otro o que el periodista considere más importante y oportuno algún otro que surja en el transcurso de la entrevista. En su momento se abordará más ampliamente la formulación de las preguntas durante la entrevista.

El lugar, fecha y hora de la entrevista por lo general los elige el entrevistado, por lo que el reportero deberá estar dispuesto a acudir a donde se le indique. Con frecuencia el entrevistado prefiere su lugar de trabajo, ya sea una oficina o un laboratorio, pero a veces puede citar en su domicilio particular o en un lugar neutral como una cafetería. La cita, salvo excepciones, es en horas hábiles.

Una vez que se cuenta con la cita y el cuestionario inicial, lo más importante es llegar puntual, como en cualquier cita amorosa. Es una cita de trabajo, por lo que la puntualidad es parte de la carta de presentación del entrevistador, quien no debe hacer esperar a su entrevistado, ya que probablemente reservó un tiempo para la entrevista entre todas sus ocupaciones. Por supuesto que nunca faltan los imponderables, pero las manifestaciones, el tráfico intenso, un accidente de tránsito, la descompostura del vehículo propio o del transporte público son pretextos una y otra vez usados que la mayoría acepta pero no cree. Así que lo mejor es planear la salida con bastante anticipación para que esos imponderables no repercutan en la hora de la reunión y deba cancelarse la cita o realizar la entrevista apresuradamente, con la justificable molestia del entrevistado.

En el caso en que el personaje por entrevistar sea el impuntual, el reportero deberá tomar en consideración varios factores para decidir esperar o retirarse sin hacer la entrevista, ya que el tiempo del periodista es tanto o más valioso que el del entrevistado. Es muy difícil decidir cancelar la entrevista cuando se colabora en un diario que requiere la información para ese mismo día, pero siempre deben valorarse situaciones como las siguientes:

- Si es una persona pública muy ocupada que hizo un espacio en su agenda y que está tratando de cumplir con el compromiso.
- Si su personal explica amablemente que está un poco retrasado, ofrece una disculpa y asegura que en cuanto se desocupe atenderá ampliamente al reportero.
- Si el retraso es de un personaje difícil de entrevistar o es poseedor de una información que no se puede obtener por otros medios.
- Si la orden del medio en que se trabaja es entrevistar a ese personaje.
- Si por medio de su personal pide que se le espere, sin ofrecer ninguna disculpa.

Corresponde al reportero valorar cada una de esas situaciones y otras más que se presenten, pero por lo general la cancelación de las entrevistas sucede de parte del presunto entrevistado, ya que la función del periodista es proporcionar a su público la información y opiniones relevantes que sean de interés para la sociedad, por lo tanto, el reportero prácticamente está obligado a esperar al entrevistado, salvo en los casos en que la espera vaya en menoscabo de su dignidad o de su profesión.

La puntualidad es un buen inicio para la entrevista, el siguiente es la buena presentación. Algunas personas podrán decir que el hábito no hace al entrevistador y tendrán toda la razón. Pero debe tenerse cuidado con el vestuario que se utilice, dependiendo del lugar de la reunión, ya que no causaría una buena impresión asistir a un restaurante de lujo (de cinco tenedores) de manera desaliñada o llegar a una zona proletaria o al medio rural con un traje costoso.

No se trata de aparentar o disfrazarse, sino simplemente de elegir el vestuario que a uno le guste, que mejor le quede y que se piense pueda causar una buena impresión, como cuando se acude a solicitar un empleo o cuando se tiene la primera cita amorosa. Entonces, el mejor vestuario será aquel que la experiencia, el sentido común, las circunstancias de la cita y el personaje le dicten al entrevistador.

Es recomendable que en el momento de elegir el vestuario se tenga presente lo que Leñero y Marín (1986: 114-115) escribieron al respecto:

> Una cierta patología se expresa en los "uniformes" que algunos reporteros portan para distinguirse como "periodistas respetables" —traje impecable en cualquier circunstancia, automóvil del año (que normalmente es inalcanzable con el salario promedio), relojes lujosos, etcétera— o, del otro lado, como "periodistas críticos" (atuendo siempre informal y desarreglo deliberado y sucio).

Además del atuendo y la pulcritud debida, debe contarse con los instrumentos necesarios para hacer el trabajo: bolígrafos (dos por lo menos para no correr el riesgo de que se acabe la tinta), lapicero, libreta de apuntes, grabadora con buen nivel de batería y suficiente capacidad de memoria.

Todavía en la era cibernética, los seres humanos somos individuos sociables, es decir que gustamos de relacionarnos con otros seres humanos, no con máquinas, por lo que algunos entrevistados tienen aversión a la grabadora y se niegan a ser entrevistados si no se apaga el artefacto. Esto podría causar angustia en el reportero poco avezado que únicamente confía en este aparato para reproducir el diálogo, pero para quien está acostumbrado a tomar notas de lo más relevante y a ejercitar su memoria, no representa ningún problema prescindir de la grabadora.

Lo recomendable es que —con grabadora o sin ella— siempre se tomen notas con una taquigrafía personal para recordar lo más importante, trascendente o impactante de la conversación. De esta manera existe una mayor garantía de que no se omitirá ningún concepto relevante.

Cuando el entrevistado no tiene objeciones para que se use la grabadora, no se puede confiar del todo en ella. Hace algunos años entrevisté al filósofo Ramón Xirau, coloqué mi —en esos años— moderna grabadora portátil cerca de él y comencé la entrevista, tomando notas en mi libreta.

En ese momento no le di importancia a una leve sonrisa del filósofo. Horas después comprendí el motivo de su gesto: su voz, que se escuchaba perfectamente, en el reproductor se convertía en una mezcla de sonidos guturales y nasales, lo cual seguramente ya sabía Xirau. Como tenía mis apuntes fue posible recrear la entrevista.

Otros colegas relatan episodios semejantes en los que se les olvidó oprimir el botón de grabación, se les terminó la batería o falló el aparato por razones desconocidas. Todos ellos pudieron salir adelante gracias al recurso de haber tomado apuntes.

Cuando llegan a suceder esos percances y el reportero redacta sin problemas la entrevista, entonces se confirma que la grabadora es utilizada solo como una herramienta más, pero no se ha convertido en el instrumento indispensable para realizar una entrevista, ya que este aparato no puede reemplazar al periodista quien, además de captar lo que dice el entrevistado con sus entonaciones, titubeos y declaraciones contundentes, también percibe los gestos, la mirada, los movimientos y el ambiente en que se desenvuelve el entrevistado.

No debe confiarse, por lo tanto, a un aparato la posibilidad de recrear los momentos culminantes de la entrevista, sino que solamente sea un auxiliar, un apoyo para realizarla, ya que lo más importante es lograr un clima de diálogo cortés y abierto pero no complaciente, y después con las técnicas y habilidades del periodista recrearlo para los lectores o la audiencia.

Las expectativas de la reunión

En las entrevistas de periodismo científico el diálogo transcurre de manera cordial y sin sobresaltos, ya que el investigador, académico o funcionario de instituciones científicas en general pretende congraciarse con el reportero porque lo ve como un medio idóneo para amplificar su mensaje. Por su parte, el reportero busca incorporar al entrevistado a su directorio de contactos a los que pueda recurrir para obtener más información, aclarar dudas, recibir comentarios u orientaciones sobre algún tema específico, por lo que también procura que la sesión de preguntas y respuestas sea tersa y provechosa para ambos.

Cuando los objetivos de uno y otro son legítimos y claros —lo que sucede la mayoría de las veces— entonces la entrevista transcurre de una manera muy natural y hasta cierto punto amistosa: el reportero recaba información precisa y confiable de un proyecto, un descubrimiento o rasgos importante de la vida del interrogado, si se hará su semblanza; en tanto que el entrevistado logra multiplicar su explicación e información para que sea conocida y comprendida por numerosas personas, difunde el quehacer científico propio o de la institución a la que pertenece y contribuye a crear conciencia de la importancia de la investigación científica para el desarrollo del país.

Sin embargo, no siempre sucede así. En ocasiones el entrevistado pretende usar al reportero como su vocero de relaciones públicas, en especial si se trata de funcionarios que desean destacar los supuestos o reales logros realizados durante su administración, lo cual puede hacerse pero sin subestimar u ocultar las metas que faltan por alcanzar y los errores o fallas cometidas, como recomienda Joubert (2011):

> no se convierta en "animador" carente de sentido crítico, recuerde dónde están los límites. Deje en claro que, al ser reportero, tiene la obligación de desafiar toda la información que le den y de informar sobre todos los ángulos relevantes de una historia. Sus fuentes requieren entender que, en primer lugar, usted se debe a su audiencia. Puede requerir explicar que tiene que formular preguntas acerca de la ética, moralidad y costos de la investigación y sus implicaciones para la sociedad.

Russell (2010), por su parte, hace una recomendación semejante en cuanto a las cuestiones de ciencia y política científica:

> los escritores de ciencia deben tener cuidado de no convertirse en animadores de la ciencia o parecer estar demasiado cerca de sus fuentes científicas. No obstante, una de las coberturas más eficaces entre ciencia y política ha venido de los reporteros de ciencia experimentados, que han cubierto sus campos "de cabo a rabo", y han desarrollado la capacidad de analizar tanto la compleja ciencia como la política.

Otra recomendación pertinente es la de Jayaraman (2013), quien advierte sobre la importancia de no crear compromisos con las fuentes ni olvidar que no se está a su servicio: "Es una buena idea cultivar las fuentes poniéndose en contacto con ellas de vez en cuando, y no solamente cuando las necesite. No es lo mismo que ser amigos, y debe tener cuidado de permanecer en el plano profesional y dejar en claro que se trata de una relación entre una fuente y un periodista".

Asimismo, debe tenerse presente que buena parte de la cobertura científica son publirreportajes que se hacen pasar como informaciones, según ha advertido Connie St Louis, directora de la maestría en periodismo científico de la Universidad de la City de Londres (citada en Tatalović, 2013), quien ha precisado al respecto: "Y gran parte de esta información consiste en traducir los hallazgos de los investigadores usando un lenguaje simplista y sensacionalista sin revelar las ambigüedades subyacentes, las tensiones y políticas".

En la medida en que el entrevistado reconozca los objetivos del periodismo científico y acepte que el reportero no es solamente un transmisor de información —como muchas veces se ha pretendido que sea— podrá tenerse una entrevista interesante y provechosa para la sociedad, ya que podrán analizarse aspectos relevantes de la información científica o hacer una ponderación de la gestión del funcionario sin caer en el elogio fácil ni en la crítica gratuita.

Con excepción de los funcionarios que pretenden utilizar al entrevistador para que contribuya involuntariamente a lograr sus fines políticos, los entrevistados son cordiales y amables, algunos de ellos incluso parecen nerviosos, más aún cuando es su primera entrevista, por lo que el reportero debe ayudar a crear un clima de cordialidad. Nakkazi (2013) lo plantea en términos claros: "Ayuda a los periodistas que el científico esté relajado cuando hable con nosotros. Queremos que sea honesto y no esté a la defensiva, pero es importante que tenga claro que usaremos toda la información que nos proporcione, mientras más interesante mejor".

El científico debe tener presente que la entrevista no es una conversación con sus iguales o con sus alumnos, sino con un profesional que desea, por una parte, transmitir la información científica de una manera sencilla, amena, clara y precisa y, por otra, dar a conocer todos los ángulos del tema, incluyendo los beneficios, perjuicios y repercusiones que pueda tener tanto para la sociedad en su conjunto, como para el individuo. Por lo tanto, no deberá esperar complacencias, pero tampoco ataques arteros. "Me gustaría que los científicos pensaran que la mayoría de los periodistas son personas agradables y que no estamos para ponerles una zancadilla", ha externado Nakkazi (2013).

En esas condiciones, periodista y científico pueden comenzar la conversación, que podrá ser cordial y placentera o áspera y decepcionante para ambos, pues se trata de un encuentro entre dos desconocidos que esperan obtener provecho de su diálogo.

No se trata, sin embargo, de una esgrima verbal, de un encuentro deportivo, de una partida de ajedrez, de un juego de seducción, tampoco es una conversación amistosa ni una plática de café, es... una entrevista periodística que tiene algo de todo lo anterior, en la que deberá predominar la confianza mutua y el profesionalismo. Es, antes que nada, una confrontación, ponerse una persona frente a otra.

Halperín (1995: 25) considera que, mirado desde cierto ángulo, se trata de una lucha desigual porque la última palabra la tiene el periodista:

> Eso es lo que alimenta la paranoia del entrevistado y, en consecuencia, demanda de un periodista de oficio la habilidad para hipnotizarlo. *Se trata de suavizar para el sujeto la delicada circunstancia que está viviendo: que está siendo examinado públicamente y que lo que dice y lo que calla será expuesto al juicio de miles de personas.* Ha concedido la entrevista porque es parte del precio que debe pagar por la celebridad o por el cargo que ejerce y porque desea la notoriedad. Pero teme.

Bauducco (2008: 67), por su parte, describe de esta forma el ambiente previo a la entrevista:

> El entrevistado siempre tiene la sensación de que cuando el periodista salga de ahí, no hará ninguna otra cosa más que deformar sus dichos. Y eso, claro, lo pone tenso.
>
> Antes de una entrevista, cualquiera piensa en las repercusiones que esta tendrá. Cómo reaccionarán las personas que resulten aludidas, las expectativas acerca de las fotos, toda una complejidad.
>
> Y, encima, el misterio que el periodista representa. El entrevistado se pregunta: ¿Quién es este sujeto que viene a preguntarme cosas? ¿De esto vive?

El temor y la tensión que despierta el encuentro pueden hacer fracasar la entrevista si el reportero falla en lograr un buen acercamiento, pues él mismo parece un peligro o por lo menos una incógnita, pues el entrevistado no sabe quién es ni en qué actitud llegará el periodista, si será un cruel inquisidor o si será condescendiente.

Por supuesto que el reportero no debe ser inquisidor ni condescendiente, sino una persona que logre despertar confianza y empatía en su entrevistado. ¿Cómo lograrlo? De diferentes maneras que no es posible reducir a una lista o enumeración, ya que así como no hay recetas para cortejar (aunque existen numerosos manuales del perfecto conquistador) tampoco las hay para hacer surgir la empatía del otro. Todo depende del estado de ánimo, las circunstancias y el ambiente, entre otros factores que rodeen a la entrevista, pero una actitud amistosa, comprensiva y franca puede contribuir a crear una buena relación.

Después de las presentaciones y de un breve intercambio de impresiones que reduzca la tensión mutua y contribuya a que el entrevistador le reitere amablemente al personaje la finalidad de la entrevista, puede decirse que comienza prácticamente una de las partes más difíciles de la entrevista, el diálogo o la conversación, como algunos gustan llamarle.

¿Cómo se conversa? A simple vista parecería una pregunta ociosa con una respuesta sosa: "Como lo hace toda la gente: hablando". Y sí, hay quienes dicen que no se puede enseñar a conversar y que por lo tanto no hay mejor consejo que el mismo que se da a un náufrago en altamar: "Nade o húndase".

Las preguntas

Así como cada quien tiene una técnica, un arte, una habilidad o un estilo para cortejar, también cada quien tiene una forma de conversar y esas maneras de cortejar y conversar son buenas si en la práctica muestran su valía. Pero siempre hay algunas reglas básicas generales, que es recomendable poner en práctica para que la entrevista no parezca un interrogatorio:

- *Utilizar una razonable cortesía*, pues de excederse en amabilidades, se puede correr el riesgo de parecer artificioso. Si el entrevistado es una persona a la que se le admira o tiene respeto por su trayectoria, no debe caerse en la adulación. Halperín (1995: 24) recomienda: "dejarse fascinar por el personaje, pero no olvidar que estamos haciendo una nota".

- *Breve presentación.* Dependiendo del tiempo del que se disponga para la entrevista (lo ideal es más de 30 minutos), se puede tratar de disminuir la tensión del entrevistado con un comentario sobre su oficina o estudio (si es el caso) o sobre algún asunto de actualidad, ajeno al tema de la entrevista y, posteriormente, recordar brevemente el motivo de la entrevista. Si el entrevistado manifiesta que tiene prisa, deberá irse directamente al tema, con la intención de que las preguntas le resulten de tal interés que se olvide de la prisa inicial y conceda una entrevista más amplia.
- *El entrevistado es la "estrella".* Siempre debe recordarse que el entrevistado es el centro de atención e interés. El reportero debe transmitirle al entrevistado esa sensación: que se ha preparado todo para que sus palabras resuenen en un escenario virtual en el que los reflectores estarán dirigidos a él, porque todo está listo para escuchar sus opiniones, comentarios o pasajes de su vida. El periodista nunca es noticia.
- *No rivalizar con el entrevistado.* No debe intentarse demostrar que se tiene tanta o más información o inteligencia que el entrevistado.
- *Conocimiento del tema.* El entrevistador deberá mostrar cierto conocimiento, pero no parecer muy ducho en el tema, ya que corre el riesgo de que el científico eleve el nivel de su exposición y en lugar de dar una explicación para alumnos de secundaria o bachillerato, lo haga como si estuviese hablando con sus pares. En cambio, si el entrevistador parece completamente ignorante, el entrevistado temerá que sus conceptos sean mal interpretados. Deberá buscarse el equilibrio.
- *Sin temor a la ignorancia.* El entrevistador nunca debe perder de vista su objetivo de explicar al público un hecho científico y su relevancia, por lo que no debe temer pedirle al entrevistado que le explique más ampliamente algún concepto. Es preferible que quede clara la información a distorsionarla o malinterpretarla, al respecto, Morales (2009) cita al periodista británico David Randall, autor de *El periodista universal*: "Por muy crasa que sea nuestra ignorancia, cuando no se sabe algo, hay que preguntar, y cuando no se entiende algo, hay que solicitar una información. Sin preocuparse de que se rían de nosotros. Los reporteros verdaderamente tontos son quie-

nes fingen saberlo todo y no dejan de asentir con la cabeza durante toda la entrevista que sólo comprenden en parte".

- *Preguntar bien.* Solo se formula una buena pregunta cuando se tiene conciencia de qué se desea saber y se hace la pregunta con el menor número de palabras. No deben hacerse preguntas mal construidas o ininteligibles, que pueden distraer al entrevistado o dar la impresión de que no hubo una preparación previa y solo se atiborra al entrevistado con preguntas sin ningún objetivo, como advierte Calvo Roy (2016): "Si, en cualquier campo de la ciencia, se quiere dar con la pregunta oportuna, hay que saber, hay que prepararse bien, hay que tener conocimientos previos. Y ello exige una cierta especialización. No es que esto sea muy complicado, pero quien se dedique a ello debe especializarse".
- *Conceptos y definiciones.* En el periodismo científico es mejor que el entrevistado explique algún concepto o dé una definición a que lo haga el periodista, pues adquiere más valor y autoridad para el lector. Por eso en ocasiones hay que preguntar lo obvio, lo ya conocido.
- *No hacer preguntas "muy inteligentes".* Algunos entrevistadores buscan demostrar a su interlocutor que son muy inteligentes o experimentados en el tema, por lo que formulan preguntas muy elaboradas, complejas o que tienen una larga introducción, que sirven para satisfacer la vanidad del reportero. En esas circunstancias, las respuestas suelen ser igual o "más inteligentes", con lo que se pierde una magnífica oportunidad de que el entrevistado explique de manera sencilla y clara algún concepto o la relevancia de su investigación, pues las respuestas pueden volverse más técnicas porque el investigador puede creer que eso es lo que espera el reportero.
- *Una pregunta a la vez.* Un error común entre los periodistas que empiezan e incluso entre algunos lectores de noticias de la radio es la formulación de varias preguntas juntas. En el novel entrevistador se entiende, pero no se justifica que desee aprovechar al máximo el tiempo del entrevistado, pero en el lector de noticias se entiende como su presunción de parecer conocedor del tema. En uno y otro caso el resultado es el mismo: el entrevistado únicamente contestará una pregunta, la primera, la última o la que considere más relevante.

- *No hacer preguntas cerradas.* No debe inducirse al entrevistado a proporcionar ciertas respuestas por medio de preguntas cerradas en las que deba decir sí o no, de tal forma que no se le dé oportunidad de expresar sus puntos de vista.
- *El orden de las preguntas.* Es recomendable que las primeras tres o cuatro preguntas sean fáciles de contestar, en las siguientes debe comenzarse a profundizar en el tema. Esta no es una receta, dependerá del ánimo, prisa o actitud del entrevistado, que el reportero deberá interpretar en el transcurso de la conversación. Llega a suceder que la respuesta a la primera pregunta introduce de lleno en el tema o en los asuntos que se consideran medulares o polémicos.
- *Combinación de preguntas.* Se aconseja combinar preguntas concretas con otras más abiertas para evitar que el ritmo de la entrevista decaiga, pero esta recomendación dependerá del desarrollo de la conversación.
- *No interrumpir ni mostrar impaciencia.* El entrevistado es quien debe marcar el tiempo de la entrevista, por lo que no debe mostrarse impaciencia cuando parezca que divaga, es probable que haga pausas para ordenar sus pensamientos o que introduzca antecedentes para fundamentar sus opiniones, por lo que no se le debe interrumpir.

  Deben evitarse los atropellos en la conversación, como hablar al mismo tiempo o impedir que termine de explicar algún concepto, repetir lo que acaba de decir o incluso debe evitarse desviar del tema al entrevistado.
- *Reorientar al entrevistado.* Aunque parezca contradictorio, el reportero debe reorientar discretamente al entrevistado hacia temas trascendentales cuando divague. El momento en que se debe intervenir para reenfocar la conversación es una habilidad que se cultiva —muchas veces inadvertidamente— en las pláticas cotidianas, pero que el reportero debe hacer con amabilidad y firmeza, para centrar al interlocutor en el motivo de la entrevista.
- *Estimular al entrevistado.* Sin abusar de la gesticulación o actitudes que puedan parecer complacientes en exceso, debe estimularse visualmente al entrevistado a que continúe cuando esté diciendo algo que sea importante para el público. No se debe sobreactuar porque

puede provocarse el efecto contrario: inhibir al entrevistado o dar la impresión de que se está fingiendo.

- *Evitar preguntas indirectas.* Las preguntas indirectas, que por lo común tienen la intención de obtener información con engaños, no prosperan y llegan a ser contraproducentes, como también lo son los intentos subrepticios de sonsacar información. Es mejor preguntar directamente lo que se desea saber, por ejemplo: "El investigador X asegura que plagió su trabajo, ¿qué piensa al respecto?". Seguramente el entrevistado lo negará, dependerá del entrevistador formular otras preguntas para descubrir si es cierto o no. Los entrevistados responden mejor a las preguntas francas y directas del entrevistador.
- *La objetividad en la entrevista.* Si el personaje es admirado o, por el contrario, no es grato al reportero, es conveniente mantener cierta objetividad, cierto desapego afectivo para evitar manipular la entrevista o predisponerse en favor o en contra del entrevistado. Debe recordarse que el entrevistador es el intermediario entre el entrevistado y el lector o escucha, por lo que debe presentar de la manera más imparcial que sea posible al personaje. Claro que esto resulta más sencillo recomendarlo que hacerlo, porque es difícil no prejuzgar al entrevistado por sus acciones, convicciones o, incluso, por la relevancia que tenga.
- *Las preguntas duras o difíciles.* Las preguntas que se consideren difíciles de contestar o que puedan provocar una reacción de hostilidad, enojo o exabruptos que pudieran obligar a dar por terminada la entrevista, es conveniente formularlas al final, cuando ya se hayan recogido otras declaraciones. Sin embargo, como en todas estas recomendaciones, deberá valorarse el momento más oportuno para lanzar las preguntas duras. Pero eso sí, deberán hacerse sin temor.
- *La refutación.* Debe recordarse que el reportero no debe ser condescendiente, por lo que en algunas ocasiones es necesario contradecir al entrevistado, de manera cortés y respetuosa. La técnica de *rudeza innecesaria* le dio buenos resultados a la periodista italiana Oriana Fallaci y le atrajo lectores y hasta entrevistados, pero también puede disuadir a las personalidades de conceder entrevistas. Además, en el periodismo científico, con excepción de algunos funcionarios e investigadores de quienes se sospechen conductas indebidas, rara vez

se tendrán entrevistas con personas de trato difícil o francamente hostil en quienes pudiera requerirse la rudeza.

- *Todas las preguntas deben hacerse.* Nunca debe dejarse de hacer preguntas que se consideren necesarias o indispensables, aunque parezcan inoportunas o agresivas. En su momento, circunstancia y situación de la entrevista, pueden formularse todo tipo de preguntas, hasta las que parezcan más indiscretas, siempre que se requiera una respuesta para que el público tenga una mejor idea del personaje o para que puedan valorarse de manera más equilibrada sus opiniones y comentarios.
- *Nunca diga:* "¿Quiere agregar algo más?". Algunos entrevistadores acostumbran terminar de esa forma sus entrevistas, pero debe recordarse que quien solicitó la entrevista fue el reportero, por lo que quien desea saber más, hacer más preguntas es el entrevistador. El entrevistado quedará satisfecho con lo que se le pregunte o tal vez no porque no se le hizo la pregunta clave que esperaba, pero considera que no tiene porqué responder a algo que no se le preguntó, como apuntó García Márquez (1981): "las preguntas son las de siempre. Incluso la última: '¿Quisiera decirme una pregunta que nunca le hayan hecho y quisiera contestar?' La respuesta es siempre la más desoladora: 'Ninguna'. Tal vez los entrevistadores no se den cuenta de hasta qué punto nos duele su fracaso a los entrevistados, pues en la realidad no es un fracaso de ellos solos, sino, sobre todo, un fracaso nuestro".

La lista de recomendaciones podría ser más extensa, pues no existe una fórmula para hacer una buena entrevista. Debe advertirse que la observancia de estas recomendaciones no garantiza que se realice una buena entrevista ni convierte a nadie en un buen entrevistador, pero sí puede ayudar a mejorar los diálogos, que no interrogatorios, que se tengan con los entrevistados. No debe olvidarse que cada entrevistado es diferente, que el encuentro entre dos desconocidos siempre está condicionado tanto por la trayectoria de cada uno, como por el estado anímico, físico y ambiental en que se reúnen.

La puesta en práctica de estas recomendaciones no garantiza que se seduzca al entrevistado y se consiga una muy buena entrevista; de la misma manera que el cumplimiento de las reglas de galantería o la lectura del apócrifo *Manual del perfecto seductor* tampoco convierte a nadie en un Don Juan o en una mujer fatal. Sin embargo, sí pueden ayudar a corregir algunos defectos para contribuir a sostener un diálogo cordial, franco y fructífero con el entrevistado o con la persona cortejada.

Al margen de estas recomendaciones o quizá porque inconscientemente siguen algunas de ellas, los buenos entrevistadores logran que cada encuentro con un personaje sea una conversación fluida pero no suave, con acuerdos y desacuerdos, con fricciones y avenencias, con pareceres divergentes y convergentes, como son las charlas entre amigos.

Esto puede ser válido tanto para una entrevista de opinión como para una de semblanza, porque cuando el entrevistado se siente a gusto, ve en su interlocutor a alguien digno de confianza y vivamente interesado en sus palabras, entonces puede decir todo lo que antes había callado, todo lo que a nadie había confesado y todo lo que quería decir pero tenía el temor de que no se lo preguntaran o de que lo malinterpretaran. Cuando se produce esa relación, que algunos podrían llamar mágica, pero que podría considerarse como la perfecta comunión del entrevistador con el entrevistado, entonces se logra ese acto de amor del que habla Gabriel García Márquez, del que se puede tener un buen recuerdo y un estupendo trabajo periodístico.

¿Cómo se logra ese estupendo trabajo, esa buena entrevista? La respuesta puede parecer muy simple: con preparación, dedicación, empeño, un buen planteamiento del motivo de la entrevista, la formulación de preguntas claras, directas, concretas o abiertas, inteligentes o aparentemente ingenuas. Pero sobre todo deben tenerse en cuenta dos recomendaciones: *1)* saber preguntar y saber escuchar, es decir: interpretar, valorar, comparar y estructurar un concepto y *2)* oír algo más que las palabras que pronuncia el entrevistado; deben captarse sus sentimientos ocultos, sus reacciones no expresadas. Esta forma de escuchar es, en cierto sentido, contemplar.

Tal vez alguien podría suponer que este acto de amor puede lograrse únicamente en las entrevistas de semblanza, pero no en las de opinión, en las que importa más lo que se dice que cómo y dónde se dice. Ese es un concepto erróneo, porque finalmente la fuente de información es un ser humano con quien se entabla un diálogo. Tal vez no tenga ningún objetivo periodístico describir su atuendo, la sala de su casa o su rostro, pero el entrevistador debe estar atento a todo y observar cómo el entrevistado expresa sus emociones, la vehemencia o el desgano con el que habla.

Si hay ese interés real en la persona, al término de la entrevista no será raro que la conversación tome otro rumbo, se hagan confidencias personales o se inicie una relación amistosa, la cual puede aprovecharse tanto para el trabajo periodístico, como para enriquecer el círculo social.

De regreso al tema, cuando se logra una buena entrevista, una buena conversación, que no significa una esgrima mental ni un duelo de habilidades, sino una confrontación (ponerse una persona frente a otra), ya se ha recorrido la mitad del camino. La otra es la redacción, tanto o más importante que el diálogo en sí. O sea del acto de amor a sus frutos, que pueden ser buenas entrevistas o decepcionantes trabajos periodísticos.

Las clasificaciones

Esos frutos, las entrevistas ya elaboradas, tienen numerosas clasificaciones. Una de las mejores es la que las ordena por su contenido, pueden ser *noticiosa, informativa, de opinión, tipo cuestionario de Proust, de ping pong* y *de semblanza o de perfiles.*

La *entrevista noticiosa* tiene como objetivo recoger información de acuerdo con los principales elementos de la nota informativa, para enriquecerla o para conformar en su totalidad la nota informativa. Esta entrevista se emplea poco en el periodismo científico; por ejemplo, puede encontrarse en la noticia de la designación de premios a científicos, en la que se soliciten declaraciones a miembros del jurado o al premiado.

La *entrevista de opinión* es más empleada entre los reporteros de ciencia, porque el entrevistado da sus puntos de vista sobre un hecho de actualidad, que puede ser una investigación, un desastre natural, un fenómeno astronómico, un problema de salud pública, un programa gubernamental u otra cuestión, pero siempre con el enfoque científico, técnico o tecnológico, pues se procura ofrecer al receptor una información autorizada de los expertos en el tema.

La *tipo cuestionario de Proust* se llama así porque en el artículo "Las confidencias de salón escritas por Marcel", el escritor publicó sus respuestas en la *Revue Illustrée* tomo XV. El cuestionario era un juego de salón inglés o francés, que en el siglo XIX estaba de moda, consistía en solicitar que se respondiera a treinta preguntas que pretendían ayudar a descubrir la personalidad del encuestado.

Ese cuestionario lo han respondido celebridades del arte, la política, los espectáculos, los deportes y, sobre todo, la cultura. A partir de esas preguntas también se han formulado otras con el interés de conocer vida e indiscreciones de los entrevistados.

Aunque de tiempo en tiempo se publican en libros respuestas de personalidades a este cuestionario, en realidad es solamente un juego de ingenio y destreza mental, que no aporta información relevante de la vida y obra del entrevistado, a quien se le encasilla con preguntas estereotipadas.

La *entrevista de ping pong* es una variante en la que el entrevistador formula una pregunta breve, en la que se espera que el entrevistado responda igualmente con rapidez. Bauducco (2008: 27) precisa: "Este tipo de entrevista se caracteriza por tener preguntas y respuestas cortas, casi con gran variedad de temas y saltar entre ellos sin demasiados merodeos. En la mayoría de los casos no cuentan con una gran presentación del personaje, por lo que suele utilizarse con gente muy conocida en el medio local".

Esta última característica la vuelve poco recomendable ya que lamentablemente los investigadores no gozan de la popularidad de los políticos, artistas de espectáculos, deportistas y algunos personajes del mundo cultural. Tampoco es recomendable utilizarla entre los científicos porque el breve espacio que se les concede en los medios no sería aprovechado adecuadamente y, tal vez lo más importante, el entrevistado no estaría de acuerdo en someterse a este juego verbal de ingenio.

La *entrevista de semblanza* es más amplia, pues esta sí permite captar el carácter, las costumbres, el modo de pensar, los datos personales, la trayectoria profesional y las anécdotas del personaje. Es una entrevista completa en la que está presente la descripción física y psicológica del entrevistado. Es el marco ideal para dar a conocer la vida y obra de científicos que, a pesar de los reconocimientos nacionales e internacionales, no son debidamente apreciados por la sociedad, ya que, como señala Bauducco (2008: 19): "La idea es que el periodista puede —debe— valerse de todas sus capacidades de narración, mediante el diálogo y las observaciones, para transportar al lector al momento mismo de la charla. Hacerlo presente, espectador y hasta cómplice. Llevarlo a dondequiera que el periodista vaya.

Para que así, con los colores, olores y sabores que viva, el público forme parte activa del encuentro".

Otra clasificación de la entrevista es por su forma y número de personas que intervienen en la entrevista. Leñero y Marín las dividen en tres, la entrevista propiamente dicha, del periodista con el personaje, la entrevista colectiva o de prensa, que prácticamente se trata de una conferencia de prensa y la encuesta: "Entrevistas de opinión que realiza un periodista con varias personas, interrogándolas sobre un mismo tema [...] Difícilmente se logra un muestreo veraz aunque algunos medios informativos mexicanos insisten en utilizarlas" (Leñero y Marín, 1986: 107).

Una variante que debería utilizarse con más frecuencia en el periodismo escrito es la que recoge las opiniones de varios expertos sobre un mismo tema, con la finalidad de presentar un panorama amplio y variado sobre una cuestión en particular, como podría ser los usos y restricciones de la tecnología de edición de genes (CRISPR /Cas), la reducción del presupuesto a la investigación científica o la importancia de un avance científico o tecnológico, entre otros.

También se han usado muy poco las mesas redondas, por la dificultad de llevarlas a cabo, ya que se trata de reunir a un grupo de expertos que respondan las preguntas del periodista sobre un tema específico, con una interacción entre ellos e incluso un debate. En la medida en que se conquisten más espacios en los medios, se podrán ensayar este tipo de entrevistas, con los riesgos inherentes, como los plantea Bauducco (2008: 39): "Cuesta bastante llevar a cabo una plática con varias personas a la vez y que ninguna quede 'desdibujada' en el encuentro [...] Para este tipo de entrevistas no hay demasiadas fórmulas más que la intuición del periodista para mantener participando a cada uno de los entrevistados y estar muy, pero muy atento".

Cualquiera que sea el tipo de entrevista que se haya realizado, la parte crucial de este acto de amor es la consecución de un producto periodístico que logre transmitir tanto la trascendencia de los conceptos vertidos por el entrevistado, como el ambiente físico y anímico en que se realizó la entrevista. Se trata de dar el peligroso salto mortal de la palabra hablada a la escrita o editada (si es para radio o televisión), sin traicionar la esencia de la entrevista.

El salto mortal

En ese paso de la grabadora o la libreta de apuntes al diario o la revista, algunas veces se pierde el encanto, la magia, la comunión, la buena entrevista, si no se tiene el cuidado de darle el tratamiento adecuado o se deja pasar mucho tiempo entre su realización y su redacción.

La primera tarea es transcribir los apuntes que se hicieron para evitar que al paso del tiempo resulte difícil descifrar la escritura críptica o taquigráfica que se hizo en el momento. Posteriormente, transcribir la grabación (se considera que actualmente la mayoría de las entrevistas se graban) lo más rápido posible; debe tomarse en cuenta que, en promedio, se requieren de cuatro a seis horas por cada hora de grabación, si se hace una transcripción fiel, pero si se omiten fragmentos que finalmente no fueron relevantes, la transcripción puede ser más rápida.

Por supuesto que en muchas ocasiones no se cuenta con el tiempo suficiente para hacer la transcripción, ya que el trabajo debe entregarse el mismo día antes de la hora del cierre. En esas situaciones, un valioso auxiliar son los apuntes realizados durante la entrevista y la completa atención que se puso en las declaraciones del entrevistado, ya que de esa forma podrá tenerse un panorama general de la entrevista y podrán seleccionarse con rapidez los pasajes más interesantes y atractivos para confeccionar la entrevista.

Lo que nunca debe hacerse es redactar la nota conforme se va haciendo la transcripción. "Eso en la mayoría de los casos arrojaría un texto caótico, lleno de balbuceos, reiteraciones e idas y vueltas sobre distintos temas", considera Bauducco (2008: 161); en lo que coincide Halperín (1995: 33): "Escribir la entrevista al paso que avanza el grabador supone no tener la visión global del diálogo, extenderse demasiado en algo que es menos importante, privarse del espacio que se necesitará para otro pasaje fundamental, no regular el texto y encontrarse con que se han completado las cincuenta, ciento o doscientas líneas asignadas sin que entraran muchas de las declaraciones más valiosas".

Si en cualquier entrevista es importante jerarquizar adecuadamente las declaraciones, en las que se hacen a científicos lo es más, ya que en ellas el orden de los conceptos sí puede alterar el sentido de sus apreciaciones. Por lo tanto, es fundamental que durante la entrevista se vaya conformando una idea de los conceptos más relevantes, y si se tienen dudas preguntar para verificar o rectificar, de tal manera que el trabajo publicado refleje lo más trascendente de la entrevista.

En los casos en que se cuente con más tiempo, es conveniente que durante la grabación se identifiquen las partes medulares de la entrevista; las frases de impacto —ya sea por su contundencia o por su carácter provocador—; los datos e información trascendente que proporcionó el entrevistado y que pueda reforzarse o compararse con la información producto de la investigación propia y, por supuesto, el hilo conductor que permitirá integrar todos los temas importantes que abordó el entrevistado.

En la experiencia personal, la transcripción permite seleccionar cabezas de descanso o subtítulos, la cabeza de la entrevista, algunos pasajes que podrían ser el inicio de la entrevista, los balbuceos o afirmaciones con tono enérgico, que podrán contribuir a recrear el ambiente de la entrevista y la estructura general que tendrá el trabajo.

Así que si algún afortunado reportero cuenta con alguien que le transcribe sus entrevistas, probablemente se pierda de una fase creativa importante, ya que en ese trabajo solitario y aparentemente aburrido de la transcripción, muchas veces se encuentran elementos periodísticos que contribuyen a conformar una buena entrevista.

Al término de la transcripción o durante ella, se puede ir armando el guion estructural que puede ser escrito o tenerse en la mente, dependiendo de la habilidad personal y de la extensión que tendrá el trabajo final, pues no es lo mismo una entrevista de opinión de 1 800 caracteres que una de semblanza de 9 000. Aunque debe reconocerse que ya son pocos los medios en que se aceptan trabajos de esa extensión.

Uno entre muchos métodos

Existen numerosos métodos para redactar entrevistas y todos ellos buenos siempre que los resultados así lo prueben. De regreso al símil del cortejo, cada quien se acerca al pretenso o pretensa de acuerdo con su experiencia y habilidades que va desarrollando; asimismo, cada periodista elige el método que mejores resultados le da. Aquí se propone uno entre muchos que pueden ser efectivos.

Con la entrevista transcrita ya impresa (o si se prefiere, en pantalla), se hace una lectura detenida y se subrayan con plumones de diferentes colores (o se seleccionan los colores en el icono de resaltado de texto) los temas y subtemas principales de la entrevista, al tiempo que en una hoja (o en una página de texto) se escribe el tema o los subtemas y a un lado se coloca el color que los identifica (o se escribe en ese color el tema o subtemas).

Al término de la lectura y subrayado, se tendrá un panorama mejor de los temas principales, los subordinados y los prescindibles; además de que gráficamente se tendrá una composición visual multicolor más agradable, en lugar de la mancha negra de los textos.

Una vez que se tiene la lista, es recomendable revisar si el objetivo inicial de la entrevista se cumplió o si —en el transcurso de la conversación— surgió otro tema más importante o de más actualidad. Si es así, deberá reenfocarse el objetivo y hacer un nuevo guion.

Ya con los temas y subtemas, es recomendable realizar una primera aproximación del orden en que se presentarán al lector, ya sea mentalmente o por escrito para que la entrevista tenga unidad y no parezca la recopilación de declaraciones del entrevistado, que podrán ser interesantes pero dispersas, sin una trama atractiva que las una.

Como una recomendación surgida de la experiencia y la formación profesional, debe buscarse el tema o tesis por demostrar en la entrevista para que ese sea el hilo conductor. Es decir, mostrar desde el inicio lo más relevante y mostrar o demostrar a lo largo de la entrevista que así es.

Esta forma de tratar una entrevista copia un tanto el modelo de los artículos que se publican en revistas científicas, ya que en el título o sinopsis se plantea la hipótesis de trabajo y posteriormente se presentan los datos que documentan y fortalecen la hipótesis.

Claro que en la entrevista periodística no necesariamente se seguirá la estructura del artículo científico, pues los antecedentes, aunque son importantes, no deberán exponerse al principio, ya que lo atractivo es lo que se ha hecho.

Como ejemplo de elección del tema y la entrada, transcribo el inicio de mi entrevista de semblanza a la doctora Julieta Fierro, publicada en la revista *Siempre!*: "Julieta Fierro, la astrónoma con cabellera de cauda de cometa [...] confiesa dos frustraciones: haber perdido su aptitud para las matemáticas y no saber tocar un instrumento musical. Pero a cambio de ello se asume como una enamorada eterna a quien le fascina la divulgación científica y que, asegura, a veces es muy feliz".

En el cuerpo de la entrevista se desarrollan estos planteamientos que describen aspectos de la astrónoma. Otro ejemplo, que al igual que el anterior ilustra la importancia de las entradas, es la entrevista que le realicé al ingeniero geofísico Antonio Camargo, uno de los descubridores del cráter de Chicxulub, publicada en el semanario *Punto*: "Chicxulub, un municipio de Yucatán poco conocido, de 196.72 km^2 de extensión, con 3 064 habitantes, probablemente sea el lugar donde se empezó a cavar la tumba de los dinosaurios hace 65 millones de años".

En la entrevista se presenta el descubrimiento del cráter, su relación con la hipótesis de Luis Walter Alvarez sobre la extinción de los dinosaurios, causada por el impacto de un meteorito, y las pruebas que parecen fortalecer la hipótesis de que el cráter de Chicxulub fue un factor determinante en la desaparición de los dinosaurios.

Como se aprecia, una vez seleccionado el tema principal, la entrada puede surgir con relativa facilidad, ya que también representa un guion resumido de lo que se mostrará y demostrará en el cuerpo de la entrevista.

El final tiene que ser contundente, en esta forma de escribir la entrevista, se debe hacer un final a la manera de conclusión que demuestra lo planteado en la hipótesis. De vuelta a los dos ejemplos anteriores se presenta el final de ambas entrevistas: "La astrónoma, ganadora del Premio Nacional de Divulgación Científica, vive con grandes satisfacciones: 'A veces sí soy feliz, tengo un compañero que quiero mucho, nos queremos mucho, tengo unos hijos maravillosos, disfruto haciendo la divulgación científica. No podría pedir más'. Y no pide más porque también toca un instrumento, la flauta, aunque a solas, cuando solo ella se escucha".

La entrevista con Antonio Camargo termina así: "El cráter de Chicxulub ha abierto la posibilidad de estudiar más a fondo los fenómenos geológicos; así como también intentar descifrar lo que parecía el crimen perfecto: la extinción de los dinosaurios".

En el cuerpo de la entrevista deberán desarrollarse los temas y subtemas sin perder el hilo conductor y, entre las declaraciones, podrá recrearse el ambiente que hubo durante la conversación, si es necesario para cumplir con el objetivo de la entrevista. Cabe aclarar que en las entrevistas de opinión, por el reducido espacio con que se cuenta, deben sacrificarse al máximo los pasajes del ambiente, pero en las de semblanza es un factor importante para presentar de cuerpo entero al entrevistado.

El estilo de la entrevista

Aun así, falta por decidir el estilo de la entrevista que se escribirá. Se conocen dos estilos, el directo y el indirecto y, por supuesto el que fusiona ambos. Leñero y Marín (1986: 129-130) consideran que el estilo directo "es aquel en el que se 'oye' hablar al personaje entrevistado [...] apoyándose en frases y expresiones textuales entrecomilladas". El estilo indirecto, según estos autores, se utiliza cuando el reportero no pudo registrar exactamente lo dicho por el entrevistado y solamente cuenta con frases aisladas pero conserva el sentido de las declaraciones: "el público no 'oye' hablar directamente al entrevistado".

Halperín (1995: 36), por su parte, clasifica el estilo en dos, el primero podría considerarse como el estilo directo, al que llama la fórmula pregunta-respuesta, la cual es característica de numerosas entrevistas en las que hay un nota introductoria y, posteriormente, el desarrollo de la entrevista en el formato de pregunta-respuesta, con algunas anotaciones al margen sobre el ambiente. El otro estilo, que se acerca al indirecto de Leñero y Marín (1986), lo define así: "Se trata de la entrevista narrada o, dicho de otro modo, de una nota glosada que, con un tono más literario, explora al personaje desde una posición subjetiva, lo retrata, describe su lugar y sus cosas y, cada tanto, incluye pasajes del diálogo o conceptos del personaje entre comillas" (Halperín, 1995: 36).

Otra clasificación, más descriptiva, de los estilos de entrevista periodística que se emplean en México y otros países latinoamericanos, la proporciona Bauducco (2008: 167), quien los define de este modo: "*Estilo directo*: un encabezamiento y luego pregunta y respuesta, modo tradicional y primitivo de la entrevista. *Estilo indirecto*: las declaraciones del personaje son tejidas en el desarrollo del texto, uniéndose con palabras o frases que sirven de nexo. No existen las preguntas pero sí las apreciaciones del periodista".

El propio autor señala que se ha probado la fusión de ambos estilos: "Se trata de mezclar los estilos directo e indirecto y elaborar un texto en el que haya partes 'glosadas' y otras con el tradicional formato de pregunta y respuesta. Esto permite al lector participar del diálogo, y al periodista, introducir acotaciones de un modo más natural" (Bauducco, 2008: 175).

Los dos estilos (directo e indirecto) tienen ventajas y desventajas y su empleo, siempre que se haga bien, puede quedar al arbitrio del periodista y de la línea editorial de la publicación, pues algunos editores prefieren el estilo directo. Cuando se utiliza la fusión, salvo excepciones, parece que el periodista no supo cómo continuar con el indirecto por lo que incluye las preguntas para integrar la respuesta del entrevistado.

El estilo directo, más representativo de la entrevista, requiere una sistematización y ordenamiento de las preguntas para presentar al lector la entrevista como una unidad, sin sobresaltos; por esta razón, es válido introducir preguntas que no se formularon para destacar algunas declaraciones que de otro modo podrían pasar inadvertidas. Por supuesto que lo que no es admisible es que se introduzcan respuestas que nunca se dieron.

Como el lenguaje hablado responde a necesidades y situaciones diferentes al lenguaje escrito, el periodista debe hacer una limpieza de los balbuceos, reiteraciones y muletillas que utilice el entrevistado, a menos que se requiera resaltar las dudas o imprecisiones del personaje.

La principal ventaja de este estilo es que parece garantizar la fidelidad en la transcripción de la entrevista, pues no se introducen descripciones subjetivas. Bauducco (2008: 168) refiere que "es el más utilizado en el mundo de las entrevistas porque requiere menos atención durante la lectura y porque invita al público a asistir a un diálogo que, en ocasiones, se transforma en una suerte de esgrima verbal".

Su desventaja es que las respuestas de algunos entrevistados, si no es que de la mayoría, no se prestan para mantener la atención del lector en un diálogo que no resulte muy atractivo. Además, por lo general se requiere la introducción de preguntas que no se hicieron o dividir las respuestas para hacer más interesante y ameno el texto.

La entrevista en el estilo indirecto "está planteada mucho más abiertamente desde la visión subjetiva del periodista, lo que no significa que sea un documento menos veraz que la nota escrita como pregunta-respuesta", refiere Halperín (1995: 36-37). En ese sentido, Bauducco (2008: 170) precisa: "el periodista se desdibuja como sujeto participante de la plática y se convierte en un narrador omnisciente, que describe no solo las acciones, sino también los sentimientos del entrevistado".

Así, el estilo indirecto parece que elimina de los géneros informativos a la entrevista, para situarla entre los géneros de opinión; pero si efectivamente es subjetiva, en realidad posibilita al periodista la transmisión más fiel del ambiente y rasgos de la personalidad del entrevistado; asimismo, permite resaltar los pasajes más importantes de sus declaraciones, ya que guía al lector hacia los puntos culminantes de la conversación. Por lo tanto cumple su función informativa.

Podría suponerse que el modelo pregunta-respuesta refleja objetivamente la conversación, pero debe recordarse que la relativa objetividad de la entrevista no descansa en el estilo que se utilice, sino en la ética y profesionalismo del periodista que la realice, ya que se tienen casos de reclamaciones e incluso de demandas de parte del entrevistado por declaraciones que no formuló, independientemente del estilo que se haya empleado.

Los últimos obstáculos

La principal desventaja del estilo indirecto es precisamente la subjetividad que puede desagradarle al entrevistado, pero debe tomarse en cuenta que el producto final de la entrevista, ya sea en estilo directo o indirecto, no es una transcripción fiel de la conversación, sino una versión del periodista de ese encuentro, por lo que la entrevista es de quien la redacta, no de quien la concede, ya que es una recreación, como lo considera Robles (2001: 66): "Las entrevistas publicadas en diarios, revistas y posteriormente en libros son auténticos relatos periodísticos, que realizan los entrevistadores y en los que se alternan el discurso propio y el discurso ajeno, la narración y la representación del suceso, la percepción y la evocación".

Por tal razón, no debe ser una práctica común mostrar la entrevista al entrevistado para que autorice su publicación, como pretenden algunos científicos, investigadores y personal del área de comunicación de la institución o empresa donde trabaja el entrevistado, ya que la entrevista pertenece al entrevistador, no al entrevistado.

En la entrevista periodística, el entrevistado puede aducir que sus conceptos científicos pueden tergiversarse y por eso es necesario revisar la nota periodística. Halperín (1995: 125) añade que, efectivamente el entrevistado no tiene ninguna seguridad de que no se distorsionará su conversación, pero:

> Se supone que el periodista es una persona conocida del oficio, que trabaja en medios serios, y no hay razón para desconfiar a menos que existan antecedentes negativos. Y si no es un periodista conocido de un medio conocido, de cualquier modo hay un respeto básico que corresponde tener hacia la profesión, a menos, nuevamente, que existan antecedentes negativos sobre ese profesional, en cuyo caso se le puede negar la entrevista. Si la entrevista se ha concedido, corresponde un principio de confianza profesional.

De manera semejante opina el director de *SciDev.Net*, Perkins (2014), quien reconoce que algunas de las fuentes desean aprobar el material antes de su publicación, por la lamentable experiencia de reportajes y entrevistas publicados con inexactitudes, por lo que plantea que solo los editores deben aprobar las historias.

La razón de esta actitud de algunos científicos, investigadores y responsables de comunicación social la planteaba ya hace tres décadas Nelkin (1990: 154):

> Más allá de sus preocupaciones propias, la información que dan los científicos puede estar condicionada por las limitaciones que les imponen sus empleadores, tanto sean las empresas como el gobierno, y por las restricciones gubernamentales en materia de difusión de noticias. Las empresas, preocupadas con el secreto comercial y con la imagen, suelen establecer severas restricciones a la publicación y a la información sobre los trabajos de los científicos que trabajan para ellas.

Si esta preocupación ya existía en 1986 (año en que se publicó en inglés la obra de Nelkin), ahora las medidas se han endurecido todavía más, y no solo en Estados Unidos, también en México. Las empresas transnacionales se cuidan de no difundir sus investigaciones, a menos que respondan a una campaña amplia para mejorar su imagen o para obtener alguna concesión del gobierno.

Asimismo, las empresas e instituciones gubernamentales imponen restricciones a sus investigadores y científicos, algunas veces con el justificado temor de que sus productos, en proceso de registro de patente, sean pirateados; pero muchas otras veces, los intereses políticos de los funcionarios son los que restringen o permiten la difusión de los proyectos o los resultados de la investigación básica y aplicada. Además, como en algunas áreas estratégicas existe la posibilidad de argumentar razones de seguridad nacional para impedir la difusión de algún proyecto, los controles sobre la información son muchos.

En el caso de que se haya concedido la entrevista con la condición de que se revisara el texto antes de su publicación, entonces debe cumplirse con el compromiso, sin ninguna objeción. Pero siempre el periodista debe defender su derecho a que se respete su trabajo, porque finalmente lo que se publicará es su versión de lo que charlaron.

Lo que sí se puede y debe hacer es consultar con el científico sobre algún término o explicación que pueda parecer confusa, para asegurarse de que científica o técnicamente no habrá distorsiones, como afirma Boyce Rensberger (citado en Hartz y Chappell, 2001: 89): "No estamos pidiendo al investigador más que nos señale los errores que hayamos cometido. ¿No es esto evitar que nos veamos estúpidos?"

Esta práctica, que en ocasiones es benéfica para el periodista, el entrevistado y el lector, no puede considerarse una forma de censura, cuando únicamente tiene el objetivo de presentar correctamente los datos de la investigación. Lo que sí puede considerarse censura, incluso autocensura es "depender de textos de fácil uso proporcionados por los grupos de cabildeo o especialistas en relaciones públicas. En estos casos, los periodistas optan por la conveniencia en vez del esfuerzo prolongado de una investigación objetiva", como afirma Perkins (2014), quien también recomienda: "Para ser justos, la comunidad del periodismo científico, quizá más que otros campos del periodismo, debería considerar vigilar por sí misma su independencia. Necesitan ser capaces de navegar por la tormenta perfecta de la especialización disciplinaria técnica, la ambición académica y los intereses de los inversionistas para llegar diariamente al corazón de una historia".

Otra situación importante a la que se enfrenta el periodista es a la declaración *off the record* del entrevistado, que solicita no se publique su opinión o comentario. Si se parte de la premisa de que todo lo que diga una persona durante una entrevista periodística podrá ser usado para su publicación, entonces no se entiende que el entrevistado quiera que una parte de sus declaraciones no se publique.

Ante este dilema, Bauducco (2008: 145) sugiere una solución muy sencilla: "Salvo que se trate de la revelación de un hecho grave, un delito, básicamente hay que acceder al pedido de guardar lo que acaban de contar, para contribuir a ese vínculo de confianza necesario para el buen desarrollo de la entrevista".

En la entrevista científica, por lo general lo que se solicita sea *off the record* no involucra transgresiones legales, sino ciertas animadversiones del entrevistado a otros investigadores o la confesión de que se está a punto de recibir financiamiento para una investigación relevante o alguna otra cuestión de ese tipo. Por lo tanto, conviene respetar esa petición, siempre que haya sido una solicitud expresa del entrevistado.

Finalmente, si el salto mortal de la conversación a la redacción se realiza con profesionalismo, gracias a la creatividad del reportero y a su dominio de las técnicas periodísticas y del lenguaje, el producto final será una buena entrevista, tan buena que nadie se fijará en el entrevistador sino en el entrevistado. Esa debe ser una de las máximas metas a las que debe aspirar un entrevistador, aunque al reportero inexperto le parezca ingrato.

No hay que olvidar que en una entrevista lo importante es el entrevistado y el tema que aborda. El entrevistador es un intermediario entre el público y este, es el vehículo por medio del cual llega al lector la opinión, debidamente recreada, del científico, del técnico, del tecnólogo o de algún otro protagonista de la ciencia, como plantea Robles (2001: 72):

> Los periodistas son narradores y la narración es por lo tanto un recurso discursivo del periodismo. El enfoque narrativo es el hilo que da coherencia a las entrevistas y hace posible la recreación de la conversación mantenida con el entrevistado. El periodista como productor de relatos, describe para hacer "imaginar" a los personajes y "teatraliza" sus acciones para que el "consumidor de textos" lo perciba como anécdota, como evocación.

Por esta razón, puede decirse que el entrevistador prepara el escenario, crea la escenografía, levanta el telón y dirige las luces al entrevistado, a quien deja solo ante el público, como el único protagonista de uno de los géneros periodísticos más difíciles de dominar, la entrevista. Halperín (1995: 109) hace una analogía semejante, considera que "Es teatro al revés: es una obra que primero se actúa y luego se escribe".

Así, el entrevistador se debe más a su instinto, intuición y persuasión que a la receta de la estrategia del buen entrevistador, ya que en la analogía del amante conquistador, no basta con saber los pasos por seguir para seducir, sino que es indispensable guiarse por el instinto, como señala John Brady (citado en Halperín, 1995: 109-110): "En definitiva, entrevistar es menos una técnica que un instinto. Cuanta más vida y reflexión usted invierta en sus preguntas, más respuestas obtendrá".

Para terminar, cabría recordar una frase atribuida a Voltaire: "Juzga a un hombre por sus preguntas más que por sus respuestas".

La gesta científica y sus cantares

Los cantares de las gestas científicas se realizan en el periodismo científico —fundamentalmente— por medio del reportaje, en el que se ponen en juego las destrezas, habilidades, cultura, temple, ingenio, temperamento y creatividad del reportero.

En el reportaje, más que en cualquier otro género, lo más importante no es el tema, los entrevistados ni los datos o investigaciones realizadas, sino el reportero, pero el reportero no como protagonista, sino como profesional que con toda la información disponible, mucha o poca, contenida en testimonios directos, documentos, videos, audios, fotografías, páginas web, esquemas, gráficas y cuadros estadísticos, entre otros materiales, logra modelar esa información para transformar una pila de datos en un gran reportaje, no por sus dimensiones sino por su forma y contenido, ya que no siempre los mejores reportajes son los más extensos.

El reportero, entonces, es quien hace los reportajes, que son considerados el género rey del periodismo, por lo que "solo el reportero es quien merece a cabalidad el crédito de periodista. El reportero como testigo de lo que ocurre en el presente inmediato; el reportero como buscador y desentrañador de la realidad", según lo define Leñero (2010: 66).

El reportaje, por lo tanto, reúne características que lo distinguen de la nota informativa, la entrevista, la crónica y el periodismo de opinión, pero a su vez se conforma de ingredientes de esos géneros, así como de técnicas de investigación, por lo que se ponen a prueba todos los conocimientos del periodista. Podría decirse que es el género que demuestra al receptor las capacidades y características estilísticas del reportero, que lo consagra como un periodista, pero solamente hasta que aparezca su siguiente reportaje, ya que se dice que un periodista vale por su más reciente trabajo publicado.

Esta afirmación podría parecer un tanto cruel e ingrata, pero es válida en esta y muchas otras profesiones, en que el profesional debe estar actualizándose constantemente para mantener un buen nivel de calidad. En cada trabajo el reportero demuestra su profesionalismo y pone en juego todas sus habilidades, destrezas y conocimientos para obtener información valiosa y oportuna que, con un estilo periodístico-literario, presentará a sus receptores para que tengan más elementos de juicio para interpretar determinado hecho o situación.

En el reportaje, tal vez más que en ningún otro género informativo, tanto la investigación (contenido) como la redacción (forma) deben estar en un equilibrio armónico. Martín Vivaldi (1993: 65) refiere sobre el particular que el reportaje es un: "relato periodístico esencialmente informativo, libre en cuanto al tema, objetivo en cuanto al modo y redactado preferentemente en estilo directo, en el que se da cuenta de un hecho o suceso de interés actual o humano; o también: una narración informativa, de vuelo más o menos literario, concebida y realizada según la personalidad del escritor-periodista".

Riva Palacio (1990: 65), con conocimiento de causa plantea que "es literatura bajo presión" y argumenta: "Considerado rey de los géneros periodísticos, el reportaje debe incorporar la noticia, la entrevista, la investigación y la literatura, de tal manera que atrape al lector y lo lleve hasta el epílogo del texto". De la conexión del reportaje con la literatura también se ocupa Grijelmo (2001: 65), quien define al reportaje como

> un texto informativo que incluye elementos noticiosos, declaraciones de diversos personajes, ambiente, color, y que, fundamentalmente, tiene carácter descriptivo. Se presta mucho más al estilo literario que la noticia [...] Una novela entera puede escribirse con la técnica del reportaje; incluso un reportaje puede convertirse en una novela de hechos reales (por ejemplo, *Noticia de un secuestro,* de Gabriel García Márquez).

En coincidencia, Leñero y Marín (1986: 185) consideran que: "el reportaje se sirve de algunos géneros literarios, de tal suerte que puede estructurarse como un cuento, una novela corta, una comedia, un drama teatral". Tal vez sea muy arriesgada esta afirmación, pero sí hay una relación estrecha entre el reportaje y la literatura, como lo han demostrado Ernest Hemingway y Gabriel García Márquez, así como los representantes estadounidenses del nuevo periodismo: Tom Wolfe, Truman Capote y Norman Mailer, entre otros. Albert Chillón en su libro *Literatura y periodismo. Una tradición de relaciones promiscuas*, documenta esta relación (citado en X. López García, 2012: 123): "Cuesta imaginar qué habría sido del realismo novelístico moderno sin el reportaje periodístico, qué habrían escrito Daniel Defoe, Charles Dickens, Josep Pla, James Agee, Ernest Hemingway o John Dos Passos si no hubiesen podido aprender la artesanía y el arte de la escritura mediante el ejercicio crítico y creativo del periodismo".

El propio X. López García (2012: 109) abunda al respecto: "Las complejas y diversas relaciones entre la cultura periodística y la cultura literaria, que han caracterizado la evolución histórica de periodismo y literatura, encuentran en la realización del reportaje un campo abonado para explorar el amplio género del relato de no ficción".

Ese amplio género del relato de no ficción ha sido explorado por los cultivadores del nuevo periodismo estadounidense —como ya se anotó— y por otros reporteros, con el cuidado de no dejar lugar a dudas de que lo ahí narrado se corresponde con la realidad, para que no se entreveren ficción y realidad, como acertadamente señala Romero (1996: 25):

> El lector de estos relatos periodísticos sabe que lo relatado en ellos tiene su referente en el mundo real, por ello si en alguna ocasión tiene dudas sobre su veracidad, puede acudir al mundo real para comprobar lo dicho por el narrador. Esta posibilidad no se la plantearía el lector del relato de ficción, puesto que su centro de atención está en el mensaje, al que acude por gusto y no por el afán de ampliar sus conocimientos.

A la calidad literaria del reportaje deben añadirse, por supuesto, sus rasgos esenciales. En la definición etimológica del término, Martín Vivaldi (1993: 65) escribe que reportaje es "voz francesa de origen inglés y adaptada al español, proviene del verbo latino *reportare*, que significa traer o llevar una noticia, anunciar, referir, es decir, informar al lector de algo que el reportero juzga digno de ser referido".

En ese sentido, Pena de Oliveira (2011: 72) reúne estas definiciones: "Para el profesor João de Deus Corrêa, 'el reportaje es una narración periodística temática, focal, envolvente y de interés actual, que desarrolla una investigación sobre los hechos y sus actores'. Para el profesor Nilson Lage, 'es la exposición que combina el interés del asunto con el mayor número posible de datos, formando un todo comprensible y abarcador'".

Leñero y Marín (1986: 185) señalan que es el género mayor del periodismo, el más completo de todos y precisan: "En el reportaje caben las revelaciones noticiosas, la vivacidad de una o más entrevistas, las notas cortas de la columna y el relato secuencial de la crónica, lo mismo que la interpretación de los hechos, propia de los textos de opinión".

Por su parte, X. López García (2012: 111) cita a Carlos Maciá Barber, quien después de analizar varias definiciones concluye que:

> el reportaje es un género periodístico interpretativo que se basa en la narración, descripción, análisis y explicación de hechos o acontecimientos no necesariamente noticiosos, de los que el reportero participa como fuente y sobre los que ofrece sus antecedentes, alcance y posibles consecuencias, sin emitir juicios de valor personales, mediante un estilo periodístico, personal, creativo, ameno e interesante, en un texto extenso de estructura libre, ilustrado gráficamente y firmado.

En cuanto al medio o soporte en que se publica, G. López García (2015: 134) refiere: "Las posibilidades que ofrecen los reportajes desde el punto de vista de la estructuración los convierten en géneros idóneos para adaptarlos a los diferentes modelos hipertextuales, cuyo efecto es sustituir la extensión de un único documento por la profundidad de un modelo en capas, cada una de las cuales remite a informaciones relacionadas mediante enlaces".

Toda proporción guardada, este modelo representa el perfeccionamiento de otros usados frecuentemente en los medios impresos, como los recuadros o despieces en los que se amplía la información de un concepto o tema subordinado al principal, así como de gráficas o esquemas que de manera subalterna amplían o explican mejor el tema o algún subtema, sin romper la continuidad del texto ni su unidad. Es decir que los modelos hipertextuales utilizan esas herramientas ya probadas, pero en los nuevos soportes que se adaptan a las características del reportaje, no a la inversa.

Al margen del soporte, por las características ya mencionadas, el reportaje es el género más empleado por los periodistas científicos para dar a conocer el quehacer científico y tecnológico, tanto en diarios y revistas como en algunos libros que se han redactado con la técnica del reportaje. Calvo Hernando (1992: 134) abunda al respecto: "la difusión de la ciencia encuentra en el reportaje un instrumento decisivo. Este género une a las ventajas de la noticia, las posibilidades del periodista, su cultura, su sensibilidad, sus fuentes propias, su sentido narrativo y su conocimiento del público".

Grijelmo (2001: 84) también reconoce la importancia de quienes realizan reportajes: "Estamos, pues, ante un género donde el periodista se muestra mucho más que en la noticia, en el que, como en la entrevista, puede actuar incluso de agitador de la realidad; en el que puede describir con su propia mirada siempre que no juzgue, descalifique o elogie".

Como se aprecia en las definiciones y descripciones, se concede una mayor importancia al reportero, ya que de su pericia depende el buen resultado del reportaje, el cual debe ser una narración circunstanciada como lo definió Ricardo Noblat (citado en Pena de Oliveira, 2011: 72) o un relato documentado, según lo han calificado otros periodistas.

Las características del reportero

En la mente y las manos del reportero está la capacidad de crear el gran reportaje, de cautivar al receptor, independientemente del soporte (impreso, audio, video, página web u otros por conocer), ya que aunque el periodismo se encuentra en una revolución electrónica, expertos en periodismo digital han reconocido que el reportaje tiene un gran desarrollo potencial en internet: "No sólo por su incidencia informativa, sino por la perfecta adecuación de sus características a internet [...] El reportaje permite aplicar las referidas características de la comunicación en red con total naturalidad; se adapta a ellas fácilmente; y además, dichas características contribuyen significativamente a mejorar los contenidos" (López García, G., 2015: 133).

La realidad es que internet (como en su tiempo fue la máquina de escribir, el procesador de palabras y la grabadora) es una herramienta más con la que cuenta el periodista, como refiere Kapuściński (2013: 32):

> Las nuevas tecnologías facilitan enormemente nuestro trabajo, pero no ocupan su lugar. Todos los problemas de nuestra profesión, nuestras cualidades, nuestro carácter artesanal, permanecen inalterables. Cualquier descubrimiento o avance técnico pueden, ciertamente, ayudarnos, pero no pueden ocupar el espacio de nuestro trabajo, de nuestra dedicación al mismo, de nuestro estudio, de nuestra exploración y búsqueda.

En consecuencia, debe tenerse o adquirirse una serie de cualidades que le permitan al reportero encontrar ahí, donde otros ven un hecho simple y cotidiano, sin importancia, lo extraordinario, novedoso o atractivo que repercute o puede repercutir en nuestro país, ciudad, barrio, familia o uno mismo.

El hallazgo de ese enfoque nuevo e interesante se logra poniendo en juego los sentidos del periodista que Kapuściński menciona: *estar, ver, oír, compartir* y *pensar* (López García, X., 2012: 109), los cuales abarcan una gama de capacidades cognitivas y emotivas que todos poseemos pero que no ponemos en práctica diariamente.

El reportero debe observar hechos, personas, situaciones, detalles, expresiones, reacciones anímicas; escuchar a científicos, políticos, funcionarios, líderes de opinión, lo que se dice en la radio, la televisión, internet, las redes sociales, la calle, los cafés, la redacción, lo que opinan amigos, compañeros de trabajo, los chismes, los rumores.

Lo difícil es descubrir en esos hechos cotidianos lo trascendental, por lo que el periodista avezado escudriña, desentraña, descubre, profundiza, registra, objeta, duda, inquiere, corrige, repasa, examina, medita, evalúa, revisa, ordena, sistematiza, jerarquiza, analiza y vuelve sobre sus pasos y acciones para asegurarse de que no descuidó ningún detalle, que su enfoque es el correcto o, llegado el caso, lo modifica de acuerdo con lo encontrado, pero siempre en función del ser humano, de sus preocupaciones, satisfacciones, inquietudes y certezas.

No es un ejercicio sencillo ni fácil de dominar, cada una de esas actividades está determinada por la preparación previa del reportero y por su cultura, ya que en la medida en que se tenga mayor conocimiento de la materia o el tema, se podrá analizar y correlacionar mejor para abordarlo en el contexto adecuado y presentar al receptor el asunto de la manera más completa, que le permita sacar sus propias conclusiones.

El reportero general y con más razón el especializado en el periodismo científico debe estar constantemente actualizado, no solo en el campo de la ciencia y la tecnología, sino de manera general. Debe recordarse que los avances científicos y tecnológicos abarcan todos los aspectos de la vida diaria y tocan áreas que erróneamente se consideraban vedadas, como el arte, los deportes, el espectáculo, la moda, las finanzas y la política, que el reportero avezado puede abordar con un enfoque original y novedoso. Prácticamente ninguna actividad humana le es ajena a la ciencia y la tecnología.

Por estas razones, el periodista científico debe ser un ávido lector de diarios, revistas, páginas web, documentos, comunicados de prensa y, por supuesto, libros de todas las áreas: novelas, cuentos, poemarios, ensayos de historia, política, economía, ciencia, comunicación, filosofía, ciencias sociales, biografías e incluso los libros de moda de "léase y tírese", para tomar el pulso de las preferencias efímeras de sectores de la población. Debe tomarse en cuenta que "el volumen de lectura está directamente relacionado con la capacidad crítica", como afirma Pena de Oliveira (2011: 157).

Asimismo, la música culta y popular, las series de televisión, las películas, obras de teatro, exposiciones de arte y otras manifestaciones culturales deben nutrir al reportero, quien cuanto mejor informado y enterado del acontecer nacional y mundial esté, se encontrará mejor capacitado para desarrollar enfoques más atractivos y originales para sus reportajes, como recomienda Kapuściński (2013: 33): "En el periodismo [...] la actualización y el estudio constantes son la *conditio sine qua non*. Nuestro trabajo consiste en investigar y describir el mundo contemporáneo, que está en un cambio continuo, profundo, dinámico y revolucionario. Día tras día, tenemos que estar pendientes de todo esto y en condiciones de prever el futuro. Por eso es necesario estudiar y aprender constantemente".

Las habilidades cognitivas y emotivas adquiridas y la constante preparación cultural son fundamentales para la elaboración de reportajes, pero también se requieren ciertas aptitudes, ya que la forma de mirar un acontecimiento (determinado por su experiencia, convicciones políticas y éticas, estado anímico, creatividad, preparación y bagaje cultural, artístico y científico) contribuirán a la generación de reportajes singulares, con un enfoque novedoso y atractivo en que el receptor encontrará el estilo del reportero y, sobre todo, una visión seductora o provocadora que permitirá enfocar un tema desde otra perspectiva, pero siempre a partir de hechos reales.

El propio nobel de Literatura Gabriel García Márquez destacaba la importancia de que el reportero actúe apegado a la realidad, que no falsee los hechos, como recomendó en la entrevista que concedió a Jan Martínez Ahrens, publicada en *El País* el 10 de septiembre de 1995 (citado en Grijelmo, 2001: 79):

> El reportaje es el cuento de lo que pasó, un género literario asignado al periodismo para el que se necesita un narrador esclavizado a la realidad. Y ahí entra la ética. En el oficio de reportero se puede decir lo que se quiera con dos condiciones: que se haga de forma creíble y que el periodista sepa en su conciencia que lo que escribe es verdad. Quien cede a la tentación y miente, aunque sea sobre el color de los ojos, pierde.

Con esta advertencia puede irse puliendo la forma en que el periodista transmite la realidad palpitante... "que exige de ojos que la observen, de palabras que la describan, de mentes que la estrujen y la manifiesten para mostrar los sucesos de nuestro tiempo, para develar lo que se ignora, para denunciar lo tramposamente soslayado por los poderes políticos, económicos, religiosos: el reportero como detective implacable de este entorno común" (Leñero, 2010: 66).

Cuando se realiza esa tarea, pueden interpretarse las noticias con el triple objetivo que recomienda Calvo Hernando (1977: 229):

- Dar al lector antecedentes completos de los hechos que originaron la noticia.
- Explicar el alcance que tuvieron los hechos y circunstancias en el momento en que ocurrieron y explorar lo que podrá resultar como consecuencia para el futuro (interpretación).
- Analizar los hechos y las situaciones descritas en los dos primeros apartados.

Por su parte, Kapuściński (2013: 58) considera que los periodistas deben tener una intuición de historiadores y establece diferencias entre el periodismo bueno y malo: "en el buen periodismo, además de la descripción de un acontecimiento, tenéis también la explicación de por qué ha sucedido; en el mal periodismo, en cambio, encontramos solo la descripción, sin ninguna conexión o referencia al contexto histórico".

La conjunción de las características señaladas permite alcanzar el objetivo principal de los reportajes: investigar, documentar, analizar y explicar claramente la trascendencia de un acontecimiento y sus posibles repercusiones para el individuo, la sociedad, el país y el mundo, mediante una redacción que conmueva y provoque, con una técnica literaria que convenza al lector de lo planteado en el reportaje.

El reportero debe tener presente, como recomienda Pena de Oliveira (2011: 58), que su objetivo final es ayudar a mejorar la vida pública, observar la historia bajo la óptica del servicio que presta a la comunidad y dejar de ser un observador neutro. Kapuściński (2013: 38) ratifica estos conceptos cuando señala que el verdadero periodismo es intencional e intenta provocar algún tipo de cambio, por lo que el trabajo periodístico es colectivo: "Todo reportaje —aunque esté firmado solo por quien lo ha escrito— en realidad es el fruto del trabajo de muchos. El periodista es el redactor final, pero el material ha sido proporcionado por muchísimos individuos. Todo buen reportaje es un trabajo colectivo y, sin un espíritu de colectividad, de cooperación, de buena voluntad, de comprensión recíproca, escribir es imposible" (Kapuściński, 2013: 39-40).

Por su parte, Patterson (2018: 116) da al conocimiento una gran valor, ya que destaca que este "puede permitir a los reporteros reconocer si sus explicaciones van por el camino correcto, si están guardando la justa proporción del asunto, si han sopesado las alternativas plausibles, si están evitando errores de atribución, si esquivan invenciones de las fuentes, si cumplen el objetivo con sus análisis y comparaciones y si están cuestionando sus supuestos".

En esta época en que la interdisciplinariedad es esencial para diversos campos, el periodista de ciencia requiere un mejor conocimiento de estos, pues algunos egresados de carreras científicas y técnicas pueden competir por espacios en los medios, con el conocimiento profundo de esos temas:

> La formación basada en el conocimiento podría mejorar la posición de los estudiantes de periodismo en el mercado. Tal como están las cosas, compi-

> ten por trabajos como reporteros no solo entre sí sino con graduados en economía, ciencia política y otros campos; esta competencia puede inclinarse hacia estos otros estudiantes [...] La formación basada en el conocimiento daría a los graduados en periodismo una habilidad que los demás no tienen y que no podrían adquirir fácilmente (Patterson, 2018: 145).

A esa formación basada en el conocimiento se agregan los cinco principios intelectuales de Kovach y Rosenstiel (citados en Patterson, 2018: 110): *1)* nunca añadir nada que no estuviera originalmente ahí, *2)* nunca engañar a la audiencia, *3)* ser lo más transparente posible sobre los métodos y motivos, *4)* confiar en el propio reporte original y *5)* ejercitar la humildad.

Y además, tener presentes los cinco fundamentos de la práctica de investigación planteados por Marcelo Beraba (citado en IPYS y UNESCO, 2016): *1) Conocimiento.* Dominar los temas de investigación, empaparse de esa realidad. *2) Entrevistar.* Saber preguntar, saber lo que se quiere. *3) Observar.* Para ser testigo de la historia hay que saber observar. Saber enfocar la dimensión del rompecabezas y el detalle de sus piezas. *4) Documentar.* Saber buscar las pruebas que documenten la investigación. *5) Revisar.* Verificar la información. Se debe tener la seguridad de que se están haciendo bien las preguntas correctas, que se entienden bien los documentos.

Beraba recalca que los periodistas deben dominar esos cinco principios, ya que el periodismo de calidad, sea en la plataforma que sea, exige un compromiso serio y responsable con el cumplimiento y desarrollo de estos fundamentos: "no haremos bien periodismo si pensamos solo en las nuevas plataformas, en multimedia" (IPYS y UNESCO, 2016).

Clasificaciones del reportaje

Cuando el reportero reúne las características descritas puede realizar diferentes tipos de reportajes que, solamente con fines taxonómicos, se agrupan en diversas categorías o clasificaciones.

Martín Vivaldi (1993: 69) refiere tres tipos de reportaje, en cuanto a su técnica de realización y estructura, según los manuales anglosajones: *fact story, action story* y *quote story:*

- *Fact story* o reportaje de acontecimientos sigue el modelo de la pirámide invertida, es más descriptivo que interpretativo, por lo que está más relacionado con la nota informativa.

- *Action story* o reportaje de acción ofrece "una visión dinámica de los hechos [...] los cuenta desde adentro siguiendo el ritmo de su evolución, como viviendo el proceso de desarrollo en la línea temporal" (Martínez Albertos, 1974). Es un modelo que se ha empleado para hacer reportajes sobre descubrimientos científicos.
- *Quote story* o reportaje de citas. Martín Vivaldi (1993) considera que es un "relato documentado que nos da la información con datos objetivos, acompañando cada uno de estos datos con citas que completan o aclaran datos". Uno de sus principales usos se encuentra en reportajes sobre hallazgos o planteamientos científicos polémicos, en los que se presentan las opiniones de investigadores y referencias a trabajos de investigación. Por su parte, Martínez Albertos (1974) lo relaciona con la entrevista de semblanza, pues señala que se "alternan las palabras textuales del personaje interrogado con descripciones o narraciones que corren a cargo del periodista".

Las clasificaciones sobre el contenido del reportaje son más variadas que las relacionadas con su estructura, pues dependen principalmente de las preferencias de cada autor. Sin ser exhaustivos, se presentan cinco clasificaciones. Cabe aclarar que la mayoría de quienes han realizado estas clasificaciones coinciden en que algunos reportajes presentan rasgos de varios tipos, es decir que no pueden encuadrarse en una sola categoría.

Leñero y Marín (1986: 189) ordenan los reportajes en cinco tipos, a los que atribuyen semejanzas con otros géneros periodísticos y literarios.

- *Demostrativo.* Prueba una tesis, investiga un suceso, explica un problema. Semejanza con artículo, ensayo, noticia.
- *Descriptivo.* Retrata situaciones, personajes, lugares, objetos. Semejanza con entrevista de semblanza, ensayo literario.
- *Narrativo.* Relata un suceso, hace la historia de un acontecimiento. Semejanza con crónica, ensayo histórico, cuento, novela corta.
- *Instructivo.* Divulga un conocimiento científico o técnico, ayuda a resolver problemas. Semejanza con ensayo técnico, estudio pedagógico.

- *Entretenimiento.* Sirve para hacer pasar un rato divertido. Semejanza con novela corta, cuento.

Grijelmo (2001: 67) los agrupa en cinco grandes campos, según su interés, aunque advierte que un mismo reportaje puede corresponder a dos o tres de ellos: de interés humano, de interés social, de interés noticioso, de opiniones y de interés didáctico.

Velázquez (1992: 7-9) realiza una clasificación más completa, menciona nueve tipos o estilos de reportaje:

- *Interpretativo.* "Investiga los fenómenos sociales y los interpreta en su sentido más profundo y objetivo".
- *De investigación.* "Investiga y denuncia. No es suficiente buscar la verdad en el fondo de los hechos. Es necesario entrevistar a mucha gente, observar y contar lo vivido".
- *Enunciativo.* "Expone un hecho, un problema, un programa de trabajo. Ofrece alternativas para que el lector analice, cuestione, reflexione. Enuncia las diferentes caras, rostros, de un fenómeno social".
- *Descriptivo.* "Lleva al lector al escenario de los hechos y al dibujar a los personajes y las circunstancias, al retratar lugares y cosas, logra que el lector sea testigo de la historia de todos los días".
- *Narrativo.* "Cuenta un suceso. Va narrando la historia diaria de la sociedad, los grupos y los hombres [...] además, expone conceptos, ideas, argumentos".
- *Reportaje entrevista.* "Dibuja al personaje entrevistado. Tanto física como espiritualmente".

  Sin intención de entrar en discusiones, con fines didácticos se prefirió incluir el reportaje entrevista en el género de entrevista, pues su planeación, realización y elaboración tiene más de la técnica de la entrevista que del reportaje.
- *Crónica reportaje.* "Hermana del cuento y de la novela corta [...] se enlazan emociones y conceptos. Ideas y sentimientos. También la nota fría, escueta, tradicional, con el diálogo, la narración y la descripción [...] El estilo periodístico y literario en su plenitud".

  Este es otro tipo híbrido que también se presta a discusiones sobre su clasificación, pero los ejemplos que da el autor son de reportajes de indudable valor literario, como: *México insurgente* de John Reed y *A sangre fría* de Truman Capote, que indiscutiblemente son reportajes pero parecen inclasificables.

- *Educativo.* "Se promueve el conocimiento, cualesquiera sea su naturaleza. Puede difundir un descubrimiento científico o pedagógico".

  Es cierto que con este tipo de reportaje puede divulgarse el conocimiento científico, pero los otros reportajes de esta clasificación pueden y deben ser empleados por el periodismo científico, al cual durante muchos años se le pretendió encasillar en los campos educativos o semejarlo al estilo de los libros de texto.
- *Entretenimiento.* "Distrae al lector de los problemas cotidianos, pero de igual manera, informa de un hecho desconocido. Al entretener, informa y orienta. Al divertir, va nutriendo la vida misma".

  También la ciencia y la tecnología pueden ser divertidas, sin perder el rigor del conocimiento, por lo que puede haber reportajes que a la vez que sean esclarecedores o que instruyan, sean entretenidos.

Pena de Oliveira (2011: 73-75) cita la clasificación que João de Deus Corrêa propone a partir de las rutinas periodísticas:

- *Del perfil.* Presenta la imagen psicológica de alguien a partir de sus testimonios y de familiares, amigos, subordinados y superiores que, por supuesto, puede inscribirse en la entrevista de semblanza.
- *De hechos.* Profundiza en el conocimiento de un hecho, abre nuevas áreas de enfoque y entendimiento de causas y efectos.
- *De polémica.* Explora un asunto discutido en la sociedad o lo crea con las opiniones de diversos sectores de la sociedad.
- *Monotemático.* Después de un acontecimiento reciente, se crea un tema que provoca la adhesión del público por el relieve y tratamiento coherente.
- *De acción.* Reconstruye la intensidad de las acciones en un estilo cinematográfico, crea un clima dinámico con una narrativa ligera pero muy ágil.
- *Documental.* Demostración documental de la perspectiva con la que se aborda el tema, con transcripciones de declaraciones y documentos que dan credibilidad a las argumentaciones e informaciones.

Por último, X. López García (2012: 113) destaca la incursión del reportaje en los medios digitales:

> El reportaje se empeña en caminar de la mano de la innovación para, con las fortalezas ya conocidas por caminos recorridos en estos años del periodismo moderno, adentrarse en otros senderos que lo mantienen en el trono de los géneros que más recursos reúne en la construcción de un mismo relato y que dispone de mecanismos que nos sorprenden, nos emocionan y nos informan.

Con esa idea, presenta las siguientes diez estructuras, las cuales "con algunas innovaciones sobre el modelo tradicional, incluyen recursos que encierran muchas potencialidades para el desarrollo de historias en los entornos de la comunicación bidireccional" (López García, X., 2012: 115-121).

- *De acontecimiento.* Descripción de hechos concluidos y contados a partir de la observación, con la técnica de pirámide invertida.
- *De acción.* Se narran los acontecimientos desde dentro, siguiendo el ritmo de su evolución, viviendo el proceso de desarrollo en la línea temporal.
- *Cronológico.* Organiza el relato de los hechos en el orden en que sucedieron.
- *Con estructura homérica o reloj de arena.* Combinación de la técnica clásica de pirámide invertida al inicio del texto, y a continuación el desarrollo cronológico de los hechos.
- *En flash-back o salto atrás.* Se relatan historias en que se intercalan acciones y pasajes pertenecientes a un tiempo anterior.
- *Por escenas o casos.* Relata casos independientes, aunque vinculados temáticamente.
- *Con esquema pregunta-respuesta.* Formula preguntas y ofrece respuestas muy precisas, con abundantes datos y documentación; pretende ser muy didáctica. Podría parecer ideal para el periodismo científico, pero precisamente su intención educativa la convierte en una estructura poco recomendable.
- *Mosaico.* Muestra los puntos de interés del mensaje, las opiniones o las variantes de un tema, como si fuera un mapa con los puntos

más importantes. Se utiliza en los medios audiovisuales y cibernéticos, principalmente.

- *En forma de "Y"*. Alrededor de un tema se desarrollan varias historias paralelas que concluyen conjuntamente.
- *Circular.* El final conduce al receptor de vuelta a la entrada. Puede ser usada con buenos resultados en el periodismo científico, pues se puede comenzar con una hipótesis, posteriormente se dan las argumentaciones en pro y en contra y al final se da la conclusión en que se comprueba la hipótesis presentada.

Como se aprecia, estas clasificaciones solamente orientan sobre la infinidad de formas en que puede abordarse un tema. Lo importante es el enfoque del reportero que permite elaborar un gran reportaje, no debe olvidarse lo que Hemingway recomendaba en sus reglas para reporteros (citadas en Velázquez, 1992: 41): "No buscar mirlos blancos. Ni grandes tragedias. Todos los mirlos son negros. Todas las tragedias son grandes. Todos los sucesos son importantes".

Lo relevante, por lo tanto, es hacer un buen trabajo previo desde el enfoque del tema o problema, la búsqueda de información, su sistematización y posterior redacción. Es decir, todas las fases de un reportaje.

La preparación del reportaje

En un principio debe elegirse un tema que puede surgir, como ya se mencionó, de la lectura de periódicos, revistas y libros, de programas y documentales de televisión, de películas, de cuestiones del momento, de conversaciones informales, de efemérides, de páginas web, redes sociales y de la observación directa en la ciudad o el campo.

Así, la observación de perros callejeros puede llevar a un reportaje sobre la contaminación ambiental de las urbes por sus heces o realizar un pequeño estudio en comunidades rurales o barrios urbanos en búsqueda del *signo de Bengoa* (presencia de perros esqueléticos en poblaciones pobres) como indicador de desnutrición infantil, que podría poner de manifiesto el avance o retroceso de la pobreza en el país. Otro tema serían los desequilibrios del ecosistema que están causando las barreras artificiales en el mundo, como el muro fronterizo de Estados Unidos con México.

Una vez que se elige el tema es necesario plantearse una hipótesis de trabajo: qué se quiere demostrar. "Es decir, la hipótesis debe ser formulada de una forma tal que aclare el sentido de la investigación y nos impulse a la acción. Ese es su secreto", como refiere Weibel (2019); así, por ejemplo, los avances de una investigación, la política de inversión en ciencia, desarrollo tecnológico e innovación, la transmisión o explicación de un conocimiento, la conmemoración de un hito científico o alguna otra cuestión.

A partir de esa hipótesis de trabajo se comienza a realizar la investigación, se reúne la información documental, se elige a los posibles entrevistados y se procede a la elaboración de un guion o temario que se modificará de acuerdo con los resultados de la recopilación de datos, de las declaraciones de entrevistados y de nueva información que surja sobre el tema, en la que se incluirán los antecedentes. Esos antecedentes pueden ser relevantes para la investigación, en algunos casos no lo serán, pero servirán para tener un mejor panorama del contexto del tema investigado.

En el proceso de búsqueda debe mantenerse una actitud crítica sobre las investigaciones realizadas, especialmente las que utilizan el método cuantitativo, como las estadísticas y las encuestas, pero es aplicable a todas. Pena de Oliveira (2011: 51) recomienda:

- saber quién encargó la investigación;
- conocer la institución, los investigadores, sus métodos y su reputación;
- entender la metodología y conocer el muestreo de la investigación;
- preguntar específicamente cuáles han sido las cuestiones y cómo han sido elaboradas;
- encontrar otra investigación sobre el mismo asunto y compararla con la original;
- una vez cumplidas las cinco etapas anteriores, no perder la desconfianza.

La recopilación de testimonios debe tomarse con reservas, ya que dependerán de los intereses o grupos que representen quienes declaren; asimismo, debe analizarse la procedencia de los documentos y comprobar, en la medida de lo posible, si son fidedignos, pues nunca debe perderse de vista que toda información puede responder a los intereses de la institución o investigador que la proporcione.

En cada paso de la investigación debe revisarse el temario para verificar que sigue siendo válida la hipótesis de trabajo o si es necesario modificarla, de acuerdo con los datos e información documental recopilados y con las declaraciones de los entrevistados.

En esta etapa puede suceder que se cambie la hipótesis de trabajo para reorientar el reportaje hacia un planteamiento novedoso o para explorar otros enfoques. Por lo tanto, el reportero siempre debe estar atento a lo que acontece sobre su tema, y no dudar en cambiar su planteamiento inicial si los hechos y nueva información así lo exigen.

El temario inicial puede modificarse y a medida que avanza la investigación pueden hacerse listas de ideas, agrupamientos asociativos y aportaciones o modificaciones de los agrupamientos, con la finalidad de establecer un mapa mental o de ideas, ya sea de manera gráfica (como se considera tradicionalmente) o en una lista de temas y subtemas que pueden seguir dividiéndose, según la profundidad que se busque.

El algunos casos, especialmente cuando se trata de un acontecimiento con varios años de evolución, por ejemplo la investigación sobre células madre, efecto invernadero o nanotecnología es conveniente elaborar una *línea del tiempo*, que puede dar claridad y conocimiento sobre los avances de la investigación.

Cuando se considere que ya se cuenta con la información suficiente para elaborar el reportaje, entonces se toma la decisión de terminar la investigación, a no ser que en el transcurso de la elaboración surjan nuevos enfoques o datos fundamentales para el trabajo, debe decidirse cerrar esta fase del reportaje. Aquí pueden tomarse dos decisiones extremas que van en detrimento del reportaje: buscar la información mínima o pretender agotar el tema.

La búsqueda mínima producirá necesariamente un reportaje deficiente, ya sea porque no permite abordar todos los ángulos del tema o por carecer de información sustancial.

El segundo caso llega a sucederle a quienes principian en este género del periodismo, ya que con el deseo de cubrir todos los aspectos del tema investigan, investigan y siguen investigando sin detenerse; por supuesto, se corre el riesgo de no elaborar nunca el reportaje, porque siempre habrá nuevos datos sobre el tema. No debe olvidarse que el reportaje debe estar circunscrito a demostrar una hipótesis de trabajo y que evidentemente la investigación científica continúa su avance, por lo que difícilmente se podrá ser exhaustivo en un tema. Tampoco debe pasarse por alto que en el periodismo los tiempos son fatídicos: debe entregarse el trabajo en la fecha acordada. Claro que el reportaje tiene un poco más de tiempo que la nota informativa y la entrevista de opinión, pero un editor no puede esperar indefinidamente al reportero.

El cierre de la investigación indica el momento de revalorar la hipótesis de trabajo, la interpretación y comparación de cuadros y gráficas y la evaluación de la calidad de la información recopilada. Aunque parezca reiterativo, debe tomarse en cuenta que: "Las *fuentes oficiales* siempre son más tendenciosas. Tienen intereses que proteger, informaciones que esconder y se benefician de la propia lógica del poder que las colocan en la clásica condición de Institución. Gobierno, instituciones, empresas, asociaciones y demás organizaciones se hallan englobadas en esa categoría" (Pena de Oliveira, 2011: 58).

Con esas precauciones, el reportero debe estar seguro de que tiene la completa comprensión del tema, ya que si no ha entendido algún concepto o información no podrá explicárselo a su receptor, por esa razón es importante que no quede ningún dato o aspecto sin entender.

Todo el cúmulo de información, declaraciones, anécdotas, datos estadísticos y comparativos que son relevantes para armar un buen reportaje también puede parecer un obstáculo insalvable si no se establece una ordenación jerárquica de los temas.

En esta etapa el mapa mental o la lista de temas y subtemas desempeñan un papel importante tanto para no excluir información trascendente como para no abrumar al receptor con datos o información superflua. Asimismo, si el reportaje lo requiere, deben determinarse las tablas y gráficas que puedan utilizarse, las fotografías o ilustraciones que sean indispensables y las infografías que se requieran para elaborarlas o solicitarlas al área correspondiente.

El ordenamiento jerárquico de la información proporciona al reportero una visión panorámica del tema y le permite corroborar su hipótesis de trabajo —que en ese momento se transforma en su tesis central— o reformular esa tesis a partir de lo investigado.

En esta fase del reportaje, se ordena mental o gráficamente la secuencia que llevarán los datos, con un hilo conductor o trama principal, de tal forma que la presentación de datos y declaraciones no se convierta en una compilación de información, ya que un error que debe evitarse es vaciar los datos en el escrito como entradas de enciclopedia, sin un orden coherente que dirija al receptor a comprender el tema y a coincidir con el reportero en su tesis central. Claro que un vaciado de datos puede hacer parecer al reportero como un ser de gran erudición… o pedantería, pero no conducirá al receptor al conocimiento e interpretación de los datos y menos al análisis y conclusiones que deben conformar un reportaje.

Una manera de hacer el esbozo del reportaje es contarse a uno mismo o a algún conocido la historia. De esta forma puede ordenarse con más claridad la información y, al mismo tiempo, establecer un hilo conductor que guíe el desarrollo del reportaje.

Por supuesto que hay muchas otras maneras de establecer un criterio de ordenamiento, por ejemplo hacer un guion en el que se presente la secuencia de temas y subtemas, que servirá de guía para la redacción pero que puede modificarse de acuerdo con las necesidades del escrito, en el que se destacarán las partes más importante de cada subtema y, al mismo tiempo, elaborar una secuencia preliminar de los subtemas, que respete el hilo conductor.

En este proceso es posible que se encuentren frases de impacto o situaciones que deban destacarse sin perder continuidad. Asimismo, pueden identificarse anécdotas o declaraciones que reflejen el lado humano del relato sin caer en exageraciones. También debe analizarse críticamente la información y decidir qué datos son prescindibles, son superfluos o únicamente podrían distraer al receptor del tema principal.

Antes de comenzar la redacción, conviene verificar si el reportaje reúne las tres actividades básicas de todo trabajo periodístico, como apuntan Leñero y Marín (1986: 193):

- Precisión en el registro de datos, cifras y declaraciones de un entrevistado.
- Comprensión de cada uno de los puntos abordados. Que el repor-

tero no escriba nada que antes no haya comprendido cabalmente.

- Penetración para poder sacar conclusiones, para prever las consecuencias que el reportaje puede llegar a tener.

Si el examen de los datos obtenidos durante la investigación cumple con esas tres características, entonces debe seguirse el primer precepto de Pena de Oliveira (2011: 156): "haga siempre una autocrítica antes y después del reportaje. Cuestione su interpretación de los hechos, sus conceptos preconcebidos, sus estereotipos, sus limitaciones".

Si el resultado es favorable, el reportero ya estará preparado para dar el salto mortal de la preparación del reportaje a su elaboración, en la que se pondrán en juego el ingenio, la preparación, la cultura, el criterio analítico y el estilo.

Esto es válido tanto para el reportero de los medios tradicionales como para el de los digitales, ya que como asegura López García, X. (2012: 152):

> En el periodismo digital actual, en el marco de la diversidad de corrientes y movimientos, el profesional de la información precisa mantener la pasión por escribir correctamente, por investigar para conocer lo que hay detrás de las noticias, por entender lo que sucede y por analizarlo, y por mostrar con una buena combinación de lenguajes. Estos son cuatro requisitos básicos para explicar con acierto los complejos acontecimientos que se producen constantemente en la sociedad.

Un buen principio

En ocasiones los reportajes no se leen desde el principio, pues el lector puede ver a la mitad o al final del reportaje una frase o una declaración que lo incitan a continuar la lectura, en ocasiones toma el texto desde el principio y en otras lo lee de atrás hacia adelante o a saltos. Sin embargo, un buen principio siempre es imprescindible, porque puede dar la pauta al reportero para marcar el tono del escrito.

Una entrada atractiva es importante para que el receptor lea o escuche con excitación y curiosidad las siguientes partes. Cómo hacer la entrada atractiva depende del estilo del reportero, de su agudeza, su cultura —otra vez—, su capacidad para sorprender y, sobre todo, de haber comprendido muy bien el tema.

Si no hay recetas para hacer una entrada atractiva, hay recomendaciones que pueden servir de guía y, por supuesto, numerosas clasificaciones, como la de Leñero y Marín (1986: 196-213) que las agrupan en diez: *1) noticiosa, sintética o de panorama, 2) descriptiva, 3) histórica o narrativa, 4) contrastada, 5) analógica, 6) de definición, 7) de juicio, 8) de detalle, 9) coloquial y 10) de cita.*

Por su parte, Gabriel García Márquez (citado en Grijelmo, 2001: 69), en su calidad de periodista, señaló sobre las entradas de los reportajes: "Con el primer párrafo hay que atraer, hay que quedarse con el lector. Mi método de lectura es muy útil como método de escritura: calculo dónde se va a aburrir el lector y procuro no dejar que se aburra".

El propio Grijelmo (2001: 69-74) menciona cinco entradas: *1) el arranque humano* presenta en la entrada un caso particular del que se enlaza al tema del reportaje, puede ser muy atractivo porque siempre lo que le sucede a alguien atrae, pero el abuso de esta entrada puede hacer que decaiga el interés; *2) el arranque humano tópico*, muy semejante al anterior, pero el caso particular no se enlaza con el tema central, sino que se explica ese caso como otro similar al de muchas otras personas; *3) el envoltorio de los datos* mezcla datos y "personajes para humanizar las dimensiones de lo que se cuenta"; *4) la entradilla-sorpresa* atrae al lector con una frase, una palabra o una situación inesperada; *5) la entradilla-calendario* es un recurso muy aburrido, comienza con la fecha del acontecimiento al que se refiere el reportaje.

Entradas puede y debe haber tantas como reportajes, ya que cada comienzo debe ser único, irrepetible, atractivo, sugestivo y provocador, con tres condiciones: que no prometa lo que no se va a cumplir a lo largo del texto, que no traicione la confianza del lector y que no sea un gancho sensacionalista. Debe recordarse que la entrada debe conducir rápidamente al hilo conductor del reportaje, para que el lector realice una travesía inolvidable.

Desarrollo y remate

Así como no hay fórmulas para crear los inicios, tampoco las hay para continuar el desarrollo del reportaje. A manera de guía, Leñero y Marín

(1986) consignan diferentes formas de desarrollar el reportaje: por temas, por fuentes de información, por elementos de investigación, cronológico, en orden a la investigación y enigmático.

Por su parte, Martín Vivaldi (1993: 80) después de exponer la dificultad de dar recomendaciones para desarrollar el reportaje, apuntó:

> Cuando el reportero domina el tema, cuando ha calado en la entraña de su relato, cuando sabe *ver, observar y contar* lo visto y observado, cuando el reportero, en suma, tiene fibra de escritor, su reportaje será siempre interesante. Naturalmente habrá de cumplirse aquí una condición estilística esencialísima: que el reportaje sea *denso* y, al propio tiempo, *variado*. Que desde la primera hasta la última línea no decaiga nunca la tensión del relato. Que todo el trabajo esté preñado de sentido y de significación. Que no haya un párrafo blando, ni una línea inútil. Que todo, en resumen, sea revelador y, por tanto, subyugante.

Grijelmo (2001: 74) plantea algo semejante: "Todo reportaje ha de estructurarse con una intención. Las posibilidades teóricas son inmensas: intenciones críticas, explicativas, exaltatorias, biográficas, cronológicas... Un reportaje no puede yuxtaponer una sucesión de hechos. Cada párrafo ha de estar conectado sutilmente con el anterior, de modo que llevemos al lector de la mano por el camino que nosotros hemos escogido".

El desarrollo del tema, por lo tanto, debe apelar a todos los recursos narrativos: tensión, drama, suspenso, humor, descripciones que permitan al lector acompañar al reportero en su relato documentado en el que cada afirmación esté respaldada por los hechos verificados, el dato estadístico, el argumento del especialista, la interpretación del autor; es decir que cada aportación o revelación se encuentre apoyada en la amplia y sólida formación cultural del reportero.

Resulta indispensable que el reportero domine el lenguaje, que tenga un estilo, que sepa manejar el ritmo del relato, que introduzca tensión, momentos de relajación, que las palabras lleven al lector en un sube y baja alternado con momentos de tranquilidad.

Puede compararse la estructura de un reportaje con un viaje por carretera hacia diferentes poblados con diversos paisajes. El receptor viaja con el reportero no en una montaña rusa, sino en una carretera con rectas que conduce a pueblos pintorescos, con pendientes y curvas que atraviesan paisajes montañosos, o de vegetación tropical que llevan a pueblos alegres, que se abandonan para transitar por una planicie árida, con pueblos de extrema pobreza, que se dejan atrás para encontrar pueblos costeros en una travesía en que la niebla, el frío, los climas cálidos y templados se alternan, como sucede en nuestra geografía, con una dosificación tal que el copiloto no viaje en tensión permanente, pero tampoco con tal suavidad que se aburra, sino que transite entre la emoción, la contemplación, el suspenso y la admiración por el paisaje. Un recorrido que lleve al acompañante a exclamar al final del recorrido: "qué reportaje tan interesante".

Para lograr ese viaje memorable es necesario que el reportero transmita sin mezquindad, con claridad y sencillez, todo lo que aprendió en la fase previa a la redacción, con el mismo interés con el que fue descubriendo aspectos relevantes y contagie al lector del entusiasmo y satisfacción que causa adquirir nuevos conocimientos. En la medida en que el reportero considere interesante el tema, podrá interesar al lector.

Por último, el remate o colofón que es tan importante como el principio, como considera Grijelmo (2001: 82): "la frase que cierra un reportaje —lo mismo que en un artículo de opinión o en una crónica— adquiere el valor de las especias en cualquier condimento: es el sabor que permanece en el paladar unos segundos, el regusto que el lector se llevará junto con el del café".

Ese sabor final o remate, Leñero y Marín (1986: 216-218) lo clasifican en cinco clases: *de retorno*, finaliza con el mismo elemento utilizado en la entrada; *de conclusión*, sintetiza las conclusiones lógicas; *de sugerencia o llamamiento*, aconseja o sugiere asumir una posición ante lo expuesto; *rotundo*, refleja de manera sintética y rotunda el sentido del reportaje; *de detalle*, concluye con una anécdota o una pequeña escena.

En resumen, se requiere un remate que sintetice, sugiera, inquiete o estremezca al lector, que lo deje satisfecho, con la sensación de que se llegó al final del viaje, que ya no hay más nada que decir ni hacer, solamente esperar la siguiente entrega del reportero, el siguiente viaje que lo lleve a explorar nuevas regiones o las mismas pero por diferentes caminos, que le den un enfoque distinto al recorrido, que lo maravillen por esa mirada siempre fresca del reportero. Porque cada reportaje debe ser un viaje único e irrepetible que brinde nuevos conocimientos y experiencias disfrutables.

Esas siguientes entregas de los periodistas científicos tienen a la ciencia y a sus protagonistas como piezas fundamentales, que merecen un relato documentado, contado como una recreación de la humanidad que busca las mismas respuestas de siempre: de dónde venimos y a dónde vamos, pero con un nuevo argumento de efímeras certezas y eternas preguntas.

Bibliografía

Alcíbar, Miguel (2009). "Comunicación pública de la tecnociencia: más allá de la difusión del conocimiento", *Zer*, 14(27), 2009, disponible en: http://www.ehu.eus/zer/hemeroteca/pdfs/zer27-08-alcibar.pdf [consultado: 11 de mayo de 2017].

Alcíbar, Miguel (2016). "De periodistas, hechos y opiniones", *Scilogs*, 16 de diciembre de 2016, disponible en: http://www.investigacionyciencia.es/blogs/ciencia-y-sociedad/98/posts/de-periodistas-hechos-y-opiniones-14804 [consultado: 11 de mayo de 2017].

Alcíbar, Miguel (2017). "¿Por qué la divulgación científica es la Cenicienta en el Reino de la Ciencia…, y debería dejar de serlo?", *Scilogs*, 15 de abril de 2017, disponible en: http://www.investigacionyciencia.es/blogs/ciencia-y-sociedad/98/posts/por-qu-la-divulgacin-cientfica-es-la-cenicienta-en-el-reino-de-la-ciencia-y-debera-dejar-de-serlo-15173 [consultado: 11 de mayo de 2017].

Álvarez Marcos, José (2003). "El periodismo ante la tecnología hipertextual", en Javier Díaz Noci y Ramón Salaverría Aliaga (coords.), *Manual de redacción ciberperiodística*. Barcelona: Ariel.

Alzate, José Antonio (1791), "Gazeta de Literatura, 26 de julio de 1791", Gaceta Literaria Alzate, Biblioteca Palafoxiana, disponible en: http://palafoxiana.com/gaceta-literaria-alzate [consultado: 26 de diciembre de 2017].

Anaya, René (2002). "La función democrática del periodismo científico", en Juan Tonda, Ana María Sánchez y Nemesio Chávez (coords.), *Antología de la divulgación de la ciencia en México*. México: Dirección General de Divulgación de la Ciencia-UNAM.

ANUIES, Asociación Nacional de Universidades e Instituciones de Educación Superior (1979). "Tercer Congreso de Periodismo Científico", *Revista de la Educación Superior*, vol. VIII(4), núm. 32, octubre-diciembre 1979, disponible en: http://resu.anuies.mx/archives/revistas/Revista32_S4A3ES.pdf [consultado: 10 de enero de 2018].

Bauducco, Gabriel (2008). Secretos de la entrevista. *Manual para periodistas*. México: Trillas.

Bauman, Zygmunt (2013). La cultura en el mundo de la modernidad líquida. México: Fondo de Cultura Económica.

Benito Llauradó, María (2012), "Características generales", en Mario Tascón (dir.), *Escribir en internet. Guía para los nuevos medios y las redes sociales*. Barcelona: Galaxia Gutenberg/Círculo de Lectores.

Bernal, Sebastia y Lluís Albert Chillón (1985). *Periodismo informativo de creación*. Barcelona: Editorial Mitre.

Bunge, Mario (1985). *Pseudociencia e ideología*. México: Alianza Editorial.

Bunge, Mario (2015). "La relación entre pseudociencia y política", *Materia y mente*. Pamplona: Editorial Laetoli, reproducido en El País, 24 de octubre de 2015, disponible en: http://elpais.com/elpais/2015/10/20/ciencia/1445356175_841379.html [consultado: 24 de octubre de 2015].

Calvo Hernando, Manuel (1977). *Periodismo científico*. Madrid: Paraninfo.

Calvo Hernando, Manuel (1982). *Civilización tecnológica e información. El periodismo científico: misiones y objetivos*. Barcelona: Editorial Mitre.

Calvo Hernando, Manuel (1992). *Periodismo científico*, 2ª ed. revisada y ampliada, Madrid: Paraninfo.

Calvo Hernando, Manuel (2002). "El periodismo científico como desafío del tercer milenio", Conferencia inaugural de la Jornada sobre Ciencia y Periodismo, Centro Cultural Las Claras, Murcia, 6 de junio de 2002.

Calvo Roy, Antonio (2016). "Periodismo científico. Una especialidad para el siglo XXI", Conferencia pronunciada en el Diplomado en Apropiación Social del Conocimiento-III Cohorte, Medellín, Colombia, 26 de mayo de 2016, disponible en: https://www.aecomunicacioncientifica.org/wp-content/uploads/Periodismo-cient%C3%ADfico-una-especialidad-para-el-siglo-21-919-2006-1-SM.pdf [Consultado: 20 de septiembre de 2018].

Campbell, Federico (2006). "El reportaje en la práctica", blogg de Federico Campbell, disponible en: http://periodismoimpreso.blogspot.mx/2006_09_01_archive.html [consultado: 18 de julio de 2016].

Campbell, Federico (2012). "Aproximación a los géneros periodísticos", en Sarelly Martínez Mendoza, *Antología de la redacción periodística*. Tuxtla Gutiérrez: Universidad Autónoma de Chiapas, disponible en: http://libroselectronicos.unach.mx/Biblioteca/20120828/1616450.004/files/documento.pdf [consultado: 24 de abril de 2017].

Cassany, Daniel (2006). *Tras las líneas. Sobre la lectura contemporánea*. Barcelona: Anagrama.

Cereijido, Marcelino (2009). *La ciencia como calamidad. Un ensayo sobre el analfabetismo científico y sus efectos*. Barcelona: Gedisa.

Cervantes Saavedra, Miguel de (2005). *Don Quijote de la Mancha*, edición del IV Centenario. Madrid: Alfaguara.

Dallal, Alberto (1989). *Lenguajes periodísticos*. México: UNAM.

Del Río Reynaga, Julio (1991). *Teoría y práctica de los géneros periodísticos informativos*. México: Diana.

Delgado Carranco, Susana María (2000), "Un acercamiento a la segunda época de *El Diario de México* (1812-1817)", en Celia del Palacio Montiel (comp.), *Historia de la prensa en Iberoamérica*. Guadalajara: Altexto.

Dean, Cornelia (2010), "The Scientist as Citizen", en Donald Kennedy y Geneva Overholsen (eds.), *Science and the Media*. Cambridge: American Academy of Arts and Sciences, disponible en: http://www.amacad.org/pdfs/scienceMedia.pdf [consultado: 17 de febrero de 2016].

Dickson, David (2012). "Incluso la 'mala ciencia' debe ser puesta en contexto", Scidev.Net, disponible en: http://www.scidev.net/america-latina/indigenas/editoriales/incluso-la-mala-ciencia-debe-ser-puesta-en-contexto-.html [consultado: 28 de agosto de 2015].

Djerassi, Carl (1996). *El gambito de Bourbaki*. México: FEC.

Dunbar, Robin (1999). *El miedo a la ciencia*. Madrid: Alianza Editorial.

Edo, Concha (2012). "Nuevo Concepto de noticia", en Sarelly Martínez Mendoza, *Antología de la redacción periodística*. Tuxtla Gutiérrez: Universidad Autónoma de Chiapas, disponible en: http://libroselectronicos.unach.mx/Biblioteca/20120828/1616450.004/files/documento.pdf [consultado: 24 de abril de 2017].

Fagin, Dan (2015). Discurso en la IX Conferencia Mundial de Periodismo Científico, Seúl, 2015, disponible en: https://redmpc.wordpress.com/2015/09/01/la-crisis-del-periodismo-de-ciencia-dan-fagin-parte-ii/ [consultado: 27 de marzo de 2018].

Ferguson, Donald L. y Jim Patten (1988). *El periodismo en la actualidad*. México: Edamex.

Franco, Guillermo (2008). "Cómo escribir para la web. Bases para la discusión y construcción de manuales de redacción 'on line'". Austin: Centro Knight para Periodismo en las Américas, disponible en https://knightcenter.utexas.edu/Como_escribir_para_la_WEB.pdf [consultado: 20 de julio de 2010].

García Márquez Gabriel (1981). "¿Una entrevista? No, gracias", *El País*, 15 de julio de 1981, disponible en: http://elpais.com/diario/1981/07/15/opinion/363996011_850215.html [consultado: 10 de noviembre de 2015].

García Márquez, Gabriel (2002). *Vivir para contarlo*. México: Diana.

García Márquez, Gabriel (2007). *Cien años de soledad*. Barcelona: Alfaguara.

García Márquez, Gabriel (2014). "Por un país al alcance de los niños", *El Espectador*, 19 de abril de 2014, disponible en: http://www.elespectador.com/noticias/cultura/un-pais-al-alcance-de-los-ninos-articulo-487676 [consultado: 24 de octubre de 2015].

Gordon, José (1995). *Tocar lo invisible*. México: Planeta.

Gould, Stephen Jay (1993). *"Brontosaurus" y la nalga del ministro. Reflexiones sobre historia natural*. Barcelona: Crítica.

Grijelmo, Álex (2001). *El estilo del periodista*. Madrid: Taurus.

Grijelmo, Álex (2012). *La información del silencio. Cómo se miente contando hechos verdaderos*. México: Taurus.

Gutiérrez Rodilla, Bertha M. (1998). *La ciencia empieza en la palabra. Análisis e historia del lenguaje científico*. Barcelona: Ediciones Península.

Hacyan, Shahen (1989). *Relatividad para principiantes*. México: Fondo de Cultura Económica/Secretaría de Educación Pública/Consejo Nacional de Ciencia y Tecnología.

Halperín, Jorge (1995). *La entrevista periodística. Intimidades de la conversación pública*. Buenos Aires: Paidós.

Hartz, Jim y Rick Chappell (2001). *Mundos separados*. México: Dirección

General de Divulgación de la Ciencia-UNAM/Sociedad Mexicana para la Divulgación de la Ciencia y la Técnica.

Hawking, Stephen (1989). Discurso pronunciado en la ceremonia de entrega del Premio Príncipe de Asturias de la Concordia, Oviedo, 21 de octubre de 1989, disponible en: http://www.fpa.es/es/premios-princesa-de-asturias/premiados/1989-stephen-hawking.html?texto=discurso [consultado: 30 de mayo de 2017].

Hillier, Ann, Ryan P. Kelly y Terrie Klinger (2016). "Narrative Style Influences Citation Frequency in Climate Change Science", *Plos One*, 11(12), disponible en: http://journals.plos.org/plosone/article/file?id=10.1371/journal.pone.0167983&type=printable [consultado: 3 de mayo de 2017].

Huxley, Aldous (1971). *Contrapunto*. Buenos Aires: Editorial Sudamericana.

Ibarrola, Javier (1986). *La entrevista*. México: Editorial Gernika.

INEGI, Instituto Nacional de Estadística y Geografía (2013). Encuesta sobre la percepción pública de la ciencia y tecnología (ENPECYT) 2013, disponible en: http://www.inegi.org.mx/est/contenidos/proyectos/encuestas/hogares/especiales/enpecyt/2013/default.aspx [consultado: 26 de septiembre de 2015].

INEGI, Instituto Nacional de Estadística y Geografía (2018). *Anuario Estadístico y Geográfico por Entidad Federativa*, 2018, disponible en: http://internet.contenidos.inegi.org.mx/contenidos/Productos/prod_serv/contenidos/espanol/bvinegi/productos/nueva_estruc/AEGPEF_2018/702825107017.pdf [consultado: 23 de septiembre de 2020].

IPYS-UNESCO, Instituto Prensa y Sociedad-Organización de las Naciones Unidas para la Educación, la Ciencia y la Cultura (2016). *Guía de periodismo de investigación*, disponible en: https://issuu.com/saladeprensa/docs/gui_a_de_periodismo_de_investigacio [consultado: 18 de noviembre de 2019].

Jayaraman, K.S. (2013). "Cómo ser un periodista investigativo en ciencia", *Scidev.Net*, disponible en: http://www.scidev.net/america-latina/comunicacion/guia-practica/c-mo-ser-un-periodista-investigativo-en-ciencia.html [consultado: 28 de agosto de 2015].

Jensen, Af Vigdis y Højberg Vejleder Ricard (2010). "Ciberperiodismo: La influencia de la digitalización en la edición online del periódico español *El País*". Handelshøjskolen, Aarhus Universitet, 2010, disponible en: http://pure.au-dk/portal-asb-student/files/13770/217283.pdf [consultado: 23 de noviembre de 2012].

Joubert, Marina (2011). "¿Cómo presentar relatos atractivos sobre ciencia?", *Scidev.Net*, disponible en: http://www.scidev.net/america-latina/comunicacion/guia-practica/-c-mo-presentar-relatos-atractivos-sobre-ciencia-.html [consultado: 28 de agosto de 2015].

Kapuściński, Ryszard (2013). *Los cínicos no sirven para este oficio. Sobre el buen periodismo*, Maria Nadotti (ed.). Barcelona: Anagrama.

Kennedy, Donald (2010). "Science and the Media", en Donald Kennedy y Geneva Overholsen (eds.), *Science and the Media*. Cambridge: American Academy of Arts and Sciences, disponible en: http://www.amacad.org/pdfs/scienceMedia.pdf [consultado: 17 de febrero de 2016].

Kundera, Milan (1990). *La inmortalidad*. México: Tusquets Editores.

Leñero, Vicente (2010). "Vicente Leñero, Premio de Periodismo Carlos Septién García", *Proceso*, 1776, 14 de noviembre.

Leñero, Vicente y Carlos Marín (1986). *Manual de periodismo*. México: Grijalbo.

León Felipe (1972). "Contadme un sueño", *Antología rota*, Buenos Aires: Editorial Losada.

Llácer Llorca, Eusebio V. y F. Ballesteros Roselló (2012). "El lenguaje científico, la divulgación de la ciencia y el riesgo de las pseudociencias", *Quaderns de Filologia. Estudis lingüístics*, XVII, pp. 51-67.

López, Manuel (2012). "Las fuentes informativas son la base para obtener noticias en primer orden", en Sarelly Martínez Mendoza, *Antología de la redacción periodística*. Tuxtla Gutiérrez, Universidad Autónoma de Chiapas, disponible en: http://libroselectronicos.unach.mx/Biblioteca/20120828/1616450.004/files/documento.pdf [consultado: 24 de abril de 2017].

López García, Guillermo (2015). *Periodismo digital: Redes, audiencias y modelos de negocio*. Salamanca: Comunicación Social, Ediciones y Publicaciones.

López García, Xosé (2012). *Movimientos periodísticos. Las múltiples iniciativas profesionales y ciudadanas para salvar los elementos básicos del pe-*

riodismo en la era digital. Salamanca: Comunicación Social, Ediciones y Publicaciones.

Lozano, Mónica (2008). "El nuevo contrato social sobre la ciencia: Retos para la comunicación de la ciencia en América Latina", *Razón y Palabra*, 65, 2008, disponible en: http://www.razonypalabra.org.mx/N/n65/actual/mlozano.html [consultado: 30 de septiembre de 2009].

Mankell, Henning (2015). *Arenas movedizas*. México: Tusquets.

Martín Vivaldi, Gonzalo (1993). *Géneros periodísticos. Reportaje, crónica, artículo (análisis diferencial)*. México: Ediciones Prisma.

Martínez Albertos, José Luis (1974). *Redacción periodística. Los estilos y los géneros en la prensa escrita*, disponible en: https://www.insumisos.com/LecturasGratis/martinez%20albertos%20jose%20-%20redaccion%20periodistica.pdf [conultado: 12 de enero de 2017].

Morales Agüero, Juan (2009). "El arte de preguntar", Cubaperiodistas.cu El sitio de la Unión de Periodistas de Cuba, disponible en: http://www.cubaperiodistas.cu/columnistas/juan_morales_aguero/17.htm [conultado: 16 de agosto de 2013].

Múnera Monsalve, Mariana y Beatriz Elena Marín Ochoa (2014). "La divulgación científica en la web, un panorama latinoamericano", *Revista Comunicación*, 31, enero-diciembre de 2014, disponible en https://revistas.upb.edu.co/index.php/comunicacion/article/view/3380 [consultado: 13 de septiembre de 2015].

Muñoz Dagua, Clarena (2012). "Leer y escribir textos de divulgación científica: Un camino a la inclusión", ponencia presentada en el IV Encuentro Internacional y V Nacional "Lectura y escritura para la inclusión social", Bogotá, 27 de septiembre de 2012, disponible en: http://media.utp.edu.co/referencias-bibliograficas/uploads/referencias/ponencia/45-leer-y-escribir-textos-de-divulgacion-clarena-mpdf-EWwyH-articulo.pdf [consultado: 2 de octubre de 2015].

Mutis, Álvaro (1988). *La última escala del Tramp Steamer*. México: Ediciones del Equilibrista.

Nakkazi, Esther (2013). "¿Qué requieren los periodistas de los científicos?", *Scidev.Net*, disponible en: http://www.scidev.net/america-latina/comunicacion/guia-practica/qu-requieren-los-periodistas-de-los-cient-ficos.html [consultado: 28 de agosto de 2015].

Nelkin, Dorothy (1990). *La ciencia en el escaparate*. Madrid: Los libros de Fundesco.

Ortiz Caballero, María Inés (2006)."Presentación y paleografía de Petición para que pueda correrse a la impresión de un lunario que ya ha sido dictaminado sin encontrarse falta alguna en él ni ningún otro inconveniente para su impresión (firma autógrafa de Carlos Sigüenza y Góngora), 1675, 1679", *Boletín*,12, época VI, abril-junio 2016, Archivo General de la Nación, disponible en: http://www.agn.gob.mx/menuprincipal/difusion/publicaciones/pdf/ [consultado: 20 de julio de 2017].

Patterson, Thomas E. (2018). *Informar las noticias. Hacia un periodismo basado en el conocimiento*. México: Centro de Investigación y Docencia Económicas.

Pena de Oliveira, Felipe (2011). *Teoría del periodismo*. Zamora: Comunicación Social, Ediciones y Publicaciones.

Peraza-Rugeley, Aurora Margarita (2011). "Los almanaques de Carlos de Sigüenza y Góngora: Aspectos literarios y herramienta para analizar *Infortunios de Alonso Ramírez* y *Parayso occidental*", tesis de doctorado, University of Oklahoma, disponible en: https://search.proquest.com/openview/b64fca056aace596ad8acae9095748d8/1?pqorigsite=gscholar&cbl=18750&diss=y [consultado: 20 de julio de 2017].

Pérez Oliva, Milagros (1998). "Valor añadido de la comunicación científica", *Quark: Ciencia, medicina, comunicación y cultura*, 110, 1998, disponible en http://quark.prbb.org/10/articulos.htm [consultado: 26 de septiembre de 2015].

Pérez Tamayo, Ruy (1981). *Serendipia. Ensayos sobre ciencia, medicina y otros sueños*. México: Siglo XXI.

Perkins, Nick Ishmael (2014). "El periodismo científico, ¿ignora la censura?", *Scidev.Net,* disponible en: http://www.scidev.net/america-latina/periodismo/editoriales/el-periodismo-cient-fico-ignora-la-censura.html [consultado: 8 de septiembre de 2015].

Picardo Joao, Oscar (2001). "Globalidad, ciencia y periodismo", discurso en la entrega del Premio de Periodismo en Ciencia y Tecnología de El Salvador, 26 de junio, disponible en: https://www.oei.es/historico/salactsi/opicardo.htm# [consultado: 22 de mayo de 2015].

Quiroga, Horacio (1996). *Todos los cuentos*. México: Fondo de Cultura Económica.

Reig, Ramón (2004). *Dioses y diablos mediáticos*. Barcelona: Ediciones Urano.

Riva Palacio, Raymundo (1990). "Luxemburgo huele a pastel. Apuntes sobre el reportaje", *Kiosko*, 1(1).

Robles, Francisca (2001). "El proceder narrativo en la entrevista periodística: del suceso al relato", *Revista Mexicana de Ciencias Políticas y Sociales*, 44(183).

Romero Álvarez, María de Lourdes (1996). "El relato periodístico como acto de habla", *Revista Mexicana de Ciencias Políticas y Sociales*, 41(165).

Roqueplo, Philippe (1983). *El reparto del saber. Ciencia, cultura, divulgación*. Buenos Aires: Gedisa.

Rosen, Cecilia, Lars Guenther y Klara Froehlich (2016). "The Question of Newsworthiness: A Cross-Comparison Among Science Journalists' Selection Criteria in Argentina, France, and Germany", *Science Communication*, 38(3), disponible en: http://journals.sagepub.com/doi/pdf/10.1177/1075547016645585 [consultado: 23 de septiembre de 2016].

Russell, Cristine (2010). "The Scientist as Citizen", en Donald Kennedy y Geneva Overholsen (eds.), *Science and the Media*. Cambridge: American Academy of Arts and Sciences, disponible en: http://www.amacad.org/pdfs/scienceMedia.pdf [consultado: 17 de febrero de 2016].

Sagan, Carl (1997). *El mundo y sus demonios. La ciencia como una luz en la oscuridad*. Barcelona: Planeta.

Saladino García, Alberto (1996). *Ciencia y prensa durante la Ilustración latinoamericana*. Toluca: Universidad Autónoma del Estado de México.

Sánchez Mora, Ana María (2010). *Introducción a la comunicación escrita de la ciencia*. Xalapa: Universidad Veracruzana.

Sandoval, María Teresa (2003). "Géneros informativos: la noticia", en Javier Díaz Noci y Ramón Salaverría Aliaga (coords.), *Manual de redacción ciberperiodística*. Barcelona: Ariel.

Sarmiento, Antonio (1991). *El fantasma cuyo andar deja huella. La evolución del tiempo*. México: Fondo de Cultura Económica/Secretaría de Educación Pública/Consejo Nacional de Ciencia y Tecnología.

Schulz, Pablo C. (2005). "Las pseudociencias", *Revista Iberoamericana de*

Polímeros, 6(3), disponible en: http://www.ehu.eus/reviberpol/pdf/OCT05/schulz4.pdf [consultado: 24 de octubre de 2015].

Sherwood, Hugo C. (1976): *La entrevista*. Barcelona: Asesoría Técnica de Ediciones.

Steiner, George (2002). *Gramáticas de la creación*. Madrid: Siruela.

Stekolschik, Gabriel, Susana Gallardo y Cecilia Draghi (2007). "La comunicación pública de la ciencia y su rol en el estímulo de la vocación científica", *Revista Redes*, 12(25).

Tatalović, Mićo (2013). "Comunicados de prensa pueden hacer perder la perspectiva", *Scidev.Net*, disponible en: http://www.scidev.net/america-latina/comunicacion/editoriales/comunicados-de-prensa-pueden-hacer-perder-la-perspectiva.html [consultado: 8 de septiembre de 2015].

Tonda, Juan (2005). "Si la educación y la cultura es la pregunta... ¿cuál es la respuesta?", ponencia II Congreso Iberoamericano de Comunicación Universitaria, Granada, del 13 al 17 de marzo, disponible en: http://dialogo.ugr.es/cicu2005/com-39.pdf [consultado: 28 de noviembre de 2017].

Trabulse, Elías (1983). *Historia de la ciencia en México*, T. I, México: Conacyt/Fondo de Cultura Económica.

Urabayen, Miguel (1993). *Estructura de la información periodística*. Pamplona: EUNSA.

Valek Valdés, Gloria (2015). "Ciencia UNAM, los retos de comunicar la Internet", ponencia II Simposio sobre Comunicación de la Ciencia y la Tecnología en Latinoamérica, Santiago de Chile, 9 a 12 de octubre, disponible en: http://somedicyt.org.mx/simposio/images/docs/simposio/2015/memorias/ciencia-unam-losretos-de-comunicar-la-Internet.pdf [consultado: 4 de noviembre de 2015].

Velázquez, Luis (1992). *Técnica del reportaje*. México: Universidad Veracruzana.

Warren, Carl N. (1975). *Géneros periodísticos informativos. Nueva enciclopedia de la noticia*. México: Prisma.

Weibel Barahona, Mauricio (2019). *Manual de periodismo de investigación*. Montevideo: UNESCO, disponible en https://unesdoc.unesco.org/ark:/48223/pf0000367157 [consultado: 3 de abril de 2019].

Acerca del autor

René Anaya

Médico cirujano por la Universidad Nacional Autónoma de México (UNAM). Desde 1979 ha ejercido el periodismo científico en publicaciones de circulación nacional. Es autor de los libros *La farmacia humana*, *El enigma de los virus* y *¿Cómo funciona mi cuerpo?*, y del ensayo *La función democrática del periodismo científico*, incluido en la obra *Antología de la divulgación de la ciencia en México*, DGDC, UNAM, México, 2002.

Coordinador y profesor del primer Diplomado de Divulgación y Periodismo Científico que se realizó en México, en la Universidad del Claustro de Sor Juana, en 1994. Ha impartido cursos y talleres de divulgación y periodismo científico en las universidades Autónoma del Estado de México y Autónoma del Estado de Hidalgo, en la Agencia Espacial Mexicana y en la Escuela de Escritores de la Sociedad General de Escritores de México, entre otras instituciones. Desde 1994 es responsable de la sección de Ciencia de la revista Siempre! Es Miembro de la Red Mexicana de Periodistas de Ciencia.

Esta obra se terminó de imprimir
en noviembre de 2020, en los Talleres de Impresora
Peña Santa S.A. de C.V. Sur 27 Núm. 457, Col. Leyes de Reforma
2a Secc. C.P. 09310, Alcaldía de Iztapalapa, CDMX.
En su composición se utilizaron tipos
Berkeley Oldstyle Book

Nevada's Twentieth-Century Mining Boom

Tonopah, Goldfield, Ely

Nevada's Twentieth-Century Mining Boom

Tonopah, Goldfield, Ely

Russell R. Elliott

New foreword by Jerome E. Edwards

University of Nevada Press
Reno & Las Vegas

Library of Congress Cataloging-in-Publication Data

Elliott, Russell R.
Nevada's twentieth-century mining boom ; Tonopah, Goldfield, Ely,
Bibliography: p.
Includes index.
1. Mineral industries—Nevada—History—20th century. 2. Tonopah (Nev.)—History. 3. Goldfield (Nev.) History. 4. Ely (Nev.)—History. I. Title.
HD9506.U63N324 1988 338.2'09793'15 87-35727
ISBN-10: 0-87417-133-4 (pbk.)
ISBN-13: 978-0-87417-133-4 (pbk.)

University of Nevada Press, Reno, Nevada 89557 USA

Printed in the United States of America

This book has been reproduced as a digital reprint.
22 21 20 19 18 17 16 15 14 13
15 14 13 12 11 10 9 8 7

Foreword to the Paperback Edition

Because of continued demand and the importance of its subject, *Nevada's Twentieth-Century Mining Boom: Tonopah, Goldfield, Ely* is being reprinted by the University of Nevada Press twenty-two years after its initial publication. It has never been superseded by later work and still remains the best, most authoritative source of information on Nevada's chief mining booms in the first decades of the twentieth century.

Author Russell R. Elliott was singularly well equipped by background and perspective to write this work. He was born in McGill, Nevada, both a copper camp and a company town, in 1912. His parents had arrived at the White Pine Mining District in 1907, his father becoming bricklayer foreman at McGill; an older brother, Robert, was the first white child born there. Except for a few years of residence in the neighboring town of Ely, Elliott's youth was spent in McGill. He attended public grade school in McGill and high school in Ely, commuting back and forth on the school train of the Nevada Northern. He was especially proud when in 1930 the White Pine High School basketball team, of which he was a member, won the state tournament and was invited back to Chicago to take part in a national tournament sponsored by the legendary Amos Alonzo Stagg. His own personal memories of growing up in a company town tend to focus on the paternal, positive contributions of the mining company.

Attending the University of Nevada at Reno from 1930 to

1934, Elliott majored in history with the immediate objective of teaching that subject in high school. He was influenced by instructors such as Jeanne Wier, the founder of the Nevada Historical Society, and James E. Church, the noted scientist. After graduation, he taught at White Pine High School for four years. By then his ambitions had changed, and he spent four summers at the University of Washington, receiving his M.A. in 1938. His thesis, written under the direction of Merrill Jensen, was on the history of Hamilton, Nevada, the first county seat of White Pine County. In 1938, he began attending the University of California at Berkeley, from which he received his Ph.D. in September 1946, after a three-year interruption for service as an officer in the United States Army Air Corps during World War II. His Ph.D. dissertation, written under the direction of the important western historian Frederick Logan Paxson, was on the "Tonopah, Goldfield, Bullfrog Mining Districts, 1900–1915" and continued his interest in Nevada mining camps.

After teaching at Southern Oregon Teachers College in Ashland, Elliott returned to his native state in 1949 as a member of the faculty of the University of Nevada, a position he held until his retirement in 1976. His many administrative duties included eight years as chairman of the department of history. His chief devotion, however, was to the teaching of literally thousands of students over the years, and to student advising. Many of his students, such as James Hulse, Harlan Hague, Phillip Earl, and Mary Ellen Glass went on to service in the discipline of history. Others such as Richard Bryan sought high political office, while acknowledging their indebtedness to him. He was active in the affairs of the Nevada Historical Society and was indispensable to the revitalization of that organization and to the founding of its *Quarterly* in 1957. He was a charter member of the Western History Association in 1962 and was instrumental in founding the Nevada Corral of Westerners International in 1976. Over the years he has unselfishly given of his time, knowledge, and energy to help countless researchers and writers in all aspects of history, and his steady encouragement and occasional prodding have been deeply appreciated.

Elliott made the time to continue his own commitment to research and writing and eventually became the most eminent of Nevada historians. His major works, besides *Nevada's Twentieth Century Mining Boom*, include: *History of Nevada* (University of Nebraska Press, 1973), a pathmaking effort which is at once the most scholarly and comprehensive history of the state and is particularly strong in its political and economic discussion; and *Servant of Power, a Political Biography of Senator William M. Stewart* (University of Nevada Press, 1983). A second edition of his *History of Nevada* appeared in 1987; it contained important new information and more pointed comments on the rise of gambling in the state.

Although *Nevada's Twentieth Century Mining Boom* was independently researched, it was based partly on Elliott's previous dissertation on the Tonopah-Goldfield-Bullfrog District, and partly, one suspects, on personal reminiscences from his youth in the White Pine Mining District. The book is a pioneering study of twentieth-century mining camps. The subject chosen was an important one. Tonopah and Goldfield, besides being important ore producers in their own right, revitalized a moribund Nevada and provided two generations of political and economic leadership for the state. The White Pine Copper District, less flashy than Tonopah and Goldfield, lasted a lot longer and ultimately became the state's most important ore producer. The two booms were quite different in nature, and Elliott has separate discussions of them, but both were vital to the future of the state.

Elliott's research and writing were sound, and although the book may be complemented it will never be superseded by later scholarship. Since original publication in 1966, some first-person narratives have been published which add to our knowledge of the mining booms, most notably Mrs. Hugh Brown's *Lady in Boomtown*, Herman Albert's *Odyssey of a Desert Prospector*, and Emmett L. Arnold's *Gold Camp Drifter.* Such historical works as Hugh Shamberger's *Goldfield* and Sally Zanjani and Guy L. Rocha's *The Ignoble Conspiracy* further illuminate certain aspects of Elliott's more comprehensive work. The same might be said for published biographies of such individuals as Pat McCarran, Key Pittman, Vail Pittman, and Tasker Oddie, all of whom were active in the mining-boom era. These studies add to Elliott's work; they hardly substitute for it.

This is still, then, the best study on Tonopah, Goldfield, and the White Pine Mining District, and is likely to remain so. The clarity and simplicity of the prose masks its real sophistication of treatment of many diverse and complex subjects. *Nevada's Twentieth-Century Mining Boom* illuminates for us the creation of instant cities, the urban industrial environment of the time, transportation issues, mining history, and the development of local governments; at the same time, it delves into the social life and questions of the day. The work is an eminently satisfying one, and an unusually important addition to the large body of works on mining in the West.

JEROME E. EDWARDS
University of Nevada-Reno

Preface

The history of Nevada to 1920 is, very largely, the story of the numerous mining booms within the state, with the year 1900 marking a convenient dividing line between the two main periods of development.

The first series of mining rushes to Nevada started in 1859 with the discovery of the Comstock. From Virginia City, prospectors fanned out in all directions, and soon other rich discoveries were made throughout the state. The effect of these many mining booms was to attract approximately sixty thousand people to the state between 1859 and 1880, to help Nevada territory become a state in 1864, and to pour a quarter of a billion dollars in gold and silver into the United States Treasury.

The second series of mining rushes in Nevada was ushered in by the discoveries at Tonopah and Ely in 1900. These discoveries came at a time when the mining industry in Nevada was in the throes of a depression which many thought threatened the existence of the state. Mineral production and population had been declining since 1880. Consequently, the news of the mineral strikes in the early part of the twentieth century met with an eager reception, and for the next ten years mining discoveries followed one another in rapid succession until the entire southern and eastern parts of Nevada were alive with mining activity.

A great deal of attention has been paid the Comstock

period by historians as well as other writers. Much of the history of the later rushes, on the other hand, has been neglected, although in many respects these later booms surpass in importance those of the earlier period. It is the purpose of this book to attempt to fill part of the void by describing in some detail the most important mining booms in Nevada in the period from 1900 to 1920.

This book could not have been completed without the assistance of numerous individuals and organizations. Research for the study was aided by financial grants from the American History Research Center, Madison, Wisconsin, and from the Committee on Graduate Study and Research of the University of Nevada. I owe particular thanks to Mrs. Clara Beatty and the staff of the Nevada Historical Society, to the staff of the University of Nevada Library, and to the Public Relations department of the Nevada Mines Division, Kennecott Copper Corporation. I deeply appreciate the many excellent comments and suggestions which were made by Professor W. Turrentine Jackson. I wish to thank Professor Wilbur Shepperson, acting director of the University Press, and his able assistants Yolande Sheppard and N. M. Cady. Without their continued help this manuscript would not have been published. To my wife, Annie, I owe a basic debt of gratitude for the long hours spent in typing and for her constant encouragement. Errors or inadequacies in the book are my responsibility.

PHOTOGRAPHIC CREDITS:

Nevada Historical Society Collection, figures 1, 7, 8, 9.
Nevada Mines Division, Kennecott Copper Corporation, figures 6, 12, 14, 15, 16, 17, 18.
Trego Photo, figures 2, 3.
Nevada Photo, figures 4, 5, 10.

Nevada State Highway Department Collection, figure 11.
Harry Shipler Photo, figure 13.

Reno, Nevada
January 6, 1966

Russell R. Elliott

Contents

Illustrations

Maps

Tables

Part One: The Gold Camps

1. The Discoveries

In the spring of 1900, James L. Butler, rancher, attorney, and sometime miner, while roaming the hills on one of his periodic prospecting trips, picked up some interesting-looking ore from an isolated region of southwestern Nevada thus starting the state's second great mining boom.

Butler's discovery came none too soon for the hundreds of Nevadans who for over twenty years had searched hopefully for just such a bonanza to replace the incomparable Comstock Lode whose production had fallen sharply after 1878. The Comstock wealth had brought thousands of people to Nevada and thereby had created the opportunity for territorial status and then statehood. It had furnished capital to build railroads, telegraph companies, hotels, banks, and assorted other buildings in California and elsewhere in the United States, and it had provided almost the sole sustenance for Nevada's economy during its twenty-year boom. The importance of the Comstock Lode to the state of Nevada found no better testimonial than the economic void created by its decline.[1]

Nevada was not allowed to suffer its twenty-year mining depression in silence. Newspapers and magazine articles appeared near the close of the century ridiculing the state and its people. The area was called a vast desert wasteland and a state only because the Civil War had produced the necessity for its being. Particularly irritating to many Easterners was the fact that Nevada, with a population of only forty thousand people, with its mines exhausted and little or no agriculture or industry to take their place, maintained a larger proportionate representation in Congress than any other state. One writer, unaware of the constitutional difficulties, went so far as to suggest that Nevada should be deprived of its statehood since it had so few people and so little economic reason to keep it in the Union.[2] Francis G. Newlands, Nevada's only representative in Congress, tried to answer this and other criticisms of the state by blaming Nevada's plight on the railroads which he noted had been "such great state builders in other states, but had done little for Nevada, except to use it as a railroad bridge between Ogden and San Francisco." [3]

Fortunately for the future, Nevada's hundreds of prospectors paid little attention to mineral statistics or talk of depression and continued to roam the state's numerous mountain ranges in constant search for the bonanzas each one hoped to find. By 1900, the professional prospectors were joined by many like Butler who, during the long depression following the decline of the Comstock, turned to prospecting as a welcome diversion from farming the inhospitable land.

Jim Butler, a native of El Dorado County, California, had moved with his parents to central Nevada at a time when the mines of that region were entering a seemingly irreversible cycle of decline. After a few years spent in unrewarding mining activities, Butler married and settled on a small ranch in Monitor Valley near the once-thriving town of Belmont, county seat of Nye County. Butler's background in the mining camps of California and Nevada, the periodic lack of activity on his ranch, and the Nevada environment, described as "a land that is geology by day and astronomy at night," [4] led him almost automatically into the nearby mountains on prospecting trips. By 1900 these trips had gained him a working knowledge of the geology of the region and a speaking acquaintance with the Indians settled there. It may have been from the latter that he heard stories about a rich mineral area southwest of Belmont in the San Antonio mountains. It is quite clear from his later remarks that he contemplated an early visit to the site, but a combination of official duties (he had been elected district attorney for Nye County in 1896) and ranching chores detained him until the spring of 1900. In the early part of May he left Belmont, presumably for a new and promising camp some eighty miles to the south known as the Southern Klondike. However, instead of going directly to that point, Butler went out of his way to visit the area in the San Antonio mountains which had been the subject of the Indian stories. It was while camping in the vicinity of some springs, called Tonopah by the natives,[5] that Butler, on May 19, made the discovery which within a few years lifted Nevada from depression to booming prosperity.[6]

Although the discovery had been made in the middle of May, Butler did not return to the site until the latter part of August. Part of the delay was occasioned by his desire to prove the worth of the ore. A crude assay made at the Southern Klondike camp by a prospector named B. F. Higgs, while showing strong returns of silver and gold, did not satisfy Butler.[7] Consequently, a detailed and accurate assay was necessary. Butler's own resources were so limited that he could not obtain sufficient funds for such a project without making the discovery known to the public. He mentioned the problem to a young attorney friend, Tasker L. Oddie, then at Belmont in the interest of a client. Oddie, born in Brooklyn, New York, and trained for the law in what later became the Night Law School of New York University, had come to Nevada in 1898 to investigate certain mining and railroad interests for his employer, Anson Phelps Stokes. His work for Stokes completed, he decided to remain in Nevada and had established a small legal practice in the old mining camp of Austin. Oddie was quite happy to take the responsibility for obtaining a proper assay in return for a share in the Butler claims. However, Oddie's financial resources were as limited as were those of Butler, so he took the ore to a schoolteacher friend, Walter Gayhart, who agreed to make the assays in return for part of Oddie's interest in the still unrecorded Butler claims.[8]

The Gayhart assays, dated June 18, 1900, showed 640 ounces in silver and a value of $206 in gold per ton and so excited Oddie and Gayhart that they pressed Butler to return at once to the discovery site. Butler, however, as the following statement indicates, was in no hurry to locate and record the claims: "I was absent from Belmont when the returns from the assay reached there, and when I did return to Belmont I had office duties to attend to, and also to harvest hay on my ranch so did not return to Tonopah to locate the mines until August 25, 1900."[9] How this great mineral find remained a secret for over three months from date of discovery while Butler attended to his chores is a mystery uncommon in the history of the mining frontier.

Locating the claims, when the partners finally returned to the area, was a simple procedure. Not so simple, however, were the other problems facing the locators. Tonopah, as Butler named the new camp, was situated in an undeveloped region of Nye County, one of the largest counties in the United States with an area of 18,064 square miles. The population at the time of discovery was 1,140 whites.[10] Few more inaccessible regions existed in Nevada. The nearest railroad connection was some sixty-three miles to the west at Sodaville, a small way station on the narrow-gage Carson and Colorado Railroad. This railroad had been planned hopefully by Darius O. Mills in the 1880's to run from Mound House near the Carson River (ten miles east of Carson City) to Fort Mohave on the Colorado River. Unfortunately, construction of the railroad began just as Nevada entered her long depression period and the dream of reaching the Colorado River was soon discarded in favor of a plan to tap the Owens Valley region of California. The line barely was able to survive into the twentieth century by making triweekly trips from Carson City, Nevada, to Keeler, California, on the edge of Owens Lake. In spite of its shortcomings, the Carson and Colorado ultimately gave Tonopah its best and quickest connection with the outside world via the Central Pacific to San Francisco.[11]

Tonopah's inaccessibility was magnified by the lack of adequate water and timber. The annual rainfall of 4.83 inches provided little or no reserve for the hot summer months. The water from Tonopah Springs had to be supplemented almost at once from nearby mountain sources and carried to the boom area by burros. Large timber, so necessary for any major underground mining activity, was nonexistent. There was, however, an abundance of sagebrush and scrub trees, such as oak, piñon, and mountain mahogany, and this satisfied the need of the early settlers for fuel. A rigorous climate added to the difficulties of obtaining food, fuel, and water.

The above problems were caused by the location of the strike, but just as prohibitive to development was the lack of capital. The difficulties encountered by Butler and Oddie in trying to obtain money for the necessary exploratory work at the discovery site illustrate the depth of the mining depression in Nevada at the turn of the century. The partners finally borrowed $25.00 with which they purchased mining equipment and food supplies. Then, by promising a part interest in the locations to the county auditor and recorder, Wils Brougher, they obtained the use of his team and wagon. Thus outfitted, they began the journey to Tonopah.[12]

With picks and shovels for digging and a hand windlass for hoisting, the discoverers obtained two tons of ore which they hauled by wagon back to Belmont for shipment to Salt Lake City. From Belmont the ore was taken by freighter to Austin where it was transferred to the narrow-gage Nevada Central Railroad which connected with the Central Pacific at Battle Mountain. In due time Butler received a check for $500.00 for the two tons of ore.[13] The net return, while showing the Tonopah ores could be worked for a profit, emphasized the high costs of transportation and reduction.

The profit from the first Tonopah production did more than buy needed equipment and supplies; it publicized the camp. By the spring of 1901, the new campsite was the center of a major mining rush, and as in most such rushes the newcomers soon found that the discoverers had located what appeared to be the best prospects. Consequently, they spread into the surrounding areas hoping to duplicate Butler's success. Two of these prospectors, Harry Stimler and William Marsh, who had been grubstaked by Butler, located three claims on December 4, 1902, which became the center of a second boom area in southern Nevada.[14]

The Stimler-Marsh strike was made on Columbia Mountain, about thirty miles directly south of Tonopah in a region which had been prospected unsuccessfully many years earlier. Activities at the new camp, soon to be called Goldfield, were limited until a rich strike in January, 1904, drew thousands of fortune hunters to the new discovery site and created an explosion of excitement reminiscent of the earlier Comstock rush.[15]

The Goldfield boom was barely underway when a third major mineral strike was made some seventy miles to the south on the southern border of Nye County and just a few miles east of Death Valley, California. The ore find was made by Frank "Shorty" Harris and Ernest Cross on August 9, 1904.[16] The new strike was in a region even more inaccessible than Tonopah and Goldfield. It was, according to an observer, "the last outpost of the gold seeker in these regions."[17] It was so inaccessible that the locators could do little but wait for the discovery to become known to the outside world. Such awareness was not long in coming, for the first ore from the new district, called the Bullfrog because the green coloring of the ore reminded the discoverers of a bullfrog, was very rich and attracted immediate interest at Tonopah and Goldfield. Within a few weeks the Bullfrog district was staked "for nine miles in all directions from the sagebrush flats, including part of the desert to the tip of every summit in sight."[18]

The discovery of these three mining districts opened the entire southwestern part of the state to an era of prospecting activity that within a few years touched virtually every part of this vast Nevada desert. It would be repetitious to describe in detail the history of each of the hundred or more mineral discoveries that resulted from Butler's discovery in 1900. Consequently, the first three districts opened will be used to illustrate the story of this twentieth-century mining boom, not only because they proved ultimately to be the most important, but also because each represents in its history a somewhat different sequence in mining camp development. Tonopah, where the initial discovery of rich ore was made, became the best producer. And when the boom was over its geographic location enabled it to become a supply center for surrounding livestock and mining interests as well as for nearby federal installations. It survives to the present day as a small but prosperous Nevada community. Goldfield, the second important discovery chronologically, had a short but intense production that made it the population and mining center of the state. Production declined rapidly after 1911, and by 1915 the town had lost most of its population. Goldfield remains on the maps today as a historic name on U. S. Highway 95 between Las Vegas and Reno and is saved from the stigma of "ghost town" mainly because it remains the county seat of Esmeralda County. Rhyolite, the main town of the Bullfrog district, in the short period of eleven years passed through the much too familiar mining town cycle of discovery, boom, and bust, and today is one of Nevada's best examples of the real "ghost town."

NOTES

[1] Bertrand F. Couch and Jay A. Carpenter, *Nevada's Metal and Mineral Production (1859–1940, Inclusive)*, ("University of Nevada Geology and Mining Series," No. 38 [Reno: 1943]), pp. 13, 133.

[2] William E. Smythe, "Shall Nevada Be Deprived of Statehood?," *Forum*, XXIII (April, 1897), 228–236.

[3] Francis G. Newlands, "The Future of Nevada," *Independent*, LIII (April 18, 1901), 885–888.

[4] Richard G. Lillard, *Desert Challenge, an Interpretation of Nevada* (New York: A. A. Knopf, 1942), p. 107.

[5] Tonopah means "water brush" in the limited vocabulary of the Paiute Indians. See *Tonopah Daily Bonanza*, Annual Review, December 20, 1913.

[6] Butler wrote a long letter to Thomas Wren on November 19,

1902, explaining his part in the discovery of Tonopah. The May 19 date mentioned by Butler in this letter is accepted by historians as the date of the discovery. The letter is published in full in Thomas Wren, A *History of the State of Nevada, Its Resources and People*, (New York: Lewis Publishing Co., 1904), p. 149.

[7] *Ibid.* Butler's letter indicates that the assay made by Higgs showed 395 ounces in silver and 15½ ounces in gold per ton. Butler noted that he returned to Tonopah to locate his claims on August 25, 1900. However, the locations were recorded on August 27. See the *Tonopah Mining District Records*, 1901–1905, (Nye County Recorder's Vaults), Book A, pp. 17–25.

[8] Leon H. Van Doren, "Tasker L. Oddie in Nevada Politics, 1900–1914" (unpublished M.A. thesis, University of Nevada, 1960), pp. 1–8.

[9] Wren, *Nevada*, p. 149. Some writers maintain that the Gayhart assay was the first one made of the Butler ore and that Higgs refused to assay the ore handed to him by Butler at the Southern Klondike camp. It would appear that Butler's own story which specifically mentions the Higgs assay discredits this viewpoint.

[10] "Report of the Surveyor-General, 1915–1916," in *Appendix to the Journals of the Senate and Assembly* (Carson City: 1917), pp. 18–21; Work Projects Administration, *Inventory of the County Archives of Nevada, No. 12, Nye County* (Reno: The Historical Records Survey Project, 1940), pp. 4–22.

[11] *Ibid.*; S. A. Knapp, "Tonopah District, Nevada," *Mining and Scientific Press*, LXXXVIII (May 28, 1904), 364.

[12] Byrd Fanita Wall Sawyer, "The Gold and Silver Rushes of Nevada, 1900–1910," (unpublished M.A. thesis, University of California, Berkeley, 1932) pp. 11–15; Staff Correspondence, "Tonopah," *Mining and Scientific Press*, LXXXIII (November 9, 1901), 192; Editorial, "Tonopah Mines, Nevada," *Mining and Scientific Press*, LXXXIII (November 9, 1901), 190.

[13] Sawyer, "Gold Rushes," pp. 12–15.

[14] *Records of Mining Locations*, Esmeralda County Recorder's Vaults, Book H, p. 493; Samuel P. Davis (ed.), *The History of Nevada*, (Reno: Elms Publishing Co., 1913) II, 860–870. The claims were located in the names of Kendall, Butler, Marsh, and Stimler.

[15] *Records of the Goldfield Mining District*, Esmeralda County Recorder's Vaults, Book A, pp. 1–1100.

[16] *Goldfield News*, Second Annual Edition, February, 1907, p.

94; *Rhyolite Herald*, November 2, 1906; F. L. Ransome, *Preliminary Account of Goldfield, Bullfrog and Other Mining Districts in Southern Nevada, with notes on the Manhattan District*, ("U.S. Geological Survey Bulletin," No. 303 [Washington: Government Printing Office, 1907]), p. 40.

[17] R. D. Paine, "Gold Camps of the Desert," *Outing*, XLVIII (June, 1906), 275.

[18] C. L. Long, "The Bullfrog District, Nevada," *Mining and Scientific Press*, XC (April 29, 1905), 273.

2. *From Leasing to High Finance*

The cloud of suspicion that covered Nevada mining investment following the speculative frauds of the post-Comstock era delayed the immediate exploitation of the new boom areas. San Francisco capitalists who sustained heavy financial losses from the earlier speculative failures were understandably reluctant to invest in Tonopah and Goldfield mines.[1] Consequently, the original locators of both these camps turned to the leasing system as the only possible way to prove the value of their mines and at the same time gain additional capital for future development.

Initial Development

The first leases at Tonopah were granted by Butler in December, 1900. The idea proved so popular that by the spring of 1901, over a hundred leases had been granted.[2] An unusual feature of the Tonopah leases was the fact that they were all verbal; yet not a single law suit resulted from disagreements over the terms. The leases granted one-hundred-foot lengths along the vein and fifty feet to each side. Butler and his associates received 25 percent of the production from each lease after subtraction of operating costs.[3] Although no termination date was set in the original leases, when a sale of the property was completed July 1, 1901, Butler insisted on a stipulation that the leasers be allowed to work their claims until January 1, 1902.[4]

The initial activity by the leasers at Tonopah and the

subsequent examination of the properties by prominent geologists indicated that the complex geological features of the region added still another to the many problems which might prevent rapid and efficient exploitation. Josiah E. Spurr, one of the more prominent geologists who examined the district, was very pessimistic concerning the future of the camp. He wrote that the geological disturbances to which the veins had been subjected were a greater disadvantage to production than any other problem faced by the operators. He claimed that these disturbances had caused the veins to be broken in detail, and sometimes even displaced to such an extent that search for their continuation would be practically hopeless. He concluded that the disadvantages of the disturbances outweighed the advantages of the high character of the ore.[5] Spurr's conclusion was verified by another geologist, S. A. Knapp, who examined the area for a prospective buyer in 1901, and reported that the outlay necessary to commence large-scale operations would be very heavy and would not be justified until further development work was done.[6]

Fortunately, the leasers continued to produce ore that was rich enough to attract favorable attention. In the spring and early summer of 1901, a number of mining promoters visited the camp. One of these, Oscar A. Turner of Grass Valley, California, attracted to the district by an article in the *Mining and Scientific Press* for May, 1901, investigated the eight original claims and was so impressed that he optioned the property for $336,000, agreeing to pay $50,000 on July 1, 1901. Turner, in these negotiations, represented a number of Philadelphia capitalists including John Woodside, John Andersen, and Arthur Brock.[7]

The new owners, on July 21, 1901, incorporated the property under the laws of Delaware as the Tonopah

Mining Company. The original issue of stock was capitalized at $1,360,000 of which $360,000 was 8-percent preferred. The latter was retired on January 25, 1905, and the company then became the usual million-share, one-dollar-par type of company. The preferred stock was used to meet payments due in the purchase of the claims, and its sale was insured by giving a bonus of one share of common stock for each share of the preferred which was purchased at one dollar par value. The balance of the purchase price came from royalties on ore shipped by leasers. Oscar Turner received 280,000 shares of common stock for his part in arranging the transaction.[8]

Large Companies

The formation of the Tonopah Mining Company brought to a close the leasing stage of development at Tonopah. Butler, unlike many discoverers of rich ore deposits who couldn't wait to sell to the first bidder, held his claims until a favorable sale could be made. He then was content to divorce himself from the immediate mining activities at Tonopah and retire to California. His partner, Tasker L. Oddie, however, remained as general manager of the new company.

The second large mining company at Tonopah was the Tonopah-Belmont, incorporated in New Jersey on December 15, 1902, with John Brock of Philadelphia as president.[9] This company was organized through the efforts of Tasker L. Oddie who located additional mining claims adjoining those of the Tonopah Mining Company and interested the Brock family in the formation of the new organization. From 1901 through 1940 these two companies accounted for approximately 60 percent of the total Tonopah production.[10]

Gradually the control of the Tonopah mines and the district became centered in the Brock family of Philadelphia. By 1905, the Brocks controlled the Tonopah Mining Company, the Tonopah-Belmont Company, the Tonopah and Goldfield Railroad, and the Bullfrog-Goldfield Railroad. In that year John Brock was president of all four companies.[11] Their holdings were increased in 1905 by purchase of the Midway Stamp Mill from the Tonopah Mining, Milling and Development Company, and by purchase of majority holdings in the Crystal Water Company and the Tonopah Water Company.[12] Although the Brocks' domination of mineral production at Tonopah was somewhat lessened in later years, during the first decade of development it went unchallenged.

The Goldfield locators were faced by the same need for capital; they, too, found the leasing system the answer to their immediate problems. Although the first lease at Goldfield was given in October, 1903, the system did not gain a foothold until February of the following year.[13] After that date, leasing at Goldfield became widespread and was the means whereby every mine in the district, with the exception of the Combination, was developed. The terms of the various Goldfield leases differed because they were granted by numerous owners. However, all were written and carried time limits of from six months to one year. The size of the Goldfield leases varied, many being as large as 100 by 600 feet. The royalty to the owner was usually 25 percent.[14]

The ore extracted by many of the Goldfield leasers was so rich that in spite of the problems of extraction, transportation, and reduction, some leasers became rich from their holdings. The most famous Goldfield lease was the Hayes-Monette on the Mohawk No. 2. The lease, obtained on

September 1, 1905, by G. H. Hayes, was on a block of ground 375 by 700 feet. Hayes needed capital so brought in as partners, first, M. J. Monette of Goldfield, and later, two Chicago capitalists, J. W. Smith and H. Benedict. On April 17, 1906, the partners uncovered more high-grade ore than could be extracted before the expiration of the lease. One carload of this ore sent to the Selby smelter near San Francisco brought the owners a check for $574,958.39.[15]

As at Tonopah, the activities of the leasers advertised Goldfield and attracted numerous promoters and investors to the camp. By the end of 1905, over a hundred mining companies had been organized. The majority of these were the familiar million-share companies incorporated in either South Dakota or Arizona.[16] No attempt was made at Goldfield to consolidate these varied holdings until the fall of 1906 when a series of moves were initiated by George Nixon and George Wingfield which led ultimately to the formation of the Goldfield Consolidated Mining Company.[17]

George Nixon, the senior member of the new partnership, was born in Placer County, California, April 2, 1860. Nixon started his career in Nevada as a telegraph operator on the Carson and Colorado Railroad, but gave up this work in 1884 to accept a position as clerk in a Reno bank. Two years later he organized the First National Bank of Nevada at Winnemucca and within a few years had become one of the important financial figures of Nevada. He became acquainted with George Wingfield in the early 1900's, probably at Winnemucca, and when the boom started at Goldfield the two pooled their resources to establish the organization which soon came to control the fortunes of the Goldfield area.[18]

George Wingfield, born at Fort Smith, Arkansas, August

16, 1876, moved to Nevada from Oregon while still a young man. He worked for a few years as a cowhand around Winnemucca, then moved to Tonopah in the spring of 1901 just as the rush to that camp was beginning. Starting as a dealer in the Tonopah Club, Wingfield soon controlled the gambling concession there. From gambling he turned to mining and within a short time obtained a foothold in the Tonopah and Goldfield mines by astute purchases and by negotiating a number of successful grubstake contracts. Somewhere along the way he made the decision to join with Nixon in trying to effect a consolidation of all the Goldfield mines.[19]

The partners began their consolidation when Wingfield, in October, 1906, obtained an option on the majority holdings in the Jumbo and Red Top companies, then owned by Charles D. Taylor. The purchase of these mines was consummated the latter part of October when Taylor was given a check for $1,330,000.[20] The Mohawk properties were added October 27, 1906, for an undisclosed sum. On November 13, 1906, both of these holdings were merged into the new Goldfield Consolidated Mines Company and incorporated in Wyoming on that date with a capital stock of $50,000,000 authorized, and $35,351,710 issued in shares. On January 1, 1907, the company acquired control of the Goldfield Mining Company of Nevada, and on January 20 of that year purchased the entire stock of the Combination Mines from L. L. Patrick.[21]

The exact cash figures for these purchases are not available. However, it is known that the partners paid over $1,000,000 for the Taylor holdings, and probably as much for the Mohawk claims. The partners paid at least $4,000,000 for the Combination mine and mill, thus bringing the total paid out for the consolidation to over $6,000,000. Exactly how these two men promoted a consolidation of this magnitude is still somewhat of a mystery. Nixon was known to have obtained a moderate fortune through his banking interests. Wingfield, however, had entered the Tonopah and Goldfield areas without a penny. His investments in these districts, while successful, were hardly sufficient to enable him to enter negotiations involving millions of dollars. It is known that part of the money came from loans such as the one from Bernard Baruch for $1,000,000 which was used to help purchase the Combination mine. Settlement of this particular loan was effected September 20, 1907, by the payment of $160,000 to Baruch and the issuance to him of 200,000 shares of the company's treasury stock.[22]

The merger placed control of all the operating mines in the Goldfield district, with the exception of one, the Florence Company, in the hands of Nixon and Wingfield. From the date of the consolidation forward, the history of the Goldfield Consolidated was the history of the town.

The reluctance of investors to enter the Nevada mining field had disappeared by the time the Bullfrog district was opened to exploitation. As a result, the leasing system, which was so important in the development of Tonopah and Goldfield, did not secure a foothold. The Bullfrog mines were financed, at first, either through Tonopah and Goldfield operators representing eastern interests, or by these interests themselves. The most prominent of the companies organized in the new district was the Montgomery-Shoshone, located in 1905 by E. A. Montgomery and purchased soon after by Charles Schwab, president of the United States Steel Corporation. Neither this company nor the many others incorporated in the area justified the faith of the organizers, for this district, the last of the three discovered, was the first to fail.

Power

Formation of the mining companies in each district caused a corresponding growth and development of the water and power systems. The early water supply systems in each of the new sites were built by private concerns more interested in getting water to the business houses and residences than to the mines. The large mining companies formed in each district found it necessary to purchase these water companies and to seek additional water sources in order to keep pace with the large-scale mining and milling development which they initiated.[23]

Power development in the new mining districts followed much the same pattern. The first power companies were local ones built to supply local community needs. At Tonopah the first power plant was built by W. C. Watson, who succeeded in bringing electric light to the town on December 13, 1902. Electric light came to the Goldfield district about two years later as a result of the formation of the Goldfield Electric Light and Power Company on September 7, 1904. At Rhyolite, the first power company was promoted by a local citizen, L. O. Ray. The power, furnished by two large gasoline engines, was brought to the community in the summer of 1907.[24] In the fall of 1904, the Nevada Power, Mining and Milling Company was organized by a group of Nevada and Colorado capitalists. The company controlled extensive power rights in the Bishop Creek country of California. Power from this company's lines reached Tonopah on September 1, 1905, and Goldfield eighteen days later.[25] The above company was absorbed in 1907 by the Nevada-California Power Company which was incorporated in January of that year in Wyoming. The new company immediately began to expand in order to keep pace with the growing industrial needs of the boom areas. Gradually all the local power companies in southwestern Nevada were absorbed by the new organization which continued its growth until, in 1912, it had three hydroelectric plants generating 16,500 horsepower, and 350 miles of transmission lines which furnished power to Tonopah, Goldfield, Rhyolite, Beatty, Manhattan, Gold Center, Lida, and numerous other smaller camps.[26]

Freighters and Railroads

Adequate water and power made possible large-scale mining and milling operations; adequate capital had been assured by the formation of the mining companies and the entrance of eastern capitalists into the districts. It was left for the railroads to solve the transportation problems before the mines could be fully exploited.

Railroads had become a necessity once the leasing system demonstrated that large mineral deposits existed at both Tonopah and Goldfield. However, before the railroads could reach the new boom areas, an extensive freight-wagon trade developed between each of the new towns and between these towns and their nearest railroad connections.

The first major freight route was developed between Tonopah and Sodaville, the small station on the Carson and Colorado Railroad. The freight wagons used were huge affairs capable of carrying loads up to twenty tons. A ton of freight was allowed for each horse with the allowance of one ton of feed for the two day journey. Twenty- and twenty-two-horse teams were common sights on the wagon road between these two points. The first freighter to haul over this route was Bob Stewart in the spring of 1901. By September, observers counted over three hundred horses and mules on the road between Tonopah and Sodaville. By 1905 the estimated figure had increased to two thousand horses and mules for this one route alone.[27]

Once developed at Tonopah, the freighting system expanded easily into the new camps in the Goldfield and Bullfrog mining districts. The freighters discovered a new route from Goldfield to Candelaria (another small station on the Carson and Colorado Railroad) which was approximately the same length as that between Tonopah and Sodaville.[28] When the Bullfrog district was discovered, the freighters from Goldfield soon established a flourishing trade with the new boom camps. Later, however, a more extensive freighting trade developed between the Bullfrog district and Las Vegas, the new town in the southern tip of the state which was built as a result of the completion of the San Pedro, Los Angeles and Salt Lake Railroad.[29]

From the beginning, the freighters were unable to keep pace with the development of the new mineral districts. Soon, tons of sacked ore accumulated at the mines in each of the districts, ready for shipment to the smelters; mining equipment, timber for the mines, lumber for homes and business houses, household goods, and miscellany were piled high along the tracks at Reno, Sodaville, and Candelaria awaiting transportation to the new camps.

Proposals to alleviate the transportation bottleneck were not lacking. Perhaps the earliest was the suggestion to broad-gage the Nevada Central Railroad from Battle Mountain to Austin, and to construct a new line, the Nevada Midland Railroad, from Austin to Tonopah. Although the project received some support after it was proposed in the latter part of 1901, the Nevada Midland did not get beyond the initial planning stages.[30] A number of other stillborn suggestions came to light in 1902: the editor of the *Eureka Sentinel* proposed a Eureka–Tonopah railroad to help stimulate the bankrupt Eureka and Palisade line; promoters in the newly developed copper mines in eastern Nevada saw many advantages in a railroad connection between that region and Tonopah; and the Southern Pacific entered the field with a proposal to construct a standard-gage railroad from the Carson and Colorado to Tonopah if the mining and other interests in Tonopah would subscribe $250,000.[31]

It was not until the spring of 1903, however, that realistic efforts were initiated to bring Tonopah its first railroad connection. On March 12 of that year, Governor Sparks signed into law a measure which gave a promoter named C. S. Lemon the right to construct a line from a point near Sodaville on the Carson and Colorado to Tonopah. In spite of much activity during the summer of 1903, Lemon was unable to solve the financial and organizational problems of the proposed railroad and so appealed to the Philadelphia owners of the Tonopah Mining Company for help. John W. Brock, head of the Tonopah Mining Company, and Richard H. Rushton, president of the Fourth Street National Bank, agreed to finance the building of the projected short line. On September 1, 1903, reorganization of the Tonopah Railroad Company was completed with John Brock as president and his Philadelphia associates as directors.[32] Actual grading work began on January 25, 1904, and the railroad was completed July 23, 1904, just in time for the three day railroad jubilee which had been scheduled sometime earlier for July 25, 26, and 27.[33]

The rejoicing over completion of the road was short-lived, for traffic congestions on both the Carson and Colorado and the new Tonopah railroads convinced the builders that construction of a narrow-gage line had been a mistake. The officers of both companies soon announced that their respective companies would start standard gaging as soon as possible. The work on both lines was completed the first part of August, 1905, and on August 15 the first regular standard-gage passenger train entered Tonopah.[34]

Although Goldfield had been discovered in December, 1902, the real rush to the district did not begin until the discovery of the famous January claim in 1904. Again the wagon freighters were unable to keep pace with the demands of mine owners, businessmen, and ordinary citizens. A railroad connection with Tonopah was the obvious answer. Articles of incorporation for the Goldfield Railroad Company were filed at Carson City, Nevada, on October 9, 1904.[35] The "last spike" ceremony, heralding completion of the thirty-mile, standard-gage railroad from Tonopah to Goldfield, was held on September 14 as part of the inevitable "railroad days" celebration which has become a traditional part of the completion of any railroad, large or small.[36]

The Tonopah Railroad and the Goldfield Railroad were consolidated on November 1, 1905, by the formation of the Tonopah and Goldfield Railroad.[37] The directors of the new railroad were connected in one way or another with the Tonopah Mining Company, the Tonopah-Belmont Company, and numerous mines in the Goldfield and Bullfrog areas. A review of their holdings emphasized the fact that by the end of 1905, Philadelphia capitalists were in control of the transportation facilities of the Tonopah district as well as of its mines.[38]

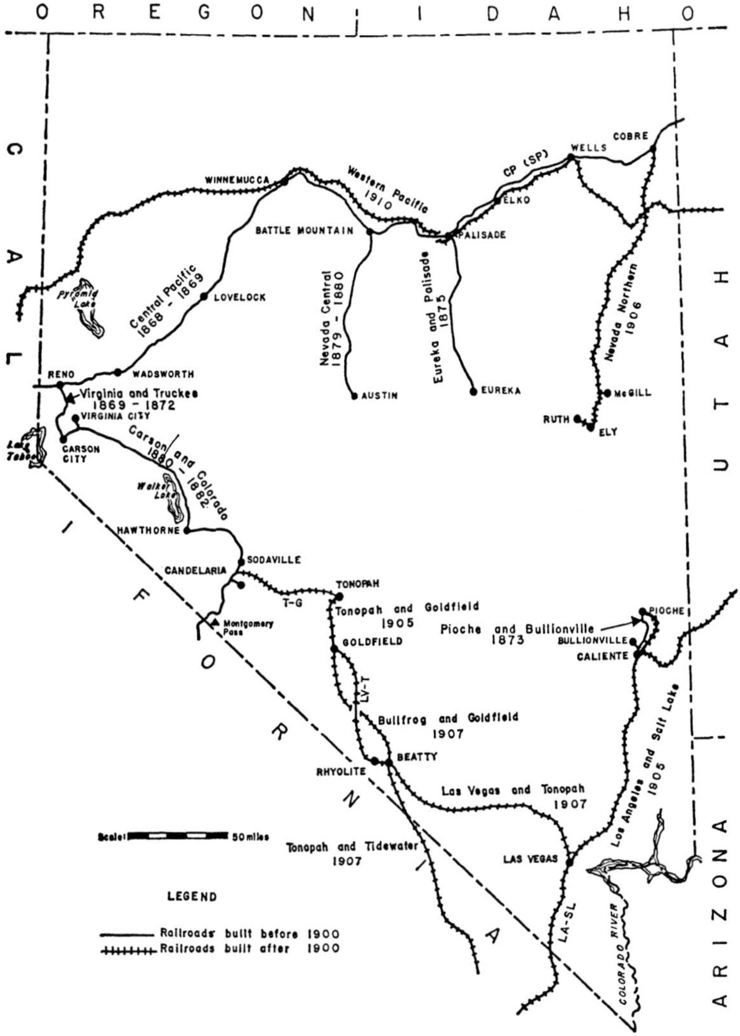

Railroad Development, 1900–1910.

Interest in railroad building now shifted to the third of the new discoveries where the same story of freight tie-up and traffic congestion was being repeated. Again, the impetus to build a railroad to the Bullfrog district came from the men who had built the Tonopah and the Goldfield lines, and who now wished to exploit the new area. Consequently, the Bullfrog-Goldfield Railroad was incorporated in Nevada on August 30, 1905, with John W. Brock as president, and his Philadelphia friends in control of the directorship.[39] Construction of the eighty-three-mile railroad lagged when it became apparent that the Bullfrog district showed lack of high-grade ore at depth. The road was finally completed to Beatty on April 25, 1907, and pushed on to Rhyolite on May 22 of that year.[40]

While the Bullfrog-Goldfield Railroad slowly pushed its way southward into the Bullfrog area, two other railroads approached the district from the south. One of these, the Tonopah and Tidewater, was the brainchild of Francis M. "Borax" Smith, who saw in the development of the Nevada boom an opportunity to build a railroad north from a connection on the Santa Fe; the line would not only reach his extensive borax deposits near Death Valley, it would also tap the mineral resources of the entire Nevada region. The other railroad, the Las Vegas and Tonopah, was proposed initially by Senator William A. Clark of Montana as a feeder line for his San Pedro, Los Angeles and Salt Lake Railroad which had been opened for business in May, 1905.

Borax Smith, President of the Pacific Coast Borax Company, announced his intention to build into the new Nevada boom camps in a letter he sent to the *Las Vegas Age* in April, 1905.[41] In this letter he emphasized that his borax mine, the Lila C., on the outskirts of Death Valley, would be the focus of the projected railroad. Smith noted originally that the line would start either from Ivanpah, California, a station at the northern end of the California Eastern Railway, or from Crucero, California, on the route of the San Pedro line. However, after discussions with Senator Clark, Smith announced that he would build his railroad from Las Vegas, Nevada, a newly created division point on Clark's new railroad.[42] Consequently, the Tonopah and Tidewater Railroad Company, incorporated in New Jersey, July 19, 1904, began grading activities from Las Vegas on May 29, 1905.[43] A few months later, on August 19, 1905, the *Las Vegas Age* announced that the Tonopah and Tidewater had stopped all construction. The reason for the stoppage, according to Smith, was that the prohibitive rates on ties and materials charged by the Clark railroad forced the Tonopah and Tidewater to make other connections. All traffic arrangements between the two roads were abrogated.[44]

The cause for this break-up between Clark and Smith has never been explained satisfactorily. It was stated in the local newspapers that the break was an extension of a fight for markets between Jay Gould and Edward Harriman, with Gould backing Smith, and Harriman backing Clark, and both groups desiring to obtain the trade of the Nevada mining regions.[45] However, this theory does not fit in with events which followed. Harriman refused to back Clark in the building of a feeder line to the gold fields and came out publicly against such a move. Clark's insistence on building the Las Vegas and Tonopah Railroad, in the face of this opposition, increased the friction between the two.[46] The most plausible reason for the break is simply that Clark desired to build his own railroad into the area to obtain the profits for himself. The entrance of Clark and his associates into the directorships of numerous mining companies in the Goldfield, Tonopah, and Bullfrog districts seems to indicate that he had decided to take an active part in the development of these areas. His representative at Las Vegas, C. O. Whittemore, put the idea into words when he stated in an interview that the Salt Lake road wanted to build from Las Vegas to the Bullfrog country and therefore could not encourage Borax Smith's enterprise, and that they had offered to allow Smith to build a branch connection from his mine to their through line, but that he had refused.[47]

Clark's decision to build his own feeder line into the gold regions placed him in an advantageous position. Smith was forced to begin a new and more difficult route in order to reach his mine and the mining regions of Nevada. Both were convinced that there was enough business in those areas to support their roads. The continued rail-freight tie-ups to the north seemed to prove that the northern railroad outlet from Tonopah and Goldfield was proving inadequate, and the wagon-freight tie-ups between Las Vegas and the Rhyolite-Bullfrog area indicated that the freighters were unable to handle the transportation needs of that district.[48]

The Las Vegas and Tonopah Railroad, incorporated under the laws of Utah on September 22, 1905, made rapid headway by using the surveys and the deserted grade of the Tonopah and Tidewater, and by eventually purchasing the entire holdings of that company through the area known as Buol's addition.[49] The road reached Beatty on October 22, 1906, five months before the Bullfrog-Goldfield Railroad came into town from the north, and one year before the Smith-owned Tonopah and Tidewater reached the area.[50]

Clark's original intention was to make Beatty the northern terminus of his road. He reckoned without the Rhyolite Board of Trade which had decided to make its city the railroad center of southern Nevada. At a mass meeting called by the board, the Rhyolite citizens voted to give the railroad a right of way in their city, which at the time was worth approximately $15,000. After such a show of enthusiasm the railroad had little choice but to traverse the few extra miles to Rhyolite. This extension was completed December 14, 1906.[51]

The question of whether to build on to Goldfield and Tonopah now arose. The Bullfrog-Goldfield Railroad, building from Goldfield, was due to reach Beatty sometime in April, 1907. A consolidation was considered at a meeting of the officers of the two roads held at Beatty on January 25, 1907. At this meeting Clark's representatives found that they were now doing business with Borax Smith, for this time the latter had beaten Clark and had made arrangements to lease the Bullfrog-Goldfield road from the Brock interests.[52] Instead of making permanent arrangements with Smith, Clark decided to build his own road into Goldfield. The Las Vegas and Tonopah was completed to the latter camp on October 27, 1907.[53]

Smith, after his disagreement with Clark, was forced to make new arrangements with the Santa Fe road. The route chosen started at Ludlow, California, and proceeded some 170 miles almost directly north, skirting the eastern edge of Death Valley, through the Mojave and Amargosa valleys, to Rhyolite.[54] This route was a difficult one and would have discouraged less aggressive men. Water and supplies had to be packed in before progress could be made from one point to another. Soon a labor problem rose to complicate the situation. Mexicans, Chinese, Japanese, and Slavs were employed in turn, but all found the going too difficult and quit after a few days work. This employee turnover became greater as the railroad penetrated deeper into the desert. Work had begun in September, 1906, but the town of Beatty and the connection with the Bullfrog-Goldfield Railroad was not reached until October 30, 1907.[55] The Bullfrog-Goldfield line was later purchased by Smith, and the two roads were combined into the Tonopah and Tidewater Company which was incorporated in Delaware on June 11, 1908. The officers of the new company were F. M. Smith, D. W. Van Buskirk, Arthur Brock, and C. B. Zabriskie.[56]

The completion of this railroad marked the real entrance of Smith and his associates into the Goldfield and Tonopah districts. This entrance was marked by the assumption of directorships in numerous smaller mines in the districts and eventual control of the profitable Tonopah-Belmont Company at Tonopah after 1909.[57]

The completion of the Tonopah and Tidewater brought Los Angeles into the picture as the third of the supply areas which were to serve the new Nevada mining fields throughout their boom periods.[58]

A study of the earnings of the various railroads for the period from 1908 through 1915 shows that the two roads entering the districts from the south assumed a fair proportion of the trade from the Bullfrog and Goldfield districts. However, they were never able to compete with the Tonopah and Goldfield Railroad in total freight and passengers carried, and San Francisco maintained its position as supply and financial center for the area.[59]

Dozens of other railroads were projected, for as soon as it was evident that the Tonopah-Goldfield boom and the Ely copper boom were discoveries of major importance, many schemes were proposed to connect these towns with each other, with numerous old towns hoping for a rebirth, and with new camps hoping to come into prominence through a railroad connection. In many cases only time and circumstance saved the waste and extravagance which, no doubt, would have come with their building.

One of the first railroads considered for the Tonopah-Goldfield area was a narrow-gage line which would have run from the southern terminal of the Nevada Central Railroad at Austin directly south into Tonopah. A great deal of thought was given this proposed connection, particularly in the years from 1903 to 1905. However, with the completion of the Tonopah and Goldfield Railroad in September, 1905, the idea of a Tonopah–Austin route was practically forgotten. Between the years 1905 and 1910, railroads were proposed to connect Tonopah with Manhattan, Greenwater, and Silver Peak, and to connect Goldfield with Fairview, Rawhide, Ely, and Fresno, California; links between numerous other, less-publicized places were also proposed.

Automobiles

Transportation development in these communities during the period from 1903 to 1907 was marked also by the entrance of the automobile, first as an object of curiosity and later as an aid to prospecting, as a passenger conveyance, and as a mark of social distinction in the camps. It was not used extensively around the mines until about 1913, when it came into wider use as a means of hauling ore from the mines to the mills, and in general hauling purposes around the mines.

The first automobile arrived at Goldfield on August 10, 1904. It was a sixteen-horsepower Rambler owned by G. W. Richard of the State Bank and Trust Company. The trip from Tonopah took approximately three hours. The machine could not be started for the return trip although the driver worked on it for two days.[60] The difficulties experienced on this trip indicated the problems which had to be solved before the automobile could compete with the stage lines and railroads in hauling passengers.

However, during the years before the railroads connected the camps, there was a definite need for some means of conveyance to supplement the stage lines. Consequently, automobile companies were formed in each of the new communities and succeeded in obtaining sufficient foothold to enable them to compete with the railroads in carrying passengers over the shorter distances.

The first of these companies was the Tonopah-Goldfield Auto Company, which was incorporated on October 18, 1904.[61] The property of this road was taken over in April, 1905, by the Nevada Mobile Transit Company. At the time of the consolidation the company had twenty automobiles in daily service between Tonopah and Goldfield.[62] Service to outlying camps began immediately. On May 3, 1905, the company inaugurated a service between Goldfield and Rhyolite, and later extended the service to Las Vegas.[63] Twelve autos were in operation between Las Vegas and Rhyolite, and from the latter camp to Goldfield. The total distance covered was 194 miles.[64]

Other prominent auto connections in the area were made from Tonopah to Manhattan, Reno to Tonopah, Tonopah to Ely, and from the Front to Greenwater. This last route was the picturesque Death Valley route of "Alkali Bill," starting on the Front, a station on the Tonopah and Tidewater Railroad, and extending across Death Valley to the new copper camp of Greenwater. Bill's advertisement read:

Go automobiling in Death Valley with Alkali Bill. The Death Valley Chug Line. Runs cars daily from the Front on Borax Smith's railroad to Greenwater. Alkali Bill himself meets every train and whizzes you over the desert 45 miles by way of Death Valley and the famous Amargosa Canyon, past the borax tanks of 20 Mule Team fame to Greenwater in less than three hours. Better write ahead or wire your reservations if you have time. Alkali Bill's Death Valley Chug Line, Greenwater, Inyo County, California.[65]

These autos made respectable time for the distances covered, when all factors are taken into consideration. The 1905 record between Tonopah and Goldfield, a distance of thirty miles, was established on January 7, when the route was covered in one hour and twenty minutes.[66] The early record from Goldfield to Bullfrog was made in December, 1905, when the seventy-eight miles was traversed in four hours, an average of nineteen and one-half miles per hour.[67] The distance from Las Vegas to Rhyolite, 120 miles, was covered in ten hours over a wagon road in May, 1905.[68]

Fares for the journeys between these camps would be considered excessive today. From Tonopah to Goldfield in September, 1905, the fare per passenger was six dollars, or twenty cents per mile. From Goldfield to Bullfrog, it was twenty-five dollars, or thirty-two cents per mile. From Las Vegas to Bullfrog, it was forty dollars, or thirty-three and one-third cents per mile.[69] Automobiles could be hired for from one hundred to two hundred dollars per day, depending on the capacity of the machine.[70]

Automobiling in the desert was a precarious occupation in those early days. Not many drivers ventured beyond the limits of the towns. The owners of the auto stage lines had to overcome numerous problems before their operations were successful. The main one was the building of roads.

Wagon roads were used where possible. Otherwise, roads were made by running a few cars over the most likely looking line of travel. Gradually, as travel increased, the companies built toll roads which were made by scraping the area clear of brush and rocks, and then leveling it as much as possible. A toll of one dollar per car was usually charged private cars or auto stages on roads not their own. Sometimes these tolls were higher, as for instance between Bullfrog and Goldfield, where an auto with one passenger was charged a toll of fifteen dollars; with two passengers a toll of twenty-five dollars; and gradually increasing until an auto with seven passengers was charged a toll of seventy-five dollars. A single horse, or a two-horse team and light wagon, was charged a toll of twenty-five dollars over this same road.[71] Efforts were made to discourage the freighters from traveling these routes. One of the most effective methods of accomplishing this was to build the roads away from known watering places.[72] Later, as traffic increased, the county commissioners took cognizance of these problems by establishing road districts and appointing a road supervisor for each district.[73]

Usually the owners or drivers of these early autos found that some alterations had to be made before their machines were ready to make the "perilous" journeys from one mining outpost to another. Some tore down the bodies and constructed new ones more suitable for travel in the desert. Many added additional radiators and reconstructed the carburetors.

The driver of one of these automobiles had to be an expert mechanic if he expected to complete his journey. Broken axles were numerous, as were overheated radiators and carburetors. Flat tires occurred regularly. Drivers were picturesque figures—fitting successors to the freight and stage coach drivers they supplanted. One writer described this new addition to the mining camp as follows:

> The desert chauffeur who opened the trail of traffic between Goldfield and Tonopah is an essentially modern breed. He is distinctly picturesque and he is as thorough-going a pioneer in his way as the freighter in his. . . . I can spot one of those desert automobile drivers coming up the street as far as I can see him, said a man in Goldfield. After he has been at it a year, he looks like a sheepherder. He gets that locoed look in his face and the same kind of a wild stare, and he looks as if you couldn't get the dust out of his system if you ran him through a stamp mill.

Remarking how these drivers accommodated their machines to the desert, the writer stated:

> Bill Brown tore down his taxi to suit the desert. When he had discarded a vast amount of machinery and trimming, he tossed aside the body and built a new one from the sides of packing cases to save more weight and make room for more passengers. . . . With her engines uncovered, reeking of oil and dust, rusty and patched and gaunt, the machine seemed to belong to the desert after Bill Brown had fashioned her to his liking, and like his machine, the driver had come to harmonize with the environment.[74]

Anyone who traveled by auto in the Nevada desert had to be prepared to suffer the consequences of driving through rocky canyons, deep sand, and streams. One newspaper recommended that drivers carry necessary replacements and tools, a few extra tires, chains for getting across creeks and rivers, a shovel and a block and tackle, enough clothes and robes to keep warm in case of a breakdown, and plenty of water and gasoline.[75]

Automobiles became so numerous in these communities that the town governments were obliged to pass ordinances for the control of speeding and the elimination of driving hazards. The first of these ordinances passed at Tonopah stated: "no person shall ride or drive through any street or highway, either by horse, wagon, buggy, carriage, or automobile, within the limits of the Town of Tonopah, at a rate of speed to exceed four miles per hour, or in such a manner as to endanger the public safety." [76] At Goldfield, the first group of such ordinances passed set the speed limit at six miles per hour, and stated that all vehicles must have lights at night, and "in passing other vehicles, all vehicles must keep to the right, and vehicles drawn by horse, at all times, have the right of way." Later ordinances in both of these camps set the speed limit at twelve miles per hour, and provided that all cars have mufflers.[77]

Licenses were not required until 1913 when the state legislature passed a law setting the minimum fee at $1.88, and providing that the annual fee thereafter would be based on the horsepower of the automobile. The minimum horsepower, for tax purposes, was set at twenty, which was to be charged for at 12.5 cents per horsepower.[78]

Although the automobile found its most profitable use in the carrying of passengers over short distances, it served a variety of other purposes. The use of the automobile in prospecting should not be underestimated, for it played an important part in opening these areas to development, causing one observer to write that "all short trips to examine mines were made in autos." [79] The speculator, as well as the prospector and mine owner, found the auto well suited to his purpose, enabling him to get in on new strikes long before less fortunate "burro tenders" were able to reach the discovery.

NOTES

[1] Editorial, "Tonopah Mines, Nevada," *Mining and Scientific Press,* LXXXIII (November 9, 1901), 190; Glenn C. Quiett, *Pay Dirt: A Panorama of American Gold Rushes* (New York: Appleton-Century, 1936), p. 433; S. P. Davis, "Nevada's Safeguard for Mine Buyers," *Harper's Weekly,* LII (April 11, 1908), 16–18.

[2] Josiah E. Spurr, *Ore Deposits at Tonopah, Nevada, Preliminary Report,* ("U.S. Geological Survey Bulletin," No. 219 [Washington: Government Printing Office, 1903]), p. 7; Sawyer, "Gold Rushes," pp. 15–19; Davis, *Nevada,* I, 320–321; S. C. Wiel, "Observations on Tonopah and Goldfield," *Mining and Scientific Press,* 89 (October 8, 1904), 238.

[3] Davis, *Nevada,* I, pp. 320–321; S. C. Wiel, "Observations on Tonopah and Goldfield," *Mining and Scientific Press,* LXXXIX (October 8, 1904), 238.

[4] Knapp, "Tonopah District," *Mining and Scientific Press,* LXXXVIII (May 28, 1904), 364.

[5] Josiah E. Spurr, *Developments at Tonopah, Nevada, during 1904,* ("U.S. Geological Survey Bulletin," No. 260 [Washington: Government Printing Office, 1905]), pp. 148–149.

[6] Knapp, "Tonopah District," *Mining and Scientific Press,* LXXXVIII (May 28, 1904), 364.

[7] *Ibid.*

[8] "Early History of Tonopah," *Engineering and Mining Journal,* LXXVIII (July 28, 1904), 135.

[9] Henry V. Poor, *Poor's Manual of the Railroads of the United States, 1905* (New York: 1905), p. 1568; Jay A. Carpenter, Russell R. Elliott, and Byrd Fanita Wall Sawyer, *The History of Fifty Years of Mining at Tonopah, 1900–1950,* ("University of Nevada Geology and Mining Series," No. 51 [Reno: 1953]), pp. 49–50.

[10] Couch and Carpenter, *Nevada's Metal and Mineral Production,* p. 120.

[11] Poor, *Manual of Railroads, 1905,* pp. 629, 1568; *Rhyolite Herald,* September 5, 1905; *Las Vegas Age,* September 9, 1905; *Atlas of the Goldfield, Tonopah and Bullfrog Mining Districts of Nevada* (San Francisco: 1905), pp. 35–83.

[12] *Tonopah Daily Sun,* September 2, 1905; C. T. Rice, "Tonopah, Nevada," *Engineering and Mining Journal,* LXXXII (July 21, 1906), 107.

[13] "Editorial," *Pacific Coast Miner,* (February 23, 1904), 49; Sawyer, *Gold Rushes,* p. 43.

[14] C. T. Rice, "Goldfield, Nevada," *Engineering and Mining*

Journal, LXXXII (August 25, 1906), 339–342; *Goldfield News*, Second Annual Edition, 1906–1907, pp. 32–38; "Mining News," *Mining and Scientific Press*, LXXXVIII (March 12, 1904), 187.

[15] Sawyer, "Gold Rushes," p. 58.

[16] *Atlas of the Goldfield Mining District*, pp. 35–83.

[17] *Goldfield News*, October 27, 1906.

[18] "In Memoriam—U.S. Senator George S. Nixon," *Third Biennial Report of the Nevada Historical Society, 1911–1912* (Carson City: 1913), pp. 45–46, 56–61; *Congressional Directory*, 62d Cong., 2d Sess., April, 1912, p. 61; Davis, *Nevada*, II, 1070–71.

[19] Arthur Dunn, "Cowboy who Refused a Toga," *Sunset*, XXIX (October, 1912), 446–447; Davis, *Nevada*, II, 1265–66; *Nevada State Journal*, December 27, 1959.

[20] *Goldfield News*, October 27, November 3, 1906; *Tonopah Daily Sun*, October 26, 1906.

[21] Poor, *Manual of Railroads*, 1908, p. 1717.

[22] *Ibid.*

[23] *Tonopah Daily Sun*, September 2, 1905; C. T. Rice, "Tonopah," *Engineering and Mining Journal*, LXXXII (July 21, 1906), 107; *Goldfield News*, May 6, 1904.

[24] "Biennial Report of the Secretary of State (Nevada), 1903–1904," in *Appendix to Journals of Senate and Assembly* (Carson City: 1905), p. 59; Davis, *Nevada*, II, 878; *Tonopah Bonanza*, December 20, 1902; *Rhyolite Herald Pictorial Supplement*, March, 1909.

[25] E. Prince, "A Long Distance Electric Power Transmission Line in Nevada," *Engineering News*, XLIV (July 6, 1905), 16; Davis, *Nevada*, II, 878; *Goldfield News*, December 23, 1904.

[26] John Moody, *Moody's Manual of Railroads and Corporation Securities*, (New York: 1907), p. 2140; Davis, *Nevada*, II, 878; Willie A. Chalfant, *The Story of Inyo* (Published by the author, 1922), p. 316.

[27] "Mining News," *Mining and Scientific Press*, LXXXIII (September 21, 1901), 125. Sawyer, "Gold Rushes," pp. 24–27.

[28] Sawyer, "Gold Rushes," pp. 42–43.

[29] *Tonopah Sun*, January 24, 1905; *Goldfield News*, March 10, 1905.

[30] David F. Myrick, *Railroads of Nevada and Eastern California* (Berkeley: Howell-North Books, 1962), I, 84–85.

[31] *Ibid.*, p. 238.

[32] *Ibid.*, pp. 239–240.

[33] *Ibid.*, pp. 240–243; *Goldfield News*, July 29, 1904; Davis, *Nevada* I, 602; Sawyer, "Gold Rushes," pp. 34–36.

[34] Myrick, *Railroads of Nevada,* I, 256–257.

[35] "Biennial Report of the Secretary of State (Nevada), 1903–1904," p. 48.

[36] *Goldfield News,* September 15, 1905; Myrick, *Railroads of Nevada,* I, 258.

[37] Myrick, *Railroads of Nevada,* I, 259.

[38] The directors were John W. Brock, R. H. Rushton, Charles R. Miller, James S. Austin, Henry D. Moore, Oscar A. Turner, C. H. Higbee, C. A. Daniel, R. G. Park, W. M. Potts, all of Philadelphia; T. M. King of New York, George S. Nixon of Winnemucca, Nevada, and T. L. Oddie of Tonopah, Nevada. See Poor, *Manual of Railroads* (1906), p. 1750; *Report of the Tonopah and Goldfield Railroad Company,* Office of the Secretary of State, Carson City, Nevada; *Atlas of the Goldfield, Tonopah, and Bullfrog Districts,* pp. 35–83.

[39] Moody, *Manual of Railroads* (1912), pp. 959–960; *Articles of Incorporation,* VII, Office of the Secretary of State, Carson City, 70; *Rhyolite Herald,* September 8, 1905.

[40] *Rhyolite Herald,* April 25, 26, May 24, 1907.

[41] *Las Vegas Age,* April 7, 1905; Bourke Lee, *Death Valley* (New York: The Macmillan Co., 1930), pp. 143–151.

[42] Myrick, *Railroads of Nevada,* II, 546.

[43] R. E. Rinehart, "Seizing the Desert's Last Stronghold," *World's Work,* XV (April, 1908), 10143–10150; *Las Vegas Age,* May 27, 1905; *Goldfield News,* June 23, 1905; Myrick, *Railroads of Nevada,* II, 546.

[44] *Las Vegas Age,* August 12, August 19, 1905.

[45] *Goldfield News,* July 14, 1906; *Las Vegas Age,* December 22, 1906.

[46] *San Francisco Examiner,* March 18, 1906, p. 62; George Kirk, "A History of the San Pedro, Los Angeles and Salt Lake Railroad," (unpublished M.A. thesis, University of California, Berkeley, 1935), p. 52.

[47] *Las Vegas Age,* October 7, 1905.

[48] *Las Vegas Age,* April 28, 1905; *Rhyolite Herald,* June 2, 1905; F. Stroether, "Swinging the March of Empire Southwestward," *World's Work,* XI (January, 1906), 7074–7075.

[49] Moody, *Manual of Railroads* (1912), pp. 574–575; Poor, *Manual of Railroads* (1907), p. 886; *Las Vegas Age,* September 20, October 21, 1905.

[50] Myrick, *Railroads of Nevada,* II, 475; *Las Vegas Age,* October 27, 1906.

[51] *Rhyolite Herald,* March 23, 1906; December 14, 1906.

[52] *Las Vegas Age*, June 30, 1906, January 26, May 4, 1907.

[53] *Goldfield Daily Tribune*, October 29, 1907; *Las Vegas Age*, October 26, 1907.

[54] Rinehart, *op. cit.*, p. 10148; *Las Vegas Age*, September 2, 1905; *Official Railway Guide*, August, 1909, p. 884.

[55] *Las Vegas Age*, November 2, 1907; *Rhyolite Herald*, November 1, 1907.

[56] Poor, *Manual of Railroads*, (1909), p. 2116; *Moody's Manual of Railroads*, (1912), pp. 959–960.

[57] *Tonopah Sun*, December 30, 1909.

[58] The distance from Goldfield to Los Angeles by way of the Tonopah and Tidewater Railroad was 436 miles; by way of the Las Vegas and Tonopah it was 531.1 miles. The distance from Goldfield to San Francisco by way of the Tonopah and Goldfield Railroad was 518 miles. The distance from Goldfield to Salt Lake City by way of the Las Vegas and Tonopah Railroad was 643.9 miles. (*Official Railway Guide*, (1909), pp. 761–884; (1923), p. 1137.

[59] Poor, *Manual of Railroads* for the years 1908 through 1915.

[60] *Goldfield News*, August 12, 19, 1904.

[61] "Biennial Report of the Secretary of State, (Nevada), 1903–1904," p. 52.

[62] *Tonopah Daily Sun*, April 21, 1905.

[63] *Rhyolite Herald*, May 5, 1905.

[64] *Goldfield News*, July 28, 1905.

[65] *Tonopah Daily Sun*, January 19, 1905, May 7, 1907; *Death Valley Chuck Walla*, February 15, 1907.

[66] *Goldfield News*, January 13, 1905.

[67] *Tonopah Daily Sun*, December 2, 1905.

[68] *Rhyolite Herald*, May 26, 1905.

[69] *Tonopah Daily Sun*, September 1, 1905; *Goldfield News*, July 28, 1905.

[70] B. W. Currie, "Gasoline Camel of the American Desert," *Harper's Weekly*, LI (March 16, 1907), 376–378.

[71] *Petition for Reduction of Toll Rates on the Goldfield Automobile Toll Road*, June 5, 1905, filed June 7, 1905. (See the Nye County Records).

[72] Currie, "Gasoline Camel," pp. 376–378.

[73] *Inventory of the County Archives of Nevada, No. 12, Nye County*, p. 14.

[74] Paine, "Gold Camps of the Desert," p. 271.

[75] *Rhyolite Herald*, January 31, 1908.

[76] *Proceedings of Town Board,* Tonopah, July 7, 1905, Book A, pp. 1–10. (See Nye County Clerk's Vaults.)

[77] *Commissioners' Minutes,* Esmeralda County, Nevada, August 7, 1905, Book I, 351–352; *Proceedings of Town Board, Tonopah,* August 7, 1912, June 6, 1913, September 9, 1915; *Commissioners' Minutes,* Esmeralda County, September 4, 1915, Book M.

[78] *Goldfield News,* April 26, 1913.

[79] Mark R. Lamb, "Reminiscences of Goldfield, Nevada," *Engineering and Mining Journal,* LXXXVII (February 27, 1909), 441–442.

3. The Towns

Throughout the development of the mining frontier the mining town symbolized a cycle of birth, boom, and decay. The speed of development and its character and intensity in the last two phases of the cycle always bore a direct relationship to the quality and quantity of the ore body which brought the town into existence. The major towns of this twentieth-century boom, Tonopah, Goldfield, and Rhyolite, provided no exception to the general rule.

The Founding

The town of Tonopah was surveyed in November, 1900, by Walter Gayhart, one of Butler's associates. By the time the survey was made a number of squatters had settled on townsite land. Gayhart wanted to charge each a ten-dollar fee for the survey and deed but was overruled by Butler who earlier had promised a number of individuals the land upon which they had settled.[1] A few years later the Tonopah Mining Company threatened to dispossess the tenants when the company discovered that the original townsite was on its land. However, the company did not attempt legal action, so the settlers remained in possession.[2]

Goldfield was surveyed in September, 1903, by Elmer Chute, who chose the largest well in the district as the town's center.[3] There was no Jim Butler here to give away the land; instead, townsite companies were formed and the lots sold at auction. The townsite companies had little effect, however, in restraining settlers from simply moving in and squatting on the land. The intruders were upheld later by the Department of the Interior when the townsite companies attempted to dispossess them.

In the Bullfrog district four towns were founded: Bullfrog, Amargosa, Gold Center, and Rhyolite. Rhyolite, surveyed in February, 1905, soon became the center of the mining district, due mainly to the activities of the Busch brothers in promoting their townsite.[4]

In the first years in each camp's development, the isolation which forced the use of primitive mining methods caused similarly primitive living conditions. Consequently, the growing community was usually a hodgepodge of dugouts, tents, half-tent, half-frame houses, wood and gunny sack houses, bottle houses, barrel houses, stone houses, houses of mud and manure, or of any other material or combination of materials which could be found. The distillate oil can became a recognized building material in these regions. When filled with sand it could be laid like bricks; if opened, flattened out, and nailed shingle fashion, it served as roofing material.[5] The first permanent structures in each of these towns generally came from older camps whose glory had departed. Such were the early frame buildings at Tonopah which had been hauled from Candelaria and Belmont. One of these, after serving as a saloon at Tonopah, was moved to Goldfield to become that camp's first wooden structure.[6]

Businessmen entered the communities close on the heels of the miners and soon their stores and offices were crowded side by side on what was to become the main street of the town. As in older mining booms, saloons were usually the first businesses established, and their number came to be looked upon as an indication of the prosperity of each camp. They were followed by the boarding and lodging houses, the grocery and meat stores, clothing stores, newspapers, banks, and other indications of a growing community. At the end of 1901, approximately one year after its discovery, Tonopah could boast of thirty-two saloons, six faro games, two dance houses, two weekly newspapers, a public school, two daily stage lines, and two churches.[7] Goldfield and Rhyolite followed the same type of development during their first year.

Food was scarce in these camps during the early months due to the hazards of transportation. The areas surrounding the mines provided little or no food for the people of the communities, and in many instances the arrival of a load of provisions meant the difference between life and death for the inhabitants.[8] The lack of local food supply areas forced the early inhabitants to live out of cans. One writer described the trials and tribulations of housewives in the Goldfield of these days:

> There was one butcher in the camp, but he sold his meat by Troy weight. Having no ice he reckoned the demand to a dram and bought with meticulous caution. Of course it was possible to procure canned goods and serve corn beef-hash and preserved vegetables but the alkaline water didn't seem to compound well with canned goods. Nor have canned foods a strong appeal in a region that was itself denatured in an early geological process, and where a fresh blade of grass would bring you down to your knees to worship. With beefsteak at three dollars a pound and lamb chops, wafer thin, one dollar each, it was not the least of Mrs. Blank's problems to devise how to make the steaks and chops go as far as possible. . . . The first chicken to accomplish the journey from Reno to Goldfield was sold at auction on a public thoroughfare and bid in at a fabulous price. . . .[9]

Boarding houses which existed during this period were usually tent affairs, with the cooking done over open fires and the meals eaten sitting on the ground or on bed rolls.[10]

Water

Water was at a premium throughout most of the early period. All available sources had to be tapped in order to give the towns the water necessary for living needs and mining purposes. The first water in each of the districts was obtained from nearby springs and hauled into the camp. Sufficient water was supplied by this means to enable the mines to operate and to furnish the people with enough for living purposes. As the mines developed and the towns expanded, the demands of the various groups forced action. Water companies were formed to exploit the few sources available.

At Tonopah, the Tonopah Water Improvement Company was formed May 7, 1902. It was followed by the incorporation of the Tonopah Consolidated Water Company on August 28, 1902, and the Crystal Water Company on September 20, 1902.[11] These companies made use of the mountain springs and streams of nearby areas, and artesian wells sunk throughout the valley floors. On October 28, 1902, the pipes of the Crystal Water Company carried the first supply of water from a hidden well to the center of Tonopah.[12]

Water was first piped into the business district of Goldfield in May, 1904, by the Goldfield Water, Mining and Milling Company.[13] In 1905, two other sources were tapped when the Combination Mining Company brought water into Goldfield from Alkali Springs, and the Montezuma Water Company brought water from Lida, about thirty miles to the southwest.[14]

The Bullfrog district had less trouble obtaining water than did the other two camps. This was due to the fact that the half-underground Amargosa River flowed through Beatty, one of the new towns of the district. This source was tapped by the water companies which entered the area. The most important company to do so was the Indian Springs Water Company, formed in the spring of 1905 to supply water for the town of Rhyolite. A standard three-inch line from Indian Springs some four miles northeast of Rhyolite, completed by the company in August, 1905, adequately provided for the needs of that community during its brief but exciting history.[15]

Sanitation

Sanitary conditions in the camps were deplorable during the leasing activities. No attempt was made to dispose of the garbage. Consequently, it collected on the streets, in the alleys, and on the doorsteps of buildings. Horses and other animals which died in the communities were allowed to remain where they had fallen. Coyotes became the first scavengers of the camp. Nothing was done to alleviate these conditions until epidemics of pneumonia and small-pox forced the citizens to action.

Pneumonia was the great killer among the miners of these boom camps just as it had been in the camps of the earlier Comstock era. The first epidemic of the dread disease struck Tonopah in the latter part of December, 1901. Dr. S. L. Lee of the State Board of Health, ordered to Tonopah to investigate the health conditions, reported that seventeen deaths from pneumonia occurred between December 31,

1901, and January 13, 1902. Although he noted that the sanitary conditions were bad and the water supply worse, he also pointed out that the drinking festivities which marked the end of the leasing period as well as the end of the year no doubt contributed to the force of the epidemic.[16] A pneumonia epidemic struck Goldfield in the winter of 1905–1906, but it was brought under control without the large loss of life that had marked the earlier outbreak at Tonopah. Goldfield, early in the spring of 1904, had been visited by a smallpox epidemic which created near panic in the community until brought under control. During the course of the epidemic it became apparent from reports in the local newspapers that many citizens were more intent on keeping the news of the disease from the outside world than they were in preventing its spread.[17] At this time, Dr. A. R. Wittke, Esmeralda County physician, caused the establishment of pest houses and the posting of sanitary regulations, and eventually the epidemic subsided. Serious outbreaks of contagious diseases remained a constant threat in these communities during the boom period because of the rapidly changing population, the inadequate and often contaminated food and water supplies, the lack of proper housing, and the almost complete absence of effective political organization.

Institutions

Government in the towns was practically nonexistent during the leasing period. At their meetings the mining districts established the rules and regulations under which claims could be located, filed, and held, and in some instances set the wage scale. Generally, however, they restricted their actions to matters concerning the holding of mineral land. Law and order was maintained, if at all, either by unofficial groups of citizens who took it upon themselves to police the camp, or by deputies appointed by the county officials.[18] The general conduct of the miners during the early years set a precedent of good behavior which was to continue throughout the history of the camps.

Social life in the communities during the development period was rather primitive. The miners found escape from the care and worries of the day in the saloons, gambling houses, and red-light districts which appeared soon after the founding of each community. The saloon became the meeting place where business deals could be discussed and plans made for future development. It was often the only place to find a given operator or miner any time after sundown, and it remained the leisure-time home of the single miner throughout the boom period. Yet many, particularly the married miners who had lived in other, better developed communities, demanded something more than the social institutions to be found along the one main street. As a result, fraternal organizations, churches, and schools entered each of these towns close on the heels of the miners and businessmen.

Tonopah's first school came as the result of a mass meeting of citizens which was held in July, 1901. At the insistence of the women present, a committee composed of J. J. McQuillan, Henry Cutting, and W. W. Booth was appointed to make arrangements for a school. As a result, the citizens were assessed for sufficient funds to erect a temporary school building, and Miss Alva Patterson was engaged as teacher at a salary of $90 per month.[19] At Goldfield, a county school was requested of the county commissioners in April, 1904, and ordered by the latter to be established as School District No. 4.[20] The first public school was started on May 23, 1904, with the Reverend F. H. Robinson as teacher.[21] As at Tonopah, Rhyolite's first school was the result of a mass meeting held in February, 1905. Although at the time of the meeting there were but five children in the town, only three of whom were of school age, the citizens demanded a school. When the county commissioners failed to act, the Rhyolite parents held bazaars, dances, and other social events and solicited donations for money to build a school and pay the salary of a teacher. The school was started in the fall of 1905, and was financed in its first few months by these unorthodox means.[22]

Church organizations were a little slower than schools in reaching the new districts. The first religious service at Tonopah was held in December, 1901, when Father Butler of Austin decided to follow his congregation to the new district.[23] The first church organized there was the Presbyterian on September 21, 1902, with H. L. Burnham as pastor.[24] Both the Presbyterians and Catholics held their first church services at Goldfield on April 24, 1904, and a month later, on May 27, 1904, the Episcopal minister arrived and held service.[25] The churches were a little slower arriving at Rhyolite. Again it was the Presbyterians and Catholics who first entered the area: the Presbyterians held services for the first time on November 11, 1906, and the Catholics followed on December 25 of the same year.[26]

The early establishment of fraternal organizations in the communities provided some social relaxation away from the gambling halls and saloons. The first lodge at Tonopah was the Ancient Order of United Workmen which was organized on October 17, 1901.[27] It was followed by the founding of Masonic, Eagles, and Knights of Pythias lodges in 1902.[28] The Masons and the Eagles were the first

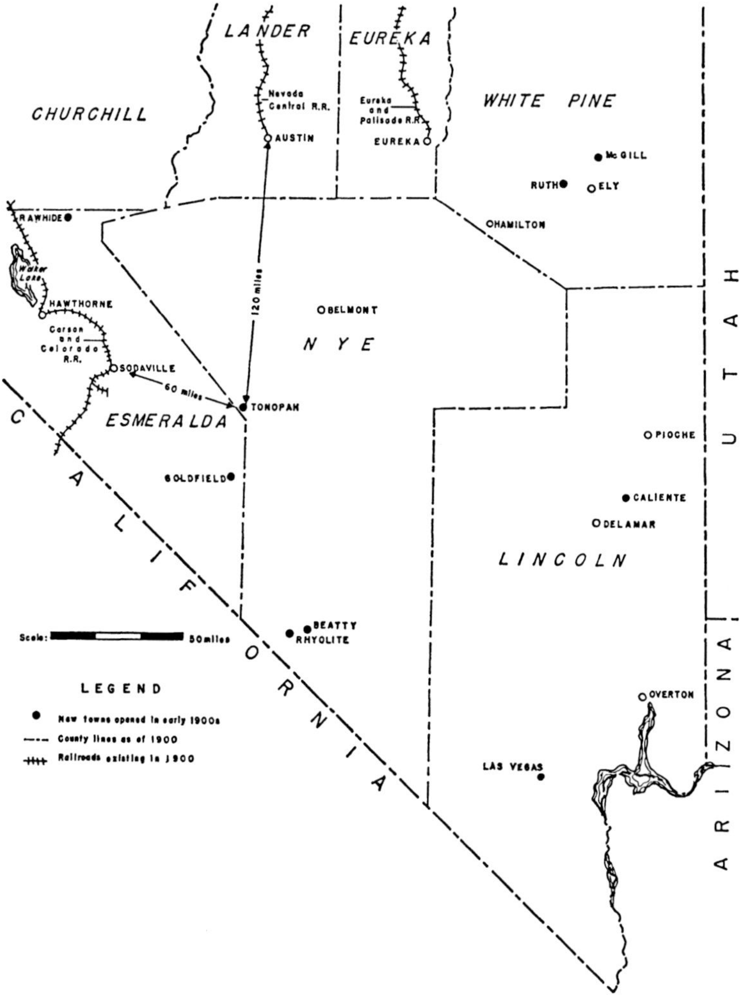

Town Development, 1900–1910.

lodges in Goldfield: the Masons formed a Masonic club on July 12, 1904, and a lodge in June, 1906; the Eagles founded their lodge on January 1, 1905.[29]

As the leasing system gave way to the large mining companies, as freighters were replaced by the railroads, and as water, light, and power companies were organized, the mines of the district entered a new phase of development marked by the introduction of new and more efficient mining and milling techniques and by a continued rise in production. The prosperity of the mines was reflected in the changing physical appearance of the communities. The collection of dugouts, tents, and miscellaneous houses, lacking the conveniences of adequate water, fuel, and supplies, gave way to modern towns of frame and brick buildings which could and did boast of daily newspapers, telephone systems, the Western Union telegraph, electric lights and power, water and sewage disposal systems, broad-gage railroads, ice plants, modern hotels and restaurants, banks, and effective town governments. The housewife could be assured of the latest fashions in the clothing stores, and the best of foods in the groceries and meat markets. With the trains that brought in the building materials and supplies came "tailors, modistes, and milliners, soda water and ice cream, clergymen and drummers, pick-pockets and actors, and all that splendid procession from the cozy corners of civilization."[30]

The boom period was characterized in each camp by crowded conditions, high prices, and a constant rush from one activity to another. It started in Tonopah and spread to Goldfield and Rhyolite; but it was most noticeable at Goldfield where the rich ore bodies attracted a large, continually moving, conglomerate crowd. The entire population of the camp seemed to be busy all the time. Stages, autos, and private rigs were continually going and coming from Tonopah, Rhyolite, and the numerous new strikes which were being made daily. The postoffice, telegraph and telephone offices, and the stock exchange were crowded far into the night. Mail arrived usually about three o'clock in the afternoon; the postoffice was immediately closed, and frequently a sign appeared with the following words:

Heavy Mail today.
Office closed until 8:30
tomorrow morning.

If that didn't occur, at about 6 P.M. people began to form in a double line which, by the time the delivery windows had opened, extended half a block from the building.[31] Conditions at the telegraph office were about the same. Only one wire was available during these early days and it was usually monopolized by the brokers who had first call for its service. A bulletin was posted on the outside which listed the names of those for whom messages had been received. There was no direct messenger boy service. However, throughout the day, messengers were sent to the principal hotels and saloons to call out the names of persons for whom messages were being held.[32]

Goldfield, during this period, was in a transition stage between a young desert camp with tents, shacks, and poor accommodations, and a permanent mining town with hotels, theaters, and the other luxuries that came with the twentieth century. All activities were dependent on mining, and little discrimination was made between social classes during the boom:

> nondescript promoters, irresponsible mining engineers, highgraders, and agitators, rubbed elbows with brokers and business men from New York, Philadelphia, Chicago

and other large cities. Its changing tempo was best exemplified by seeing on the same street, the prospector with his burro, and the mining engineer with his automobile.[33]

The saloons and dance halls were the busiest places in town. The bars were always crowded and the gambling tables jammed with men. During these days there was much hard drinking, and the play at the gambling tables was heavy. In spite of this activity, the camps were comparatively quiet and failed to gain a reputation in crime as had many of their predecessors in the days of the Comstock.[34]

The lack of a serious criminal problem is remarkable when it is remembered that during these boom years when the population changes were so rapid and the districts were attracting all types of people from other regions, only the simplest town government prevailed; the police system usually consisted of a chief and one assistant who were aided by the county sheriff (when he cared to interfere in local affairs) and his deputies.

Accurate population figures for the communities during the boom are impossible to obtain. In each case the boom had started and was over in the ten years between the censuses of 1900 and 1910. The population of Tonopah was variously estimated to be from 5,000 to 10,000 people. The 1910 census, when the boom was completely over, showed 3,900 people in Tonopah.[35] During the same years the population of Goldfield was estimated to be between 12,000 and 30,000. The Roosevelt commission, which was sent to Goldfield in 1907 to investigate the labor troubles, stated that there were 3,000 paid members in the miners' union and that the town had a population of 15,000 people.[36] The census of 1910 showed 4,838 people.[37] Rhyolite, the central town of the Bullfrog district, had an estimated population of 5,000 people in 1907–1908. The census of 1910 indicated a population of only 675 people.[38]

Social Life

Social activities expanded with the growing towns. A social consciousness began to develop during the boom period, and soon the banquets and dances took on a formal appearance, with the "elite" aping the actions of their counterparts in San Francisco and Los Angeles. Public libraries were opened at both Tonopah and Goldfield in 1906–1907. The first of numerous theaters were built where the latest stage shows and road productions could be witnessed.

Ladies Aid societies and Women's Improvement leagues flourished during the boom. They had much to attract their attention in the many evils exposed. Their fight against prostitution gained momentum during these years, but their efforts were never successful and the restricted districts continued to grow. These societies exerted pressure for better sanitation and better living conditions, and were responsible for many improvements such as sidewalks and a paved main street. They made sincere attempts to provide recreational and cultural activities for the people of the community, paying special attention to the welfare of the younger set whose lack of "something to do" caused them to be a continual problem to their parents, teachers, and police authorities.

Organized athletics were initiated in this period. The first sport to be organized in any of the camps was baseball. It began to expand in May, 1904, when Goldfield organized a club to compete with the Tonopah team which had been founded some months previously. Tonopah won the first game by a score of thirteen to seven,[39] and regular games were played from then on.

Tennis courts were built, gun clubs organized, and bowling teams formed to compete with teams as far distant as Reno. Tugs-of-war and drilling contests became an essential part of every celebration. Horse racing attracted some attention in the communities, especially if the race was held down the main street. Boxing matches attracted sports fans who were interested in seeing good prizefights, and promoters found such events useful in publicizing the camps.

The climax of the athletic events in the towns came with the Fourth of July celebrations. Festivities usually commenced with a parade, followed by a speech from some local dignitary. After the speech, the sporting events were held. These started in the morning and continued throughout the day, or days, if the celebration was the usual three-day variety. Features of these events were the tugs-of-war, with a prize of two or three hundred dollars to the winning team; a "World's Championship" drilling contest, with a prize of one thousand dollars to the winner; races of all kinds, from burro races to fat man races; boxing matches; and a baseball game between the home team and some worthy opponent from another part of the state. Indian dances and a grand ball usually ended the celebration on the evening of the third day.[40]

Adding a modern note to the social life of the boom period was the automobile. It came to be the symbol of prosperity in the communities, for at that time its use was confined to businessmen, promoters, stage companies, and those with money and time enough to spend on its operation and upkeep. Automobile owners formed clubs and thereby emphasized their exclusiveness. The most interesting of these was the "Tip-Over Club" of Goldfield, formed in 1909, which had as a requirement for membership that one had either to have tipped-over in a car, or to have fallen out of one, both events quite frequently occurring at the same time.[41]

These auto clubs held numerous races which attracted owners from the surrounding areas. Goldfield became the center of this activity, due mainly to the presence of a twelve-mile course laid out on Dry Lake, some sixteen miles northeast of Goldfield. One interesting race held at Dry Lake in 1908, with twenty-six machines competing, was won by Tex Rickard's car in the respectable time of fifteen minutes and twenty and three-eighths seconds.[42] These auto races reached a height of popularity in the period following the boom when conditions had become more stabilized and the average person had more time for such activities.

Local Government

The political development of the boom towns did not, perhaps could not, keep pace with demands which one day mirrored a society of twenty people and the next day reflected a booming metropolis of ten or fifteen thousand. The problem of finding an effective government for such communities was faced over and over again by the Nevada legislature during the Comstock period. The usual legislative solution was to pass a special incorporation act for each petitioning town or city. While this approach proved satisfactory for the mining community that prospered for twenty or more years, it proved to be cumbersome, costly, and often ineffective for the more numerous camps whose entire history from birth to decline spanned ten years or less. To provide effective local government for such short-lived towns, the Nevada legislature, on February 26, 1881, passed an act that established a system of town government directly under the authority of the county commissioners. At the time of its adoption, the Town Board Act of 1881 was thought to be the ideal solution to the problems facing a boom mining camp. Its advantages and disadvantages were brought into focus during this twentieth-century excitement for it was under its provisions that Tonopah, Goldfield, and Rhyolite were governed.

The country commissioners were obliged by the Town Board Act to establish the town-board system of government whenever a petition, signed by a majority "of the actual residents thereof, representing at least three-fifths of its taxable property" was filed in the county clerk's office. Once established for a given community, the commissioners were obliged to meet "at least once in each month, on a day previously fixed by them, for the purpose of transacting the business provided for in this act." This section had various interpretations. The Nye County commissioners adjourned as a board of commissioners and met again as a city board for the town of Tonopah or Rhyolite as the need might be; however, the Esmeralda County commissioners in governing Goldfield simply made the government of the town a part of the business of its regular session as a county board. The commissioners were given the power to make appointments necessary for the protection of life and property and "to fix and collect a license tax on, and regulate all places of business and amusement, to assess, fix and designate the amount of taxes that should be levied and collected for city or town purposes on real and personal property (including the proceeds of mines)," and in general to perform all the functions of a city council and mayor in an incorporated town.[43]

The county officials in Nevada were notoriously slow in administering the needs of the numerous boom camps that formed in the wake of the new mining excitement. Their failure to act, even when properly petitioned to do so, occasioned the rise of unofficial groups of citizens who provided effective, if not legal, solutions to the problems they faced. The methods of self-government which were developed before the arrival of effective county and town government often carried over into the period of more stable political control and were used to force the town board to action when that body became lackadaisical in the performance of its duties. Town government in each of the three communities, Tonopah, Goldfield, and Rhyolite, started with these unofficial mass meetings and slowly evolved into the legal, town-board government.

The first mass meeting in each town was the miners' meeting at which the mining district was formed. The district meetings had developed in the early days of the gold rush to California, where the miners had established local regulations for the possession of land, provided temporary courts for the administration of justice, and in general set such rules as were necessary to govern day-to-day relations with one another. Such local regulations had been recognized by state and territorial legislatures, beginning with California in 1851. The basic ideas from these local mining-district rules and regulations were incorporated in the national mining laws of 1866 and 1872.[44] By the time Nevada's second great mining boom was under way, mining-district law was well established and the mining-district meeting had become as much a part of the miner's life as his pick and shovel. Thus, the first elected official in the new mining communities was the District Mining Recorder chosen by the miners at their initial meeting. At the time Tonopah and Goldfield were discovered, the District Mining Recorder was recognized by state and national laws as a legal representative of the county. As such he was the only official contact between the miner and his county and state governments during the initial stages in the development of a mining district.[45] Although the district recorder was sometimes called upon by the miners to resolve disputes over land possession, neither he nor the mining-district meetings were capable of effecting even temporary solutions to the problems created when thousands of people poured into each of the new boom areas.

The next step after the mining-district meeting was the mass meeting of all interested citizens, called as occasion demanded, to solve specific problems which the county officials either could not or would not meet. From the mass meeting came the impetus which led to the establishment of town-board governments in each of the three communities, and to the achievment of county-seat status for Tonopah in Nye County and for Goldfield in Esmeralda County. The mass meeting as used in these communities was a temporary expedient; it was not, except at Rhyolite, an attempt to establish a squatter government. The real achievements came not from the meeting itself, but from the committees which were appointed to solve particular problems. The General Health committee, appointed at a mass meeting at Tonopah on April 14, 1905, to correct the unsanitary conditions believed responsible for a pneumonia epidemic, is a good example.[46] The committee encountered so many difficulties in trying to complete its assignment that its members decided to renew earlier efforts to have the county seat moved from Belmont to Tonopah and to obtain incorporation for the latter community. The first objective was achieved when Tonopah became the county seat of Nye County on May 1, 1905.[47] Although incorporation was defeated July 3, 1905, by a vote of 227 to 149, the pressure from the committee forced the county commissioners on July 7, 1905, to establish a town-board government for the community.[48] A similar pattern of development occurred at Goldfield. An epidemic of pneumonia, followed by a mass meeting and the establishment of a health committee, brought pressures that led to the establishment of a town-board government for Goldfield in July, 1905, and removal of the county seat from Hawthorne on May 1, 1907.[49]

Rhyolite's bid for town-board government, while following the same basic procedures established at Tonopah and Goldfield, was delayed so long that the citizens adopted an effective squatter government which controlled the town until the county commissioners acted. This government was formed as a result of three mass meetings on August 3, August 6, and August 9, 1905, and an election of trustees on August 12.[50] The nine men elected formed an unofficial town board which met for the first time on September 13 to pass ordinances, organize a volunteer fire department, and levy an occupation tax. Realizing they were not a legal body, they submitted their action to the Nye County commissioners who immediately disregarded the ordinances and refused point blank to give the Rhyolite board authority to act.[51] The refusal of the county commissioners to legislate for the town or to allow the elected, if unofficial, governing board to do so, caused the latter to turn once more to the mass meeting as an instrument of democratic control. Consequently, as a result of meetings held on November 14, November 22, and December 13, the citizens formed a Board of Trade to govern the town until the commissioners acted to establish a town-board government. Taking over the assets and liabilities of the Rhyolite town board, the new Board of Trade governed Rhyolite without legal authority but with the consent of the majority of the citizens, from December, 1905, until the county commissioners, on July 1, 1907, placed the town under the provisions of the Town Board Act of 1881.[52] During that time the Board of Trade made provisions for the removal of garbage, for the removal of powder houses from the immediate town limits, for the hiring of night watchmen and school teachers, for better fire protection, and for limiting the boundaries of the red-light district, and in other ways functioned as a combination city council and mayor. Unable to obtain operating funds from the county commissioners, they took volunteer subscriptions or held bazaars and dances in order to raise money for the various town activities. With such limited facilities the Board of Trade legislated for a town of approximately five thousand people and obtained school houses, two railroad connections, a volunteer fire department, water companies, proper sewage disposal, and other improvements.[53]

Thus, by the middle of 1907, each of the three boom mining camps had developed the town-board system of government through a somewhat similar evolution. Having a common political development, the towns were faced with essentially the same problems: sanitation, police protection, light and water supply, fire prevention and control, regulation of prostitution, care of the streets, and finances. Schools, although at first bound closely to town affairs, were later looked upon as a county problem and the town-board meetings paid little attention to them.

Public Services

It is not surprising, in view of its important role in the establishment of local government, to find the new town boards passing detailed ordinances regulating sanitation.

Lot owners were made responsible for keeping their lots, the alleys in the rear, and the adjacent streets clean and clear of rubbish or unwholesome matter. Individuals were prevented from selling or giving away any putrid, rancid, decayed, or unwholesome meat, vegetables, or groceries, and could be fined for leaving any "dead or putrid thing" within the town limits. Other provisions specified the construction and control of cesspools and privies, the keeping of animals within the town limits, and the proper care of water storage tanks. Ultimately, as the towns grew larger and more sophisticated, the privies and cesspools gave way to sewage disposal systems, garbage franchises were granted, and sanitary inspectors appointed to insure compliance with the numerous regulations.[54]

Police protection was provided in the early days, either by unofficial groups who patrolled the town, by committees appointed at mass meetings, or, frequently, by representatives sent to the towns by the county officials. Later, constables, and then police chiefs, were provided in each of the communities. All three towns had reputations for being quiet, and except for unusual occurrences, such as the labor strikes at Goldfield in 1906–1907, presented few cases of disorder or crime. Consequently, the police systems were not well developed. The position of police chief was thought so little of in the towns that in various instances the office was abolished, or combined with that of fire chief.

Adequate fire protection in the communities was something always sought by the residents but never obtained. The flimsiness of building structures, and the lack of an adequate water supply, both factors continuing throughout the history of each camp, caused an enormous financial loss due to fire.

Destructive fires began in 1904 at Tonopah and continued until the close of the period under discussion. The first of these, on the night of May 24, 1904, caused an estimated damage of ten thousand dollars and focused the attention of the residents on the need for better protection.[55] The volunteer fire department which had been organized previously was ineffective. However, the county commissioners took no action until February, 1905, when they appointed three fire commissioners.[56] The fire commissioners could accomplish little and they were supplanted by a fire chief and an assistant in December, 1907.[57] A series of destructive fires in the spring and summer of 1908 caused the town board to increase the fire department to three paid members in addition to the chief.[58] In spite of these measures it was still a fact in 1908 that when a fire occurred, the fire-fighting facilities were inadequate, and a total loss was the usual result.

Efforts to obtain better water facilities for fire-fighting purposes had been continuous. Such had not been provided simply because there was insufficient water to supply the needs of the fire department after the mines, mills, residences, and businesses had been taken care of. In the fall of 1912, after another group of serious fires, a mass meeting was held at which time a committee was appointed to determine a choice between a reservoir and a fire engine.[59] The members of the committee decided that the erection of huge water tanks on Mt. Oddie would provide the best protection. The town board refused to take any action though, stating that there were insufficient funds to warrant further expenses toward fire protection.[60] On June 29, 1915, the newly formed Public Service Commission ordered the Tonopah Water Company to construct an adequate pipe line to two storage tanks of 250,000 gallons each which the county commissioners were directed to erect.[61] Thus, the Tonopah fire department finally was assured an adequate water supply for fire-fighting purposes.

The situation at Goldfield was even more acute. There, a more extended city area, a greater population, and an acute lack of water made fire fighting more difficult and the losses greater. The first serious fire occurred on July 8, 1905, and destroyed two full blocks of the flimsy buildings before it was brought under control. The estimated loss was $125,-000.[62] This fire was a sample of the many more to follow until, in 1923, a large part of the city was burned, thus completing the process of decline which had started after 1910.

A volunteer fire department had been established in Goldfield on July 2, 1904.[63] The third ordinance passed by the county commissioners, when they assumed the government of the town, established a new volunteer fire department with a paid fire chief and an assistant. This same ordinance set down stringent rules against the storing and carrying of explosives and the use of gasoline, even going so far as to state that "no automobile shall be filled or supplied with oil or gasoline within the town limits," and "no oil or gasoline shall be measured, drawn out, or sold between the setting and rising of the sun." [64]

Again, the main need was an adequate supply of water. In many instances the fire department arrived at a fire only to find that the force of the water was insufficient to do more than make the firemen interested spectators to the blaze. Efforts to obtain better equipment and an adequate water supply met with little success as borne out by the mute testimony of the many fire-destroyed buildings.[65] The rapid decline of the community after 1913 caused a breakdown of the town government in later years and the buildings were left to the mercy of the elements.

The town of Rhyolite was more successful than Tonopah and Goldfield in its fight for better fire protection and control. Few serious fires occurred here during the boom period, due mainly to the progressive attitude of the citizens, who had provided adequate fire-fighting equipment, and to the excellent supply of water which existed.[66]

A fourth problem to claim the attention of the town governing bodies was the control of prostitution. The Town Board Act had given the county commissioners the power "to license, tax, and regulate, prohibit and suppress" all disorderly houses and houses of ill fame.[67] This power was used to license and regulate, rather than to prohibit or suppress.

Prostitution had been an integral part of the mining camps from the early days of the California gold rushes. At first, prostitutes were a part of every dance hall and were allowed to take part in the daily life of the communities. Gradually, as the towns developed and wives of miners arrived, the prostitutes were forced outside the town limits and efforts made to control them. Restricted districts were established and a license tax placed on all houses of prostitution.

In each of the three new communities in southern Nevada, pressure from the residents and the church and fraternal groups caused the town boards to pass many ordinances which defined the limits of the restricted districts and attempted to establish rules governing the behavior of prostitutes and others while within these limits.[68] One such ordinance, passed by the Tonopah town board on April 7, 1915, stated that "it shall be unlawful for any public prostitute or woman notoriously abandoned to lewdness, to occupy, inhabit, live or sleep in any house, room or closet situated without the following limits in the Town of Tonopah"; and that it was

> unlawful for public prostitutes or notoriously lewd or abandoned women to stand, sit, or frequent the sidewalks in front or near the premises they may occupy, or at the alley way, door or gate of such premises, or to occupy the steps thereof, or accost, call or stop any person passing by, or to walk up or down the sidewalks, or to stroll about the city streets indecently attired, or in any other respects to behave in public so as to cause scandal or to disturbe the peace and good morals of the people.[69]

The political strength of the forces which supported the inhabitants of this district was shown when this ordinance was repealed in July of the same year, and one less obnoxious to the residents of the restricted district passed in its place.[70]

Each of the communities licensed prostitutes in the restricted districts. The usual license fee was five dollars per inmate per month, which was to be collected by the sheriff.[71] The collection of these fees led to many cases of alleged graft and extortion. At Goldfield, the district attorney, the sheriff, the justice of the peace, and other county officials were accused at various times of extortion and blackmail of these prostitutes. In not one of the many cases which were brought to the attention of the public by the newspapers was any action taken against those accused, although the evidence against the officials in a few instances seemed convincing.[72]

As the camps developed into modern communities with a stable population, there inevitably arose efforts to abolish the restricted districts. The result was a continuous battle between two groups of property holders within the towns. Publicly, on the one side were those who owned or lived in houses within the residential and business districts; on the other side were those who owned the property within the restricted districts. The latter, generally, were the most effective politically. Consequently, efforts by church and other groups always ended in failure.[73]

The method of financing the town governments was never efficient, and inadequate funds restricted the activities of the governing bodies. Money for the necessary expenditures was obtained at first from donations and subscription, and later, when the town boards assumed the responsibility of government, from taxes and licenses. The personal property tax and the bullion tax provided fairly large sums for county purposes. Some of this, of course, was used within the towns of Goldfield and Tonopah, but most of it was earmarked for school and road purposes. The commissioners were reluctant to levy a town tax in addition to the county tax, and as a result the towns, during most of this period, were forced to rely on the funds which were obtained from license fees on businesses within the town limits. The money obtained in this manner should have been adequate, but the lack of budgets, inefficient and lackadaisical management, poor collections, and in some cases, misappropriation, caused each of these communities to be in financial difficulties from the beginning.

The same financial difficulties prevailed at Goldfield. The loss of $200,000 through misappropriations, or embezzlement, aggravated the conditions here. This sum was shown to be missing by an auditor's report, financed by a group of Goldfield taxpayers, which was published on October 27, 1908.[74] The money was never recovered.

Conditions at Rhyolite were similar to those at the other two camps. Here the rapid decline of the town after 1908 brought a financial crisis in 1911 when proceeds from the license tax suffered a sharp decline. The situation was so bad that the commissioners decided not to accept any further compensation for sitting as a town board for Rhyolite. Finally, in the fall of 1913, upon petition of the remaining citizens, the town-board government was abolished by the county commissioners.[75]

The hit-or-miss financing at Tonopah and Goldfield was improved after 1913 with the creation of the Nevada Tax Commission.[76] This commission insured more revenue to these communities by raising the assessments on property and by forcing the towns and counties to make budgets to conform to regulations which the commission established.[77]

A peculiar feature in the development of government in these communities, especially Tonopah and Goldfield, is the fact that they never reached the stage of incorporation. Various efforts to that end were made in both of these camps, but they were never successful. The first attempt at incorporating the town of Tonopah came in 1902–1903 after the pneumonia epidemic in the winter proved the need for some form of organized government. Three other attempts were made during the period from 1900 to 1915: one in 1907, as a result of the sewage disposal question; another in 1909, as a result of the water and fire situations; and the third in 1915, in a general attempt to obtain more efficient government. All of these attempts met with failure.[78]

Two attempts were made to incorporate the city of Goldfield. The first, in 1904, was initated by the miners in their first annual meeting. The move failed when the appointed committees failed to obtain sufficient signatures to a petition to force an election.[79] The second attempt came in 1907, when Goldfield was at the height of its prosperity. It was sponsored by the Chamber of Commerce and supported by the newspapers. Opposition came from the taxpayers who could not be convinced that a proposed incorporation would bring them substantial benefits. This move, like all the others in these camps, was a failure.[80]

The legality of the town-board governments in the communities went unchallenged until 1915. In that year a group of Tonopah business men refused to pay their license tax because, in their opinion, the town board had exceeded its authority in levying such taxes. The case came before Judge Averill in the district court for Nye County. His decision, handed down September 20, 1915, upheld the contention of the defendants that the licenses were illegal, but denied their contention that the town board was illegal and had no right to legislate for the town. The court held that the board of county commissioners, acting as a town board, was within its legal rights in passing ordinances for Tonopah, but that it was restricted in this right by the Town Government Act of 1889 which gave the commissioners the right to license only those businesses listed in the act.[81]

A second ordinance was challenged at Tonopah in November, 1915, when the district attorney attempted to prosecute one of the residents of the restricted district for violation of Ordinance No. 34 (prohibiting houses of prostitution from Corona Avenue). The district attorney attempted to use the ordinance as evidence at the trial, but the defense counsel's objection to this was sustained by the court which held that the ordinance was invalid because it had not been passed at a regular meeting of the board on a date previously fixed for the purpose of transacting the business and affairs of the town of Tonopah.[82]

Under this decision, many of the Tonopah, Rhyolite, and Goldfield ordinances were probably illegal, for a number of the ordinances in each town were not properly published, were passed from an adjourned session, carried no effective date on their face, and were not resubmitted for final passage after publication.[83]

The ordinances passed by the Goldfield town board were never challenged in court, nor was the authority of the board ever questioned, although their actions apparently were more illegal than were those of the Tonopah and Rhyolite town boards. Until the year 1909, the Esmeralda County commissioners made very little effort to keep the affairs of the county and of the town of Goldfield separate. They combined the business of the two, not even bothering to adjourn as county commissioners and reconvene as a town board as prescribed by law.[84] Besides, they circumvented the provisions of the act of 1881 by appointing a town committee at Goldfield to govern for them.

The experiences of the miners in developing town governments in these communities were, in many respects, similar to those of their predecessors in the mining districts of California and Nevada in the period from 1849 to 1880. The mass meetings and the council or committees which were a part of those early districts were used again in these twentieth-century camps to obtain needed legislation. These forms were not used so extensively by the new camps simply because, by 1900, state legislatures had provided new forms of town government, and these gradually took the place of the mass meetings and committees. However, that the older forms were not entirely forgotten was illustrated by their use from time to time in all three of the new camps whenever immediate action was necessary, or when the citizens felt that the town officials were negligent in performing their duties.

The ability of these miners to govern themselves for long periods, in comparatively modern surroundings, while county government caught up with them, is illustrated best by the town of Rhyolite. In that camp of approximately five thousand people, a committee chosen at a mass meeting by popular vote performed all the functions of a modern city council and mayor from the middle of the year 1905 to the fall of 1907.

NOTES

1 *Tonopah Bonanza,* January 11, 1901; *Tonopah Daily Bonanza, Annual Review,* December 20, 1913; Sawyer, "Gold Rushes," p. 17.

2 *Tonopah Daily Sun,* March 18, 1905.

3 Frederick L. Ransome, *The Geology and Ore Deposits of Goldfield, Nevada,* ("U.S. Geological Survey Professional Paper," No. 66 [Washington: Gov't. Printing Office, 1909]), p. 18.

4 *Goldfield News, Second Annual Edition,* 1906–1907, p. 94; Ransome, *Geology and Ore Deposits at Goldfield,* pp. 40–41.

5 "Mines of Tonopah," in *Mining and Scientific Press,* XC (March 25, 1905), 182; Spectator, "New Gold Mines." *Outlook,* LXXXII (April 7, 1906), 785–786; Philip V. Mighels, "When Mammon Makes a Camp," *Harper's,* CX (April, 1905), 719–728.

6 Davis, *Nevada,* II, 864; Sawyer, "Gold Rushes," pp. 18–19.

7 J. E. Spurr, *Geology of the Tonopah Mining District, Nevada* (U.S. Geological Survey Professional Paper," No. 42, [Washington: Government Printing Office, 1905]), pp. 25–27; *Goldfield News,* April 29, 1904; *Rhyolite Herald,* May 5, 1905.

8 *Tonopah Daily Bonanza, Annual Review,* December 20, 1913.

9 B. W. Currie, "Housekeeping in Alkali Land," *Good Housekeeping,* IL (August, 1909), pp. 119–128.

10 Sawyer, "Gold Rushes," pp. 19–20.

11 "Biennial Report of the Secretary of State, (Nevada), 1903–1904," p. 44.

[12] "The Modern 49ers," *Harper's Weekly*, XLVII (June 20, 1903), p. 1022.

[13] *Goldfield News*, May 6, 1904; Davis, *Nevada*, II, pp. 877–878.

[14] *Goldfield Daily Tribune*, September 28, 1909.

[15] *Rhyolite Herald*, August 4, 1905, January 19, 1906; *Rhyolite Herald Pictorial Supplement*, March, 1909.

[16] "Report of the State Board of Health, 1901–1902," in *Appendix to Journals of the Senate and Assembly*, (1903), pp. 5–7.

[17] *Goldfield News*, May 6, 1904, January 6, 1905; *Tonopah Sun*, January 14, 1905.

[18] *Tonopah Bonanza* files for years 1901 and 1902; *Goldfield News* for the years 1904 and 1905, and the *Rhyolite Herald* for the year 1905.

[19] *Tonopah Bonanza*, July 27, September 28, and December 28, 1901; Sawyer, "Gold Rushes," pp. 22–23.

[20] *Commissioners Minutes*, Esmeralda County, Hawthorne, Nevada, April 4, 1904, Book I, pp. 195–196; *Goldfield News*, May 20, 1904.

[21] *Goldfield News*, May 27, 1904.

[22] *Rhyolite Herald*, *Pictorial Supplement*, "Rhyolite Public Schools," March, 1909.

[23] Thomas K. Gorman, *Seventy-five Years of Catholic Life in Nevada* (Reno: The Journal Press, 1935), pp. 106–107.

[24] Davis, *Nevada*, II, 581–586.

[25] *Ibid.*, II, 871–872.

[26] *Rhyolite Herald*, November 16, 1906; Gorman, *Seventy-five Years of Catholic Life in Nevada*, p. 108.

[27] *Minute Book of the Ancient Order of United Workmen, Tonopah, Nevada*, pp. 7–79.

[28] *Tonopah Bonanza*, April 19, 1902; Sawyer, *Gold Rushes*," p. 32; Davis, *Nevada* II, 675–684.

[29] Davis, *Nevada*, II, 876.

[30] Currie, Housekeeping in Alkali Land," pp. 119–128.

[31] *Goldfield News*, May 26, 1905.

[32] *Goldfield News*, May 26, 1905.

[33] Special Contributor, "Goldfield, Nevada," *Mining and Scientific Press*, XCIV (June 8, 1907), 721–723.

[34] Paine, "Gold Camps of the Desert," pp. 261–263.

[35] U.S. Bureau of the Census, *Thirteenth Census of the United States, 1910* (Washington: Government Printing Office, 1912), III, 79.

[36] U.S. State Department, *Report of Special Commission on Labor Troubles at Goldfield, Nevada, and Papers Relating Thereto*, 60th Cong., 1st Sess., H. Doc. 607, 1908, pp. 28–29.

[37] *Thirteenth Census of the United States, 1910*, III, 79.

[38] *Ibid.*, III, 79.

[39] *Goldfield News*, May 13, June 24, 1904.

[40] *Goldfield News*, July 8, 1904; *Tonopah Daily Bonanza*, July 3, 1912.

[41] *Goldfield Daily Tribune*, February 22, 1909.

[42] *Goldfield Daily Tribune*, November 24, 1908.

[43] *General Statutes of Nevada in force from 1861 to 1885*, compiled by David E. Bailey and John D. Hammond (Carson City 1885), pp. 550–560.

[44] Charles Howard Shinn, *Mining Camps, A Study in American Frontier Government* (New York: Charles Scribner's Sons, 1885), pp. 279–287; Henry N. Copp, *American Mining Code* (Washington: Copp and Co., 1903), pp. 3–4, 117–118.

[45] *Tonopah Mining District Records, 1901–1905*, Nye County Recorder's Vaults, Vols. A-L.

[46] *Tonopah Daily Sun*, April 14, April 22, 1905.

[47] Wiel, "Observations on Tonopah and Goldfield," p. 238; *Tonopah Daily Sun*, January 13, 1905; "Report of the Surveyor-General" (Nevada), 1915–1916, p. 20.

[48] *Tonopah Daily Sun*, July 7, 1905; *Proceedings of the Town Board, Tonopah, Nye County*, July 7, 1905, Book A, pp. 1–10.

[49] *Goldfield News*, July 21, 1905; Davis, *Nevada*, II, p. 859; Sawyer, "Gold Rushes," pp. 59–61.

[50] *Rhyolite Herald*, August, 4, 11, 18, 1905.

[51] *Rhyolite Herald*, September 15, November 10, 1905.

[52] *Rhyolite Herald*, April 26, July 12, 1907.

[53] *Rhyolite Herald*, January 19, May 18, June 22, November 2, 1906; January 4, 18, March 15, 1907.

[54] *Tonopah Daily Sun*, September 29, 1908; *Goldfield Daily Tribune*, September 30, 1907.

[55] *Goldfield News*, May 27, 1904.

[56] *Tonopah Daily Sun*, February 11, 1905.

[57] *Proceedings of Town Board, Tonopah, Nye County*, December 5, 1907, Book A, p. 90.

[58] *Ibid.*, October 5, 1908, p. 119.

[59] *Tonopah Daily Bonanza*, August 23, 1912.

[60] *Proceedings of Town Board, Tonopah, Nye County*, September 5, 1912, p. 305; *Tonopah Daily Bonanza*, August 27, 1912.

[61] *Tonopah Daily Bonanza*, June 30, 1915.

[62] *Tonopah Daily Sun,* July 9, 1905; *Goldfield News,* July 14, 21, 1905.

[63] *Goldfield News,* July 8, 1904.

[64] *Commissioners Minutes, Esmeralda County,* August 7, 1905, Book I, pp. 346–347; *Goldfield News,* August 18, 1905.

[65] *Tonopah Daily Sun,* July 9, 1905; *Goldfield Daily Tribune,* April 16, 1909; *Goldfield News,* April 15, July 15, 1911.

[66] *Rhyolite Herald,* issues from 1906 through 1908.

[67] *General Statutes of Nevada,* 1861 to 1885, pp. 551–554.

[68] *Proceedings of the Town Board, Tonopah,* July 3, 1907, Book A, p. 62; *Commissioners Minutes, Esmeralda County,* April 2, 1906, Book I, 445; *Proceedings of the Town Board, Rhyolite,* August 7, 1907, Book A, pp. 66–77.

[69] *Proceedings of Town Board, Tonopah,* April 7, 1915, Book A, pp. 423–426.

[70] *Proceedings of Town Board, Tonopah,* July 8, 12, 1915, Book A, pp. 435–438.

[71] *Proceedings of Town Board, Tonopah,* July 3, 1907, Book A, p. 62; *Proceedings of Town Board, Rhyolite,* August 7, 1907, Book A, p. 71; *Commissioners Minutes, Esmeralda County,* April 2, 1906, Book I, p. 445.

[72] *Tonopah Daily Sun,* August 4, 1905; *Goldfield Daily Tribune,* September 25, 1907, April 14, 1908.

[73] *Commissioners Minutes, Esmeralda County,* October 4, 1911, Book I.

[74] *Goldfield Daily Tribune,* October 27, 1908.

[75] *Proceedings of Town Board, Rhyolite,* January 7, 1911, Book A, p. 228; September 3, 1913, Book A, p. 355.

[76] Romanzo C. Adams, *Taxation in Nevada: A History* (Carson City: Nevada Historical Society, 1918), pp. 63–65.

[77] *Ibid.; Proceedings of Town Board, Tonopah,* December 7, 1915, Book A, pp. 466–467.

[78] *Tonopah Daily Sun,* January 26, 1907, May 18, 20, 1909; *Tonopah Daily Bonanza,* September 22, 1915.

[79] *Goldfield News,* October 21, 1904.

[80] *Goldfield Daily Tribune,* September 20, 24, 1907.

[81] *Tonopah Daily Bonanza,* September 20, 21, 1915.

[82] *Proceedings of Town Board, Tonopah,* November 8, 1915, Book A, p. 458.

[83] *Proceedings of Town Board, Tonopah,* Book A, meetings from 1905 through 1915.

[84] *Commissioners Minutes, Esmeralda County,* meetings from 1905 through 1915.

4. *Publicity and Speculation*

One of the most characteristic aspects of the boom in southern Nevada was the wild speculation which marked its progress in each of the towns. Speculation was most prevalent from 1903 through 1908 while the railroads were being built and the mining companies were gaining control of the districts. Its success during these years can be attributed to the following: the extraordinary richness of the ores, the amazing publicity which the camps received, the method of obtaining capital for the mines, the early attitude of the mining community towards speculation, the eagerness of the public to speculate in mining stocks at this time, the activity and resourcefulness of the promoters who were active in the districts, the modern means of communication, and the loose corporation laws of the state of Nevada.

Speculation started in the southern Nevada area shortly after the discovery of Tonopah when it was believed that rich ore underlay the surface at all points. This led to the sinking of shafts every few hundred feet and the consequent rise of many fake mining companies whose holdings consisted mainly of worthless holes in the ground. Further development in the area showed the fallacy of this reasoning and the flurry of speculation died out. The promoters, unable to get started at Tonopah because the best mineral prospects were controlled by two companies, moved on to Goldfield where they found a fertile field for their peculiar talents.

At Goldfield the heavy transportation charges and the costly reduction rates forced the leasers to ship nothing but ore which was valued at one hundred dollars per ton, or more. Convincing proof of the attempt by the leasers to mine only the richest ore came with the carload of ore (mentioned in Chapter 2) which averaged more than $12,000 per ton and returned a check for $574,958.39.[1] Although not deliberately intended as a publicity stunt, the carload of ore drew wide attention to the district and attracted all kinds of promoters, speculators, and downright frauds.

Second only to the richness of the ore as a stimulus to the speculative boom at Goldfield was the widespread publicity which the camp received from articles written by professional mining men in professional magazines. Many of these experts were sent into the Tonopah-Goldfield area by capitalists in Eastern cities who were unwilling to accept the first reports from the district without confirmation.

Journalism

Along with the professional geologists and engineers there entered a host of writers representing popular magazines. Although the area produced no Dan De Quille or Mark Twain, the writers who flourished there in the boom period made up in quantity what they lacked in quality. The pages of the many national magazines of the period are filled with such titles as: "Prize Fights as Mine Boomers," "Confessions of a Stock Speculator," "Stock-gambling and Innocent Investors," "Promoting Wildcat Mines," "The Labor Troubles at Goldfield," "Bride Comes to the Desert," "Gold of the Burning Desert," "Social Life among the Western Miners," "Gasoline Camel of the American Desert," "Housekeeping in Alkali-land," "What Tonopah's

Gold has Wrought," "When Mammon Makes a Camp," "Tricks of the Highgraders," "Seizing the Desert's Last Stronghold," and numerous less striking ones.

Ranking with the magazines as publicity agents were the many local newspapers established at each new mining strike of more than a few days' existence. Their articles were vigorous, descriptive, and boasting and were carried in whole or in part by many of the leading newspapers throughout the nation. Above all else the local newspaper was intensely loyal to the town and district represented, and as long as the paper remained within its boundaries, that town was "the greatest camp on earth."

At Tonopah, the first newspaper was the *Tonopah Bonanza,* established and edited by W. W. Booth. The first issue appeared June 15, 1901, some ten months after the first mining locations had been made. The paper was a small-format, five-column, four-page weekly, and sold for twenty-five cents per copy. The half-medium, Challenge-Gordon footpower press, upon which the initial issue was printed, was the first piece of machinery to enter the camp.[2] The paper became a daily on October 24, 1906.[3]

Later in 1901 another weekly, the *Tonopah Miner,* was established by S. C. Dunham and T. D. VanDevort.[4] The third weekly, the *Tonopah Sun,* was established by L. C. Branson, on May 11, 1904. This paper became the first daily in southern Nevada on January 10, 1905, after the arrival of the first linotype machine in the area.[5]

The first paper in the Goldfield district was the *Goldfield News,* established as a weekly by J. F. O'Brien. The first issue appeared on April 29, 1904, some two years and four months after the rush to the district began. It was a small-size, five-column, folio paper and was printed on a machine pieced together by the owner.[6] The first daily paper was the

Goldfield Sun, established by L. C. Branson. The first issue appeared February 1, 1905. For two months the paper was printed in the office of the *Tonopah Sun* and the papers sent to Goldfield by auto. Later, when more equipment arrived, the paper began printing at Goldfield.[7] The *Goldfield Sun* was forced out of business in September, 1906, because of labor difficulties, and its office and equipment were taken over by the *Goldfield Daily Tribune*, whose first issue appeared September 24, 1906, with J. C. Martin as editor.[8] Another daily paper, the *Goldfield Daily Chronicle*, began publishing as an afternoon daily in September, 1906. Its owners were H. Dunn, H. Allen, and T. F. Barnes.[9]

The *Bullfrog Miner* was the first paper in the Bullfrog district. Its first issue appeared on March 30, 1905, with Frank P. Mannix as publisher.[10] A second weekly, the *Rhyolite Herald*, began publishing May 5, 1905, with E. R. Clemens as editor. It became a twelve-page, six-column paper on April 6, 1906.[11] The only daily in this area was the short-lived *Rhyolite Daily Bulletin* which began publishing on September 23, 1907.[12]

Other camps which were discovered in this period also had their papers: Manhattan, discovered in 1906, had three papers by the end of 1907—the *Manhattan Mail*, the *Manhattan News*, and the *Manhattan Times*. Round Mountain, discovered about the same time as Manhattan, had the *Round Mountain Nugget*, published from 1906 to 1910. Rawhide had its *Rawhide Rustler*; Ramsey, the *Ramsey Recorder*; Searchlight, the *Searchlight Bulletin*; and so on down through the long list of new discoveries.[13]

All of these newspapers carried in their columns the latest mining news about their respective camps along with the advertising which was meant to obtain investors for the district. They were read and passed on by the people in the streets, or sent to relatives. Many were sold at news stands in San Francisco, Los Angeles, Denver, Chicago, Philadelphia, New York, and other cities. The fluctuation in Goldfield-Tonopah-Bullfrog stocks was watched and charted by many eager readers throughout the United States.

An interesting counterpart of the newspaper in the Bullfrog district, but no less a part of the publicity campaign waged throughout the area, was the *Death Valley Chuck Walla,* "a Magazine for Men," published at Greenwater, California. The *Chuck Walla* was the most colorful of the few magazines which developed during these booms. Its advertisements never tired of praising the mines of the region. The first semimonthly issue appeared January 1, 1907, and sold for ten cents per copy. The buildup given the town of Greenwater in the initial issue was typical of those which followed:

> Come to Greenwater. The coming Metropolis of the Western Desert. Greenwater is the supply center for the largest copper district ever discovered. This town of the Funeral Mountains will be a flourishing city in a few months. It holds for the Investor, the Speculator, or the Homeseeker, the greatest opportunities ever offered by a mining town. In six months it has grown to be a town of 2,000 inhabitants. Real estate values on town lots are jumping upwards each day. Your opportunity to get in right on some good city lots is now. Tomorrow their values may be doubled and the chance to buy them gone. Write or Wire Your Reservations to the Townsite Company, Greenwater, Inyo Co., California.[14]

Such excessive statements seem ridiculous to us today, yet during the development period in these districts the reading public was so eager to invest in these mines that such statements were not only read but believed.

The Schemers

The greatest individual publicists of these camps were the stock promoters and the speculators. In order to promote their schemes they needed a mass of prospective suckers. To obtain these, the widest publicity was necessary, and the imaginative minds of the promoters knew no bounds.

At first the local newspapers were used to tell the world about the promotions. However, the local press provided a much-too-limited reading public, so the promoters turned to the national newspapers. Favorable write-ups were obtained by buying advertising space and submitting news releases with the advertisements. In many instances "news" releases, written by promoters, were printed verbatim.[15] Thus, readers in Chicago, Los Angeles, Denver, New York City, Philadelphia, Boston, and other cities were reached by stock speculators in Goldfield and Tonopah.

In 1906, a group of promoters, aware of the advantages of new ideas in advertising their stocks, decided to hold a championship boxing match at Goldfield in order to focus the attention of the world on the new mining booms. The idea was the product of the fertile minds of George Graham Rice and George Lewis "Tex" Rickard. Rice had entered the Nevada gold fields with a varied career in crime behind him. Born in New York in 1870 as Jacob S. Herzig, his early inclination to follow criminal paths was evidenced by his being sentenced to the Elmira Reformatory in 1890. Released from there, he was arrested in 1895 for forgery and sentenced to Sing Sing prison. After leaving the latter institution he assumed the name of George Graham Rice and in 1900 became a reporter on the *New Orleans Times-Democrat*. Rice arrived at Goldfield sometime in the year 1904 and immediately established an advertising bureau in the Arcade building. In 1905 he expanded the advertising business into the L. M. Sullivan Trust Company to promote some mining stock in which he had become interested. The figurehead of the L. M. Sullivan Company was a former Seattle innkeeper named Larry Sullivan. Rice's name was never directly associated with any of his promotions.[16] Tex Rickard was born in Clay County, Missouri, on January 2, 1871. His career, from the moment he left a position as marshall in a small Texas town until his death in Miami, Florida, on January 6, 1929, showed a strange mixture of shrewd promoter and country rube. After participating in the Klondike rush in the late 1890's as bartender, gambler, small-time fight promoter, and saloon keeper, Rickard entered Nevada just in time to play an important role in publicizing Goldfield to the world.[17] In July, 1906, Rice and Rickard persuaded a group of Goldfield businessmen to organize the Goldfield Athletic Association to bid for the championship fight between Joe Gans, the lightweight champion of the world, and Battling Nelson, the challenger. The businessmen, mine operators, and promoters soon subscribed sufficient funds, and the final signatures for the match were obtained August 9, 1906.[18]

The match was a signal for sports writers throughout the nation to flock to the new mining discoveries, and to begin sending daily articles to the newspapers or magazines they represented. Rice and the other Goldfield promoters made certain that these articles carried some mention of the area and of the "fabulous opportunities" to invest money in the mines. Rice did his work so well that by the time the fight took place the outside world pictured the L. M. Sullivan Trust Company, which he operated, as the financial backbone of the district.[19]

The activities of Rickard and Larry Sullivan, Rice's man Friday, were noted with interest. It was stated they had wired Don Ramon de Gonzales, of Juarez, Mexico, offering $25,000 for a bullfight for Labor Day morning as an additional attraction to the boxing match.[20] Rickard was interviewed by a San Francisco paper, and a full-page article followed on "Tex Rickard, Man of Mystery and of Mines, a Fight Promoter," by Pauline Jacobsen.[21] The movements of the two fighters were chronicled daily. They were taken on tours of the mines and given so many banquets that one wonders when they did their training for the fight. Gans was said to have won eighteen hundred dollars at a game of dice and to have wired five hundred of this to his aged mother.[22]

A feverish excitement gripped the camp as the fight date approached. The Southern Pacific Railroad made one-way rates for round trip transportation to Goldfield, and carried crowds on flat cars filled with benches. On the day of the fight, September 3, 1906, the Goldfield saloons and gambling houses closed all day for the first time in the history of the camp.[23] Gans won on a foul in the forty-second round, but the outcome was not so important to the promoters as was the fact that the fight had served its purpose as a publicity stunt. It was a unique method to advertise mines and it worked well only once. Other fights were staged at Tonopah and Goldfield and other boom towns of the area, but none was so successful in focusing the attention of the public on any particular town as the Gans-Nelson bout in Goldfield.[24]

Another publicity stunt of the promoters was the excursion train. These trains came from San Francisco, Los Angeles, Salt Lake City, and Denver, with proper publicity attending their arrivals and departures into and out of the towns of the new mining districts. The first and most prominent of these was the visit of twenty-three members of the San Francisco Stock Exchange to Goldfield in July, 1906. This trip was arranged after the exchange had decided to list Tonopah and Goldfield stocks. The trainload of businessmen received welcomes at Reno and Tonopah through which they passed on the way to Goldfield. At the latter camp they were kept busy day and night visiting mines, saloons, and dance halls, and attending banquets in their honor. Their chairman wrote: "Another grand banquet awaited us at Goldfield, which lasted until 2:30 in the morning, in consequence of speeches, mineral water and other necessaries of life. We averaged a little more than two hours sleep each night in consequence of the honors heaped upon us." [25] Salt Lake and Denver businessmen visited Goldfield in 1905, as did another group of San Francisco businessmen in 1906.[26] One of the largest of these excursion trains was the second excursion from Los Angeles to Rhyolite, in January, 1907. For several days previous to the departure of the train, stereopticon lectures were given at the assembly hall of the chamber of commerce at Los Angeles, picturing the Bullfrog district to crowded houses. The excursion train arrived at Rhyolite on January 25, carrying over two hundred people into the district. The usual round of festivities followed.[27]

A third factor encouraging the speculative boom at Goldfield and the other camps of the district was the method used to capitalize the mines. The million-share company, with shares selling at one dollar par value, was admirably suited to the needs of the early operators in their attempt to obtain money to develop the mines. At first, these companies were legitimate mining concerns having valuable ore holdings to back their stock. However, as the better locations were taken by the mining companies, numerous speculative ventures developed. The promoters of such schemes found in the million-share company the ideal tool for their manipulations.

The eagerness of the public to invest in mining stocks during these years was a fourth factor in the speculative activity of the period. A veritable craze for mining stocks swept the country in the early years of the twentieth century. Nothing seemed too absurd to be believed. Statements in the advertisements and prospectuses from the promoters were accepted at face value without a thought toward the most cursory kind of investigation.

The sale of southern Nevada mining stocks reached great heights. At San Francisco, on January 2, 1906, all records were broken by the brisk business in Goldfield, Tonopah, and Bullfrog stocks. At Boston, investments and speculation in stocks of the Tonopah, Goldfield, Bullfrog, and Manhattan districts reached new records. One writer stated that a billion dollars worth of mining security was created in 1906, and that it was estimated that one hundred million dollars had been realized from Nevada gold-mining shares. In San Francisco, Salt Lake City, and Goldfield, the buying and selling reached such proportions that mining exchanges were forced to close for days at a time to allow brokers to catch up with their orders.[28] Another writer stated that in the last few months of 1906, there had been a craze for mining stocks on the curb in New York and on the markets of Toronto, Denver, and San Francisco, and warned the small investor to keep out of the area.[29]

Stock exchanges were established at Tonopah, Goldfield, and Rhyolite to share in this speculative frenzy. The Tonopah Stock Exchange was organized December 31, 1902, with H. C. Cutting as its first president, and a membership limited to one hundred members. Two daily sessions were held, one at eleven in the morning and the other at two-fifteen in the afternoon.[30] The Goldfield Stock Exchange was organized October 2, 1905, at first holding only one daily session.[31] Business increased so rapidly that soon three sessions were necessary: one in the morning, one in the afternoon, and one in the evening. The activity surrounding this exchange can best be told by one of the witnesses writing in the *Goldfield News:*

> During sessions the scenes about the Goldfield stock exchange beggar description. A crowded pack of humanity fills the low-ceiled room and overflows to the sidewalk, where, in hushed whispers and tense, drawn faces, they discuss the merits of the stocks, combinations and pools, at the same time intently listening to the frenzied calls of the brokers in the pit who scramble and tear each other's clothing with all the vigor of those in the Chicago wheat market. Men who have blazed trails through Alaska stand side by side with hysterical women who, no sooner having placed an order for stock, wish to have it changed. Fortunes are made and lost in less time than it takes to smoke a cigar, and many a stalwart mine owner stands nonchalantly in the crowd while the excited people whom he does not even know, bid his property to ten times the valuation which he himself places upon it.[32]

The Rhyolite Mining Stock Exchange opened for business March 25, 1907, with George Thatcher as president.[33] The exchanges in all three of these towns encouraged speculation and added to the general interest in stock selling and buying.

Still another factor aiding the growth of speculation in these camps was the attitude of the public in general, and mining men in particular. Many believed that speculation was a necessary part of the mining finance of the region and was warranted by the difficulties surrounding the early attempts to obtain capital to develop the mines. They insisted that a certain amount of speculation had to be involved in any mining venture. This attitude was fostered in the early days of the camp by the fact that many of the successful mining companies in each of the districts had been helped by speculation.

Many stock promoters at Goldfield were quite frank about the methods they used to attract investors.[34] One such firm described its basic procedure as follows: first, an option on some promising claim had to be purchased; second, enough people had to be obtained to furnish the money necessary to buy the option, pay for incorporation and like expenses (each of these individuals would receive in return a pro rata share of the promotion stock); third, the company had to be incorporated (the usual procedure was to form a million-share company, with three hundred thousand shares of treasury stock and seven hundred thousand shares of promotion stock); fourth, the treasury stock had to be sold to obtain money for development purposes; fifth, favorable write-ups were to be obtained by "subsidizing" editors and managers with stock shares; and sixth, it was necessary to obtain good directors by offering them ten thousand shares of stock each, for "one good man would be sufficient and it was always smart to have the directorate made up of people who were directors in other companies which had already been proven sound."

Proceeding on the basis of this system, the firm began selling stock in the companies it represented. In order to obtain as wide a selling field as possible, various men were contacted throughout the country to act as agents for the sale of stocks. Many of these were friends or acquaintances of past days; others were businessmen, or persons who had become interested in the stocks through advertisements in the newspapers and had written to the firm for information. The propositions offered these prospective agents were either that the agent could sell the stocks and receive two and one-half cents per share for any such sales, or, if the agent did not want to handle the stock himself, he could submit a list of names of prospective buyers and receive one-half cent for each share sold on this basis.

Besides attempting to attract individual agents, the firm tried to interest other stockbrokers in handling their stock. Contacts were made mainly in San Francisco, although an occasional contact was made in the Midwest. Such agreements usually called for a commission to the outside stockbrokers of nine cents per share for stock which they sold at fifteen cents per share.

Still another device used to interest outsiders in the Nevada goldfields was the procedure whereby interested individuals were asked to furnish the money necessary to grubstake a prospector. If good claims were obtained the investor, the prospector, and the stock agents formed a company, dividing the stock so that the investor obtained one-half interest and the other two, one-fourth each. This scheme, as well as many others, had the additional advantage of making an initial contact that could be continued and enlarged in the following months.

The type of promotion noted above, although bordering on purely speculative venture, generally was backed by bona fide claims and the intention to invest the capital raised. The wildcat, another type of mining promotion prevalent in these regions, had no such claims and no such intentions. The wildcatters promoted mines against all the rules of mining law, mining customs, and promotion methods. They violated the first rule of mining location by appropriating mineral ground before making a discovery of a vein, or lode, within the limits of the claim. Further, they made no effort to do the one hundred dollars worth of annual labor which was required by law. Besides violating the mining laws of the United States and of the state of Nevada, they made false claims of ore values, used false advertising, and resorted to all the tricks of mine salting which had been known to their kind for many years past.

The wildcats were described vividly in an early issue of the *Death Valley Chuck Walla.* The description began:

> Wildcats are a product of the desert. The game of wildcatting is a game of the desert mining camps. The bait of the wildcat is the lure of easy money made from developing mines that will prove great dividend payers. The suckers are the investors who buy mining stock of which they know nothing. . . . Their total investment in the scheme is a combination of audacity and cleverness. Audacity is needed in their scheme to face the possible criminal prosecution which might follow their bold attempt to rob the public, and cleverness is required to properly bait the wildcat trap and catch the public.

The *Chuck Walla* listed other essentials: first, claims, "some of which may possibly contain mineral"; second, a stock company incorporated along the lines of a good mining company; third, stock sales which could be obtained with the aid of judicious and extensive advertising which emphasized that large dividends were promised for a small investment. The article went on to state that

> wildcat promotions depend upon the small investor. They always sell stock cheaply, because they can tempt the easy dollars in their direction by appealing to the cheap investor. They have a cheap bait and they expect to catch a cheap public, but they have a well-schemed plan, and they succeed. The money which they receive and with

which they are to promote the mine goes into the pockets of the wildcatter, and the mine remains just what it was in the beginning—a worthless piece of land near some good mining camp.[35]

The circumstances in these districts which were conducive to the development of speculation also attracted many wily promoters, whose ingenuity was matched only by their audacity. Taking advantage of the existing conditions, they flourished during the years from 1904 through 1907, and literally spread worthless mining certificates from one end of the country to the other. The most notorious of these, and for a time at least the most successful, was George Graham Rice, mentioned earlier in connection with the promotion of the Gans-Nelson fight in 1906.

Operating under the cloak of the L. M. Sullivan Trust Company, Rice began one of the most extensive advertising campaigns known to Nevada mining. He had correspondents in Salt Lake City, Denver, Chicago, Philadelphia, New York City, and San Francisco as well as in numerous other smaller cities. He advertised in the newspapers in these cities, gave stock away liberally where he thought it would do the most good, and often as a result obtained preferential treatment in write-ups of national mining news. His telegraph bill for one week was over $11,000, and his daily gross income was estimated at $140,000, most of which came to him in small amounts from the myriad of investors he contacted through the newspapers and trade magazines. The advertisements sent out by Rice, in practically all instances, were misleading, and in many cases were completely false; for example, one advertisement claimed a mine had shipped $50,000 worth of ore, when in reality an examination of the property revealed that the ground had not been touched. The L. M.

Sullivan Trust Company was supposed to have a sucker list of over sixteen thousand names.[36] Yet Rice was looked upon by many as a successful businessman in the years 1904–1907. His business contacts in Goldfield and Tonopah were with some of the best and most respected houses. He took part in most of the activities of the early camp, being particularly prominent in civic affairs and social life. There was no doubt that he had done more than his share to advertise the district. But he was never completely accepted into the inner circle of Goldfield operators and businessmen, as evidenced by the fact that the Goldfield Stock Exchange refused to list the stocks he represented although these same stocks were listed by the San Francisco Stock Exchange.[37]

However much success the L. M. Sullivan Trust Company had in 1905 and 1906, its foundations were such that a collapse was inevitable. It came with surprising suddenness on January 5, 1907, when on the opening of the San Francisco Stock Exchange the L. M. Sullivan Trust stocks collapsed. Dealers in these stocks lost an estimated $100,-000. The beginning of the end could have been foreseen, for the drafts of the company were protested when presented for payment the day after Christmas, 1906.[38] At New York, attachments were filed against the firm's property for $102,700 by Frank S. Colton. At Goldfield, James Degan, a San Francisco broker began attachment proceedings for $46,000. On January 8, 1907, four deputy sheriffs took possession of the L. M. Sullivan Trust Company at Goldfield. Rice promised to meet all obligations,[39] a promise he had no intention of keeping as his immediate flight to Reno proved. The fact that Rice was never prosecuted for any of his Goldfield activities, but allowed to establish other companies in Reno and begin again his speculative ventures, illustrates the laxness of Nevada corporation laws of the period.

The collapse of the L. M. Sullivan Trust Company started the downfall of the State Bank and Trust Company which handled all of Rice's business. The indebtedness of the L. M. Sullivan company to the bank, an indebtedness which amounted to $284,295.79, was brought to light by a suit filed against the company by the receiver for the State Bank.[40] It was established in the first report of the bank receiver that the State Bank and Trust Company had been a party to the L. M. Sullivan Trust Company's transactions and had loaned the company money with little or no security to back the loans.[41]

The Bullfrog district had its wildcatter in the person of Dr. J. Grant Lyman. This area was particularly fertile ground for speculative purposes, due to its isolation and colorful setting on the edge of Death Valley. Lyman's two most famous speculations in this area were the Bullfrog Rush Company, and the Boston-Greenwater Company. In order to reap the harvest of the latter's stock he went to Boston to sell shares and, incidentally, to be away from the Bullfrog district when the company crashed. While at Boston he made the mistake of trying to sell some of his worthless stock to another speculative agency, the B. H. Scheftels Company (which was later to become the property of George Graham Rice). This company charged him with fraud and had him arrested. He was released without trial, but never returned to Nevada.[42] There were numerous other such promoters in the district but none so clever as these two. Most of the minor ones were discovered and sent out of the area before the end of 1907.[43]

The climax of the era of speculation came in 1908 with the Rawhide boom. The first locations in this district had been made in December, 1906, but the area did not attract attention until the spring of 1908.[44] The rush to Rawhide at this time was due mainly to three things: first, the depression of 1907, which threw many miners out of work throughout the southern Nevada area; second, the Goldfield labor troubles which almost completely stopped production in that camp; and third, the activity of the promoters who took advantage of the first two reasons to fill the newspapers and magazines with false claims of another Comstock.

The three men responsible for the promotion were George G. Rice, who came back into the limelight from his semi-retirement at Reno, Tex Rickard, and Nat C. Goodwin, the prominent New York actor. They did their work so well that the camp attracted from three to five thousand people in less than a year.[45] Their success is more remarkable when it is considered that by the time of the Rawhide boom, Rice's reputation was well known, and that the mining magazines were flaying his actions at Rawhide from beginning to end. The editor of the *Mining and Scientific Press*, in a series of articles in March and April, 1908, stated that there was not a true well-defined vein in the camp, except for the Royal and Tiger, and there was too much insincerity about the whole place; "their ore, as they call it, is thrown over the dump like waste, and it resembles waste, regardless of the claim being made that it is all mill ore." He went on to say that there was no quantity of high-grade ore at present because no one was sacking and shipping despite the fact that "there are at least seventy-five teams going back empty to the railroad willing to haul ore for five dollars a ton."[46] The *Goldfield Daily Tribune* summed up the situation at Rawhide in an article in July, 1908, which stated that the progress of the townsite was at least three years in advance of the development of the mines.[47]

As a matter of fact there was only one mine at Rawhide which could be developed, and it produced only a meager $147,189 for the year 1908. This mine continued production for many years at approximately the same yearly production, but the town was finished after 1908. Those remaining were essentially the same people who were in the camp before Rice and his partners started their buildup campaign.

A costly fire on September 4, 1908, punctured the Rawhide boom. The fire destroyed thirty-seven buildings, including ten saloons, five hotels, and all the restaurants and grocery stores. The damage was estimated at between $500,000 and $750,000.[48] Relief was sent immediately by residents of Goldfield and Tonopah. The town was never completely rebuilt although some feeble efforts in this direction were made. As soon as they could arrange transportation, the majority of the people left Rawhide never to return. The rush had lasted about eight months, but during that time the town had gone through the same processes of growth and development that had marked the other, more permanent towns. Its end marked the close of the speculative boom in southern Nevada.

The speculative boom was evident not only in the promotion of mines, but also in the promotion of towns. For wherever a mine was discovered, a town soon followed. The promoters who bought up town land and tried to sell it were just as active as those who tried to sell stocks in the mines. Townsite promoters used the same methods and usually hooked the same type of sucker. Many of the towns existed only in the imagination of the promoters, others were promoted by the mining companies involved, or in the case of Las Vegas, by the San Pedro, Los Angeles, and Salt Lake Railroad.

The number of towns which sprang up was amazing. Besides the larger towns of Goldfield, Tonopah, Las Vegas, Rhyolite, Silver Peak, Manhattan, Round Mountain, and Bullfrog, there were scores of others which existed for a short time and then completely disappeared. The few ghost towns which exist today are no indication of the extent of growth in these districts. A far larger number of these "paper" towns have no buildings or marks to guide the tourist, and the fact of their existence can be traced only in the files of the newspapers of the districts or in the records in the various county courthouses. Most of these townsites were advertised in the papers of the camps as the greatest new towns in the Nevada desert. Most received few settlers, and many were never placed on a map.[49]

Legal Controls

Reaction against speculation in the southern camps moved slowly. Movements to stop the abuse began as early as 1905, but were not successful until after the crash of the L. M. Sullivan Trust Company in January, 1907, after the damage had been done.

At Tonopah in April, 1905, the Tonopah Mine Owners' and Brokers' Protective Association of Nevada was formed. An antiwildcat group, it was never very active due to the fact that by the time it became properly organized the majority of speculators had moved to the richer Goldfield area to the south.[50]

It was at about the same time that the *Mining Investor* magazine was organized at Denver, Colorado, its main purpose being to expose wildcat schemes. However, some of the Nevada wildcats were advertisers, so its value along these lines can be seriously questioned.[51]

The 1907 depression, with the subsequent failure of many mining companies throughout the southern Nevada mining regions, brought matters to a head and exposed the whole rotten speculative structure. Local newspapers and magazines as well as the more substantial mine operators and businessmen gradually assumed a more intolerant attitude toward speculation in general. National magazines took up the fight, and numerous articles were published warning the public about such investments.[52] The result was the passage of a corporation law by the Nevada State Legislature on March 12, 1907, and the creation of a State Industrial and Publicity Commission on March 29, 1907. The Corporation Act attempted to prohibit "the making or publishing of false or exaggerated statements or publications of or concerning the affairs, pecuniary conditions or property of any corporation, joint-stock association, copartnership, or individual." The penalty for violation was ten years' imprisonment or $10,000 fine, or both.[53]

The Industrial and Publicity Commission, consisting of three members, was to be the means of discovering these speculative ventures. It was to issue a public bulletin which would attempt to segregate the wildcats from the legitimate mining enterprises. The commission was to act in conjunction with the newly formed Mining and Scientific Society of Goldfield. A service was established by these two bodies whereby inquiries about mining properties in Nevada would be routed to one or the other and professional advice given. If a visit to a mining claim was thought necessary, an expert would be sent and a slight fee charged.[54]

A third measure of protection against speculation came

on April 15, 1909, with the passage of an antiwildcat law which forced mining companies to stamp their certificates either as "Treasury" or "Promotion" stock. Under this law all mining companies had to file a complete statement of activities each six months with the county recorder and the attorney-general of the state.[55]

The value of these three measures was unquestioned, but they came too late to do much good. The speculation period in these districts had been losing its force since the crash of the L. M. Sullivan Trust Company in January, 1907. The laws merely indicated the aroused public opinion against speculation. This in itself was sufficient to drive the Rices, Goodwins, Lymans, and the rest from southern Nevada to seek greener pastures elsewhere.

NOTES

[1] *Goldfield News, Second Annual Edition*, 1906–1907, pp. 70–73.

[2] *Tonopah Daily Bonanza*, June 15, 1915.

[3] *Tonopah Daily Bonanza*, October 24, 1906.

[4] *Inventory of the County Archives of Nevada*, No. 12, Nye County, Nevada, p. 9.

[5] *Tonopah Daily Sun*, January 10, 1905.

[6] *Goldfield News*, April 29, 1904.

[7] *Goldfield Daily Sun*, February 1, 1907.

[8] *Goldfield Daily Tribune*, September 24, 1906.

[9] Davis, *Nevada*, I, 491.

[10] *Inventory of the County Archives of Nevada*, No. 12, Nye County, p. 10; *Bullfrog Miner*, February 23, 1906.

[11] *Rhyolite Herald*, May 5, 1905, April 6, 1906.

[12] *Rhyolite Daily Bulletin*, September 23, 1907.

[13] Files of most of these papers can be found in the state library at Carson City, Nevada, the Nevada Historical Society in Reno, and the University of Nevada Library, Reno.

[14] *Death Valley Chuck-Walla*, January 1, 1907.

[15] *Goldfield News*, February 24, 1905.

[16] *Goldfield News*, October 20, 1910, April 8, 1911; *Goldfield Daily Tribune*, October 20, 1910.

[17] Charles Samuels, *The Magnificent Rube; the Life and Gaudy Times of Tex Rickard,* (New York: McGraw-Hill, 1957), pp. 1–127.

[18] *San Francisco Bulletin,* August 10, 1906.

[19] B. W. Currie, "Prize Fights as Mine-Boomers," *Harper's Weekly,* LII (August 22, 1908), 25.

[20] *San Francisco Bulletin,* August 11, 1906.

[21] *San Francisco Bulletin,* August 10, 31, 1906.

[22] *San Francisco Bulletin,* August 10, 11, 31, 1906.

[23] *Goldfield News, Second Annual Edition,* 1906–1907; Quiett, *Pay Dirt,* p. 447. For an interesting discussion of the fight see Chapter 8 of Samuels, *The Magnificent Rube.*

[24] Currie, "Prize Fights as Mine-Boomers," p. 25.

[25] Joseph L. King, *History of the San Francisco Stock and Exchange Board* (San Francisco: J. L. King, 1910), pp. 308–312.

[26] *Tonopah Daily Sun,* March 24, 1905, December 3, 1906, May 29, 1907, April 6, 1908.

[27] *Rhyolite Herald,* February 1, 1907.

[28] C. F. Speare, "The Craze for Mining Stocks," *Review of Reviews,* XXXV (January, 1907), 59–62; *Goldfield News,* January 5, 1905, January 19, April 27, 1906.

[29] Editorial, "The Innocent Investor and the Mining Boom," *World's Work,* XIII (January, 1907), 8383–8386.

[30] *Constitution and By-Laws of the San Francisco and Tonopah Mining Exchange* (San Francisco, 1903), pp. 1–38; *Tonopah Bonanza,* April 19, 1902.

[31] Sawyer, "Gold Rushes," p. 50.

[32] *Goldfield News, Second Annual Edition,* 1906–1907, p. 38.

[33] *Rhyolite Herald,* March 29, 1907.

[34] The material in this and the next four paragraphs was taken from a series of letters in the Bancroft Library, Berkeley, California. The letters are part of a collection of mining documents obtained by Gregory Crampton in various tours of mining camps in California and Nevada. The collection is known as the *Crampton Accessions.*

[35] "What is a Wildcat?" *Death Valley Chuck-Walla,* April 1, 1907.

[36] *San Francisco Bulletin,* January 5, 1907; *Goldfield Daily Tribune,* October 20, 1910; Quiett, *Pay Dirt,* pp. 442–443; Sawyer, "Gold Rushes," p. 64.

[37] *San Francisco Bulletin,* January 5, 1907.

[38] *San Francisco Bulletin,* January 5, 1907.

[39] *San Francisco Bulletin*, January 8, 1907; *Death Valley Chuck-Walla*, February 15, 1907.

[40] *Tonopah Daily Bonanza*, January 12, 1912.

[41] *Goldfield Daily Tribune*, October 24, 1907, March 28, July 21, 1908.

[42] *Rhyolite Herald*, April 13, 1906; *Tonopah Daily Sun*, December 1, 1906; *Rhyolite Herald*, December 14, 1906, January 4, 1907; *Death Valley Chuck-Walla*, January 1, 1907.

[43] *Tonopah Daily Sun*, May 25, 1905, July 5, 1909, April 28, 1910; *Goldfield Daily Tribune*, December 11, 1907; *Goldfield News*, September 22, 1906; Sawyer, "Gold Rushes," pp. 64–65.

[44] C. G. Yale, "Nevada," *Mineral Resources* (U.S. Geological Survey [Washington: Government Printing Office, 1907]), I, 356.

[45] *Ibid.*; *Tonopah Daily Sun*, September 4, 1908; "Mining News," *Mining and Scientific Press*, XCVI (March 28, 1908), pp. 424–425; Samuels, *Magnificent Rube*, pp. 130–135.

[46] "Mining News," *Mining and Scientific Press*, XCVI (March 28, 1908), pp. 424–425; "Editorial," *Mining and Scientific Press*, XCVI (April 4, 1908), p. 436.

[47] *Goldfield Daily Tribune*, July 16, 1908.

[48] *Goldfield Daily Tribune*, September 5, 1908; "Mining News," *Engineering and Mining Journal*, LXXXVI (September 19, 1908), 594.

[49] Such were towns like Velma, Nixon, Amargosa, Gold Center Central, Goldhill, Silver Glance, Baxter Springs, Longstreet, Golden Horn, Johnnie, Blair, Greenwater, Pioneer, Gold Reef, Clifford, Ellendale, Marsh, Athens, Antelope, Republic, Carrara, Tonogold, Lorena, Rochester, Marvel, Fountain City, Willow Creek, Schwab, Lee, Echo, Phonolite, Flourine, Lida, Roosevelt, Basalt, Buena Vista, Palmetto, Lake Ville, Indian Queen, East Dutch Creek, Lake View, Loma, Cottonwood, Acme, Copperfield, Elmira, Monte Carlo, Cuprite, Ridges Height, Walker Lake, Stimler, Rawhide, Nugent, Goldville, Hornsilver, Granite, Bovard, Gold Mountain, Ibex, Oil City, Lucky Boy, Tumbler, and Tamona.

[50] *Tonopah Daily Sun*, April 9, 1905.

[51] *Tonopah Daily Sun*, April 26, 1905.

[52] Elliott Flower, "The Diary of a Small Investor," *Colliers' Weekly*, XXXIX (August 10, 17, 24, 31, 1907); "Confessions of a Stock Speculator," *Independent*, LXII (March 21, 1907), 669–672; "Stock Gambling and Innocent Investors," *Outlook*, LXXXVII (October 26. 1907), 365–366; C. M. Keyes, "Swindling

Promoter at Work," *World's Work,* XVIII (September, 1909), 11987–11990.

[53] *Statutes of Nevada,* Twenty-third Session, 1907 (Carson City: State Printing Office, 1907) p. 109.

[54] *Statutes of Nevada,* Twenty-third Session, 1907, pp. 408–411; Davis, "Nevada's Safeguard for Mine Buyers," pp. 16–18.

[55] *Goldfield Daily Tribune,* March 31, 1909, July 8, 1910; *Tonopah Daily Sun,* April 19, 1909, March 8, 1910.

5. Labor Strife Brings Federal Troops

Goldfield

Unlike the Comstock, which was exploited with a minimum of labor strife, the twentieth-century Nevada booms experienced many months of bitter labor troubles during the first two decades of their existence. Although the first labor union in the southern area was organized at Tonopah on July 2, 1901, that camp was free of major labor difficulties until after World War I. Goldfield, Tonopah's sister camp, was not so fortunate. At Goldfield the boom period was marked by a series of labor disputes which began in September, 1906, and lasted into the spring of 1908. These troubles arose as a result of the efforts of the Western Federation of Miners (WFM) and the Industrial Workers of the World (IWW) to supplant the traditional craft unionism in Goldfield by their "new unionism." [1]

The WFM was organized at Butte, Montana, in 1893. Its history to 1905 was marked by a series of dramatic labor disputes in the mining states of the intermountain West, described so aptly in *Heritage of Conflict*, by Vernon Jensen.[2] These struggles, according to one historian, "were surely the birth signs of the coming militant industrialism of the Industrial Workers of the World." [3]

The IWW was formed at an "Industrial Union Congress" held at Chicago throughout the months of June and July, 1905. It brought together into one organization a group of the most radical socialist labor unions and committees then active in the United States. The WFM became the mining department of the IWW on September 1, 1905. The IWW made the first real test of its theory of revolutionary industrial unionism at Goldfield during the years 1906–1908.[4]

Union labor came to Goldfield in 1904 when three important unions were established: Goldfield Union No. 220, a local of the WFM; Carpenters' Local No. 1761 of the Brotherhood of Carpenters and Joiners, an American Federation of Labor affiliate, in September; and the so-called Federal Union, also an AFL affiliate, which opened its membership to all working men not already belonging to the miners' or the carpenters' unions.[5]

Labor-employer relations were quite cordial at Goldfield until the end of 1906. By that time the continued influx of miners and operators from the Cripple Creek district of Colorado (where a bitter labor struggle had brought martial law in 1903), and the growing influence of the IWW combined to initiate a series of labor difficulties which continued until 1908, when union labor as an effective force was eliminated from Goldfield.

That the Cripple Creek miners and operators brought their animosities to Goldfield was evidenced in a series of deportations by the WFM of nonunion Cripple Creek men from the Nevada camps; this began in the fall of 1904 and continued during the next three years. The number of deportations has been variously estimated. Newspaper and magazine articles originating at Tonopah or Goldfield claimed that as many as seven hundred Cripple Creek "scabs" were escorted to the outskirts of the town and told to leave the district. The Roosevelt Commission, sent into Goldfield in December, 1907, to investigate the labor troubles, stated that evidence they obtained indicated not over twenty-five men were deported in each of the years 1906 and 1907.[6] It is unlikely that many more than this were deported in 1904 and 1905. However, there were enough to indicate a growing bitterness between labor and management in the Nevada gold camp.

Such animosities, although evidenced long before the arrival of the IWW, took on a new aggressiveness with the union's advocacy of mass picketing, sympathy strikes, and violence. Local No. 77 of the IWW became active at Goldfield in the early months of 1906, after absorbing the membership of the earlier Federal Union.

At first the IWW consisted only of the "town workers," but it was inevitable that an expansion would follow, for the union was a mass union which had as a major objective the inclusion of all wage earners.[7] In this respect it resembled somewhat the industrial unionism of the WFM, but was much more inclusive. Both, however, had fundamental differences from the craft unionism of the AFL unions in the district. These differences were to become more apparent as the power of the IWW increased, and were to divide the Goldfield district into two hostile camps, with the miners' union on one side, and the AFL unions, the operators, and businessmen on the other.

The initial strike at Goldfield in the summer of 1906, an IWW-inspired demand by Western Union messenger boys for an increase in pay, was quickly settled when Governor Sparks intervened.[8] Not so easily resolved was a dispute that flared into the open in August, 1906, when the IWW boycotted the *Goldfield Sun* in sympathy with an earlier boycott of the *Tonopah Sun*. Both newspapers were published by L. C. Branson who used the editorial columns to condemn the activities of the local IWW chapters. Branson received some support in his battle against the IWW when the printers of both papers (who belonged to Typographical Union No. 105 of the AFL) and the members of the carpenters' union refused to join in the boycotts.[9]

During the boycotts, the IWW strengthened its position by consolidating with Goldfield Local Union No. 220 of the WFM on September 10, 1906.[10] The local unions thus recognized a combination of these two organizations which had taken place on the national level in September, 1905. It was claimed later by the leaders of the IWW that the local consolidation had been effected by the mine operators to rid the camp of the radical IWW tendencies.[11] It is difficult to prove what, if any, part the operators played in such a consolidation. However, articles in the newspapers indicated that the businessmen and operators hoped that such a consolidation would mean an end to the labor struggles.[12]

If the operators hoped for any such result, they were to be disappointed. The IWW instead of being absorbed by the WFM immediately took control of it and maintained dominance even after the WFM broke with the IWW nationally in January, 1907.[13] The local strength of the combined unions was recognized on September 14, 1906, when Branson agreed to sell the *Goldfield Sun* in order to save his Tonopah paper.[14] The office and equipment of the *Sun* were purchased by the *Goldfield Daily Tribune*, and the first issue of the combined newspapers appeared on September 24, 1906. The *Tribune* was not received well until a group of former *Sun* employees was discharged. When this was accomplished, the *Tribune*, on October 8, carried an endorsement from officials of the newsboys' union and Local No. 220 of the WFM to the effect that the paper was now on the fair list.[15]

Both of the disputes mentioned above had been with business houses. The first labor dispute with the mine operators came on December 18, 1906, when Local No. 220 demanded a raise from four to five dollars for an eight-hour day. The operators refused the demand and the miners went out on strike December 20, 1906.[16] The Consolidated Mining Company and the Florence-Goldfield Company, the two largest operators at Goldfield, shut down immediately. The strike and the subsequent lock-out caused between twelve and fifteen hundred men to become idle.[17]

The strike was settled when the miners' union, on January 9, 1907, agreed to the proposition submitted by a joint committee composed of five employers and five union members. This agreement stipulated that skilled labor would receive five dollars, and unskilled would receive four dollars and fifty cents, for an eight hour day. The employers agreed to set up a cooperative store to reduce inflated food prices, and to wage a fight against the exorbitant railroad rates.[18]

These three labor disputes had been settled amicably with little friction on either side. However, early in the year 1907, the tenor of union actions began to change. By that time the union had become a strong force of approximately three thousand paid members.[19] The added strength led to more aggressive methods. The miners' union began to dictate to the other unions in the camp. On March 1, 1907, an order went into effect which stated that all affiliated organizations should go on the eight-hour day. This was carried out in spite of considerable friction among cooks, waiters, and barbers. The union tried to dictate to business houses, attempting to control the hiring and firing of clerks, waitresses, and barbers, the wages to be paid, and the hours to be worked. The leaders attempted to dictate to mine owners, asking for the discharge of men without apparent reason.[20]

During the year 1907, the miners' union controlled the town of Goldfield and boasted about it. One of the leaders, Vincent St. John, later wrote:

> Under the I. W. W. sway in Goldfield the minimum wage for all kinds of labor was $4.50 per day and the eight-hour day was universal. The highest point of efficiency for any labor organization was reached by the I. W. W. and the W. F. of M. in Goldfield, Nevada. No committees were ever sent to any employers. The union adopted wage scales and regulated hours. The secretary posted the same on a bulletin board outside of the union hall, and it was the LAW. The employers were forced to come and see the union committees.[21]

Under these conditions the mine owners became bitter and charged that it was the consistent policy of the union leaders to foment trouble; that they were not true workingmen, but agitators sent in by the IWW to start trouble; and that they were Marxists and anarchists animated solely by the lust for power and a desire for authority.[22]

The tone of IWW actions at this time (one of the reasons its members were so thoroughly disliked by the businessmen and operators) is illustrated by the manner in which they celebrated "Bloody Sunday." In sympathy with their "brothers" in St. Petersburg, and as a protest against the imprisonment of Pettibone, Haywood, and Moyer, who were on trial in Boise, Idaho, for the assassination of ex-Governor Frank Steunenberg, the miners' union ordered all mines, leases, restaurants, and saloons to be closed during a parade and speech.[23]

After the parade, a mass meeting was held at which Vincent St. John, the IWW organizer who had taken part in the labor troubles in Idaho and Colorado, gave a speech fiercely denouncing all capitalists. In the evening another mass meeting was held during the course of which the United States Supreme Court was denounced as "a tool of corporate greed," and greetings were sent from the Goldfield miners to their "brothers" in Russia, Poland, and Finland.[24]

By this time, the only obstacle in the way of complete domination of union labor at Goldfield by the IWW was the carpenters' union. A test of strength came in the spring of 1907 when IWW members began a series of moves meant to force the carpenters' union to join with them. On March 6, 1907, fifty members of the miners' union visited various jobs in the camp where carpenters were working and told them to submit their applications to join the miners' union to that body by seven o'clock that evening, or be thrown off the job and run out of town. The carpenters did not submit their applications, but did carry guns to work on the morning of March 7. The IWW, in the face of this armed opposition, was content to call all the helpers from jobs where AFL men were employed.[25]

To this point, the fight between the carpenters and the miners was strictly a union affair. It soon became a fight between the IWW and the mine operators. On March 8, 1907, the miners' union sent a notice to the superintendent of the Consolidated Mines Company, stating that the union had passed a law that

> all workers employed around the mines must hold a membership card in their union, and if they do not join, our members shall refuse to work. . . . This pertains principally to the carpenters. We demand that members of our organization only shall follow that work and shall draw the same wages as men now following that line of work. This goes into effect at once.[26]

Finch, the superintendent of the Consolidated company, replied that his company had nothing to do with the quarrel between the miners and the carpenters and so would disregard the notice. Union delegates then called the miners off the Mohawk mine. It was stated later that union officials repudiated the action of the delegates and sent the miners back to work, but that the operators refused to allow them in the mines. Apparently this was an attempt to shift the blame to the operators.[27]

This labor quarrel developed rapidly and was brought to the attention of the public by the murder of John Silva, a restaurant owner. Evidence pointed to M. R. Preston as the killer and to William Smith as his accomplice. The shooting had occurred on March 10 as the result of a dispute over the wages of a waitress which Silva refused to pay but which the girl said were due her. The miners' union blacklisted the restaurant, but members of the carpenters' union continued to eat there. The miners decided to picket the establishment, and it was while Smith and Preston were taking their turn at picketing that the shooting occurred. The two assailants, who had escaped after the shooting, surrendered to authorities on March 11. There was some talk of lynching them and other union radicals, but cooler heads prevailed and the men remained in the custody of the sheriff.[28]

A number of attempts were made immediately after Silva's death to eliminate the IWW from Goldfield. When these efforts failed, a group of mine operators met at the Montezuma Club and formed the Goldfield Business Men's and Mine Operators' Association. A resolution was passed stating that the association members would not employ, in any capacity, a member of the IWW but would recognize any miners' union which was independent of that organization. To emphasize their position the operators stated that the mines would not be opened until the trouble was settled. Consequently, at noon on March 15, every mine, bank, store, and other place of business closed its doors.[29]

Throughout March and April of the year 1907, Goldfield was an armed camp. Guards, furnished by the mine operators' association, patrolled the streets, business houses, and mining properties. Members of the miners' union also went armed. Neither the town nor county officials, at this time or during any of the later labor disputes, made any effort to disarm the members of opposing factions or to take the necessary precautionary measures to insure peace and order in the community. Nevertheless, and in spite of the continued threat to peace and security, no further incidents marked the progress of the dispute.

The continued efforts of the operators to oust the IWW from the community met with little success. These efforts were given a further setback when the more conservative town units of the WFM voted on March 22, 1907, to stay by the latter union and to recognize it as the supreme power in the camp.[30] The dominance of the IWW was demonstrated on March 26, 1907, when the miners held a meeting to appoint a committee to confer with the mine owners. The IWW members took control of the meeting. A vote of confidence was given that group, and instead of appointing a committee to confer with the operators, there was appointed "a committee to receive communications." The members of the appointed committee were all IWW members, thus preventing any conferences between the mine operators and the WFM.[31]

During the latter part of March, 1907, a struggle within the miners' union between the radicals and the conservatives broke into the open. On March 30, a meeting of miners was called by R. L. Toplitz at which time the miners were asked to sign a paper expressing a willingness to organize a new union. They refused. A second meeting was held on March 31, but nothing was accomplished. A third meeting was called, but at the insistence of the sheriff, was not held. The IWW leaders claimed that these efforts to form a new union were an attempt by the operators to oust the IWW from the camp.[32]

That there were those within the union who desired to oust the IWW from the union ranks was indicated when, at a mass meeting of miners held at the ball grounds on April 6, 1907, it was voted 756 to 514 to separate from the IWW. This meeting had been called by C. E. Mahoney, acting president of the WFM, at the request of United States Senator George Nixon.[33] At another meeting of the miners, on April 9, the miners, instead of ratifying the action taken at the ball grounds, agreed to a ruling by the chairman that the act of the former meeting was illegal and void since there was no IWW (that local having surrendered its charter), and that the miners were all members of the WFM.[34]

While these various meetings were taking place, efforts were made to settle the strike. During the latter part of March, Mahoney succeeded in bringing together committees of the mine operators' association and the WFM. Little was accomplished by these committees in their preliminary meetings.[35] On April 9, the mine operators' association submitted a proposed settlement but the union took no action. The operators then, on April 12, cut off the supplies of every restaurant or other place of business employing IWW help.[36]

This move brought results, and the two committees

which had been appointed by the miners and the operators during the latter part of March, again began to hold meetings. An agreement was finally reached by the two groups on April 21, 1907. It provided: first, for the same wages and hours as before the dispute; second, that the miners' union was to have jurisdiction over all men regularly employed in and around the mines, mills, and smelters, including timber men, timber framers, engineers, blacksmiths, and machinists, but excepting superintendents and managers; third, that there was to be no strike or lockout except by a two-thirds vote; fourth, that no town labor controversy was to interfere with the operation of the mines or the employment of miners; fifth, that the terms of the agreement were to remain in effect for a period of two years from date of ratification. The miners ratified the agreement on April 22, 1907.[37]

The strike settlement was no clear-cut victory for either side, yet both gained part of their demands. The miners had obtained their main point, that of jurisdiction over all men employed around the mines. The operators curbed the IWW somewhat by the provision that no strike or lockout would occur except by a two-thirds vote, and by the provision that no town labor disputes were to interfere with the operation of the mines or the employment of the miners. However, the operators failed in their main objective—to rid the camp of the IWW. The local leaders of that group were still present, but their organization was somewhat throttled by the refusal of the mine operators' association to hire its members. Some IWW leaders were bitter towards the officers in the WFM who, by their "treachery," had forced the peace overture with the operators.[38]

The labor settlement of April 22 created bitterness on

both sides. The operators were still convinced that the WFM was controlled by the IWW. On the other hand, the events of the past two months had made many so-called conservative miners decide that the mine operators' association desired to "break" union labor at Goldfield. Many still thought the dispute to have been the work of a few agitators. During the period of the strike and lockout, there were numerous comments in the newspapers and magazines to the effect that the leaders of the IWW were playing the stock markets during the labor troubles, creating incidents to cause the stocks to go down when they would buy, and then selling when the stocks had gone up.[39] An editorial in the *Tonopah Daily Sun* in April stated that there was "not the slightest doubt that the leaders of the I. W. W. at Goldfield, including St. John, Roudebush, Treganing, and a few others, have been playing the stock markets during the recent trouble." [40]

The summer of 1907 saw no further labor troubles of any consequence. The working agreement developed in April was put to the test successfully on July 18, when an argument arose as to who should have control of the hiring of watchmen. Committees were formed and an agreement soon reached. It appeared as though a new type of relationship had been formed between employee and employer.[41]

The calm was not to last. On August 18, 1907, the Consolidated company announced that it was going to adopt "change-rooms" to combat the high-grading abuse.[42] It had been evident for some time that high-grading, the taking of rich ore from the mines by individuals or small groups without authority of the owners, had become a standard procedure in most Goldfield mines. The practice received its greatest impetus during the leasing period because the lessors had few means of combatting it. Labor then was scarce, and the time limits on the lease encouraged the lessee to extract as much valuable ore as possible in the shortest time possible. Consequently, when high-grading occurred the lessor was content to turn his head and allow some gold to "disappear" in return for the assurance of a steady labor supply.[43]

A second factor favoring the growth of widespread high-grading, and one which made its elimination doubly difficult, was the general attitude of the people in the district. Saloonkeepers, gamblers, and businessmen encouraged high-grading because they profited by it. The unions said officially that they had no interest in high-grading. Actually, they defended the practice and advised their men to make the most of the opportunity. The honest miner, in many instances, felt he had to high-grade in order to keep in good standing with the union, and maintain his job. The system was so general that those who did not participate were looked upon with suspicion. The attitude of the courts was similar. The justice of the peace said frankly that it would be as much as his life was worth to convict a person for high-grading. Jury cases were no better, for, more than likely, the jury would be composed of men who not only condoned the practice, but participated in it.[44] The first case to come before a jury was on September 23, 1901; of course, the miner was freed.[45] Even after the establishment of changerooms in August, 1907, there were no convictions.

A third factor involved in the high-grading abuse was the difficulty in tracing the ore which had been taken. The high-graders usually crushed the stolen ore at once to destroy the chance to identify it with a particular mine. The stolen ore was then taken to a bogus assayer or "fence" who disposed of the ore as quickly as possible. The scope of these latter activities can be judged by the fact that at one time there were over fifty of these illegal fences operating at Goldfield.[46]

High-grading reached such a peak in the years 1905 through 1907, that regular harnesses and other devices were invented to facilitate stealing. The harness consisted of a double canvas shirt containing stitched pockets between the two thicknesses. A hat with double crowns was devised which would carry five pounds of ore. A third device was a long canvas bag known as the leg-pocket which hung down inside the trouser leg. Besides these novel methods the dinner bucket and sacks of all descriptions were used to carry ore from the mines. Some miners loaded up with too much ore and "would step from the cage or bucket and stumble heavily laden on their way homeward without being arrested, although the officials knew why they walked so clumsily."[47]

Under the circumstances which existed during the early years at Goldfield the owners of mining properties could do little to combat the high-grading abuse. However, when the Goldfield Consolidated Mines Company was formed in November, 1906, the management of the company immediately inaugurated a series of moves to stop high-grading. The first of these was an attempt to recover the stolen ore by replevin suits brought in December, 1906, by George Wingfield, manager of Consolidated. One hundred and eighty sacks of high-grade ore were returned by this method.[48] The company also moved during the same month to prevent leasers from working only the high-grade portions of their leases. An injunction was granted against the leasers on the Mohawk ground which forced them to operate according to the terms of their leases, and gave the complainant the right to name fifty guards to patrol the

Goldfield: the discovery. Compare with next two photos for pictorial summary of traditional mining camp cycle of discovery, boom, decline.

Goldfield: the boom. This was Nevada's largest city in 1907.

Goldfield: the decline. The boom mining camp was often ephemeral.

Tonopah: a boom camp which, because of its location and successful search for diversified interests, survived the exhaustion of its ores.

Rhyolite: some died quickly and completely.

McGill: some ore bodies seem inexhaustible; nearby towns still prosper.

ARCADE
MUSIC HALL

Goldfield's Main Street during the early years of the boom.

Goldfield on July 4, 1907. What better expression of a mining camp at its height than this crowd watching the traditional drilling contest.

Auto racing on a dry lake near Goldfield, 1908—a popular sports event.

Miner's union parade, Goldfield, January 22, 1907, which commemorated the "Bloody Sunday" revolution of 1905 in Russia. The signs read: "2nd Anniversary, St. Petersburg Massacre"; "Shall Our Brothers Be Murdered."

The same place forty years later; now called the Liberty Pit.

The beginning of the Eureka Pit at Copper Flat, April 5, 1908.

Miners' lodgings, Ruth Mine, 1906.

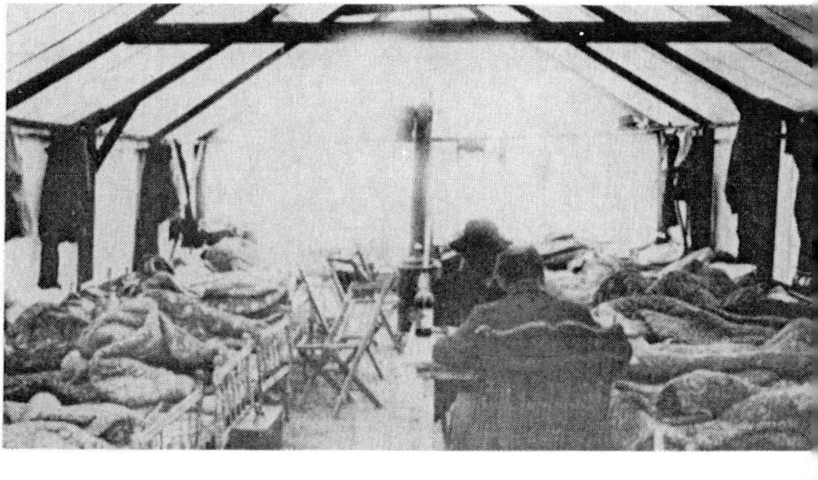

McGill clubhouse, August, 1918. Built for the company employees.

McGill Juniors, 1910. Company sponsored for the youth of McGill.

WFM members striking at McGill, October 15, 1912. Violence flared when the company moved armed guards across the picket lines.

ground being worked. The miners refused to work with this guard system, but the matter was settled by allowing guards to watch the men as they went on and off shift.[49]

The fight against high-grading was taken to the state legislature by the Consolidated company. On March 29, 1907, a law was passed which attempted to control the practice by forcing assayers and buyers of ore to keep more detailed records which would be open to public inspection.[50]

These moves did little to stop high-grading so, as a last resort, the officers of Goldfield Consolidated turned to the changeroom system. The first public notice of such intention was contained in one of the provisions for settlement of the 1906 labor strike over wages. This provision, though not providing for the immediate adoption of changerooms, stated that such a system would be inaugurated after discussion between the employers and the union. However, due to the bitter labor disputes in the spring of 1907, nothing was done about it until the August 18 announcement by the Consolidated officials. The new system provided that the miner going on or off shift would remove his outer clothes on one side of a long partition, place them in a locker, and march around the partition to a corresponding locker where his other clothes were kept. A timekeeper and a watchman were to be present during these changes.[51]

The unions found themselves in a peculiar situation as a result of this policy. They could not very well oppose the theory of the changerooms and thus admit the thievery of the ore. On the other hand, the inauguration of the new system would mean the abolition of high-grading, and a consequent financial loss to practically every miner employed on the properties. The union decided to protest, not against the purpose of the changerooms, but against the methods employed to stop the high-grading. Consequently, on August 18 and 20 they voted to walk off their jobs as a protest to the new policy.[52] Businessmen and the newspapers were unanimous in their opposition to the union in this strike, stating that it was evident that the IWW was again prominent in the ranks of the miners' union.[53]

Negotiations for a settlement were initiated at once, but final agreement wasn't reached until September 8. Work resumed the same day. The agreement provided that the men were to have two lockers adjoining instead of on opposite sides of the rooms; the union was to have jurisdiction over all men working around the mines except managers and superintendents; and all men who had walked out were to be reinstated.[54] The net result of this agreement was another victory for the union.

Although changerooms prevented the large-scale high-grading of earlier days, they did not eliminate the practice. As late as 1910, George Wingfield was still attempting to control the system and threatening the removal of the company's activities from Goldfield: "If the time shall come that a man who steals from the company fails of conviction because of a sentiment in the community adverse to the company it will be high time for the company to choose the community in which it shall do business." [55]

The Goldfield labor situation was still unsettled when the depression of 1907 struck the country. Two banks closed on October 23 and 24, and a third, the John S. Cook Bank, was prevented from closing only when Nixon and Wingfield threw their entire resources to its aid.[56] Conditions at Goldfield became more acute in November after many smelters refused to accept ore unless shippers would agree to wait for cash payment. The Goldfield Consolidated company refused to ship ore on that basis.[57]

The failure of the two banks, coupled with the smelters' refusal to pay cash for the Goldfield ores caused an acute lack of ready money in the town during the closing months of the year 1907. It was not long until the Goldfield mining companies were unable to meet their payrolls in cash. The first to confess such inability was the Mohawk-Combination leasing company which in October paid its men with drafts on the Crocker, Woolworth Bank of San Francisco, and the McCormick Bank of Salt Lake City, Utah.[58] Soon, other companies followed, and on November 14 the Consolidated company was forced to admit its failure to continue cash payments.[59]

On November 16, 1907, the miners met in regard to the payment of wages. It was agreed that a committee be appointed to cooperate with the operators and bankers in an effort to have the smelters and mills ship all bullion procured from Nevada mines to the mint, and in return obtain coin with which to pay Nevada operators. It was futher recommended that some method of payment be adopted temporarily in order for the miners to meet current expenses. A copy of the minutes of this meeting was sent to the mine operators' association.[60]

On November 18, the mine operators decided to use scrip, and sent their recommendations to the union. Under the system adopted by the operators, company checks could be exchanged at local banks for cashiers' checks on the bank in denominations of five, ten, and twenty dollars. The checks from the banks would pass as currency among the merchants of the town and would be taken in payment for exchange upon any bank in outside cities with which the local banks had commercial relations.[61]

The recommendations of the operators were not satisfactory to the union. The union committee, by letter of November 19, stated that the operators had in no way complied with their request of November 16 to solve the money problem. The operators answered that they had placed their entire case before the union in regard to the local money stringency and that there was nothing more to be said on their part.[62]

The miners then asked that some security be given for the scrip, and that a deadline be set for its redemption. The union threatened a general strike if such guarantees were not forthcoming. The operators could see no point to the demands of the union, in view of the fact that the scrip, by the end of November, was accepted as cash by all businesses except the post office.[63] The miners' union decided not to use scrip and at a meeting on November 26, 1907, by a unanimous vote, decided to strike on the following morning.[64]

It was again claimed by the operators, businessmen, and newspapers, that radicals controlled the union and had forced the strike vote. There is no doubt that many radical members were still present and that the struggle between the radicals and the conservatives of the union was still going on. However, the unanimity of the vote indicates that there were more miners in favor of this strike than was the case in previous ones.

The operators were no less unified in their position. The labor strikes of 1906 and 1907 had bound them into a tightly knit organization. On November 30 a resolution was passed stating that the mines would remain closed until the financial crisis was alleviated, the labor conditions settled to their own satisfaction, and until the smelters would treat ores at a rate that would warrant production.[65]

Production ceased. The two groups prepared for the struggle which was to mean complete victory for one and utter defeat for the other. This was the occasion chosen by the operators for the complete destruction of the IWW and the WFM in Goldfield. They could not have selected a more opportune moment. The general depression of 1907 was sweeping the country; the smelters had refused to make cash settlements for ore; and the attitude of the newspapers and businessmen was favorable to their cause.

That the operators welcomed the showdown with the union is borne out by comments in the newspapers and letters written at the time. An article in the *Goldfield News* on November 16 stated that if the miners, "in harmony with their past unreasonable and erratic acts . . . should vote a strike, we actually believe it would be welcomed by three-fourths of the Mine Operators of the camp." [66] This attitude of the operators is mentioned in letters of the period. One stock broker, in a letter to a client in regard to hiring a miner stated: "His starting work would also get us into bad light with the miners' union, although it now seems that, before the present difficulty is settled, that organization will cease to be a dominant power in the camp of Goldfield." [67] Another letter from that same firm to a stockbroker in Detroit, Michigan, on November 29, stated: "The situation is a most distressing one and it is extremely probable that the operators will stand together this time and make a strong attempt to wipe out the Western Federation as far as this camp goes. This will probably mean a long and violent struggle." [68]

The fact that the entire economy of the district was based on mining made it difficult for anyone living in the community to remain neutral. As a result, the businessmen, newspapers, and even the AFL unions supported the operators; and the gamblers, the saloon keepers, and the town and county officials favored the miners' union. As was the case in the labor troubles at Cripple Creek in 1903–1904, the state was to be the deciding factor in the victory.

The strike began with both sides hurling accusations against each other. On December 2 the mine operators' association declared all previous agreements with the miners' union, oral or written, to be cancelled. The operators stated that this move was taken in retaliation for striking without taking a two-thirds secret referendum vote as previously agreed upon—a method which the union had formerly used to vote on all important matters.[69] The miners replied that the owners had broken the agreement first by paying in scrip instead of cash, and that the vote taken in open meeting was practically unanimous.[70]

From words, the operators turned to action. It is impossible, at this date, to determine just when and where, or by whom, the decision was made to eliminate organized labor from Goldfield. That such a decision was made is evident from subsequent events. The following indictment by the Roosevelt Commission is a very serious one and was never challenged by the operators. In their final report to the President, the commission stated:

> The action of the mine owners' warrants the belief that they had determined upon a reduction in wages and the refusal of employment to members of the W. F. of M., but that they feared to take this course of action unless they had the protection of Federal Troops, and that they accordingly laid a plan to secure such troops and then put their program into effect.[71]

Their plan included using not only federal troops, but also the services of the governor of the state of Nevada. On

December 3, 1907, a group of six mine owners from the southern Nevada area, including George Wingfield, met with Governor Sparks ostensibly to select a smelter site, but actually, by their own admission, to ask him to request troops from the President if the operators, by code, telegraphed the governor that such troops were necessary. The telegram arrived December 4.[72] The operators never denied that they had held this meeting with Governor Sparks; on the contrary, they admitted such to the Roosevelt Commission, and even published the fact in the newspapers.[73]

On December 3, after this meeting, Governor Sparks wired the President of the United States asking if troops were available if needed in Goldfield. The President answered Sparks on December 4, 1907, reminding him when and how federal troops could be called, and stating that two companies of troops were ready if the governor so requested.[74] Henceforth, Governor Sparks, either wittingly or unwittingly, played the game according to the rules set by the operators.

On December 5, after receipt of the code telegram from the mine owners, Sparks wired the President for troops. In his telegram he stated:

> There does now exist domestic violence and unlawful combinations and conspiracies which do now obstruct and continue to so obstruct and hinder the execution of the laws of the State of Nevada and now deprive and continue to deprive the people of said section of the State of the rights, privileges, immunities, and protection named in the constitution of the United States and of the State of Nevada and which are secured by the laws for the protection of such rights, privileges and immunities; and the constituted authorities of the State of Nevada are now and continue to be unable to protect the people in such right. . . . that there exists unlawful dynamiting of prop-

> erty, commission of felonies, threats against the lives and property of law-abiding citizens, the unlawful possession of arms and ammunition, and the confiscation of dynamite with threats of the unlawful use of the same by preconcerted action.[75]

Roosevelt replied by telegram on December 5 that troops would be sent to Goldfield, the necessary number to be determined by military authorities.[76] On December 6, three companies of the Twenty-second Infantry, under the command of Colonel Alfred Reynolds, arrived in Goldfield.[77]

The call for troops came as a complete surprise to the people of Goldfield, who hadn't realized their lives and property were endangered. Not even the county commissioners, the sheriff, or the district attorney had been consulted; nor had any of them even suspected that such action would take place. The first news the people received that the city was "in a lawless condition" came from dispatches in the newspapers saying that the troops were on their way.[78]

When the troops arrived on December 6, they were accepted by the people without any show of resentment, and no incidents marked their entry into the town. The county officials, however, were indignant and wired Governor Sparks on December 7, "We protest against the sending of soldiers to Goldfield, Esmeralda County, Nevada. There is no disturbance now, nor has there been any. Answer." The telegram was signed by both county commissioners, two state assemblymen, one state senator, the district attorney, the justice of the peace, the county auditor and recorder, and the acting county sheriff.[79]

The operators took advantage of the situation by publishing a lengthy statement on December 7, addressed "To the Public," which attempted to explain and justify their actions. The statement was to the effect that Colorado miners, and sympathizers from Idaho, Montana, and other camps, had crowded into Goldfield and had ruled the camp with an iron hand. It indicated further that the operators wished to live in peace, but that continuous strikes, repeated outrages against individual rights, banishment of men desirous of investing in the mines, open high-grading, and other abuses, "have at last become so unbearable that we must either close our mines, or make a desperate effort to gain the right to work them as we please. We have chosen the latter alternative and propose to make one final struggle for the right to manage our own property." The statement than listed seven arguments to support the contentions of the operators:

1. That several classes of American citizens have been denied the right to come to invest in, or reside in, Goldfield. This includes all Colorado, Idaho, or Montana, capitalists or citizens who have incurred the enmity of the W. F. of M. in these localities.
2. That miners not in hearty agreement with the W. F. of M. have been beaten or forced to leave the camp.
3. That citizens and merchants of the camp who have dared to protest against or even disapprove these outrages have been threatened, boycotted, beaten, and even murdered [case of John Silva is cited].
4. That the union has encouraged, protected and assisted its members in the crime of stealing ore from the mines of the district. The union has refused to permit underground watchmen and had ordered a strike when effective "change rooms" were placed on the properties.
5. That the union in violation of repeated agreements and understandings, had ordered strike after strike. From December 1, 1906, to December 1, 1907, there were four general strikes in the district resulting in the shut down of the mines. In December, 1906, and January, 1907, for higher wages; in March and April,

1907 because the operators refused to discharge carpenters who belonged to the A. F. of L. and not the W. F. of M.; in August and September, 1907, because of "change rooms"; and in November and December, 1907, in protest against the use of scrip.
6. That the union had voted sympathetic strikes.
7. That all of the strikes had been accompanied by threats of violence to life and property.

The operators concluded their statement by admitting that they had called on Governor Sparks for troops because they believed the local authorities would be unable to handle the situation, and that:

> The mine owners have notified the Goldfield Miners' Union that all contracts, arguments and understandings heretofore existing are at an end. We propose to adopt fair and reasonable rules for the operation of our properties and employ men irrespective of whether they belong to the union. We believe enough courageous and fair-minded miners are in Goldfield who are weary of the tyranny of the union, and who, now that they will receive ample protection, will come forward and work the mines. If there are, they will be given the preference, but if there are not, we will be compelled to secure them from other sources.[80]

The arrival of federal troops set the stage for the beginning of the labor battle which was waged skillfully and successfully by the operators from a bold, well developed plan to establish their independence of the union. The miners, caught completely by surprise, found themselves unable to cope with the combination of factors threatening their existence.

The first objective of the operators—obtaining protection for future moves—had been achieved with the arrival of the federal troops. The second move came on December

9, in the form of a resolution which lowered the wage scale and provided for the adoption of the "card system" of employment. The wage scale for miners was reduced from five to four dollars, and wages in general reduced one dollar. In adopting the card system it was stated that the mines would open at 7:00 A.M. Thursday, December 12, 1907, with the old members who agreed to the new wage scale given preference, and that thereafter each employee would have to sign a card which read as follows:

> In consideration of my being employed by the ________ company for such time as my services shall be satisfactory, and at the wages heretofore fixed by said company, subject to the rules and regulations fixed by said company and the Goldfield Mine Operators' Association relating to the employment of men in and around the mines of the Goldfield mining district, I hereby covenant and agree with said company that I am not now and will not be during the time I am working for said company, a member of Goldfield Miners' Union #220 of the Western Federation of Miners, or of any other union in Goldfield, or elsewhere that is directly or indirectly affiliated with or has any connection of any kind, nature, or description with said, The Western Federation of Miners. Witness my hand and seal at Goldfield, Esmeralda County, Nevada, this ______ day of _____ 190 __.[81]

The use of the card system, the reduction of wages, and the outspoken desire of the operators to "break" the Western Federation of Miners united the union as never before. As a result, when the mines opened on December 12, very few former employees returned to work. The mine owners had to resort to an extensive recruiting campaign in the surrounding states before they were able to begin operations. Recruitment from the neighboring states of California and Utah was so successful that the owners were able to resume large scale operations by the spring of 1908 without the use of Western Federation miners.

While these activities were in progress, President Roosevelt sent three personal representatives to Goldfield to investigate the labor troubles. The commission, consisting of Lawrence O. Murray, Assistant Secretary of Commerce and Labor, Herbert Knox Smith, Commissioner of Corporations, and Charles P. Neill, Commissioner of Labor, arrived on December 15 and immediately began investigation of the entire situation.[82]

The advisability of sending troops to quell a labor disturbance troubled Roosevelt. On December 13, 1907, he asked his Secretary of State, Elihu Root, to advise Governor Sparks again on the methods and reasons whereby federal troops could be called out.[83] He followed this action with a personal wire to Sparks on December 17, warning him that unless more specific reasons were shown for the necessity of the federal troops, he would feel obliged to withdraw them.[84] On the same day the Roosevelt Commission wired the President stating that they had conferred with General Funston and Governor Sparks and that the conditions were complex and probably critical, suggesting that no action for withdrawal of troops be taken for forty-eight hours.[85]

On December 20, 1907, the Roosevelt Commission, after preliminary investigations, reported to the President that they could find no warrant for the statement that "there has been or is a complete collapse of civil authority here." In addition, it was noted that investigation had failed to sustain the governor's allegations as to the need for troops, but that the action of the operators in reducing wages after the arrival of troops had caused bitter feeling and made the need for troops greater. The report pointed out that county officials and the governor were now relying upon federal troops to maintain order that should have been maintained by state and local authorities.[86] In view of the preliminary report, Roosevelt, on December 20, directed that the troops be returned to San Francisco on December 30.[87]

The continued presence of the troops was essential to the plans of the mine operators so they intensified efforts for retention. The county officials, who originally had supported the miners, were prevailed upon to wire the President asking that the troops be allowed to remain "for the maintenance of peace and quiet and preservation of life and property in this district."[88]

Governor Sparks again came to the aid of the mine operators. In another wire to the President on December 22, he stated that he was preparing a letter giving all the details about the Goldfield situation. He continued that the presence of troops had prevented destruction of life and property and suggested a personal conference with the President if the latter so desired. Instead of the letter he sent a long wire, on December 26, in a final attempt to retain the troops indefinitely and thus be relieved of the necessity of calling an extra session of the legislature.

In this wire Sparks admitted that he was reluctant to call the legislature into extra session because a police bill had failed to pass in the regular session and there was no reason to believe that one could be forced through at this time. He made a last plea for the indefinite retention of the troops, repeating his assertion that conditions bordering on domestic violence had existed in Goldfield for the past year. As proof of these conditions he offered the facts that one-fourth of the working period during the year 1907 had been spent in strikes, that during the year, one-half of the three thousand union members went armed, and that the employers also had their guards and watchmen constantly armed.[89]

This last telegram from Sparks, admitting the reason for not calling an extra session, settled the matter as far as Roosevelt was concerned. On December 28, he sent a wire to the governor stating that he had received the governor's wire of the twenty-sixth which "in effect declares that you have failed to call the legislature together because in your judgment the legislature would not call upon the government of the United States for the use of troops, although in your opinion it ought to do so." Roosevelt went on to state that an application from the state legislature was necessary for the retention of the troops in Goldfield; that the legislature could be convened in three weeks; and if after five days from date, the legislature should be called, then the troops would be allowed to remain for three weeks thereafter; if not, then the troops would be withdrawn immediately.[90] In the face of this ultimatum from the President, Governor Sparks issued a call on December 30 for the legislature to be convened on January 14, 1908. The President then promised that the troops would remain three weeks to give the legislature time for action.[91]

Not content with the use of federal troops to insure their victory, the operators, on December 26, initiated court proceedings meant to destroy the miners' union. On that day the Goldfield Consolidated Mining Company filed a bill of complaint against Goldfield Miners' Union No. 220, asking for an injunction to restrain the union from interfering in any way with the operation of the mines. The court was asked also to forbid any further meeting of the local union and to dissolve it. As a basis for this last request, the Consolidated company swore that the local union was in restraint of trade, and was really a criminal society and a conspiracy to agitate questions which tended to subvert the general principles of government. The federal court before which the action was brought refused to grant the company even a temporary restraining order, and set January 3, 1908, as the date for hearing the case.[92]

The case was heard during January and February and a decision announced March 6, 1908. The judgment proved to be a complete victory for the operators and another blow to the miners. The court held that the union had engaged in unlawful picketing, stating that "the unnecessary massing of men, especially at railroad crossings was in itself an act of intimidation which was further aggravated by insults, ridicules and threats; that it was unreasonable to suppose that the company would spend $250 a day for guards if they were not needed." The court also upheld the right of the company to use the card system in spite of the fact that a 1903 Nevada statute prohibited "a person or corporation from securing from an employee an agreement not to continue a member of a labor organization as a condition of employment." The decision in upholding this latter right merely stated that the 1903 statute was unconstitutional on the grounds that it interfered with the employers' right of contract. The court, however, refused to take action on the proposition for the dissolution of the union.[93]

Such action was not necessary. The operators had "played their cards" so skillfully that the miners' union at Goldfield was in the throes of dissolution long before the decision was made public. The action of the court only emphasized the victory of the operators.

Meanwhile, the final report of the Roosevelt Commission was handed to the President on December 30, 1907. The report was a detailed summary of the events which preceded the strike over the use of scrip on November 27,

1907. It was a strong indictment of the methods employed by the operators and the governor of the state of Nevada in attempting to "destroy the union" by the use of federal troops.[94]

The report began by stating that the commission in its hearings had attempted to answer two questions: Should the troops have been called in the first place? Should the troops be retained? The evidence which had been presented led the commissioners to answer No to both questions.

The report found: that conditions in the district failed to support the allegations made by the governor, and although there had been an acute situation in the spring of 1907, the conditions had been normal for a mining camp for the six months preceding the present strike; that the situation at Goldfield had been a potential rather than an actual one, consequently the governor had no right to ask for federal troops; that there were a few hundred radicals in the union who had managed to control the conservatives, and

> by permitting their organization to be managed and controlled by men of violent tendencies, the union as a body thus laid itself open to the reproach of being a vicious organization, and had furnished a foundation for the fear existing in Goldfield that it would support violence and disorder to win its present strike.

The report stated further that the mine operators' association was opposed to the socialistic doctrines of the miners, to high-grading, and to the fact that the miners' union would not enter into any long-term agreements. It noted that the operators had sent a delegation to Governor Sparks on December 2, without the knowledge of anyone except the mine owners. The investigators insisted that this action of the operators indicated they had completed their plans to destroy the WFM, but wanted the protection of federal troops before proceeding.

The report declared that before December 7 there was no need for troops, but that on December 9 the mine operators' association had reduced wages and introduced the card system, and this had caused a situation which might have developed further if troops had not been present. The commissioners noted that although there was more need for troops after December 7, than before:

> There is absolutely no question that if the State of Nevada and the County of Esmeralda exercise the powers at their disposal they can maintain satisfactory order in Goldfield; that so far these authorities have done nothing, but are relying upon Federal aid, and their attitude now is expressly that of refusing to do anything and desiring to throw their own burdens upon the Federal Government for the maintenance of those elementary conditions of order for which they and they only are responsible. . . . In the case in question we find that, to put it tersely, the State of Nevada, with a population of about 70,000 and the city of Goldfield, with a population of probably 15,000, are thus far in the position of deliberately and expressly abdicating their governmental powers in the face of not more than a few hundred dangerous and disorderly men, and of calling upon the Federal Government to perform the work of keeping these men in order by the use of Federal troops. We believe that such a condition illustrates to the extreme the false principles above condemned and that it would be a precedent of infinitely evil possibilities should the Federal Government concur in any such position as the governor of Nevada and the officials of Esmeralda County desire it to take.

The report affected the situation at Goldfield not in the least, for the operators had planned so well and maneuvered so skillfully that the strike was broken by the time the report became public.

The use of federal troops at Goldfield had some repercussion in the House of Representatives when Mr. Gardner of New Jersey called for a copy of the commission's report to the President. This was laid before the House on January 22, 1908, and became House Executive Document No. 607. Its contents were made the basis of an attack by Mr. Isaac Sherwood, Democrat from Ohio, against the labor policy of President Roosevelt. [95] However, this attack was an isolated incident and the use of federal troops at Goldfield did not develop into a political issue.

The extra session called by Governor Sparks met on January 14 for the express purpose of adopting a state police bill. Its passage was contested bitterly by union labor throughout the state. Both forces at Goldfield kept lobbies at Carson City, and the laboring groups had a strong supporter in Speaker Skaggs of the state assembly. The fight finally resolved itself into a debate between the union supporters, who desired a reserve constabulary to be called out by the sheriff of the county or the county commissioners; and the supporters of the operators, who desired a paid constabulary modelled after the Texas Rangers.

It became apparent, as debate over passage of the bill continued, that some action had to be taken on the card system before any police bill could be passed. On January 24, a telegram, signed by every Republican member of the assembly and asking abolition of the card system, was sent to the Goldfield mine operators' association with a note that such action would have to be taken before the police bill would be brought to a vote. The operators could afford to make the concession. At a meeting on January 26, 1908, they abolished use of the card system.[96] The state police bill was then passed on January 27, and approved by the governor on January 29, 1908.[97] The last act of both houses was the adoption of a resolution condemning the Goldfield operators' association for lowering the wages of employees, and expressing hope that the former wage scale would be reestablished.[98]

The new force was organized at once with the appointment, by Governor Sparks, of W. L. Cox as superintendent. The Nevada state police began replacing federal troops at Goldfield during the month of February, and by March 7, the entire force of federal troops had departed.[99]

On January 30, after the police bill had been approved by the governor, the operators, now completely sure of their position, posted regulations at each mine which were to govern their future relations with employees. These included the following:

1. Open shop policy to be in force.
2. The time of each man on shift belongs to the company alone.
3. No representative of labor organizations to be allowed on the premises.
4. No soliciting of membership, or discussion of labor question on the premises.
5. No employee to interfere with or be interfered with by reason of belonging or not belonging to a union.
6. The penalty for violation of any of these rules will be discharge from the company's payroll and disqualification from further employment by the company.[100]

In the latter part of February the union decided to bargain with the operators in an attempt to salvage some of its lost prestige. The members agreed to the Tonopah scale of wages, but demanded that a walking delegate of the WFM be allowed free access to the men employed on all working properties. The mine operators' association refused to bargain with the union, stating that their acceptance of the union's terms would place Goldfield back where it was during the labor strike.[101]

The miners finally admitted defeat on April 3, 1908, when, by a vote of ninety to twenty-five, they decided to end the strike. The size of the vote compared to the 1,120 to 768 vote in March, 1907, was a striking indication of how complete had been the victory of the operators. Asked if the vote of the union in ending the strike would affect their plans, a spokesman for the mine operators' association replied that "no change was contemplated," and that plenty of men were available for work without using union men.[102]

The union could have ended the strike months before with the same result to themselves. It had been through as a power in Goldfield soon after the arrival of federal troops in December, 1907. The future of the WFM and the IWW at Goldfield was summed up later by George Wingfield when, in a letter to Laura White, he wrote, "the Western Federation of Miners and the I.W.W. are now eliminated from the camp of Goldfield and always will be as long as I am identified with it." [103] No other man could more rightfully claim the victory, for it was Wingfield who had initiated the first moves to clean up the high-grading abuse, and he had dominated the meetings of the mine operators' association during the months of the strike.

The destruction of the IWW and the WFM removed the last obstacle to the absolute domination of the camp by the operators. They proceeded to exploit the district in a resolute, efficient manner.

Union labor at Goldfield had made its bid for power and lost. There was no effective labor movement in this camp after 1908.[104]

Tonopah

The labor history of Tonopah during these early years was as mild as Goldfield's was turbulent. No major labor dispute disturbed this silver camp until after World War I. For some months after the close of hostilities in 1918, conditions at Tonopah were conducive to labor unrest. The backlog of unsettled grievances which had been built up during the war, the fluctuating price of silver, the continually rising prices, and, particularly, the movement of IWW members into the camp after the war—all these factors combined to create difficulties between employers and employees.

On August 17, 1919, a group of IWW leaders arrived in Tonopah and called a meeting of miners for the purpose of taking a strike vote.[105] This meeting was held at the baseball grounds with about 125 miners in attendance. The principal demand of this group, at first, was for increased wages and a shorter work day. Many miners, not wishing to go as far in their demands as the IWW leaders, but, nevertheless, feeling that a wage demand was in order, met later the same day and issued a demand for a raise of one dollar per day. The action of this latter body was supported a short time thereafter, by the Tonopah Trades Assembly, an organization made up of craft unions. Thus, the strike action, taken August 17 by a rather small group of miners, was upheld by two other groups which felt that certain grievances should be corrected, but which were reluctant from the beginning to follow the leadership of the IWW union.[106]

The mine operators' association opposed the demands of the strikers on the ground that such salary increases and resulting reduction of hours would force its members to operate their plants at a loss. Little headway was made toward settlement until the arrival of Governor Emmet D. Boyle, Nevada Labor Commissioner Robert F. Cole, and Federal Mediator J. Lord in the early part of September.[107]

These mediators held numerous conferences with the miners, but were unable to achieve results as long as they were forced to handle one part of the negotiations through the radical IWW leaders. Consequently, on September 13, Governor Boyle submitted a plan which was to be voted upon by secret ballot. Results of this referendum indicated a vote of 279 for, and 51 against, Boyle's plan. The governor then declared the strike over. It was assumed that the miners would return to work on Monday, September 15. Governor Boyle's plan was to take matters out of the hands of the IWW leaders by forcing all future negotiations through state and federal mediators. It also provided that men would return to their jobs without discrimination, but at the old scale of wages. The operators were to provide a commissary as soon as possible.[108] But the plan was unacceptable to the IWW leaders who maintained that the referendum did not represent the will of the majority of the miners. The unwillingness of the more conservative miners, as well as members of the craft unions, to violate the IWW strike order was assurance that the strike would continue in force.[109]

The next move by the mine operators' association was aimed at the weaknesses within the ranks of labor. It had been apparent throughout the strike that labor was not presenting a united front against the operators. The weak links were the conservative nonunion miners on the one hand, and the craft union members on the other. On

October 1, the mine operators, led by George Wingfield, held a number of conferences with the above two groups. The first result of these meetings was a decision, October 2, by the Tonopah Trades Assembly, to withdraw its endorsement of the miners' strike. The second result was the organization of the Tonopah-Divide Mine and Millmen's Union, a local union established with the blessing of the operators. The new union, on October 2, voted to accept the proposal of the mine operators which had been presented previously to the miners. Governor Boyle then declared officially that the strike was over and that the full authority of the state of Nevada would be placed behind the agreement between the operators and the new union.[110] Some miners returned to work immediately after these negotiations. The IWW leaders, however, refused to abide by the new agreement and carried on many activities aimed at preventing the fulfillment of its terms.

Governor Boyle then obtained a temporary injunction, later made permanent, from Judge Averill of the Fifth Judicial District, directed specifically at George Kinser, chairman of the so-called strike committee of the miners, and M. C. Sullivan of Mine Metal Workers' Industrial Union No. 800 of the IWW. The injunction restrained the defendants, among other things, from teaching the doctrine of criminal anarchy, from using unlawful coercion, from declaring or publishing that the mining camps of Tonopah and Divide were unfair, and from using threats and picketing that coerced or intimidated.[111] The tone of the injunction implied official recognition that the IWW was associated in the eyes of the court with the Bolshevik Revolution. Such association had been made by the newspapers from the beginning of the strike, and, unfortunately for the more conservative union members, had interfered with the settlement of basic grievances. The injunction succeeded in routing the IWW for the time being.

On November 8, 1919, the Tonopah mine operators, the Divide mine operators, the Tonopah-Divide mine and mill workers, and the Tonopah Trades Assembly signed an agreement officially bringing to a close Tonopah's only major labor disturbance in the first nineteen years of its history. Under this agreement the operators agreed to establish a commissary within sixty days from the date of the agreement, to sell and deliver coal to all employees at cost, to grant a bonus of fifty cents per day to all employees (retroactive to October 4), and to fix the price of board for single men at $37.50 per month. The fifty-cents-per-day bonus was to stay in effect until the federal mediator could determine if the commissary was operating to reduce living costs. If in his opinion it was so operating then the bonus would be rescinded. If not, the bonus was to continue indefinitely. The agreement was to remain in effect until August 15, 1920.[112]

NOTES

[1] Paul F. Brissenden, *The I.W.W.: A Study of American Syndicalism.* ("Columbia University Studies in History, Economics and Public Law," Vol. LXXXIII [New York: Columbia University Press, 1919]), p. 191.

[2] Vernon H. Jensen, *Heritage of Conflict: Labor Relations in the Non-ferrous Metals Industry up to 1930* (Ithaca: Cornell University Press, 1950).

[3] Brissenden, *The I.W.W.*, pp. 41–42.

[4] *Ibid.*, pp. 57–67, 149–151, 191.

[5] Laura A. White, "History of the Labor Struggles in Goldfield, Nevada," (Unpublished M.A. Thesis, University of Nebraska, 1912), pp. 4–6.

[6] *Report of Special Commission, Goldfield Labor*, 60th Congress 1st Session, H Doc. 607, (1908), p. 23.

[7] Brissenden, *The I.W.W.*, pp. 191–192.

[8] *Goldfield Daily Tribune*, October 20, 1906; White, "Labor Struggles in Goldfield," pp. 17–21.

[9] *Goldfield News*, August 11, September 15, 1906; White, "Labor Struggles in Goldfield," pp. 22–25.

[10] White, "Labor Struggles in Goldfield," pp. 25–26; Brissenden, *The I.W.W.*, p. 193.

[11] Brissenden, *The I.W.W.*, pp. 191–193.

[12] *Goldfield News*, September 15, 1906.

[13] *Goldfield Daily Tribune*, April 1, 9, 1907; Brissenden, *The I.W.W.*, pp. 150–151.

[14] *Goldfield News*, September 15, 1906.

[15] *Goldfield Daily Tribune*, October 8, 1906.

[16] *Goldfield Daily Chronicle*, December 20, 1906.

[17] *Goldfield Daily Chronicle*, December 20, 1906; *Goldfield News*, December 22, 1906.

[18] *San Francisco Chronicle*, January 8, 1907; *Goldfield Daily Tribune*, January 9, 10, 19, 1907; *Goldfield News*, January 12, 1907.

[19] *Report of Special Commission, Goldfield Labor*, 60th Congress 1st Session, H Doc. 607, (1908), p. 20.

[20] *Goldfield Daily Tribune*, April 1, 1907.

[21] Brissenden, *The I.W.W.*, p. 201 (quoting St. John in *The I.W.W.* by St. John).

[22] *Goldfield News*, *Goldfield Daily Chronicle*, and *Goldfield Daily Tribune* for the month of April, 1907.

[23] *Goldfield Daily Tribune*, January 17, 21, 1907.

[24] White, "Labor Struggles in Goldfield," pp. 48, 49.

[25] *Goldfield Daily Tribune*, March 17, 1907.

[26] As quoted in White, "Labor Struggles in Goldfield," pp. 55–56.

[27] *Tonopah Daily Sun*, March 11, 1907.

[28] *Goldfield Daily Tribune*, March 11, 1907; *Tonopah Daily Sun*, March 11, 1907. (The two were tried and convicted, Smith getting a sentence of ten years and Preston a sentence of twenty-five years. Later, when additional facts were brought to light, it was evident that Preston had shot in self-defense. He was paroled April 24, 1914).

[29] *Goldfield News*, March 16, 1907; *Goldfield Daily Tribune*, March 17, 1907; *Tonopah Daily Sun*, March 15, 1907.

[30] *Goldfield Daily Tribune*, March 23, 1907.

[31] *Goldfield Daily Tribune*, March 23, 27, 28, 1907; *Goldfield News*, March 30, 1907.

[32] *Goldfield Daily Tribune*, April 1, 1907.
[33] *Goldfield Daily Tribune*, April 7, 1907.
[34] *Goldfield News*, April 13, 1907.
[35] White, "Labor Struggles in Goldfield," p. 76.
[36] *Tonopah Daily Sun*, April 12, 1907.
[37] *Goldfield News*, April 27, 1907; *Goldfield Daily Tribune*, April 22, 1907.
[38] Brissenden, *The I.W.W.*, p. 194.
[39] Thomas A. Rickard, "Rich Ore and its Moral Effects," *Mining and Scientific Press*, XCVI (June 6, 1908), 774–777; *Goldfield News*, April 13, 1907; *Goldfield Daily Tribune*, April 11, 1907; *Tonopah Daily Sun*, April 13, 1907.
[40] *Tonopah Daily Sun*, April 12, 1907.
[41] *Goldfield Daily Tribune*, July 19, 1907; *Goldfield News*, July 27, 1907.
[42] *Goldfield Daily Tribune*, August 20, 21, 1907; *Goldfield News*, August 24, 1907. "Change rooms," as the term implies, were rooms where the miners changed from street clothes to working clothes and vice versa, usually under the surveillance of company guards.
[43] *Goldfield Daily Chronicle*, May 20, August 31, 1907.
[44] White, "Labor Struggles in Goldfield," pp. 100–105.
[45] *Goldfield News*, September 23, 1904.
[46] *Goldfield Daily Chronicle*, December 15, 1906; *Goldfield Daily Tribune*, October 5, 1906; *Tonopah Daily Sun*, August 31, 1907.
[47] Rickard, "Rich Ore and its Moral Effects," *Mining and Scientific Press*, XCVI (June 6, 1908), 774–777.
[48] White, "Labor Struggles in Goldfield," pp. 108–109.
[49] *Goldfield Daily Chronicle*, December 15, 1906.
[50] Curtis Hillyer (ed.), *Nevada Compiled Laws* (San Francisco: Bender and Moss, 1930), p. 1227.
[51] White, "Labor Struggles in Goldfield," pp. 30–33, 98–99, 111–112; *Goldfield News*, August 24, 1907.
[52] *Goldfield Daily Chronicle*, August 21, 1907; *Goldfield Daily Tribune*, August 20, 21, 1907.
[53] White, "Labor Struggles in Goldfield," pp. 116–117; *Goldfield News*, August 24, October 26, 1907; *Goldfield Daily Tribune*, August 24, 1907; *Goldfield Daily Chronicle*, August 23, 1907.
[54] *Goldfield Daily Tribune*, September 8, 1907.
[55] *Goldfield Daily Tribune*, May 25, 1910.
[56] "Report of State Bank Examiner (Nevada), 1908," in *Appendix to Journals* (1909), p. 5; Davis, *Nevada*, II, 879–880; White, "Labor Struggles in Goldfield," pp. 130–131.

[57] *Goldfield Daily Tribune*, October 25, 30, November 24, 28, December 1, 4, 11, 22, 1907; White, "Labor Struggles in Goldfield," pp. 130–131.

[58] *Goldfield News*, October 26, 1907.

[59] White, "Labor Struggles in Goldfield," p. 132.

[60] *Goldfield Daily Tribune*, November 17, 21, 1907.

[61] *Goldfield News*, December 7, 1907; *Goldfield Daily Chronicle*, November 19, 20, 1907; White, "Labor Struggles in Goldfield," pp. 133–134.

[62] *Goldfield News*, December 7, 1907.

[63] *Goldfield Daily Tribune*, November 20, 24, 1907.

[64] *Goldfield Daily Tribune*, November 27, 1907.

[65] *Goldfield Daily Chronicle*, November 30, 1907; *Goldfield Daily Tribune*, December 1, 1907.

[66] *Goldfield News*, November 16, 1907.

[67] Watson and Van Dyck to Frank M. Woolton, Goldfield, Nevada, November 28, 1907, in *Crampton Accessions* (Bancroft Library, Berkeley).

[68] Watson and Van Dyck to John P. Glendon, Goldfield, Nevada, November 29, 1907, in *Crampton Accessions.*

[69] *Goldfield Daily Tribune*, December 4, 1907; *Goldfield News*, December 7, 14, 1907.

[70] *Goldfield Daily Tribune*, December 4, 1907.

[71] *Report of Special Commission, Goldfield Labor*, p. 21.

[72] *Ibid.*, pp. 21–22; *Goldfield Daily Tribune*, December 8, 1908.

[73] *Goldfield Daily Tribune*, December 8, 1908; *Report of Special Commission, Goldfield Labor*, pp. 16–23.

[74] *Ibid.*, pp. 3–4.

[75] *Ibid.*, p. 4; White, "Labor Struggles in Goldfield," p. 149.

[76] *Report of Special Commission, Goldfield Labor*, p. 5.

[77] *Ibid.*, p. 22.

[78] *Ibid.*

[79] *Goldfield Daily Tribune*, December 8, 1907; *Report of Special Commission, Goldfield Labor*, p. 22.

[80] *Goldfield Daily Tribune*, December 8, 1907.

[81] *Report of Special Commission, Goldfield Labor*, p. 22; *Goldfield Daily Tribune*, December 10, 1907.

[82] *Report of Special Commission, Goldfield Labor*, p. 16; *Goldfield Daily Tribune*, December 11, 14, 1907.

[83] *Report of Special Commission, Goldfield Labor*, p. 6.

[84] *Ibid.*, pp. 7–8.

[85] *Ibid.*

[86] *Ibid.*, pp. 8–9.

[87] *Ibid.*, p. 10.

[88] *Goldfield Daily Tribune*, December 22, 1907.

[89] *Report of Special Commission, Goldfield Labor*, pp. 11–12.

[90] *Ibid.*, p. 13.

[91] *Ibid.*, p. 14.

[92] *Goldfield Daily Tribune*, December 27, 28, 1907.

[93] *Ibid.*, March 7, 1908; *Tonopah Daily Sun*, March 7, 11, 1908.

[94] *Report of Special Commission, Goldfield Labor*, pp. 17–30.

[95] *U. S. Congressional Record*, 60th Congress, 1st Session, pp. 981, 1477, 1482–1487.

[96] *Goldfield Daily Tribune*, January 26, 1907; *San Francisco Examiner*, January 27, 1908.

[97] *Statutes of Nevada*, Special Session, January 14–February 1, 1908. (Carson City: 1908), p. 20.

[98] *San Francisco Examiner*, February 2, 1908.

[99] *Goldfield Daily Tribune*, March 7, 1908.

[100] *Goldfield Daily Tribune*, January 30, 1908.

[101] *Goldfield Daily Tribune*, February 23, 1908.

[102] *Goldfield Daily Tribune*, April 4, 1908; *Tonopah Daily Sun*, April 4, 1908.

[103] White, "Labor Struggles in Goldfield," p. 187 (citing a letter from George Wingfield to Miss White in the summer of 1911).

[104] "First Biennial Report of the State Commissioner of Labor (Nevada), 1915–1916," *Appendix to Journal of Senate and Assembly*, (Carson City: 1917), I, 38.

[105] The labor situation at Tonopah in 1919 was complicated by the activities of Metal Mine Workers' Industrial Union #800, an IWW affiliate.

[106] "Fourth Biennial Report of the State Commissioner of Labor (Nevada), 1921–1922," *Appendix to Journal of Senate and Assembly*, (1923), I, pp. 68–69; *The Tonopah Miner*, August 23, 1919.

[107] *The Tonopah Miner*, September 6, 1919.

[108] *The Tonopah Miner*, September 13, 1919.

[109] *The Tonopah Miner*, September 20, 1919.

[110] *The Tonopah Miner*, October 4, 1919.

[111] *The Tonopah Miner*, October 11, October 25, 1919.

[112] *The Tonopah Miner*, November 8, 1919; "Fourth Biennial Report of the Commissioner of Labor (Nevada), 1921–1922," *Appendix to Journal of Senate and Assembly*, (1923) I, pp. 68–69.

6. The Boom Fades into Decline and Decay

The boom as a phenomenon of the mining frontier—at least its popular image with the thousands of miners, stock promoters, merchants, gamblers, and prostitutes crowding into the saloons and dance halls and overflowing into the streets in a frenzy of excitement—was often over before the real mineral production began. The high-grade ore from each new discovery was generally mined immediately in order to defray costs of initial development. However, full exploitation of the mines in the districts was impossible until the costs of mining, extraction, and transportation made profitable the marketing of the large bodies of low-grade ore. Basic problems of mining and transportation were solved at Tonopah by 1907, and at Goldfield by 1908. However, high costs of extraction in both districts continued to limit production potential. The construction of large and efficient mills solved the problem.

Mills

During the development periods in these camps there was much discussion concerning the advantages and disadvantages of smelting over milling in the extraction of district ores. Experimental mills, first constructed at Tonopah in 1903 and at Goldfield in 1904, demonstrated by 1906 that practically all of the ores from these districts could be handled more profitably by milling than by smelting processes.[1] The first large mill at Tonopah was constructed by the owners of the Tonopah Mining Company who, taking a page from Comstock mining history, formed a separate milling organization known as the Desert Power and Milling Company. The new mill, a one-hundred-stamp cyanide plant, was built at Millers, a station on the Tonopah and Goldfield Railroad approximately thirteen miles west of Tonopah. The first sixty stamps were in operation by May 1, 1907, and the remainder before the end of the year. The mill proved itself at once with a consistent extraction of approximately 90 percent which made possible a new high annual production of $3,427,357 for the Tonopah Mining Company.[2]

The Desert Power and Milling Company's mill was one of three large mills constructed at Tonopah during the year 1907. The first large reduction plant constructed within the limits of the Tonopah mining district was completed in 1907 by the Montana-Tonopah Company. It was a forty-stamp concentrating and cyanide mill designed by Francis L. Bosqui.[3] A third mill of sixty stamps, built at Millers by the Tonopah-Belmont company, was similar in design to the Desert Mill of the Tonopah Mining Company and obtained approximately the same results. The construction of this mill at Millers rather than at Tonopah set off a stockholders fight within the company which centered around the charge that some of the directors of the Tonopah-Belmont Development Company also owned stock in the Tonopah and Goldfield Railroad and had placed the mill at Millers in order to participate in the profits of both companies.[4] The result of this quarrel was the completion in 1912 of a second Tonopah-Belmont mill of sixty stamps within the Tonopah town limits. It was estimated that the new mill, employing the latest refinements in the milling processes, and reducing (because of its location) freight charges by seventy cents per ton, saved its owners nearly a half-million dollars annually.[5] Three additional mills were constructed in the Tonopah area in the years from 1909 to 1913: The Tonopah-Extension mill of fifty stamps built in 1909 and 1910; the West End mill finished in 1911; and the McNamara mill completed in 1912.[6] By 1913, six of these seven mills were still in operation with a total daily capacity of 1,550 tons. The mill-building period in Nye County was not restricted to the Tonopah district. Three other important mills were constructed in the county during 1907: the Keane Wonder Mine mill of twenty stamps; the Pittsburgh–Silver Peak Mining Company mill of twenty stamps; and the Montgomery-Shoshone mill with a capacity of two hundred tons per day. The latter mill was the largest one in the Bullfrog area and used a process of extraction which included crushing in rolls, concentration, and cyaniding.[7]

The experimental stage in mill construction at Goldfield took place in the years from 1904 to 1907. With the exception of the Combination, the mills built during this period did not have adequate water supplies and, consequently, were small mills ranging in size from three to ten stamps.[8] The Combination mill was completed in the latter part of 1906 after an adequate water supply was assured by the construction of a sixteen-mile pipeline to Alkali Spring. The mill used a combined process of crushing, amalgamation, concentration, and cyaniding. Extractions from the mill averaged about 90 percent with a maximum recovery of 93 percent. A comparison of the extraction returns of the Combination mill in 1906 with similar returns for that year from the Selby smelter at Vallejo, California, showed the former to be better on all Goldfield ores with a value up to $600 per ton.[9]

Encouraged by the success of the Combination mill and desirous of reducing the costs of operation for their newly formed company, Wingfield and Nixon began plans in 1907 for the erection of a large, completely modern mill to reduce the quantity of ore now owned by the Goldfield Consolidated company. Water and power in sufficient quantities had been assured the company by the end of January, 1907, but the continued labor troubles during most of that year postponed completion of the mill until the end of 1908. On December 26, 1908, thirty of the proposed one hundred stamps were started.[10]

The Consolidated was designed by Francis L. Bosqui and John B. Fleming. Like all the other successful mills in the Goldfield district, it was of the "all sliming" variety employing a combined process of crushing, amalgamation, concentration, and cyaniding. The best modern equipment was used to insure the lowest possible cost per ton. The mill became a model of efficiency and safety through the efforts of George Wingfield, who introduced an inspection system, fire-fighting teams, and the latest in safety devices.[11] His continued emphasis on efficiency brought reduced costs and improved production. The average recovery reached as high as 93 percent in 1912. In that year the cost per ton had been reduced to $2.50.[12] The oil flotation process was experimented with in 1916 as a substitute for the cyanide process. Results indicated that on all classes of ore the new system would prove competitive. However, by that time the company's milling ores were nearly exhausted, and further expenditures in milling development were impossible.[13] The Florence-Goldfield Company, the only other large producer at Goldfield, constructed a forty-stamp mill which began operation in January, 1909. The mill followed the general system of reduction employed by the other mills of the district. It was destroyed by fire on December 2, 1911, and was never rebuilt.[14]

Although there were no major mining or milling discoveries from the Tonopah-Goldfield era comparable to the Comstock's square-set timbering or its Washoe pan process of extraction, mine and mill owners in the new districts were quick to adopt the many improvements in mining and extraction techniques which had been developed since that earlier and more famous boom. As a result, recovery from the Tonopah and Goldfield ores was 4 to 7 percent higher, and the total cost per ton substantially lower, than on the Comstock. Two of the new techniques deserve special attention. The cyanide process which was adopted universally in the new mills was first introduced into Nevada mining in 1896 by Professor Robert D. Jackson, of the University of Nevada, who used it successfully in the recovery of gold and silver from some of the tailings around Washoe Lake. Charles Butters incorporated the cyanide process in his Virginia City mill, erected in 1901 in Six Mile Canyon. A number of Tonopah leasers sent their ore to the Butters mill in 1902 and 1903, and by so doing demonstrated that the new process could treat these ores successfully. However, the cost of transportation from Tonopah to Virginia City was prohibitive for all except high-grade ore. In its simplest form the cyanide process added a dilute solution of sodium cyanide or potassium cyanide to the finely crushed ore. The dissolved metal was then taken from the solution by precipitation and fused and cast in ingots. The other major development, the all-sliming process, is based on the idea that recovery of the metal from the ore is enhanced by fine grinding. Thus, all of the material to be treated is crushed over and over again until it is reduced to the texture of slime. The all-sliming method proved effective in raising the percentage of recovery, particularly of gold, and consequently was adopted in most of the important mills.

From Stability to Decline

Efficiency in mining and milling methods brought a new stability to the towns of the district. The many well-constructed brick, stone, and wooden homes and public buildings of the new era contrasted sharply with the dugouts, tents, and miscellaneous structures of the boom period. Sidewalks and paved streets, which during the boom were confined to the main thoroughfares, now were extended to include most of the town area. The expenses of town government in each of the communities increased as more attention was given to sanitation, police and fire protection, education, and the general welfare.[15] Successive mineral strikes in other areas, the depression of 1907, the labor troubles at Goldfield in the same year, and, particularly, the end of the fabulously rich ores of the earlier years combined to weed the camps of speculators, gamblers, crooks, and the numerous other hangers-on. Gone were the days when prize fights could be used as "mine-boomers"; when high-graders became rich from the ores they carried from the mines; when horse races, tugs-of-war, and drilling contests were held in the middle of the one main street; and when a feverish excitement gripped the crowds in the streets during the day and echoed from the saloons, gambling houses, and dance halls throughout the night. The new theaters, the Nevada, the Pavilion, the Idora, and the Butler at Tonopah, and the Gem, the Hippodrome, and the Lyric at Goldfield, competed with the gambling houses and dance halls as means of entertainment for a quieter society. Thus, the towns became modern industrial communities, not greatly different from eastern cities of similar size. However, the twentieth-century mining boom town, like its counterpart in the Comstock era, continued to offer the world two faces. The one was that of a stable community of business houses, schools and churches; the other, that of a fly-by-night frontier town of saloons, gambling dens, and red-light districts.

While Tonopah and Goldfield were entering a period of stability and high production, Rhyolite, the third major town of this southern Nevada mining boom was beginning what turned out to be a short but rapid journey into oblivion. Production from the Bullfrog mines, a bitter disappointment from the beginning, had practically ceased by 1911. Rhyolite, the main town in the district and a thriving desert metropolis with an estimated population of 8,000 in 1908, had exactly fourteen people residing within the town borders in 1920.[16] The other towns of the area, Gold Center, Amargosa, and Bullfrog had disappeared as communities by that year.

Goldfield was next to feel the touch of the decay that was inevitable in these isolated mining booms once the ore body petered out. Although the population boom at Goldfield was over by 1908, there was no marked decline in production until after 1911. By 1915, however, the production decrease had become quite noticeable, declining to $4,667,169 from the high of $10,711,664 produced in 1910. The decrease became so rapid that by 1920 the production of the Goldfield district was only $352,836.[17] The decline in population during the same years was nearly as rapid, dropping from 4,838 persons in 1910 to 1,558 persons in 1920.[18] Official acknowledgment that the producing years at Goldfield were nearly over came in 1916, when the owners of the Goldfield Consolidated Mines Company, in their tenth annual report, noted that there were only some 85,000 tons of ore in sight in their mines and that the average value of the ore would not be over eleven dollars per ton. The owners announced that in consequence of the reduced ore values and limited quantities of shipping ore remaining, it was felt necessary to reintroduce the leasing system as a means of continuing production at a profit.[19] The camp had turned the complete circle in mining development, for the leasing system had developed the mines in the first years after the discovery and returned now to close them.

Tonopah's history after 1910 was more fortunate than that of its neighbors. The decline there was a gradual one allowing time for the development of other industries and occupations in the area. Production from the Tonopah mining district had numerous ups and downs in the period through 1920. It appeared that a production high had been reached when $9,042,471 was recorded for the year 1914. Production steadily declined for the next three years, but rose to a new high of $9,311,560 in 1918, as world demand for silver caused the world price to rise from sixty cents per ounce to over one dollar per ounce.[20] The passage of the Pittman Silver Act in 1918, by guaranteeing silver miners in the United States a minimum price of one dollar per ounce, in effect assured the Tonopah district of at least four additional years of high production.

The Pittman Act came into being as a direct result of World War I. During the war, Great Britain purchased large quantities of raw materials from India to support her Mesopotamian campaign. These purchases were paid for with council notes redeemable in India, on demand, at their face value in silver. By March of 1918, the British government had exhausted its supply of silver and appealed to the United States for financial assistance in meeting its obligations in India, thus preventing collapse of the Mesopotamia campaign and possible revolt in India. The only silver reserve in the world sufficient to meet the Indian demand was in the United States Treasury. It was a reserve, however, which could only be touched through authorization by the Congress of the United States. Key Pittman, Nevada's senior senator, had been working on a silver bill when the British call for help reached Washington. Thus it was natural for Senate leaders to give him responsibility for drafting the emergency legislation needed. Carefully drafted by Pittman and his co-workers from the silver-producing states, the act passed both houses of Congress with only token opposition and was signed by President Wilson on April 23, 1918.

The Pittman Act was the first important silver enactment since the passage of the Sherman Silver Purchase Act in 1890, and was destined to have a much more direct effect on the silver mining industry in the United States than had either the Sherman act or its predecessor, the Bland-Allison act of 1878. As far as the silver mines in the west were concerned, the most important provision of the new act was the one which required the United States Treasury to buy domestically mined silver at one dollar per ounce until it replaced the exact amount of melted coins (which might, under the act, extend to as much as 350,000,000 standard silver dollars). On the basis of the annual silver production in the years just prior to World War I, the Pittman Act thus assured silver producers in the United States a guaranteed minimum price of one dollar per ounce for at least four years. This guarantee, of no great importance while the world market price remained above one dollar per ounce, proved vital to the silver industry when the world price dropped, in 1920, from $1.37 per ounce to its prewar price of sixty cents per ounce. United States Treasury officials stopped purchase of silver after July, 1923, when the total amount of silver sold to Great Britain had been replaced. Pittman objected to Treasury interpretation of the Pittman Act, but although he made many efforts to prolong government purchases beyond 1923, he was unable to get supporting legislation through Congress.[21] Nevertheless, the act had proven itself a real boon to silver producers in the United States, enabling mining districts such as Tonopah to maintain high productions for approximately three years after the world market price of silver had collapsed. The end of the government subsidy in 1923, the decreasing values of the ore, and the increasing cost of labor after that date, brought to a close Tonopah's great production era. By 1930, production reached an all-time low of $162,841.[22] Tonopah, however, was not destined to follow the path to the ghost-town status which already had beckoned Goldfield and Rhyolite. Its population of 2,116 people in 1930, after mineral production had collapsed, indicated that Tonopah had successfully bridged the gap from a boom mining town to a small, but stable community supplying services to a variety of livestock, mining, and government interests.[23]

One by one, as production steadily declined, activities that were directly associated with the mining development in each camp were forced to adopt a policy of continuing retrenchment. The many newspapers which had burst into being in each of the districts now left the camps, often without a note of farewell from the owner who more than likely a few years earlier had predicted confidently that the ore body would last forever. By the year 1915, the Bullfrog district was without a newspaper, and Goldfield's lone survivor was the *Goldfield News and Weekly Tribune.* This last paper, as a result of various consolidations, represented in that year the *Goldfield Weekly Tribune,* the *Goldfield Weekly News,* the *Goldfield Sun,* the *Goldfield Review,* the *Goldfield Chronicle,* the *Bullfrog Miner,* and the *Rhyolite Herald.* Two Tonopah papers, the *Tonopah Bonanza* and the *Tonopah Miner,* were still publishing regularly in 1915. The most notable casualty at Tonopah was the *Tonopah Daily Sun* which had suspended publication in July, 1910.

Decline of the Railroads

The railroads, another index of prosperity in the southern Nevada area, began to decline almost as soon as the last spike of the Tonopah and Tidewater was driven in the latter part of October, 1907. The first to feel the pinch of depression were the Bullfrog-Goldfield and the Las Vegas and Tonopah railroads. These two lines, in the period from 1908 to 1915, found themselves competing for a business which scarcely would have supported one railroad. On January 22, 1914, the Nevada Railroad Commission, which had been established in 1907, received a petition asking for permission to consolidate the two lines. In granting the petition the commission's chairman stated:

> The reports of the two companies on file with the Commission indicate that there never was sufficient business to justify the construction of both of these roads, which, in a general way, parallel each other between Goldfield and Beatty. . . . It seems to have been a case of over-enthusiasm in railroad building.[24]

As a result of this decision, the Las Vegas and Tonopah abandoned its line north of Beatty, Nevada, and took over controlling interest in the Bullfrog-Goldfield company.

Even with this consolidation, the Las Vegas and Tonopah was unable to make a profit, and so on October 31, 1918, was formally dissolved.[25] After the collapse of the Las Vegas and Tonopah, the Bullfrog and Goldfield railroad was operated again by the Tonopah and Tidewater until January 7, 1928, when it, too, was forced to suspend operations between Goldfield and Bullfrog. However, the main line of the Tonopah and Tidewater, from Ludlow, California, to Beatty, Nevada, survived until June 14, 1940, kept alive more by rumors than by the incidental shipments of ore, talc, and miscellaneous items which came its way.[26]

The first railroad into the boom area of southern Nevada, the Tonopah and Goldfield, was the last to leave. This railroad, controlled by the important mine owners of the Tonopah and Goldfield districts, was the only one of the four lines into the southern camps which showed substantial profits during the years through 1920. The railroad managed to survive the slump in the Tonopah district after 1925, but was placed in the hands of the receivers on June 27, 1932. This receivership was terminated on July 31, 1937, and the road continued to operate until after World War II. The owners of the railroad filed for abandonment in October, 1946, but such was not realized until August 28, 1947.[27] By August 31, 1948, the job of removing the rails, ties, and other equipment was completed by the Commercial Construction Company of Dallas, Texas, which had purchased the facilities.[28] The last of the southern Nevada boom railroads was no more.

Litigation

A peculiar feature that marked this second great Nevada mining boom was the fact that practically all of the mining litigation throughout the various mining districts of the area arose after the boom period. From 1900 to 1913 these new camps were comparatively free of the long, needlessly drawn-out court battles which had been so much a part of the history of the earlier gold and silver camps of Nevada.

The mines of these districts had been located under the same mining laws which had directed miners in the United States since the passage of the United States Mining Laws of 1866 and 1872. The main features of this law had evolved from the peculiar geology of the California ores and were a distinct departure from the mining laws of other countries. The one section of the United States laws of 1866 and 1872 which more than any other set it apart from the laws of other lands was the provision which allowed the locators to have

> the exclusive right of possession and enjoyment of all the surface included within the lines of their locations, and of all veins, lodes, and ledges throughout their entire depth, the top or apex of which lies inside of such surface lines extended downward vertically, although such veins, lodes, or ledges may so far depart from a perpendicular in their course downward as to extend outside the vertical side lines of such surface locations. But their right of possession to such outside parts of such veins or ledges shall be confined to such portions thereof as lie between vertical planes drawn downward as above described, through the end lines of their locations, so continued in their own direction that such planes will intersect such exterior parts of such veins or ledges. And nothing in this section shall authorize the locator or possession of a vein or lode which extends in its downward course beyond the vertical lines of his claim to enter upon the surface of a claim owned or possessed by another.[29]

The same idea had been incorporated into the Nevada mining laws which were in effect at the time of the discovery of Tonopah. This interesting theory of mining location gave rise to the "law of the apex," and to the theory of "extra-lateral" rights. Costly suits involving millions of dollars had arisen over the interpretation of this law on the Comstock, and many lawyers rose to fame and financial prominence as a result of the many cases which plagued the mine owners of that period.

At Tonopah, the longest of these suits occurred in 1914 between the West End Company and the Jim Butler Company. Three other potentially costly suits had preceded this one, but all had been settled amicably. The first, between the MacNamara Company and the West End Company was settled in 1908 when both companies took a logical view of the mining law and agreed to respect vertical lines.[30] The second case occurred between the Tonopah Extension and the MacNamara Company, and was settled in 1909 when the latter gave up its claims to extra-lateral rights. The third, between the Tonopah Mining Company and the Jim Butler, was settled amicably in 1911.[31]

The suit between the West End and the Jim Butler was responsible for the only costly trial which occurred at Tonopah during these years. Both companies hired the best legal talent available. Judge Curtis Lindley, author of many works on mining laws and a recognized authority, was employed by the Jim Butler as chief counsel. The West End hired Judge Dickson, another mining law authority.[32] The case involved the extra-lateral rights so common since the law of the apex was written into the federal statutes. Arguments in the suit lasted over a year and the decision was announced on April 30, 1915. The court upheld the West End Company in its contention that it could follow its vein into another's territory under the federal law. The company had discovered and extracted ore from under the surface of the territory of the Jim Butler mine until stopped by an injunction. The injunction was dropped automatically when the court decided against the latter company. Judge Mark Averill, in his decision, concluded that "from the apex or apices of one vein extra-lateral rights flow downward across both its side lines." [33]

At Goldfield the early mining cases were mainly between leaser and owner, and were brought usually by the latter to prevent the former from working the leased ground contrary to the terms of the leasing agreement. One of the earliest of these suits was that of the Mohawk-Combination lease versus the Goldfield Consolidated which was settled in 1908. The case had started as an apex case between the Mohawk company and the Combination company. A costly court battle was prevented by the purchase of the Combination mines in January, 1907, by the Goldfield Consolidated Company.

The merger of these companies into the Consolidated company affected all the leasers; they decided to pool forces against the Consolidated and obtain as much ore from the mines as possible before their leases expired. For several months a big production of high-grade ore was maintained. A week before the expiration of the leases a bad cave-in occurred and work had to be suspended. The Consolidated then brought suit against the leasers, claiming $50,000 damages because the leasers had not complied with the lease in failing to properly timber the shafts.[34] A board of arbitration which was established decided in favor of the leasers, granting the Consolidated company only $9,500 for the cave-in and extending the lease until four days after the cave-in was cleaned up.[35]

The longest court case in Goldfield was not an apex suit, but a suit started in 1907 between the Mohawk company and the Frances Mohawk lease. The case was brought by the company against the leasers for using "unminer-like" methods. It was supposed to last two or three weeks, but was not settled until April 4, 1914, by which time the original claim of $250,000 had been increased by claims and counter-claims to a new figure of $2,000,000. After seven years of court disputes the two parties agreed to dismiss the suit.[36]

Lowered production, a rapidly declining population, deserted buildings and railroad yards, the return to the leasing system, the consolidation of newspapers, and the increased attention to mining litigation all were evidences that the boom in southern Nevada was over. While declining production at Tonopah and Goldfield slowly closed the curtain on Nevada's second great age of silver, the uncovering and exploitation of a huge deposit of copper in the eastern part of the state ushered in a period of even greater mineral production.

NOTES

[1] Francis L. Bosqui, "Milling versus Smelting in the Treatment of Tonopah-Goldfield Ores," *Mining and Scientific Press*, XCII (March 31, 1906), 217.

[2] Carpenter, Elliott, and Sawyer, *Fifty Years of Mining at Tonopah*, pp. 46, 47; Davis, *Nevada*, I, 343.

[3] Davis, *Nevada*, I, 343; Lincoln, *Mining Districts of Nevada*, p. 185; G. E. Wolcott, "The Mines and Mills of Tonopah, Nevada," *Engineering and Mining Journal*, LXXXVII (March 20, 1909), 594–597.

[4] *Tonopah Sun*, March 23, 1910; Myrick, *Railroads of Nevada*, I, 250.

[5] Carpenter, Elliott, and Sawyer, *Fifty Years of Mining at Tonopah*, p. 81.

[6] *Ibid.*, pp. 46–55; *Goldfield Daily Tribune*, January 21, 1910.

[7] *Rhyolite Daily Bulletin*, September 24, 1907; *Rhyolite Herald*, October 4, 1907; Bullfrog District Chamber of Commerce, *Bullfrog Mining District*, (Bullfrog, Nevada: 1907), p. 1.

[8] *Goldfield News*, Second Annual Edition, 1906–1907, p. 39; C.

T. Rice, "Goldfield, Nevada," *Engineering and Mining Journal*, LXXXII (August 25, 1906), 341.

[9] *Goldfield News*, Second Annual Edition, 1906–1907; Davis, *Nevada*, I, 339–342; Bosqui, "Milling versus Smelting," *Mining and Scientific Press*, p. 217.

[10] *Goldfield Daily Tribune*, December 27, 1908.

[11] Davis, *Nevada*, I, 344; *Goldfield Daily Tribune*, December 26, 27, 1908; P. E. Barbour, "The Goldfield Consolidated 600-ton Mill," *Engineering and Mining Journal*, LXXXVI (September 5, 1908), 467–474, 680; Editorial, "Goldfield Consolidated—Safety in Mines and Mills," *Engineering and Mining Journal*, XC (July 2, 1910), 2, 11–12; Editorial, "Inspection Department of the Goldfield Consolidated," *Engineering and Mining Journal*, XCI (February 25, 1911), 408; E. S. Shaw, "The Goldfield Consolidated Bullion Refinery," *Engineering and Mining Journal*, XCI (April 22, 1911), 799; C. T. Rice, "Mining Methods at Goldfield," *Engineering and Mining Journal*, XCII (October 21, 1911), 797–802.

[12] Davis, *Nevada*, I, 344.

[13] *Tenth Annual Report of the Goldfield Consolidated Mines Company, 1916*, (Goldfield: 1916).

[14] *Goldfield Daily Tribune*, December 24, 1908; *Goldfield News*, December 9, 1911.

[15] *Proceedings of the Town Board, Tonopah*, Book A, 1907–1914; *Commissioners Minutes*, Esmeralda County, 1907–1914.

[16] U. S. Bureau of the Census, *Fourteenth Census of the United States*, 1920, I, p. 520.

[17] Couch and Carpenter, *Nevada's Metal and Mineral Production*, p. 50.

[18] *Fourteenth Census of the United States*, 1920, I, 255.

[19] *Tenth Annual Report of the Goldfield Consolidated Mining Company*, (1916), p. 15.

[20] Couch and Carpenter, *Nevada's Metal and Mineral Production*, p. 115.

[21] An excellent discussion of the background of the Pittman Act is found in Fred Israel, *Nevada's Key Pittman*, (Lincoln: University of Nebraska Press, 1963), pp. 75–81.

[22] Couch and Carpenter, *Nevada's Metal and Mineral Production*, p. 115.

[23] *Fifteenth Census of the United States*, I, 696.

[24] Railroad Commission, (Nevada), *7th Annual Report*, (1914), pp. 7–9.

[25] *Ibid.*.

[26] Myrick, *Railroads of Nevada*, II, 588–593; *Inventory of the County Archives of Nevada*, Nye County, p. 16.

[27] Myrick. *Railroads of Nevada*, I, 264–288.

[28] *Nevada State Journal*, September 1, 1948.

[29] Copp, *American Mining Code* (1902), p. 2; Lindley, *American Law Relating to Mines*, I, 108–126, and III, 2222–2236.

[30] *Tonopah Daily Sun*, July 25, 1908.

[31] *Tonopah Daily Sun*, January 16, 1909; *Tonopah Daily Bonanza*, December 8, 1911.

[32] *Tonopah Daily Bonanza*, December 8, 1911; *Ibid.*, April 7, December 17, 1914.

[33] *Tonopah Daily Bonanza*, April 30, 1915.

[34] *Goldfield Daily Tribune*, April 26, 1908.

[35] *Ibid.*, May 26, 1908.

[36] *Goldfield Daily Tribune*, April 4, 1914.

Part Two: Copper Becomes King

7. *Copper Revives a Declining Gold District*

In its weekly issue of September 27, 1900, the *White Pine News* of Ely, Nevada, noted with some interest the arrival in the district two days earlier of two young miners from California. The paper stated that one of the men, Edwin Gray, was to become chief engineer of the local Chainman mine, and his partner, David P. Bartley, was to be its new foreman, and that both men had money and were looking for investment opportunities at Ely.[1] Actually, the two men arrived in the community with but seventy-five cents in cash between them, and far from being brought into the district in a supervisory capacity, they had been employed by Sam Shepherd, their old boss and now the new superintendent of the Chainman mine, to drive a team and wagon from Shasta County, California, to Ely, Nevada. The rumor-projected role of prospective capitalists intrigued the young miners for they had determined, somewhere along the long, dusty trip across Nevada, to strike out on their own when they arrived in the Ely area. Although for the moment puzzled by the warm reception by the local residents, Gray and Bartley lost no time in investigating the various mining properties available. They finally optioned two claims from Daniel C. McDonald, Walter Rynearson, and George Marx for \$3,000.[2] These claims, the Ruth and the Kearsage, had been located by McDonald in 1897 and enough development work done meanwhile to expose some copper outcroppings. It was the outcroppings which attracted Gray and Bartley, both of whom recognized the copper ore from their experiences in the Shasta County mines

Ely, the county seat of White Pine County and the center of the Robinson mining district, was located about two hundred miles northeast of Tonopah. The mining district, named for Thomas Robinson, who located the first claim there in 1867, was organized on March 16, 1868,[3] but production from the area was sporadic and limited until Gray and Bartley's arrival in 1900. What little production there had been in these years came mainly from gold ores. The drought in mineral production may have been a blessing for it forced a change in emphasis, at least temporarily, from mining to ranching activities. Two of the nearby valleys, Steptoe and Duck Creek, had excellent mountain streams running through them and by 1885 were dotted with numerous productive ranches and farms.[4] Without the agricultural development during these years the Robinson district and its center at Ely might well have found survival impossible.

Early Development of the Copper Mines

Gray and Bartley entered the area at an opportune moment, for increased demands for copper brought about by the rapid development of the electrical industry, and technical developments which for the first time made the mining and smelting of low-grade copper ores profitable, had reawakened interest in a copper belt in the district which had been discovered by prospectors in the early 1870's. The Selby Copper Company of Ohio was so impressed with the deposit that in 1873 the owners constructed a small copper furnace in the district to exploit its holdings. The furnace was built under the direction of a company engineer named Joseph Long and was located in Robinson Canyon just below the site of the district's only town, Mineral City. The furnace was not successful and after a few short runs was closed down permanently.[5] However, the copper ore seemed to be everywhere and the prospectors, perhaps more from force of habit than anything else, filed new copper claims; and if time permitted (for they were interested mainly in gold and silver) they did the annual assessment work which was necessary to hold the claims. By 1888, these miners, in this rather casual manner, had exposed on the surface what appeared to be a tremendous copper deposit. The *White Pine News*, in an article on August 11 of that year, indicated the extent of these ores when it noted that a mineral lode had been stripped exposing blue and green copper carbonates, and red and gray copper sulphides, and that this strip was

> a veritable copper belt, being eight or ten miles long and from two to four miles wide. . . . It appears like a big slice of this country is an unbroken bed of copper ores. . . . While a number of the mines yield milling ores, the lead and copper of the district are of smelting character . . . and nothing is wanted to make the country more prosperous than the capital necessary for the development of the mines and the erection of mills and reduction works.

The capital, needless to say, was not forthcoming at that time, perhaps due more than anything else to the low-grade quality of the ore and the tremendous effort and expense which would be necessary to get the ore to market. However, it is quite clear from newspaper articles such as the above, and from the number of copper claims filed in the district between 1872 and 1900, that the miners in the area were quite well aware of the district's large copper potential.[6] They did not know at the time whether the ore would continue at depth, and the problems of extraction and transportation were such as to discourage them from a more extensive development.

Indicative of this renewed interest was the fact that when Gray and Bartley arrived in the district in 1900, two properties besides the McDonald holdings were being worked for copper. The first of these, located just west of the McDonald claims in an area that came to be known as Copper Flat, was under the direct supervision of Joseph Bray of Austin. The Copper Flat or Calumet group of six claims had been located originally by Thomas Rockhill, Newton Boyd, and Thomas Johnson. In 1898 these claims were optioned to Bray for $15,000. Bray, who in this and later transactions was acting as agent for Mulford Martin of New York City, added three other claims by option in the spring of 1899, and the entire group of nine claims was then purchased by Martin for $25,000 in September of the year 1899.[7] It is evident that Martin planned extensive development in the district, otherwise it would be hard to justify the expenditure of $25,000 at a time when mining activity in the area was at a standstill. Bray added numerous other claims in 1899 and 1900 and began to explore the Martin holdings by sinking shafts to try to prove that the copper deposits continued at depth.[8] The second area, still further to the west, was being developed by Samuel F. Paul and his sons. The latter area came to be known as the Pilot Knob or West End camp. The Paul holdings in the West End had also attracted the attention of outside capitalists including Senator William Clark, the Montana copper king, Joseph Giroux, and P. L. Kimberly. Clark and Giroux visited the district in May, 1900, and on the strength of the short visit bonded the Pilot Knob group of claims in the fall of that year. These interests increased their holdings extensively in the next few months so that by May of 1901 they had nearly 1,000 acres of mineral land.[9]

Thus it must have been apparent to Gray and Bartley, as they surveyed the mineral belt of the Robinson district, that others not only were aware of the copper deposits but were actively engaged in trying to develop them. It was also clear to the partners that no one yet had proven that the copper ores continued at depth. They knew that until this was done the property was worthless, for only extremely large deposits of low-grade copper ore would be likely to attract enough investment capital to build the plants necessary to reduce the ore to metal and to construct a railroad to haul the metal from the district.

The partners, aware that a ninety-day option was hardly enough time to develop a copper mine, immediately started a tunnel into the mountain. Copper ore was discovered at 145 feet. From this point a shaft was sunk some seventy feet downward. They were still in copper ore. The tunnel was extended to the 315-foot mark. Never leaving the ore body the miners drifted for 200 feet and were in copper ore averaging 3 percent.[10] By this time the local newspaper, which had not paid much attention to the two after it had been learned they were penniless, began to follow their movements with renewed interest. The Gray-Bartley tunnel, surrounded on every side by copper ore, was proving what the local miners refused to believe, that such a huge outcropping could continue at depth. But proving the extent of the ore body and getting the ore to market were two different problems. Had the partners discovered high-grade gold or silver ore, sacks could have been filled and enough taken out by stage or freighter to insure a fortune, or at least to pay for continued development. But this was a low-grade copper discovery, and it did not take long to figure how many tons of ore would have to be hauled out to obtain even a few pounds of copper metal.

Throughout 1901 and into 1902, the two miners clung tenaciously to their claims, kept alive by William B. Graham, a local merchant who grubstaked them for two years on nothing more tangible than their word that he would be paid in full. Meanwhile, in order to take up the option on the McDonald claims, three additional partners, J. B. Simpson, S. F. Shepherd, and W. G. Lyons, joined the venture. Lyons supplied most of the money necessary to complete the purchase.[11]

During these years the Gray-Bartley discovery became quite well known as practically every local citizen and many outsiders, including engineers representing Chicago and San Francisco capitalists, visited the tunnel and marvelled at the walls of ore on every side. Potential buyers lost interest when faced with the prospect of spending the hundreds of thousands of dollars necessary to construct a railroad and reduction works. Among the visitors in 1902 was a man named Williams, who crawled into the tunnel, inspected the property very carefully, shared a meal with the two men, thanked them, and went on his way. Within a short time Williams, whose real name was J. B. Stevens, was back at the tunnel, this time accompanied by his boss, Mark Requa.[12]

Mark Requa, son of a prominent Comstocker, at the age of thirty-five had been given control of the Eureka and Palisade Railroad by a father who thought it time that his son show what he could do on his own initiative. The railroad was a real challenge, for by 1900 it was nearly defunct. It was evident to young Requa that new mineral areas would have to be developed if the line was to prosper.

With this in mind he had sent Stevens on a tour of camps which might conceivably be used as feeders to the Eureka and Palisade. He had listened to the glowing reports of the copper area from Stevens, and was so impressed that he decided to take a firsthand look at the property. One trip into the tunnel convinced him of its worth, and in October, 1902, he offered to option the claims for $150,000. Bartley and Gray, with a restraint unusual for miners, agreed with Requa's suggestion that they forego the pleasure of the ready cash and instead take stock in the new company which was to be formed by Requa.[13] On February 15, 1903, Requa organized the White Pine Copper Company under the laws of California. The company was capitalized at $500,000 and had as its first officers, James Phillips, Jr. of New York City, as president; Requa, as vice-president and general manager; S. D. Olney, as secretary-treasurer; and Edwin Gray as superintendent. The main asset of the company consisted of the fifteen claims of the Ruth group which included those of the Bartley-Gray discovery and others added by Requa during 1902 and 1903.[14]

Fortunately for the future of the district, Requa was interested in long range objectives for the property and cared little about purely promotional activities. The problem of developing the White Pine Copper Company into a real dividend-paying producer, in Requa's opinion, consisted initially of three parts: first, continued prospecting to verify the findings of Gray and Bartley; second, an experimental mill to determine the average content of the porphyry in large masses; and third, transportation development to get the ore to the mills and smelters. A fourth item would be necessary and profitable when the other three had been accomplished, that is, the building of mills and reduction works near the mines. It was apparent to Requa that millions of dollars would have to be spent in the area before a pennyworth of profit could be made. For almost two years, Requa and his partners worked to enlarge the ore body in preparation for the building of the experimental mill. The task of supervising construction of the mill was placed in the hands of John B. Fleming, a well known mill expert. The experimental mill began operations on September 1, 1904, but was closed down almost immediately for minor adjustments. Within a few days the mill was back in operation and continued to process the copper ore for a period of three months. It was then closed down and dismantled. Exhaustive tests and determinations made during this period proved entirely satisfactory.[15] Requa had proven to his own satisfaction that the mass of low-grade copper ore available to his company could be worked cheaply and efficiently.

Requa and other developers in the copper camps also recognized from the beginning that a railroad was essential to any real exploitation of the ore body, for the low-grade character of the copper ore ruled out any interim development of a freighting system. Consequently, in October, 1904, Requa sent surveyors into the field to fix a route for such a railroad. There were two connections available, a seventy-five mile, rather mountainous connection with his own Eureka and Palisade Railroad to the west, and a 140-mile, nearly level connection with the Southern Pacific directly to the north. Although he had taken the initial steps to provide milling and railroad facilities, Requa knew that he could not proceed further until he obtained sufficient capital to complete such projects successfully. He determined to seek financial help from eastern capitalists, but before plans for such a project were completed, an opportunity to enlarge his copper holdings in the district presented itself.

The opportunity developed because of financial difficulties of the Martin-Bray interests at Copper Flat. Requa had visited the Copper Flat properties when he first arrived in the district and was much impressed with the extensive copper outcroppings which he had noted. However, the Copper Flat property was not for sale at the moment. On the contrary, the Martin interests apparently were ready to exploit the area quickly and efficiently. The first step in this project was taken in December, 1902, when the New York and Nevada Copper Company was organized under the laws of New Jersey at a capitalization of $5,000,000, with shares at ten dollars par value.[16] Under Bray's management a number of shafts were sunk on the property and an extensive copper mass uncovered. It was the opinion of many local observers at the time that the Copper Flat property was the best prospect in the district. As part of the development program Bray decided to construct a smelter to supplement the small concentrator which had been built earlier. The smelter was to be built on the Georgetown Ranch which the company had purchased from the L.D.S. Church in November, 1902, for a price of $35,000. This excellent site of some 560 acres with certain rights to the waters of Murry Creek became available to the company when the Mormons decided to move their colony to the White River Valley about fifty miles south of Ely.[17] The proposed smelter was to have a capacity of 450 tons per day. However, before a smelter could be started, the New York and Nevada Copper Company encountered financial difficulties. The property was attached, (for nonpayment of debts) by storekeeper William B. Graham, and by Requa's

Eureka and Palisade Railroad in the closing months of 1903, and was soon in the hands of the receivers.[18] According to the local newspapers the company had spent some $400,000 in development work and had liabilities of slightly less than $200,000. It was noted by the press that the company has a huge mass of copper ore in sight, estimated by some to be over 300,000 tons. At this stage the S. D. Loring and Sons banking house of Boston agreed to advance $150,000 to pay off outstanding debts of the company and an additional $100,000 to continue development activities. The loan was the first step in a reorganization which brought about the dissolution of the New York and Nevada Copper Company and the formation of a new company, the Boston and Nevada Copper Company, in its place.[19]

Financial Help From the East

Requa followed these events with great interest for it had occurred to him that a combination of his properties with those at Copper Flat would enhance his chances of attracting eastern capital. Consequently, in the spring of 1904 he employed Professor Andrew C. Lawson of the University of California to make a geological survey of the mining district. Although Lawson's final report was not published until 1906, the initial summary given to Requa in the summer of 1904 indicated the tremendous extent of the Boston and Nevada Copper Company's holdings.[20] Thus, armed with Lawson's preliminary report on the geology of the district and the initial reports from his experimental mill, Requa journeyed to the East coast in the fall of 1904 to seek financial assistance. His main contract with eastern capital at the time was James Phillips, Jr., a New York financier and, at the time, president of the White Pine

Copper Company. It was through Phillips that Requa met the Loring brothers of Boston who were then in control of the Copper Flat properties through their stock ownership of the Boston and Nevada Copper Company. Requa and Phillips soon convinced the Loring brothers of the advantages of merging with the White Pine Copper Company, a merger which was completed with the incorporation of the Nevada Consolidated Copper Company on November 17, 1904, under the laws of Maine, with a capitalization of $5,000,000, with shares at five dollars par value. Phillips was chosen the first president of the company and Requa, its first general manager.[21]

The new company now had a tremendous ore reserve but still lacked the cash necessary to construct a railroad and a reduction plant. The first attempt to raise the necessary capital failed when a group of French capitalists refused to back any such low-grade-copper company. For a time it appeared that no one would be willing to give financial backing to the new company. Finally, the New York banking firm of Hayden, Stone and Company, obviously encouraged by the Guggenheim Exploration Company, indicated a willingness to back the venture. Their initial commitment made it possible for Requa to organize the Nevada Northern Railroad on May 29, 1905, and to initiate plans for its construction. The banking company, however, refused to make a permanent commitment for the construction of a reduction plant until a competent mining expert could report on the quantity and the quality of the ore body.[22]

The man chosen for the survey was J. Parke Channing, internationally famous mining expert and considered quite conservative in his reports on unproven properties. The Channing report on the Robinson district copper belt was not made public until August 3, 1905, although it was known to have been in the hands of interested parties before this date. In his report Channing indicated that a large copper ore body existed in the district, but he estimated that it would take $2,200,000 before any profits would be realized. The expenditure included $1,225,000 for a railroad from the mines to a connection with the Southern Pacific, and $975,000 for development work on the Ruth mine. Such expenditure, Channing noted, would bring an annual profit of $725,000 for the life of the known ore reserves. The most interesting part of the report, and one which proved Requa's foresight in acquiring the Copper Flat properties, was the paragraph which indicated that if only $500,000 more could be expended on the Eureka mine of the old New York and Nevada company, an additional profit of $1,050,000 would be forthcoming annually.[23] With this information, Hayden, Stone and Company agreed to finance the building of the railroad and the construction of a reduction plant. It was apparent by this time that the mining and smelting firm of M. Guggenheim and Sons had become interested in the Nevada copper district.

The rise of the Guggenheim family, father Meyer and his seven sons, to a position of prominence in the mining and smelting industry began when Meyer established the Philadelphia Smelting and Refining Company in 1888. Additional smelters were soon constructed in Colorado and Mexico, and a refinery built at Perth Amboy, New Jersey. A number of large smelting firms moved, in 1899, to form a large smelting trust to be known as the American Smelting and Refining Company, but the Guggenheims refused to join when they were not allowed to buy a controlling interest. Subsequently, in order to gain access to additional sources of ore supply and thereby strengthen their competitive position against American Smelting, the brothers organized the Guggenheim Exploration Company. The ensuing fight between the two smelter interests was short but decisive. The victory of the Guggenheims was marked, in 1901, by the accession of Daniel Guggenheim to the chairmanship of the board and his six brothers to directorships in the American Smelting and Refining Company. The work of the Guggenheim Exploration Company was pushed forward with renewed vigor so that within a few years M. Guggenheim and Sons controlled some of the most important mining properties in the United States, including the great copper deposits of the Utah Copper Company located at Bingham, Utah.[24]

The exact part played by the Guggenheims in the early organizational activity of the Nevada Consolidated Copper Company is difficult to determine. Their close relationship with the banking firm of Hayden, Stone and Company was well known at the time, and it is quite possible that the brothers were connected with the Nevada Consolidated company soon after its organization by Requa in November, 1904. It is quite clear however, that they did not have control of the company by the end of 1905, although succeeding events indicate that such control was their ultimate goal in the district.[25] In the latter part of 1905, William Boyce Thompson, a well known mining promoter and financier of the period, sent his good friend George Gunn into the Ely area to acquire available copper properties. Whether or not Thompson and Gunn were agents of the Guggenheims at this time is debatable, although the chain of circumstantial evidence points in that direction. Gunn, a former field expert for the Guggenheim Exploration Company and at the time of his entrance into the Ely district the chief field expert for the American Smelting and Refining Company, soon obtained options on a group of claims known as the Veteran group, and in addition a number of smaller claims which lay on both sides of the Nevada Consolidated property. Thompson and Gunn then organized the Cumberland-Ely Copper Company on November 28, 1905. The company was incorporated under the laws of Maine with a capitalization of $5,000,000 with shares at one dollar par value. Control of the company from the beginning was in the hands of the Guggenheims, who owned 51 percent of the stock. The first president of the company was Charles Drummond who was soon replaced by Samuel W. Eccles. Thompson was made vice-president of the company, and Gunn became the first general manager. Hayden, Stone and Company, the same banking house that supplied capitalization for Requa's Nevada Consolidated, agreed to finance the new company.[26]

As general manager, Gunn moved immediately to obtain water rights and a smelter site for his company. With what appeared to be admirable foresight he preempted various waters in Duck Creek Valley which had not previously been filed upon. He culminated these moves by optioning the McGill ranch in Steptoe Valley, a ranch which provided his company not only with an excellent site for a mill and smelter, but, what was more important, with control of the major part of the waters of Duck Creek, perhaps the best single source of water in the district.[27] Requa, also, had been dickering for purchase of the McGill ranch and its water rights for the Nevada Consolidated company and evidently was unaware of the Gunn negotiations until announcement of the option appeared in the newspapers. The Cumberland-Ely company, in spite of the fact that another Guggenheim engineer, A. Chester Beatty, had remarked that its property was valuable principally as scenery, was now in an excellent bargaining position for any possible consolidations that might develop.

The whole procedure in organizing the Cumberland-Ely and the manner in which strategic land, water, and mineral rights were acquired, almost directly under the noses of the Nevada Consolidated Copper Company officials, gave evidence of carefully laid plans. The next step came in January, 1906, when Thompson, acting as agent for the Guggenheims, secured an option on 400,000 shares of Nevada Consolidated stock.[28] Before exercising the option, the Guggenheim Exploration Company sent a number of their experts, including John Hays Hammond, A. Chester Beatty, and Henry Krumb, to the Robinson district to examine the property. Evidently Hammond never arrived in the district, but both Krumb and Beatty examined the properties and submitted reports to the Guggenheims. The Krumb report, dated March 20, 1906, visualized a much larger copper ore reserve than indicated in the earlier report of J. Parke Channing. Beatty concurred in the findings submitted by Krumb. On the basis of these reports, the Guggenheim Exploration Company, in the latter part of March, 1906, took up the option on the Nevada Consolidated stock and thus gained a substantial, but not yet controlling, interest in that company.[29]

With controlling interest in the Cumberland-Ely company and the newly acquired 40 percent interest in the Nevada Consolidated company at their disposal, the Guggenheim brothers moved to effect a merger of the two companies. Those supporting the merger pointed out that the Cumberland-Ely company had $3,000,000 in its treasury which could be used for necessary development work in

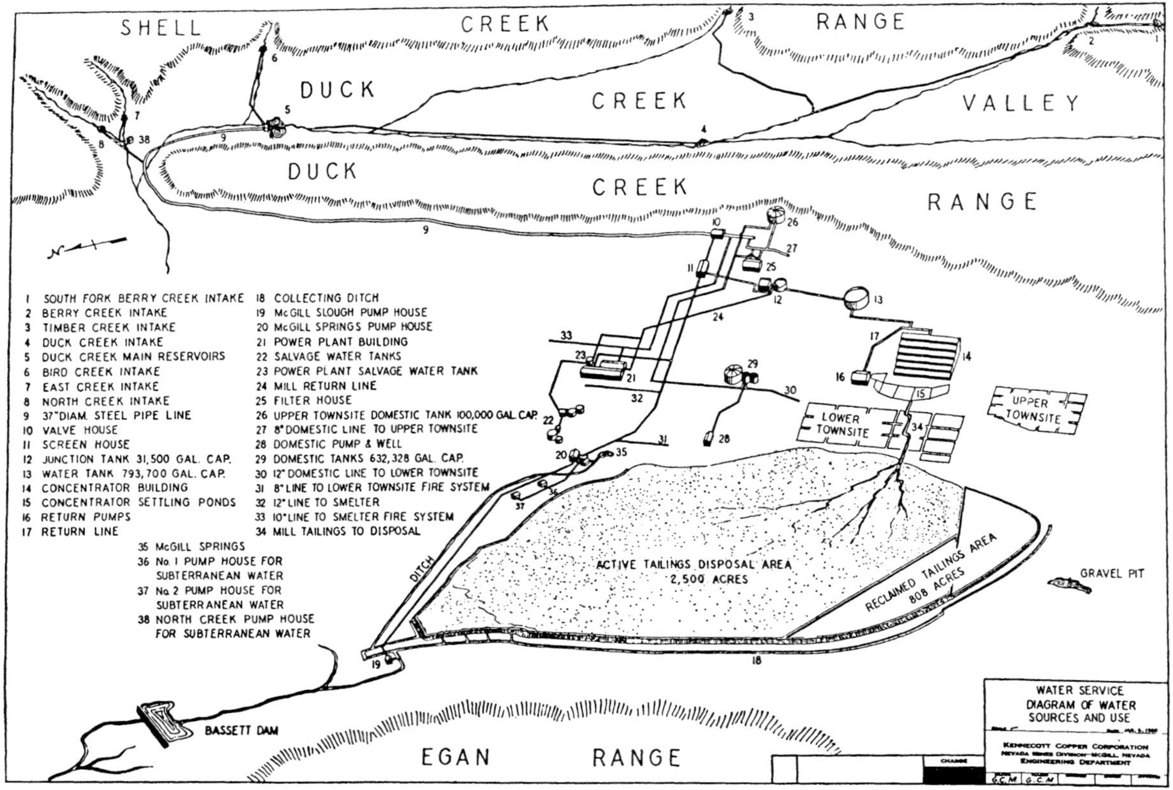

Diagram of water sources and use at McGill (courtesy of Kennecott Copper Corporation).

the district, that it possessed rights to the best water supply, and that it had an excellent smelter site overlooking the McGill ranch some thirteen miles north of Ely. However, Requa, and the other original promoters of the Nevada Consolidated company, strongly opposed the merger, arguing that the Cumberland-Ely company had very little ore and that the Nevada Consolidated company's smelter site at the Georgetown ranch and its rights to the waters of Murry Creek were at least equal to those possessed by the Cumberland-Ely. In the face of this strong opposition, the Guggenheims decided against an immediate merger, but indicated that any decision in regard to a smelter would have to include the Cumberland-Ely company.[30]

Although Requa was successful in blocking the merger, he realized that the Nevada Consolidated company could not build the necessary reduction plant without financial help from the Cumberland-Ely officials. Consequently, a joint meeting of the directors of the two companies was held in New York City during the first week of October, 1906, where it was decided to form a new company to construct and operate the proposed reduction works. This company, the Steptoe Valley Smelting and Milling Company, was organized in November, 1906, under the laws of Maine and was controlled by the Nevada Consolidated and the Cumberland-Ely companies through a stock ownership plan by which each held one-half interest. As an additional price for the agreement, the Guggenheims insisted that the Cumberland-Ely company be allowed to purchase one-half interest in Requa's Nevada Northern Railroad.[31]

It appeared from these maneuvers that Requa and the owners of the Nevada Consolidated were to be equal partners with the Guggenheims in the operation of the railroad and the reduction plant. Actually, it was quite clear by the end of 1906 that the basic decisions for the development of the Nevada copper area were being made by the Guggenheim brothers and not by Requa. The first direct indication of this came over the dispute between Requa and Gunn as to the best site for a smelter. Requa, as one of the first steps in the development of the Nevada Consolidated, had purchased the Georgetown ranch on the outskirts of Ely as a site for a reduction plant. He now insisted that such a site, only some seven miles from the mines, was superior to the site thirteen miles to the north chosen by Gunn for the Cumberland-Ely company. Gunn wanted the reduction plant built on a bench overlooking the McGill ranch in order to take advantage of what he considered a better water supply. The final decision was made by Samuel W. Eccles, president of the Cumberland-Ely company and one of the Guggenheims' trusted experts in the American Smelting and Refining Company. His decision, late in the summer of 1906, in favor of the site near the McGill ranch was the beginning of the end for Requa. Shortly after the organization of the Steptoe Valley Smelting and Milling Company, a brief item in the local newspaper announced the retirement of Mr. Requa as general manager of the Nevada Consolidated company and of Mr. Gunn as general manager of the Cumberland-Ely company. Both retirements were to be effective as of December 1, 1906. Pope Yeatman, a Guggenheim engineer, was made managing director of both of these companies as well as of the Steptoe Valley Smelting and Milling Company.[32] With this short announcement, Mark Requa, the man whose vision uncovered the immense copper deposits in the Ruth area, bowed rather unceremoniously out of the picture.

The Railroads

As noted earlier, Requa had initiated a railroad survey in October, 1904, a month before the organization of the Nevada Consolidated company—that is, long before he knew that financial backing for the project would be forthcoming. The route chosen by these surveyors was substantially the one later followed from the Copper Flat mine (later the Ruth pit) to the Ruth mine: down Robinson Canyon, then north through the Steptoe Valley to Omar, a way-station on the Southern Pacific later renamed Cobre in honor of the copper discovery.[33] It was somewhat ironical that such a route was chosen, for Requa had entered the Robinson district in search of feeder camps for his own Eureka and Palisade Railroad. However, once development had reached the stage of railroad building, it became apparent that the Cobre route to the north would involve much less expense than would connection with the Eureka and Palisade to the west. A tie-up with the latter road would be many miles shorter but would necessitate the crossing of numerous mountain ranges and involve serious building problems and unnecessary expenditures. Requa now needed Edward Harriman's assent to the connection with the Southern Pacific. This was obtained without difficulty once the latter was convinced that Requa's proposed line was to be a feeder line and not a competitor.[34]

Requa had given some thought earlier to the construction of a narrow-gage railroad, but once eastern capital was assured, he went ahead with his plans to build a standard-gage line from Omar to Ely. The Nevada Northern Railroad was incorporated under the laws of Maine for $2,000,000 with shares at $100 par value. The Nevada

Consolidated Copper Company held stock control of the railroad only during the development period. The contract for the building of the line, awarded to the Utah Construction Company on August 29, 1905, included the 140.99 miles between Ely and Omar, plus branch lines to the mines at Ruth and Veteran, and to the projected reduction plant at McGill. Actual work began from Cobre (Omar) on September 9, 1905.[35] The first sixty-three miles of track was completed to Currie's ranch in Steptoe Valley during the last weeks of May, 1906, and triweekly passenger and freight service was inaugurated immediately between that point and Cobre. As the railroad progressed southward from one temporary junction to another, autos, stages, and freight wagons moved out from Ely to meet the passengers and freight that were now being routed to the Nevada copper district by the Southern Pacific.

On September 29, 1906, just one year and twenty days after the start of construction at Cobre, the Nevada Northern Railroad arrived in Ely. The completion of the line set off a two-day celebration at Ely where the festivities were interrupted from time to time by the noise of the section gangs hurriedly laying ties and rails for the last few blocks from the court house to the temporary depot which had been erected at the corner of Garden and Murry streets. The last-minute rush was due to the fact that a number of businessmen protested the White Pine County commissioners' decision to route the railroad through the town's main street. Thus, in September, just before the line reached the district, the commissioners changed the route from Aultman Street to Garden Street and inserted in the franchise agreement with the railroad a clause stating that a passenger depot must be erected at Ely within ninety days of the laying of tracks through the town.[36]

The Salt Lake City section, made up of eleven coaches and 269 passengers, mostly members of the Salt Lake City Commercial Club, was the first section to arrive in the community. It was followed shortly thereafter by a second section consisting of seven coaches and 179 businessmen from Ogden, Utah, and three coaches of visitors from Reno and other western Nevada communities. The make up of the first train into the Ely district was indicative of the economic links already developing which were to tie the copper districts of eastern Nevada economically to the Salt Lake City area rather than to Reno and the western part of Nevada.[37]

Mark Requa must have had mixed emotions as the celebration began and he made ready to drive the copper spike that would symbolically note the completion of the Nevada Northern Railroad. It was quite clear to him by then that control of the Nevada Consolidated Copper Company and its subsidiary, the Nevada Northern Railroad, was rapidly slipping into the hands of the Guggenheims. Yet his message to the assembled throng was not one of defeat, but of satisfaction over the part he had played in opening this vast new mineral area.[38]

Although a huge celebration had heralded the arrival of the railroad in Ely, the main mission, reaching the mines and smelter, had not been completed. The branch line from Ely City (East Ely) to the mines, covering just a few miles, was as difficult to build as the construction of the main line had been simple. It was finally finished to Copper Flat April 1, 1908, and to the Veteran mine a few weeks later. The branch from McGill Junction to McGill, where the smelter was to be located, was completed during the building of the main Ely–Cobre line. The "hi-line" (so named because it hugged the foothills overlooking Steptoe

Valley) which was to be used solely to carry the ore from the mines to the concentrator, was not completed until 1908.[39] The hi-line was continued from Ely City to the mines on a line built above the town of Ely, rather than through it, because the city officials made demands which the railroad officers felt they could not meet. Partly because of this variation of the original route, the railroad officials encouraged the building of Ely City and made the town its headquarters.[40]

As was the case at Tonopah and Goldfield, numerous railroads were projected with Ely as the terminus. Such were the proposals to connect Ely with Hamilton, Ely with Pioche, and Ely with Salt Lake City via Deep Creek. Particularly prominent were the two proposals to link Ely with the southern camps—one to connect Ely with Tonopah, the other to connect Ely with Goldfield. These proposals were backed by different individuals and would have covered the distance to Ely by different routes.[41] Because of the obvious duplication of effort, the Tonopah-Ely proposal gradually gave way as more and more emphasis, after 1906, was placed on a Goldfield route. However, the idea of connecting Goldfield with Ely by rail didn't take hold until 1907 when Tex Rickard sponsored a movement to connect the two boom areas.[42] The reasons given for such a route were: it would shorten the distance from Goldfield to the Salt Lake smelters; it would tie together the two big boom areas to their mutual benefit and the benefit of the state of Nevada; and it would give rail connections to a number of old and new mining camps between Goldfield and Ely.

The Goldfield–Ely project received strong support as a result of a meeting held in New York City on January 18, 1909, between F. M. "Borax" Smith and William B. Thompson.[43] At this meeting it was decided to build a railroad from Goldfield to Ely and to begin surveys for the proposed route at once. The official survey of the route began March 19, 1909, under the direction of John Ryan, general manager of the Tonopah and Tidewater Railroad. A news report of that date indicated that the railroad would cost about $4,000,000 and that actual construction would begin about September 1, 1909.[44] This report was a signal for the citizens in each of the mining camps between Ely and Goldfield, old as well as new, to start campaigns to have their camp placed on the proposed route.

It was difficult at first to determine exactly who was backing the Goldfield–Ely railroad. Rumors at both Ely and Goldfield mentioned at one time or another, the Guggenheims, Moffat, the owners of the Santa Fe, Senator Clark of Montana, and many others.[45] As surveys were completed and actual construction was about to begin it was apparent that the builders of the Tonopah and Tidewater Railroad were promoting this new connection as a preliminary to their entrance as investors in the copper district.

After the survey had been completed in September, 1909, the builders attempted to get franchise agreements from the various political units where rights of way were necessary. No difficulty was encountered at the southern terminus of the railroad, but when the railroad officials applied for a right of way through Ely via Clark Street, numerous objections arose from Ely citizens and officials. After discussing the matter for four weeks without reaching an agreement, the Ely city council tabled the franchise request on December 24, 1909. The railroad officials immediately withdrew the application for a franchise agreement.[46]

The action of the city council was bitterly condemned by the editor of the *White Pine News,* who claimed that Ely had lost this important enterprise by a lackadaisical attitude of the council. The council members answered that they were not opposed to the railroad and that if some other route were chosen they would be more favorably inclined to grant a franchise. The railroad officials made no immediate move to choose a new route, continuing to indicate that grading for the road would commence at once if the Ely city council would change its mind.[47] The Goldfield–Ely proposal appeared to be dead.

However, in January, 1911, there was formed a company known as the United Properties Company, purportedly backed by J. J. Hill and Borax Smith and capitalized at $200,000,000. Among one of its many projects, according to the *White Pine News,* was the building of a railroad from Shafter on the Western Pacific to Goldfield, via Ely, connecting at Goldfield with the Tonopah and Tidewater Railroad.[48] Within a short time, publicity about this new proposal died, and with it went the last real efforts to construct a railroad between Goldfield and Ely.

It seems unrealistic to accept the reasons given by the railroad officials for their failure to build the road. Too much effort had been expended in surveys and promotional activities to become discouraged by the failure to get the proper right of way. The real reason for not building the road seems clear: the Tonopah and Tidewater officials were unable to obtain interests in the copper area which would warrant their building another railroad into the district, and without substantial interests of their own it would have been ruinous to try to compete with the Nevada Northern Railroad, controlled as it was by the largest single producer in the district, the Nevada Consolidated Copper Company.

Failure to build the Goldfield–Ely railroad brought to an

end the major efforts to connect the two boom areas, although it did not end the numerous attempts to use one or the other of the boom copper camps as one end of a railroad to any number of other camps scattered throughout Nevada, Utah, and Idaho. Again, the largest copper company in this area during these years also controlled the only railroad into the district, so competition was kept from the area; and although production from the Robinson district, in 1912, was higher than that from either Tonopah or Goldfield, no other railroad was ever built into the northern district. The continued prosperity of the Nevada Consolidated Copper Company insured prosperity for the Nevada Northern Railroad. Beginning in 1908, this railroad paid heavy dividends, dividends which continued during most of its history. This was in marked contrast to the sorry financial history of all the railroads entering the Goldfield and Tonopah district with the exception of the Tonopah–Goldfield road.

The Reduction Plant

Approximately two weeks after the railroad entered the Ely district, the first labor gangs moved into the bench area above the McGill ranch to begin grading operations preparatory to the construction of the proposed mill and smelter.[49] The water supply for the proposed reduction plant was to come mainly from the waters of Duck Creek, a creek with its headwaters in the Schell Creek range of mountains to the east and behind the proposed smelter site. Flowing north through Duck Creek Valley, this stream gathered the waters from the other streams in the area, then cut through the mountains at Gallagher's Gap to enter Steptoe Valley. Duck Creek then flowed south about five miles to within a short distance of the McGill ranch, and turned northward again to lose itself eventually at the foot of the Egan Mountains.

The smelter company decided to tap these waters at a spot some eight miles from the proposed site of the reduction works. To make the waters available, dams were to be built at the Duck Creek site and the water then piped to the reduction works at McGill. Pipeline construction began September 25, 1906.[50] The pipeline was an interesting construction which, when completed, consisted of some seven miles of wood staves bound by iron bands, and two miles of steel rivet pipe. A system of five reservoirs was constructed in Duck Creek Valley to take care of excess water. By 1910 these reservoirs had a storage capacity of 260,000,000 gallons. The first water was sent through the line on December 25, 1907, approximately one year and three months after construction began.[51]

The upkeep of the pipeline was expected to be costly and, consequently, before the line had been completed, C. B. Lakenan, general manager of the Steptoe Valley Smelting and Milling Company, gave some thought and effort to the construction of a tunnel through the mountain behind the reduction site which would connect the water supply directly to the reduction plant. Such a site was surveyed, the local newspapers noting the fact that work on the tunnel was to begin in the latter part of 1907. The tunnel was to be approximately two miles in length, starting at the base of the mountains on the western slope of the Duck Creek Valley range and coming out on the eastern slope just south of the Bird ranch on Duck Creek.[52] The project was discontinued in 1908.

While the pipe line was being built, foundations were laid for the smelter buildings and the mill. General supervision of the reduction works was under direction of Pope

Yeatman, a consulting engineer for the Guggenheim brothers.[53] The year 1907 was a year of building operations at the reduction site, and a further mapping out of ore at the mines. By October, 1907, the date of the first annual report, some 14,432,960 tons of ore, carrying approximately forty pounds of copper to the ton, were laid out awaiting completion of the mill and smelter.[54] By the spring of 1908, one section of the concentrator (five sections were proposed) was ready for ore. The first trainload of ore from the mines stopped over the ore bins at the new concentrator at 6:30 P.M., April 15, after being greeted enthusiastically as it passed through Ely and Ely City.[55] By May 15, after a series of test runs, one section of the concentrator was put on regular runs of three shifts daily. Within a short time the smelter was ready to receive concentrates from the mill. The first shipment of blister copper, destined for the East and further processing by electrolysis, was made on August 7, 1908.

A period of nearly eight years had elapsed from the Gray-Bartley discovery until the ore body uncovered by them was ready to be milled and smelted. These years had been spent in exploratory work, mapping out ore reserves, constructing a pipe line, and completing the reduction works. The length of time involved in this preliminary work and the tremendous sums of money which had been expended bore dramatic testimony to the fact that a great deal of wealth was necessary to develop a low-grade-copper mine. Equally dramatic, however, were the rewards awaiting those who had the time and money necessary for such development work. Recorded production, which had consisted of only $420 for the seven years preceding the completion of the reduction works, jumped to $622,470 in 1908, and $6,561,787 in 1909, and continued to rise steadily in the ensuing years to make the Robinson mining district the richest district in the history of Nevada.[56]

NOTES

[1] *White Pine News*, September 20, 27, 1900; Interview with Dave Bartley, July 9, 1952, Carson City, Nevada.

[2] *White Pine News*, Annual Edition, December 25, 1906; Davis, *Nevada*, II, 1054; Interview with Dave Bartley, July 9, 1952, Carson City, Nevada.

[3] *White Pine News*, August 11, 1887.

[4] Steptoe Valley was named for Colonel Steptoe who had been sent into the area in the 1860's to quell a threatened Indian uprising. The valley began to attract ranchers as early as 1868; within a few years a number of ranches were established in the valley stretching from a few miles north of the present town of McGill to about eight miles south of the present town of Ely. These ranches included the Bassett, the Hanson, the Millison, the Campbell, the Heusser, the Cowger (later the McGill), the McQuitty (later the Georgetown), and the Comins and Shallenberger ranches south of Ely. In Duck Creek Valley during the same period there was the Freehill ranch, the Bird ranch, and the Kinsley ranch. Below the gap in the mountains between Duck Creek and Steptoe valleys, was located the W. C. Gallagher ranch. The main product of these ranches in the early years was hay, although some produced in addition, grain, potatoes, and in rare instances other vegetables. More and more during the years before the turn of the century these ranchers turned to stock raising. (Interviews with Charles D. Gallagher, August 29, 1952 and November 28, 1953; *White Pine News*, First Annual Number, December 25, 1906; *Ely Record*, January 22, 1915; B. F. Miller, "Nevada in the Making," *Nevada State Historical Society Papers*, IV (1923–1924), 300, 394–396; Interview, William Y. McGill, July 24, 1953, Ruth, Nevada.

[5] *White Pine News*, August 11, 1888; Miller, "Nevada in the Making," *Nevada State Historical Society Papers*, IV (1923–1924), 397; Interview with William Y. McGill, July 24, 1953, Ruth, Nevada. (Mr. McGill, son of one of the pioneers of White Pine County, maintains that the copper furnace was built by a man named Thomas who was also connected with the Selby Company in these years. Thomas and Long worked together on later projects so that it is quite probable that they did on this one also.)

[6] *White Pine News*, issues from 1887 to 1900; *District Mining*

Recorder Records, Robinson District, 1881–1895, in White Pine County Recorder's Office, Ely, Nevada.

[7] Mining Locations, White Pine County, Nevada, Book 4, pp. 610–611; *White Pine News,* December 25, 27, 1906; Miller, "Nevada in the Making," *Nevada State Historical Society Papers.* IV (1923–1924), 401–402; Davis, *Nevada,* II, 1054.

[8] *Mining Locations,* White Pine County, Nevada, Books 4 and 5; *White Pine News,* March 22, 1900.

[9] *White Pine News,* August 23, November 15, December 27, 1900; *White Pine News,* May 23, 1901; Miller, "Nevada in the Making," *Nevada State Historical Society Papers,* IV (1923–1924), 401–402.

[10] Interview with Dave Bartley, July 9, 1952, Carson City, Nevada; *White Pine News,* June 27, 1901; Arthur B. Parsons, "Nevada Consolidated Copper Company," *Mining and Scientific Press,* CXXII (March 5, 1921), 325–335.

[11] *White Pine News,* July 24, 1902.

[12] Amy Requa Russell, "A Sagebrush Heritage," (Unpublished manuscript in the possession of the Nevada Historical Society, Reno, Nevada), p. 2; Arthur B. Parsons, *The Porphyry Coppers,* (New York: American Institute of Mining and Metallurgical Engineers, 1933), p. 117.

[13] *White Pine News,* October 9, 1902; Parsons, "Nevada Consolidated Copper Company," *Mining and Scientific Press,* pp. 328–329.

[14] Horace J. Stevens (compiler), *A Manual of the Copper Industry of the United States and Foreign Countries.* (Houghton, Michigan: 1905), V, 825 (cited hereafter as Stevens, *The Copper Handbook*); Parsons, *Porphyry Coppers,* pp. 118–120; *White Pine News,* March 5, 1903.

[15] *White Pine News,* June 16, 1904; Mark Requa, *Driving of the Last Spike at Ely, Nevada, September 29, 1906,* (Printed pamphlet of seven pages, n.d. n.p.), pp. 3–5.

[16] *Articles of Incorporation,* Office of the Secretary of State, Carson City, Nevada, January 19, 1903; Stevens, *The Copper Handbook,* (1903), III, 421–433; *White Pine News,* January 16, 1902; Parsons, *Porphyry Coppers,* p. 116. The original officers of the company were: Mulford Martin, president; Edwin Beach, vice-president; Joshua Clair, secretary-treasurer; Walter Hook, general manager; Joseph Bray, superintendent.

[17] *White Pine News,* July 3, July 31, November 20, 1902.

[18] Stevens, *The Copper Handbook,* (1903), III, 421–422.

[19] *White Pine News,* March 10, March 24, April 28, 1904; Parsons, *Porphyry Coppers,* p. 120.

[20] Andrew C. Lawson, *The Copper Deposits of the Robinson Mining District,* University of California Publications, Bulletin of the Department of Geology, V. IV, No. 14 (1906) 304, 333; W. R. Ingalls, "The Copper Mines of Ely, Nevada," *Engineering and Mining Journal,* LXXXIV (October 12, 1907), 677.

[21] Stevens, *The Copper Handbook,* (1908), VIII, 1017–1020; *Moody's Manual of Industrials,* (1927), pp. 2462–2463; *White Pine News,* January 12, 1905, December 25, 1906; Parsons, *Porphyry Coppers,* pp. 120–121.

[22] Parsons, *Porphyry Coppers,* p. 121; "Special Correspondence," *Mining and Scientific Press,* CXIII (September 30, 1916), 492.

[23] Parsons, "Nevada Consolidated Copper Company," *Mining and Scientific Press,* 330; Davis, *Nevada,* II, 1055.

[24] Leonard J. Arrington and Gary B. Hansen, *The Richest Hole on Earth: A History of the Bingham Copper Mine,* (Logan: Utah State University Press, 1963), pp. 41–47.

[25] Parsons, *Porphyry Coppers,* p. 127: O'Conner, *Guggenheims,* pp. 283–284; *White Pine News,* March 23, 1906; Parsons, "Nevada Consolidated Copper Company," *Mining and Scientific Press,* pp. 332–333.

[26] Stevens, *The Copper Handbook,* (1907), VII, 548–549, and (1908), VIII, 610–611; O'Connor, *Guggenheims,* p. 283; *Ely Mining Record,* September 7, 1907; Frank H. Adams, *Ely and Her Mines,* (Salt Lake City, Utah: 1907), p. 9; *White Pine News,* December 21, 25, 1905, January 4, 1906.

[27] Interview with William Y. McGill, July 24, 1953, Ruth, Nevada; Miller, "Nevada in the Making," p. 408; *White Pine News,* January 1, 1887; *Real Estate Deeds,* White Pine County, Ely, Nevada, Old A (28), pp. 77, 185. The McGill ranch was an old property having been homesteaded in the 1870's, mainly because of the numerous springs on the property. The ranch was known at first as the Monitor Ranch. Eventually, J. B. Cowger came into possession of the property and held it until it was sold to W. N. McGill and W. G. Lyons in 1885. Later, in 1886, McGill bought out Lyons and enlarged the acreage and the water rights by purchase of the Horton ranch. It was this latter purchase which gave McGill possession of the excellent water rights at Duck Creek.

[28] *White Pine News,* February 1, 1906; W. R. Ingalls, "The Productive Capacity of Ely, Nevada," *Engineering and Mining Journal,* LXXXIV (October 19, 1907), 719–723; Parsons, *Porphyry Coppers,* p. 126.

[29] *White Pine News,* March 23, 1906; Parsons, *Porphyry Coppers,* p. 127. This stock was purchased by the Guggenheims for $12.50 per share.

30 Parsons, *Porphyry Coppers*, pp. 127–128; *White Pine News*, First Annual Edition, December 25, 1906.

31 *White Pine News*, October 26, 1906; Parsons, *Porphyry Coppers*, p. 129.

32 *White Pine News*, November 23, 1906.

33 *White Pine News*, October 27, 1904; Requa, *Driving the Last Spike*, p. 4.

34 Myrick, *Railroads of Nevada*, I, 114–115.

35 *White Pine News*, September 14, 1905; Parsons, *Porphyry Coppers*, pp. 123–125; *Railroad Day, Ely, Nevada, September 29, 1906*, (Salt Lake City: Houlder and Hudgins, 1906), p. 1.

36 *White Pine News*, September 18, 1906.

37 *White Pine News*, October 2, 1906; Requa, *Driving the Last Spike*, pp. 1–7; *Railroad Day, Ely, Nevada, September 29, 1906*, pp. 1–33.

38 Requa, *Driving the Last Spike*, pp. 1–7.

39 Myrick, *Railroads of Nevada*, I, 117–132; Davis, *Nevada*, I, 595.

40 "News," *Engineering and Mining Journal*, LXXXIV (October 5, 1907), 646–647.

41 Sawyer, "Gold Rushes," pp. 74–75; *Ely Daily Mining Expositor*, December 26, 1907; *Ely Record*, March 19, 1909. The Tonopah route was supposed to have the backing of the Nevada Consolidated Company. This was indicated when Frank C. Armstrong, an official of the Nevada Northern Railroad visited Tonopah in December of 1907. The route was given up when the Nevada Consolidated Company lost interest in such a railroad.

42 *Goldfield Daily Tribune*, September 18, 1907.

43 *Goldfield Daily Tribune*, January 19, 1909.

44 *Goldfield Daily Tribune*, March 19, 1909; *Ely Record*, March 19, 1909.

45 *White Pine News*, April 22, 1909; *Ely Record*, September 10, 1909.

46 *Ely Record*, December 24, 1909; *White Pine News*, December 25, 1909.

47 *Goldfield Daily Tribune*, March 16, 1910; *Rhyolite Herald*, March 12, 1910.

48 *White Pine News*, January 12, 1911.

49 *White Pine News*, October 16, November 20, 1906.

50 *White Pine News*, November 2, 1906; Lindsay Duncan, "The Water Supply of the Nevada Consolidated," *Engineering and Mining Journal*, CIX (April 10, 1920), 857.

51 *Copper Ore* (McGill, Nevada), January 20, 1910.

52 *Ely Daily Mining Expositor*, December 25, 1907; *White*

Pine News, August 27, 1907. Evidently the idea for the tunnel came from Charles Vail, an Ely engineer, who had been employed by the company to make a number of surveys concerning the water supply to the reduction works.

[53] Parsons, *Porphyry Coppers,* pp. 129–130; Stevens, *The Copper Handbook,* (1908), VIII, 1269–1272.

[54] *First Annual Stockholders Report,* Nevada Consolidated Copper Company, October 1, 1907.

[55] *White Pine News,* April 16, 1908.

[56] Couch and Carpenter, *Nevada's Metal and Mineral Production,* p. 147.

8. *The Copper Towns: A Study in Contrasts*

The booms at Tonopah, Goldfield, and Rhyolite bear witness to the fact that mineral discoveries in Nevada, even in the twentieth century, occurred in the most isolated and inaccessible regions. The copper discovery in eastern Nevada was a welcome exception, for it was made just seven miles from the small but fairly stable community of Ely. Ely had come into existence as a town, officially at least, when a post office was established there on November 29, 1878.[1] Named for Smith Ely,[2] an early but absentee mine owner in the Robinson district, the town's history to 1885 was mainly of a fight for survival. In that year a disastrous fire destroyed the court house in the county seat at Hamilton, and Ely joined other White Pine County communities in demanding that the county seat be moved to a more centrally located town. When the Nevada legislature met in January, 1887, the White Pine County delegation pushed through an act which provided for the removal of the county seat from Hamilton to Ely, the move to be completed by September 1, 1887.[3] The action by the legislature saved Ely from joining the growing list of Nevada ghost towns, for mining activity in the Robinson district between 1887 and 1900 was quite sporadic. Annual production for those years averaged about $10,000, and in 1900, the year of the Gray-Bartley discovery, there was no recorded production for the entire district.[4]

The Growth of Ely

The boom which followed in the wake of the copper discovery differed in many respects from those at Tonopah and Goldfield. The cry of gold and silver from the early-day camps sent a stampede of people to the area. There was no preparation there for the onslaught of the boom-created problems of transportation, sanitation, food and fuel supply, and police and fire protection. Temporary measures (or none at all) had to suffice, and near-chaos was the result. This was not true of the copper boom, for regardless of its limited size and depressed economy, Ely was the political, social, and supply center for the district. There is little doubt that its political and social institutions were able to soften the intensity of the boom once it was underway. The Ely boom was not the riotous, undisciplined-type which had characterized development in the southern camps, but it was a boom nevertheless. The building of a railroad and the construction of a reduction plant, the mapping out and uncovering of additional ore reserves, and the numerous other developments necessary to exploit the copper deposit all brought into the community thousands of men and even more thousands of dollars.

The boom began rather slowly in 1905 when it became evident that a railroad and reduction plant were to be built. The first result of this news was the purchase of approximately one-half of the Ely townsite in June, 1905, by A. D. Campton. As Campton already owned approximately half of the townsite, the new purchase gave him practical control of all the unsold lots in the townsite area.[5] Before offering the land for sale, Campton ordered a new survey which was completed June 19, 1905, by William Y. McGill, son of the man who surveyed the town in 1887 preliminary to its becoming county seat of White Pine County.[6] The sale of lots was slow during the remainder of 1905, but as the railroad approached the community in the summer of 1906, sales began to boom. Many lots which had sold originally for $100 each now brought as much as $5,000. Tex Rickard of Goldfield paid $15,000 for two choice lots in the center of town which he wanted for a new Northern Hotel to be patterned after clubs of the same name which he had built at Goldfield, Nevada, and Nome, Alaska.[7] Population increased from the 525 figure of the 1900 census to an estimated 4,000 people in 1907.[8]

The district received a slight setback in the fall of 1907 when the national panic of that year forced many companies to cease operations. At McGill, construction forces were reduced and the Nevada Consolidated company discharged a number of men at the mines.[9] Nevada Consolidated stock, which had risen to $13.75 in May, 1907, sank quickly to $7.00 in November of the same year.[10] Both local banks closed temporarily, but were able to reopen in a short time without loss to the depositors. Recovery was slowed down in the early part of 1908 when a scarcity of skilled mine labor threatened to interfere with development of the mining property. The scarcity was due in part, at least, to the inability of the copper districts to compete in the labor market with the gold and silver camps to the southwest. The problem was eased somewhat when company officials adopted the open-pit method of mining and found a ready supply of unskilled laborers in the thousands of immigrants from eastern and southern Europe, the "new immigrants," who came pouring into the United States in the years after 1900.

The year 1908 was a banner one for the copper district, for in that year the reduction plant was completed and the first ore converted into blister copper. In addition, the suburban train service from Ely City to McGill and from Ely City to the mines was completed. By the middle of the year there were thirty-six scheduled suburban trains running between the communities.[11] At first, the terminal for Ely was at Ely City because of difficulties between the railroad officials and town officials over a right of way through the former community. In June, 1908, the council and railroad officials came to an agreement whereby the suburban trains to the mines were to run directly through Ely, via Garden (Clark) Street, instead of the main street of Ely as originally planned. Ely also had difficulty with the railroad officials over a freight depot for the community, city officials arguing that a single freight depot, located as it was at Ely City, was a major disadvantage to the development of the city of Ely. Although the matter was considered for some time by the Nevada Railroad Commission, the result was that Ely City (East Ely) and not Ely had the freight depot.

The rush of people to the Ely area had obvious effects on the political structure of the community. From 1887 until the Gray-Bartley discovery in 1900, the political history of the town cannot be distinguished from that of the county. Things were so quiet in the county during those years that there was no thought of a separate town government for Ely. A severe labor disturbance in 1903 and a slow but steady stream of miners entering the area as a result of the 1900 discovery brought about a demand for town government under the Town Board Act of 1881. A petition to that effect was filed and accepted by the county commissioners on April 7, 1903.[12] Town boundaries were established and the first two town ordinances passed: the first was designed to prevent the placing of obstructions in alleys or streets; the second prevented the throwing of waste or refuse matter into any of the streets, alleys, the "Ely high water ditch," or Murry Creek.[13] Additional ordinances controlling the speed limit of vehicles and providing for the levying of town license taxes were soon added. The usual problems of sanitation, police protection, fire protection, street improvements, and prostitution were placed before the town board, but that body proved unequal to the task of finding adequate solutions.

The real stumbling block to a successful town-board operation at Ely was a financial one. The county of White Pine had been in debt since 1872, issuing scrip at that time and later, which in 1903 was still largely unredeemed.[14] So long as Ely remained directly under control of county officials, it was obvious that the debt burden would be used by those officials as the reason for not making necessary town improvements. The original license tax for the town of Ely, passed in 1903 by the town board, had proven insufficient for the needs of the community but the commissioners refused further action. Consequently, the chamber of commerce called a mass meeting which met at Ely Hall on Sunday evening, May 6, 1906. The result of this meeting was a recommendation to the commissioners that an adequate tax be levied and that the county loan the town the sum of $4,000 for town improvements.[15]

Failure of the White Pine County commissioners to take action on these recommendations in 1906 was followed by a movement for incorporation which culminated on May 2, 1907, when Judge Brown of the fourth judicial district entered a judgment and decree incorporating the town of Ely. The only protests to the incorporation came from the Ely Townsite Company (Ely City) which seemed to be harboring corporate ambitions of its own. The protests were overruled by Judge Brown, and on May 6 the city was divided into three wards by the county commissioners who, on the following day, also established its boundaries.[16]

Incorporation brought with it a more orderly approach to the settlement of basic town problems. However, it was evident within a short time that city officials could become just as apathetic toward necessary reforms as had been the county commissioners before them. From time to time it was necessary for civic groups to demand reform and to take action necessary to achieve their ends. One such reform movement occurred in the early part of 1909 when a Citizens' Municipal party was formed. This party held a convention April 10, and nominated candidates for each city office. Their platform was based mainly on the reforms thought necessary in the town government, including such items as an adequate financial program, improved streets and sidewalks, a better sewerage system, more efficient police protection, restriction of vice, and more efficient operation of the town government. At the election which was held on May 4, the Citizen's ticket elected its entire slate, with the exception of one councilman from the first ward.[17]

Other Towns in the County

Town development during the boom era was not confined to Ely. In the years from 1900 to 1910, a number of new communities were established throughout the Robinson district. The new towns were of three types: the company towns, the "parasite" or fringe settlements which developed near the company towns, and the real estate promotions. All of these communities in their initial development, and to some degree in their subsequent history, reflected housing decisions made by officials of the important companies. At first, these officials favored a housing program whereby only supervisory personnel were to be furnished residences near the mines and the reduction plants, and the mass of skilled and unskilled laborers were encouraged to live outside the industrial area. As a direct result of these early decisions, a number of real estate promotions blossomed in the years before 1908. By far the most important of these were the promotions which led to the establishment of Ely City and Smelterville.

The plans for the promotion of Ely City as the central city for the copper district seem to have originated in the mind of William B. Thompson, who, incidentally, was interested in the mines of the area, holding many shares of Nevada Consolidated stock and acting as the main organizer of the Cumberland-Ely company. The idea of a central city was meant to appeal to both the company officials and the employees. Under the plan, Thompson was to build a number of substantial homes which would be available to employees of the various companies either for purchase or for rental. Thus, the company officials would not have to worry about furnishing quarters for their employees, and the employees, in turn, would benefit by having their living quarters removed from the smokes and gasses of the various plant operations. The decision of the Nevada Northern Railroad to center its shops and headquarters at Ely City gave the promoters enough encouragement to go ahead with their scheme.

Consequently, in August, 1906, the Ely Townsite Company was organized by Thompson and his partner George Gunn.[18] The site for the proposed town was two miles east of Ely on land which originally belonged to the Georgetown ranch, but which later came into possession of the Nevada Consolidated company. This land and the water rights to Murry Creek, which, as will be recalled, supplied domestic water to the town of Ely, were purchased from the Nevada Consolidated company; immediately thereafter, in October, 1906, 250 acres was platted as Ely City.[19] This plat was approved by the White Pine County commissioners November 5, 1906, and lots went on sale immediately.[20] The speed with which the promoters moved in these months indicated their obvious desire to have the town lots for sale as soon as possible after the railroad entered the district. On the first day of sale, 114 lots were sold, ranging in price from $250 to $2,500, and bringing in a total of $182,450.[21]

Throughout the remainder of 1906 and into the spring and summer of 1907, activity in the sale of Ely City lots continued to be brisk. By the middle of 1907, officials in the old city of Ely were quite worried, for not only had this upstart taken the railroad headquarters from them, or so they thought, but it now possessed control of Ely's only source of water; and to add to the insult, the new townsite company had the audacity to purchase 190 lots in the old town area.[22] The animosity between the two towns came to a climax when the *White Pine News*, the oldest paper in the county, was moved from Ely to Ely City in September, 1907.[23] The first issue of the *News* from its new location started a series of word battles with the *Ely Mining Record* and the *Ely Daily Mining Expositor*. The tone of these exchanges is indicated by the following editorial in the *Ely Mining Record* for December 21, 1907, following a *News* article saying that Ely ought to disincorporate:

The *News* since its removal to Ely City, has certainly demonstrated the hostility of the Townsite Company towards Ely. Heretofore the Townsite Company has always pretended to have a friendly feeling for Ely, but

> the mask of hypocrisy and deceit has now been torn away by the *News*, and the people of Ely realize as never before that the policy of the Townsite Company is the annihilation of Ely. The editor of the *News*, in his vilification, slander and abuse of Ely, is simply carrying out instructions of the Townsite Company and he is certainly making an heroic effort to "make good". . . The scheme of the *News* to disincorporate Ely is too apparent to fool anyone.

When the Ely Townsite Company (Ely City) started to build a pipeline through Ely, many citizens of the latter town, fearful that their water supply was to be cut off, threatened to block the completion of such a project. Fortunately, tempers cooled before any violence occurred. Later, a contract was entered into whereby the Townsite company agreed to furnish water to Ely.

The panic of 1907 put a temporary halt to construction at Ely City, but early in March, 1908, officials of the Ely Townsite Company, working through the Fulmer and Ives realtors, announced that arrangements had been made between the Ely Townsite Company and General Manager Lakenan of the Steptoe Valley Smelting and Milling Company for the erection of houses for smelter employees with families. The *White Pine News*, obviously pleased with this information, stated: "It is the desire of the smelting company to have their employees live away from the smelter smoke and where they can have modern conveniences, pure air and water and afford their children an education under the most desirable conditions. . . ." [24]

By 1908, Ely City was a bustling little community with two hotels, the main passenger and freight depot of the Nevada Northern Railroad, the Steptoe Valley Hospital, a large electric power and light plant, the Copper National

Bank, the Steptoe Drug Company, offices of the *White Pine News*, and a number of cafes and saloons.[25]

A post office was added in September, 1908, but exultation was mixed with some bitterness when the Post Office Department refused to approve the name Ely City, and authorized, instead, the name of East Ely.[26] The latter name emphasized just what the Townsite officials wished to avoid. As they feared, the official post office designation soon proved more popular than that chosen by the Townsite company and within a few years the name Ely City passed out of existence. The change in name paralleled a decline in the fortunes of the community; the deflated hopes of the citizens no doubt were partially responsible for the rapidity with which they accepted the name East Ely. East Ely was not destined to become either the home of the smelter and mine employees, or the center of the district. By the end of 1908, the smelter and mine officials were convinced of the advantages of building homes at the smelter site and so, instead of further encouraging the Townsite project, began to add to the fifty concrete homes which had been built at McGill in 1907. Without the expected flow of company employees, the Townsite company could not hope to make their city into the social and financial center of the district, and although they continued to advertise the advantages of their new town, further growth was limited. The census of 1910 indicated a population of 738, mostly railroad employees and their families—a figure which remained fairly constant thereafter.

A second important real estate promotion in the district was at Smelterville, about a mile southwest of the concrete houses at McGill. This townsite was approved by the county commissioners of White Pine County in October, 1907. The townsite company was known as the Smelterville

Town and Land Company and had as its president a very prominent old-time resident of the Ely district, H. A. Comins.[27] The initial sale of lots, which was preceded by a terrific advertising campaign, took place on October 26, 1907, but was not very brisk in spite of the extensive publicity.[28] This lack of enthusiasm in Smelterville lots was due in no small part to the attitude of the company officials at McGill, who at first favored the Ely City promotion as a place of residence for their employees, and then later decided to build houses for their employees at the smelter site. In spite of the lack of enthusiasm, several buildings were constructed at Smelterville, and some improvements made in the hope that employees would be encouraged to buy there.[29] Smelterville declined rapidly after a new promotion attempt failed in 1909.

There were other townsite promotions in the district during these years, but none amounted to very much as far as actual building or sale of lots was concerned. Such schemes as the Tiptop promotion, the Star Pointer Addition, and Junction City were attempts to establish towns near the mines at Ruth.[30] Here again, although each promotion was advertised heavily, few sales were ever made, due in final analysis to the decision of the companies to build townsites on their own properties.

Of the four company towns which were established, the town of McGill, located at the smelter site, was by far the largest and most important. The town got its name from W. N. McGill, who, at the time of the Gray-Bartley discovery, owned the ranch near the site which was later to be chosen for the smelter. When work on the smelter was started in the fall of 1906, a group of half-tent houses quickly formed near the road which led from the McGill ranch to Ely. This string of temporary buildings, plus the office buildings, warehouses, and boarding houses which were soon erected by the company, were known from the beginning as McGill.[31] In 1907, two general merchandise stores, a hotel, and a saloon were added to the new town, and in the same year the Steptoe Valley Smelting and Milling Company completed fifty concrete houses for certain skilled employees and their families, and a number of very substantial residences for company officials which collectively soon came to be known as "The Circle." [32] As noted previously, the smelter officials hesitated in trying to decide just what policy to pursue in respect to the housing of its employees. When construction got under way at McGill, most of the workers were employed by contractors who were building the reduction works, and there seemed little necessity for the company to furnish permanent structures for this type of employee. However, as it became necessary to hire more and more permanent employees to staff the mill and smelter, it also became apparent that more substantial housing would have to be provided. At the outset, the company officials seemed to move in two directions, first completing fifty concrete houses at McGill for skilled employees, and soon thereafter making arrangements with the Ely Townsite Company for the latter group to build low-cost units for employees of the smelter and mines. The matter of convenience and the desire for stable conditions of employment eventually forced a decision in favor of company built and owned houses. The new building program began in the latter part of 1908, with the construction of a number of new houses in the upper townsite. These units were rented at a very nominal sum which made them particularly attractive to the workers, and this, as we have seen, disrupted the promotional schemes at East Ely and Smelterville.

Living conditions at McGill were quite primitive during the early years. The half-tent houses, which were used at first to house from four to six single employees, and later for families awaiting construction of the more permanent houses, were not very adequate in a climate where temperatures often dropped below zero. These houses, equipped with a pot-bellied stove and with outside water taps and outside toilets, were long and bitterly remembered by those housewives who were unfortunate enough to reach McGill during this transition stage.[33] The concrete houses as well as the later wooden ones, on the other hand, were well constructed, and furnished from the beginning with running water. The decision of the company officials to build substantial dwellings for their employees and to control the type of business establishments allowed in the community insured an orderly development without the usual overcrowded and unsanitary conditions which were so much a part of the normal boom mining camp.

By 1910, McGill was a bustling community of 1,904 persons. It boasted a newspaper, *Copper Ore*, which emphasized local items to the extent of running three to five columns of them on the front page, and scattering others throughout the remainder of the paper.[34] A branch of the Bank of Ely was established at McGill in 1907, and two years later the town received a new jail. The jail was placed very appropriately a short distance behind the Copper Club Saloon, a location strongly advocated by Deputy Sheriff Newman, who stated to the county commissioners in tones that bore evidence of much experience: "It is very hard work to carry a drunken man up hill three or four hundred yards in order to lock him up . . . it would be very much easier to roll him down hill an equal distance for the same purpose." The jail was used almost exclusively for temporary detention while sobering up took place.[35] Company control of the town was noticeable, by 1910, in the number and types of establishments which were found in the commuity: one jeweler, one tailor, one newstand, one meat market, four grocery stores, one cafe, two drug stores, one barber shop, one livery stable, one doctor, one clothing and men's store, and two saloons.[36]

Ruth, the second largest company town in the district, received its name from the Ruth claim, which in turn had been named by D. C. McDonald in honor of his daughter.[37] The first houses at Ruth, if we except the stone cabin erected by Gray and Bartley, were the two cabins erected by Mark Requa, in 1903, to house his family while the work of exploration and development was carried on. His daughter, Amy, later described these as:

> two comfortable cabins of verticle [sic] board and batten with tarpaper roofs, nestled cozily near the foot of the turquoise-blue copper-ore dump from the mine. . . . There was no running water in either house, although I vaguely remember a pump in the kitchen sink. Wash bowls and pitchers did service in the bedrooms; the heavy china, when handled by the young sometimes met disaster. At a discreet distance from the upper house there was a privy, always redolent in a definitely sanitary way of what we children knew as 'chlorada-lye'. We were pretty proud that we had the only real bathtub in White Pine County . . . 'a county as big as the state of Connecticut'. Papa, who thought of everything, had it freighted in and installed in a small room next to the hoisting works at the mine. . . . We had candles for light and drum stoves for heat in the bedrooms, kerosene lamps elsewhere, and cord upon cord of pine wood stacked back of the kitchen to feed the 'cook-stove'.[38]

When the New York and Nevada Copper Company and the White Pine Copper Company were merged into the

Nevada Consolidated Copper Company and new development work begun, tents and shacks began to spring up around each of the main shafts at Ruth, at Star Pointer, and at Copper Flat. Eventually the name Ruth superseded the others as houses and commercial buildings bridged the gap between the various local areas. In 1905, Ruth had one hundred employees, a hospital building, two dozen bunkhouses, a boarding house, a post office, and a few other commercial buildings.[39] Ruth's growth paralleled in many respects that of the town of McGill, although growth here was somewhat slower after McGill became the official headquarters of the company. In 1910, there were just 967 people in the whole precinct of Riepetown, which included at the time the towns of Ruth and Riepetown. By 1920, the population at Ruth had reached only 1,312, while that at McGill had jumped to 2,846.[40]

Still another company town grew up around the Veteran shaft of the Cumberland-Ely Copper Company. This company initiated a building program in 1909, which in effect created another community known as Veteran. The town of Veteran was never very large, and when the Veteran shaft was closed down in 1914, most of the houses were moved to Ruth.

Kimberly, the fourth company town in the area, headquarters of the Giroux Consolidated Company, and later, of the Consolidated Copper Company when that organization consolidated the holdings of the Giroux company with others in the area, was started from the cluster of tents and buildings at the West End camp, or Pilot Knob. This camp was the site of the oldest copper property in the district, some of its locations going back to the 1870's and 1880's. The town received its name from one of the early organizers and financiers in the Pilot Knob area, P. L. Kimberly.[41]

Kimberly grew very slowly during the first twenty years of the copper boom, having only 459 people as late as 1920.[42] Company control, although differing in certain details, followed the same general pattern as established at Ruth and McGill.

In the early stages of development the company town differed little from the appearance of any boom mining camp. However, within a short time company control was exerted to change effectively both the external and internal makeup of the communities. The external differences were easily noted in the general pattern of the towns: the row upon row of well constructed houses, confusingly alike in appearance; the rather broad and generally well-kept streets; the lack of hotels and the scarcity of saloons along the main street; and the fact that there was no restricted district within the town area.

The important differences between these communities, however, were differences which didn't appear on the surface. In the first place, the company town, no matter what might have been the wishes of its citizens, had no local government of its own. The company owned the land on which the town was built and thus controlled the community pretty much as company officials desired. Private businesses in the community began their operations only upon approval of company officials and continued to operate only so long as the company wished. Operators of these businesses might own their own buildings but the land on which the business stood was leased to them by the company. One might well inquire why, under these circumstances, private enterprises would seek to enter the company towns. The company, by its control, allowed only a certain number of each type of business in the community and thus if an operator was fortunate enough to acquire a lease he could be assured of a rather lucrative and stable trade. The copper companies, interested in the stability of the communities, were not likely to refuse lease renewals except under the most unusual circumstances. Louis Cononelos opened a general merchandise store at McGill in 1907, and has operated continuously since that date.

Property control by the company had very definite and specific effects upon the social activities of those who lived within the company towns; this was particularly true in the case of the large number of single men who came to the district during the development period. Company policy which limited gambling and the sale of hard liquor to certain establishments (for example, at McGill during the early years, to one saloon, the Copper Club), and which prohibited hotels, "dance halls," and red-light districts within the company boundaries, in effect drove the miners into the company-authorized saloons and pool halls. As a result, many single men and substantial numbers of married men spent a large part of their free time, and with it a sizeable amount of their semimonthly checks, in these establishments. Such spending was made easy by a simple procedure whereby the employee was encouraged to sign over his check to the pool hall or saloon, a system which made it possible for the individual to carry a debt approximately equal to his check after deductions, yet which guaranteed the owner ultimate payment. The system had obvious economic, political, and social implications, for, although it provided a convenient service for the employee, it took advantage of him by binding him to the establishment and to the town.[43]

Politically, the company towns were a part of the county, and the residents, therefore, were under the direct jurisdiction of the county commissioners. In practice, the company and the county commissioners worked out arrangements for common participation in the maintenance of law and order in the communities. For example, the salaries of the necessary deputy sheriffs would be split on a fifty-fifty basis between the company and the county.[44] In numerous other matters of a similar nature the two cooperated; for instance, at McGill when a jail was needed, the company gave the land for a jail site and the county constructed the jail building.

Politics as such was never much of a problem in the company towns. There was no popularly elected local government in the communities, consequently the political activity of the citizens sought other outlets. County and state campaigns were generally followed with great interest. Most candidates for such offices generally visited the company towns a number of times in the course of a campaign. Once in a while McGill residents ran for county offices and in one or two instances were successful. These occasions, however, were the exception; the citizens, because of the nature of their employment and the fact that they came from a company town, preferred to stay out of direct participation in politics. McGill was strongly Republican during most of its early career, a fact due in part, no doubt, to the unusual arrangement between the company and the residents. However, the copper companies during these years were little interested in trying to control local politics and paid little attention to politics on the state level. There was no attempt by the company to run its own men for various county or state offices, and there was no combination during this period in Nevada political history between the copper kings and political bosses, as there was, for instance, in Montana. The attitude of the copper magnates toward local and state politics in Nevada was in direct contrast to the earlier domination of Nevada politics by the Comstock kings.[45]

Services in the Company Towns

Town services, other than that of police protection, were generally provided entirely by the company. There was a great deal of similarity in the manner in which these services were handled by the two different copper companies in the three company towns, McGill and Ruth under the Nevada Consolidated Copper Company, and Kimberly under the Consolidated Copper Company. Because of this similarity, the town of McGill, which was the largest of the company towns, will be used to demonstrate how these services were provided.

The question of an adequate water supply, generally one of the most pressing problems in Nevada mining camps, gave little concern at McGill. When the town was in the tent-stage, water was supplied from springs at the McGill ranch, a supply that was more than ample for the needs of those engaged in building the reduction plant. When the Duck Creek pipeline was completed, part of its waters were diverted for domestic use. Duck Creek water in the early days, according to many of the citizens of that era, "was not fit to drink," and for some time after completion of the pipeline, the company found it necessary to haul spring water to the residential area.[46]

The problem of sanitation, which in many boom mining camps led to the outbreak of serious epidemics, caused no real difficulty here. Garbage disposal, although somewhat haphazard for the first few months, eventually was taken over by the company and an orderly pickup system inaugurated. This service, also, was free to the employees. Pickups included anything and everything one might want hauled to the dumping grounds about a mile south of the townsite.

The sewerage system developed with the town. With the exception of the half-tent houses built in the lower part of town, and the first houses built in the upper townsite, the occupants of which were forced to use outside toilet facilities, the houses built by the company in the upper and middle townsites were furnished with interior toilets. However, many of the houses in the lower town areas did not receive the latter facilities until the 1920's.

Fire protection was also a company function. On the surface, this protection may have appeared insufficient for the needs of a community the size of McGill, for the service included only a minimum of equipment: at first a fire wagon, later a single fire engine, and generally only one or two men on duty as firemen. Other employees were drafted into service if a fire occurred during working hours, or if not, volunteers were always on hand to provide untrained but willing help. There were no disastrous residential fires in the history of the copper camps,[47] although on July 9, 1922, at about 6 P.M., just as many families were sitting down to their evening meal, a spectacular fire broke out in the large concentrator at McGill. Within an hour and one-half from its discovery, the entire structure, covering some nine acres, was a mass of ruins. At the height of the blaze the whole mountainside appeared to be on fire. Actually, some scrub timber did burn, but fortunately the mountains were not heavily wooded and the strong winds that often swept the valley were comparatively quiet that evening. All of the available fire-fighting equipment from nearby communities was brought to the scene, and hundreds of volunteers, including a number from the Ely Fire

Department who were rushed to the scene in autos furnished by the local taxi firms, made a valiant but useless effort to stop the conflagration. Although the concentrator was a complete loss (damage was estimated at between one and one-half, and two million dollars), not a single life was lost.

Police protection, a dual responsibility of county and company, was good. McGill was considered a rather quiet town in comparison with other towns in the district. There were few burglaries, robberies, and like crimes committed here; during the first few years, though, there were numerous brawls in the saloons, or on the main street, and from time to time these resulted in death or injury to one or the other of the participants.

In the early days of the company towns, there was a great deal of concern over the problems of health and safety. The use of "foreign" labor added to the hazards of building and operating a reduction plant, and mining and transporting the ore. Most of the "foreigners" could not read, write, or understand English, and numerous accidents were the result of inability to read warning signs, or understand shouted warnings.

Very shortly after work was started at the smelter site, an emergency hospital, with a company doctor on call, was established at McGill. Later, a modern hospital to supplement the emergency hospitals at McGill and Ruth was built at East Ely and placed under a trained surgeon and an adequate staff of doctors and nurses. During most of the period to 1920, each employee paid a fixed, and quite nominal sum each month for hospital care. This entitled him to such medical care as he needed, including surgery and hospitalization. The monthly sum did not cover surgery or hospitalization for members of the employee's family, although during most of the history of the camp, medical care was provided by the company doctors at Ruth and McGill to entire families without charge. This medical care might be criticized by some as socialistic; to the employee, however, it was one of the most attractive features of the company town.

Company officials, in their efforts to create conditions at the camp which would make for a peaceful, stable, community, and one that was attractive to the citizens, encouraged various recreational activities. Reading rooms were provided at McGill and Ruth even before the towns had taken on the aspects of permanency. Athletics were encouraged, the company donating liberally of equipment and money to keep alive such sports as baseball, tennis, football, and later, bowling. In 1915 a company clubhouse was completed which included in its basement a small swimming pool and two bowling alleys, and on the main floor a library, a billiard table, and a combination recreation, dancing, and athletic hall. The clubhouse became an important social and recreational center for the younger people of the community, although it could not compete with the pool halls as a gathering place for the employees.

One of the most important relationships between employees and the company was that concerned with housing. To many McGill residents, the company was a benevolent, although sometimes slow-moving, landlord, renting houses for a very small sum per room (generally $3.00 per month for "whites," and $1.50 for "foreigners"), and providing all the supplies necessary for the employee to keep the house in good condition such as electric light bulbs, paint supplies, wire fencing, wooden posts, and later, black dirt and grass seed for lawns, as well as many other items needed from time to time. Besides these supplies, necessary repairs to the plumbing or electrical systems, or to the house itself, were obtained without too much trouble. Electricity was furnished at about half the cost charged at Ely, and the same was true of wood and coal supplies. As noted, water was furnished free, as was garbage service. A company commissary was later established where employees could purchase foodstuffs and work clothing at prices somewhat lower than at the regular stores. Besides these services, the residents could be assured of a well-policed community, free of most of the worst elements of the typical mining camps. In other words, as many parents were quick to admit, the company town was a good place to bring up children.

It is quite apparent that from the economic, and to a lesser degree from the social, standpoint, the residents in the company houses at McGill benefitted greatly under company rule. Not only were the usual town services such as fire and police protection provided virtually without cost (the residents paid no taxes to support these), in addition, other services were provided either free of charge or at cost. If one compares the two towns of Ely and McGill (which were approximately the same size from 1910 to 1920), with respect to the number and quality of services provided for residents thereof, and the tax rates in the two communities which normally would be used to support these services, the bargain received by the McGill residents is even more apparent; for example in 1915, Ely citizens paid at the rate of $4.05 per $100 of assessed valuation while McGill residents paid but $2.45 per $100.[48]

Obviously, there were criticisms leveled against company officials and the manner in which they controlled the company towns. Some of these concerned the economic aspects of company control, but many more were aimed at political aspects. The economic and political omnipotence of the company caused many of the more rugged individualists to seek their fortunes outside the company towns. One who lived within the company town, of necessity, had to live within the prescribed limits established by the company officials and not by those set by elected officers. These regulations usually benefitted the individuals, but there was little denying the fact that economic security was gained at the expense of political freedom; a loss, by the way, which most people willingly accepted.

The Immigrants

An unusual problem developed in the three company towns in relation to the hundreds of "foreigners," mostly Greeks, Austrian-Hungarians, and Japanese, brought in by the companies to provide a cheap labor supply for the mines and the smelter. Many of these unskilled workers came to the communities during the construction of the railroad and the building of the smelter and the mill. It was felt that the number of such workers would decrease rapidly as soon as the major construction was finished. However, the introduction of steam-shovel operations at Copper Flat made possible the use of unskilled labor to an extent impossible where underground mining alone was employed. And the increasing output of ore which continually expanded both the mines and smelter divisions encouraged retention of large numbers of these laborers.

These individuals usually came to the copper district either directly from their native countries or from neighboring mining areas in Utah. In either case they generally were unable to speak English and consequently presented many problems of assimilation. Although they were no more foreign than the English, Irish, Scotch, Germans, French, Swedes, Danes, Norwegians, and others, who came from their native lands to Nevada, the term "foreigners" applied almost automatically to the Greeks, Serbs, *et al.*; while the immigrant who was Irish, English, German, or Scandinavian moved at once into the charmed circle of those known as "whites."

Generally, and for numerous reasons, the "foreigners" came to be separated from the other inhabitants of the company town by social, economic, and geographic divisions. The economic distinction came mainly from the company policy of hiring these men at wages lower than that paid to others for similar services. The social barriers arose not only from this economic distinction, but also because of the language and cultural differences, and were emphasized and continued by the geographic separation. The latter division was caused originally by the natural desire of these people to stay within their racial and cultural groups. The attitude of superiority of the "white" group, magnified greatly by the fact that the "foreigners" accepted lower wages, helped the continuation of this division. The company officials saw in the geographic separation an excellent means for controlling the early antagonism between the racial groups. Consequently, it became a permanent policy of the company to house these "foreigners" in separate areas, later to be called "Greek town," "Austrian town," and "Jap town."

The policy of separating various national groups within the towns also fitted into another company housing policy, that is, a separation along economic lines. The first houses in McGill, if they can be called such, were the half-tent, half-frame structures erected below the old road between Ely and the McGill ranch to house the men employed during the period of construction. One group of these buildings housed the "foreign" laborers and the other, the "white." In 1907, concrete-block houses were completed in an area above and to the southeast of the original half-tent structures. These structures were to house the first contingent of skilled workers and their families. Other houses were added to the original fifty and this area soon came to be commonly referred to as the upper townsite. The policy of housing the more permanent, skilled employees in the better houses was implemented continuously by the company until McGill came to be divided into several townsites, delineated by economic and racial lines.

The townsites, as they ultimately evolved, included the lower town, Greek town, upper town, middle town (including the Circle), Austrian town, and Jap town. On the lowest rung of this ladder, economically and racially, was Jap town, next, Greek and Austrian towns, then, the part of lower town occupied by the "whites," next, the upper townsite, followed by the middle townsite, and finally, at the top of the economic ladder, the five large houses north of the main middle town, the Circle, which were reserved for the highest-paid company officials. The economic barrier to movement from one townsite to another was easily broken by the "whites," and many families moved from lower, to upper, and then on to middle town. A few families made the move from upper townsite, to middle town, and into the Circle. The racial barrier was harder to break. Greek town, Jap town, and Austrian town were more strongly isolated from the other areas both by economic and racial barriers. Seldom in the early years did individuals from these towns move into the "white" area, or for that matter from the economic category of unskilled laborers to that of skilled laborers. It is important to note that even when the economic barrier was broken and the Greek or Austrian (never the Japanese) moved from the unskilled to the skilled category, it did not immediately break down the barrier to movement out of Greek or Austrian towns and into one of the "white" townsites. The process of assimilation was speeded by institutions and activities where common participation was encouraged without regard to race, social position, or economic status: the public schools; athletic contests within the school systems, and others sponsored by the company; and, holiday events, such as the footraces and various contests which took place during the Fourth of July and Labor Day celebrations. Although company housing policy fostered segregation, company employment policies, particularly after World War I, did just the opposite. Increased educational opportunities combined with the increased demand for skilled laborers to give these individuals the opportunity to move upward in the economic scale. By the 1930's, numerous second-generation Greeks, Serbs, and others, with grade and perhaps high school educations were being apprenticed as carpenters, plumbers, electricians, and bricklayers. Once the economic barrier was breached, and after years of common participation in the public schools, the barriers to intermarriage were broken.[49]

Vice

The tight control over social activities in the company towns led to the establishment of a number of small fringe areas, just outside the company limits, whose main attraction was women of ill repute. The companies were thus able to shift responsibility for control of prostitution to the already overburdened county commissioners.

Three such towns early vied for the trade from the

smelter camp of McGill. Smelterville, located a few miles southwest of the copper community, and Steptoe City, located directly above McGill, were originally platted as real estate developments. However, within a short time each had become a cluster of saloons, gambling houses, and "dance halls," but neither of these two "suburbs" could compete with the third such community, Ragtown, or the Ragdump as it was sometimes called, located about two miles north of the company town. Ragtown was as nondescript as its name implies. During the boom days there were four "dance halls" at Ragdump which competed for the business from McGill by each hiring a horse and buggy and offering free round-trip transportation between the Copper Club in McGill and their respective places at Ragtown. According to one observer it was an unforgettable sight to see the four buggies lined up in front of the saloon, each with its destination plastered on the side, and a steady stream of men moving into the streets to make their choices for the evening's pleasure.[50]

The same type of fringe community arose near the company towns of Ruth and Kimberly, and for the same reasons. The most important was Riepetown, strategically located between the two copper towns. Like Smelterville and Steptoe City, Riepetown was originally platted as a real estate development, even moving so far in that direction as to obtain town board status on September 4, 1908.[51] Riepetown did not prosper in this role, however, and within a short time had become the "recreation" center for the district. The first official recognition of Riepetown's new fame came in February, 1909, when District Attorney Reeves announced that the cribs and dance halls on the main street of the town had to be discontinued: and if this were done, "with proper management Riepetown can soon be made a business center in importance second only to Ely and McGill."[52] The citizens apparently were quite satisfied with the business activity which already existed. Reeves, however, was persistent in his desire to give Riepetown a mantle of moral respectability, and so continued to press for removal of the cribs and "dance halls" by applying a Nevada law which prohibited dance halls on the main streets of Nevada towns. When he attempted to enforce the law, the Riepetown businessmen hurriedly decided that, "in order to work the least hardship on property owners, some of whom have dance halls on the Main Street," Pheby Street, two blocks south, would be designated the main street of the community, thus leaving the "dance halls" intact and at the same time satisfying the letter of the law.[53]

Little control was exerted over these communities by county officials until such time as public pressure demanded action. As a result of numerous complaints, a grand jury was called in the spring of 1909 to investigate activities at Ragtown, Steptoe City, and Riepetown. Attention of the grand jury was drawn at once to the latter community when the constable there, George Sheard, was accused of involvement with a gang who made a practice of luring victims from the bars and cribs into the back alleys where they were beaten and robbed.[54] Sheard and an accomplice named Terry were indicted by the White Pine grand jury in March, 1909, and brought to trial the following June. The jury returned a verdict of not guilty. According to one of the jurors, the verdict was reached only because the jurors felt that some of the witnesses for the state had been so deeply involved in the affair that to jail only Sheard and Terry, although obviously guilty, and allow the others to go free would be a gross injustice.

Adding fuel to the flames of public indignation over the verdict was the banquet held at Riepetown immediately after the trial celebrating the release of Sheard and Terry from "the clutches of the law." [55]

The grand jury report, released June 25, 1909, paid little attention to Ragtown and Steptoe City, other than to label them "sinks of Vice and Breeding Spots of Crime" and to suggest that county officials regulate them more closely. The report was more specific and detailed in the case of Riepetown:

> At Riepetown we find one legitimate business and sixteen saloons, besides numerous "cribs" and rooms occupied and used for purposes of prostitution and other vices. Practically the sole business of the place is the selling of liquor, gambling, and prostitution, while the sole occupation of the tinhorns, pimps and blacklegs, who are permitted to infest the place, is the fleecing of unwary miners and other wage earners, and living off the earnings of prostitutes. A noteworthy instance of the degradation existing was shown by the testimony in the recent case tried from there, that an officer of the law, supposed to uphold law and decency, was living with a prostitute in a state of illicit cohabitation.[56]

For a few years after the Sheard trial and the release of the grand jury report, the county commissioners looked more carefully at license renewals for the three areas. However, by 1912, public opinion had lapsed into its more normal state of apathy and Riepetown, Steptoe City, and the Ragdump were going full swing. But the rambunctious days of the latter two towns were numbered. The arrest of a number of Ragtown citizens by federal agents, in 1912 and 1913, on charges of white slavery stimulated another outpouring of letters from McGill residents to the county commissioners. Although the commissioners failed to act immediately, they were forced to do so in August, 1914, when 300 residents of McGill, alarmed by reports that many youths of high school age were being attracted to Ragtown and Steptoe City, signed and presented a petition to the county commissioners which requested that all liquor, gambling, and dance-hall licenses of all clubs in these communities be cancelled. The petition, obviously backed this time by company officials at McGill, stimulated action, and the various licenses were not acted upon when they came up for renewal in Septemer, 1914.[57] The decision forced Ragtown into obscurity, but Steptoe City continued to exist, mostly as a place of temporary residence for workers and their families who were unable to find accomodations in the main McGill townsite.

Riepetown and her citizens proved more resourceful in their efforts to escape county control. Outraged public opinion, a number of grand jury reports, and arrests of individuals on charges of white slavery and of aliens for violation of immigration laws were equally unsuccessful in eliminating vice from the town. But where man failed, fire succeeded. On Saturday, June 8, 1917, a fire broke out in the middle of the Riepetown business district. Once started there was little opportunity to control the blaze, for the town had no fire equipment and her citizens had neglected to develop an adequate water supply once it had been discovered that other liquids were more profitable. It was hoped by many outsiders that the town would not be rebuilt. Yet, in spite of its reputation as a city of sin, Riepetown was the home residence of a number of workers employed in the nearby mines. It was this fact which saved the community, for it was apparent immediately after the fire that a new water line would be necessary before the town could be rebuilt, and the Consolidated Copper

Company was the only one with the interest and the money to accomplish this. After some hesitation, Superintendent Edwin Gray (co-discoverer of the Ruth mine) promised to have a three-inch water main extended to Riepetown if the people there would agree to "cut out a lot of the wild and wooly stuff." [58] The residents agreed, and the town was soon rebuilt along lines that many hoped would make for more respectability.

It was not long, however, before many businessmen whose establishments had been ruined by the fire applied to the county commissioners for licenses to operate saloons. The commissioners agreed to grant such licenses if the saloons would close at midnight and stay closed until 6 A.M. the next morning. This was satisfactory to the saloon owners who were ready to do almost anything to get back into business.[59] Not long after this the question of prostitution within Riepetown arose to plague the commissioners when a petition, signed by many residents of the community, was presented to the town board asking that a restricted district be established on the outskirts of the community. The main reason listed in the petition was the fact that since the fire and the elimination of the cribs, prostitutes, who were prohibited by law from entering the saloons, were congregating in the streets and "creating a nuisance." [60] This petition was not granted, but it mattered little. Within six months Riepetown was as prosperous as ever, paying little attention to the hour limit set by the commissioners, or to the law concerning women in saloons.

As soon as Riepetown turned again to a life of vice the more respectable elements of the town and surrounding areas began circulating petitions asking the county commissioners to refuse to grant liquor licenses at Riepetown. Success appeared about to crown the efforts of these citizens when the Riepetown leaders moved to block this newest attempt at control. The solution was to have the town incorporated so that it could issue its own licenses, and not be bound by the county commissioners. A petition praying for incorporation was signed, sealed, and delivered to the district court within a short time and in strict accordance with the Nevada incorporation law. Judge McFadden, when convinced of the legality of the petition, granted incorporation on January 29, 1918. The total population of the community at the time was estimated at two hundred people, with possibly twenty voters.[61] The editors of the local newspapers emphasized that it was a well known fact throughout the district that the only reason for incorporation was to protect the interests of the saloon keepers. There was, however, another factor which has to be considered. Since the labor strikes of 1912, leaders of the IWW union had been moving into the Robinson district. With the curbing of their organizational activities in the company towns, these leaders found Riepetown an excellent location for their local headquarters.[62] The IWW leaders were as anxious as the saloon keepers to escape from county surveillance. Further testimony to this fact came when the first city elections were held on Tuesday, March 12, 1918. C. E. Mahoney, one of the national leaders of the IWW was elected mayor of Riepetown. Frank Williams, Peter Robertson, and A. E. Cartlidge were elected aldermen. Within a short time the new government passed a number of ordinances for the town which were duly published in the newspapers in accordance with the law, and then almost entirely forgotten. With the ordinances out of the way the council got down to its main business and granted liquor and dance-hall licenses to those establishments which had so requested. There were no restrictions this time as to operating hours.[63] Although the community at the time of incorporation was without a school or a post office, it had once more managed to evade the confining pressures of too much county government.

The security gained through incorporation was not to last long, however, for when the state legislature met in January, 1919, the White Pine County delegation, pressured both by civic organizations within the county and by the employers who wished to be rid of the IWW, pushed a law through the legislature which provided that in order for a town or city to maintain incorporation, "at least 250 votes shall have been cast by that town or city at the last general election for justice of the Supreme Court." This law automatically disincorporated Riepetown.[64] According to the *Ely Record*, the city books and records were brought from Riepetown by the former mayor, C. E. Mahoney, and turned over to the White Pine County clerk.[65] Disincorporation created little comment at Riepetown in 1919; ratification of the eighteenth amendment in that year rang down the curtain on the town's business activities, for gambling had been outlawed in Nevada in October, 1910, and now the saloons were eliminated. Riepetown came back into some prominence during the 1920's as a sort of local headquarters for moonshiners, but this was a poor substitute for the days when the town had been the liveliest one in the district.

The problem of prostitution was not limited to the so-called fringe areas. The city council at Ely attempted, by an early ordinance, to keep the red-light district within established boundaries, but the increase of population within the Robinson district, particularly of single men, made control difficult, and the restricted district soon began to spread into nearby residential areas. As at Tonopah and

Goldfield, attempts were made either to eliminate the nuisance or keep it within its prescribed boundaries. These movements for control were generally led by the ministers, school officials, and property owners from the surrounding areas. Reverend Hunting of the Episcopal Church was particularly active in attempting to get some action from city officials. He became a regular attendant at the council meetings. There, armed with reports from the newspapers about the numerous brawls in the red-light district, and with petitions signed by hundreds of property owners, he bombarded the city fathers with verbal blasts for not doing something about the problem. Eventually he got the council to agree to the erection of a high board fence to surround the restricted district. Although Hunting and others continued to prod the city officials from time to time, the fence was never completed.[66]

Here, as elsewhere in Nevada, property interests which controlled the area were the greatest barrier to adequate control of the restricted district. These owners, although they sometimes fought bitterly against each other, presented a united front against any attempt to confine the district within specified limits.[67] Another basic difficulty in controlling the prostitution problem was the widely held belief, obviously encouraged by the proprietors of the restricted-district businesses, that confining prostitution to such areas was the most effective way of controlling a problem which had faced mining camps in the past, and no doubt would continue to face those of the future. Newspaper accounts of the arrests of prostitutes outside the limits of the restricted districts, accounts which continued during most of the early history of the camps, attested to the fact that district confinement was not as effective as many of its supporters indicated.[68]

Entertainment

For amusements outside the pool halls, saloons, and dance halls, the residents of the copper towns turned to a variety of activities which ranged from the usual athletic and mining contests to the formal dances given to climax some holiday event. These activities generally mirrored similar ones at Tonopah and Goldfield, or, for that matter, those of almost any boom town during this general era.

As at Goldfield and Tonopah, athletic events were always popular in the copper camps and were given both moral and financial help by company officials. And again, as was usual, baseball was the first sport organized.[69] From 1904 on, baseball games between teams from the various copper camps were main attractions at any celebration, and by 1908, a regular summer baseball league was established, first between Ely, McGill, and the Nevada Northern Railroad, and later between Ely, McGill, and Copper Flat. Eventually "twilight" leagues, encouraged and partly subsidized by the company, were established at McGill and Ruth. The only other team sport actively engaged in during this period was football. The first football game played in White Pine County took place in November, 1909, when McGill won a 12 to 0 victory over Ely.[70] A number of football games were played later between teams from Ely and McGill, but this sport did not develop rapidly in these communities due mainly to a lack of proper facilities. Tennis and bowling attracted some attention in the camps. Tennis courts were built in most of the communities, perhaps as a sort of fringe benefit for the college-trained engineers needed by the companies. The sport maintained a small, but devoted following throughout this period. Bowling entered the sports picture about 1914, and soon became the favorite winter pastime, particularly at McGill where two alleys were built in the basement of the employees' clubhouse which was completed in 1915. Boxing and wrestling events were staged from time to time, usually as part of the Fourth of July celebration. The latter event, as in most towns of the mining frontier, was the yearly climax to the sporting events as well as the most important social event. The pattern of the holiday celebration in the copper camps was almost identical with those held in the southern Nevada boom camps: a parade, a flood of oratory, a barbecue, foot and horse races, a drilling contest, a baseball game, boxing or wrestling matches, and a Grand Ball.[71]

Besides the Independence Day and other American holiday celebrations, foreign groups, particularly the Greeks and the Serbs, held numerous affairs commemorating religious or national holidays of their native country. Although these events at first tended to follow patterns of the old world, many of them soon incorporated features of traditional American holidays.[72]

The desire for fellowship evidenced itself in the establishment of numerous social clubs in each of the copper camps. Some of these, such as the Good Time Club incorporated in November, 1907, were devoted entirely to having a good time. Others, like the Strollers, emphasized dancing activities.[73] Some, such as the Caledonian Club, the Greek and the Serbian societies, and the University Club, added to the above purposes the desire to get together with people of similar race and background. The numerous Athletic Clubs, formed in the various towns for both males and females, combined social with physical activities.[74] Besides the above clubs, there were three rather unusual organizations in the district, the Slag Club of

McGill, the Lobster Club of Ely, and the Booster Club of East Ely. These clubs, whose combined membership included most of the important businessmen in the district as well as company officials, entertained each other with lavish dinners, each trying to outdo the other in the variety of foods, drinks, and entertainment offered. This dinner competition sometimes had unique sidelights such as the menu for one occasion given at McGill in March, 1909: Smelter Olives, Sagebrush Celery, Sluice Way Consomme, Gold Fish Roasted, Sauce Sulphide, Real Lobster-a-la-Ely, Nevada Nuts (salted), Coffee Tailings, and Keystone and Dinkie trophies.[75] Besides the numerous dinners, smokers, and dances given by the above groups, were others given from time to time by the various fraternal organizations. The isolation of the camps and the lack of commercial entertainment during the early years insured excellent attendance at each of these affairs.

A modern touch was introduced into the social life of the copper communities with the entrance of the automobile, at first, as at Goldfield and Tonopah, as a symbol of prosperity and social prestige, but later as an important part of the sporting activity of the communities. Automobile caravans were organized to travel from Ely to Ruth, Ely to McGill, and Ruth to McGill. Gradually the caravans extended their field of operations to include trips between Ely and Goldfield and later between Ely and Reno. One of the most interesting of the early auto caravans into Ely was that led by Tex Rickard and a party of Goldfield enthusiasts who drove the distance of over two hundred miles in a little over eleven hours over a route that was a road in name only. It was noted by the local newspapers that the Rickard group traveled the last thirty-four miles into Ely in thirty-five minutes.[76]

Perhaps the most unusual and popular amusement in the copper camps was the "badger fight." The "badger fight" of this era was a less cruel, if not more refined, version of the early mining camp fight where a live badger was pitted against a strong dog. Actually, the modern day version of the old mining camp sporting event was a hoax to end all hoaxes. It was a device which initiated the newcomer into frontier society and at the same time provided the local citizenry with hours, sometimes days of ribald fun. The typical "badger fight" had three principals: a dog, the most ferocious available; a gullible, but good-natured stranger, chosen with infinite care; and, of course, the "badger" who was kept carefully caged and out of sight of prying eyes. The key to a successful "badger fight" was secrecy; a secret shared by all the townspeople but kept carefully from all the newcomers, particularly the one chosen for the event. Preparations for the "fight" were made days, sometimes weeks, in advance; stories were told, always in the presence of the person picked to handle the dangerous assignment, of past events which had resulted in victory for the dog or for the "badger." On the day chosen for the contest the promoters arranged the stage as carefully as any Broadway producer might in preparing for an opening night. Long before the appointed hour people began to line both sides of the main street and began to offer gambling odds on either the "badger" or the dog. Betting was usually quite heavy and the enthusiasm such that strangers were eager to participate. The dog was usually brought to the scene first and held on a strong leash ready to be released as soon as the "badger" was pulled from his cage; next, the "badger," carefully covered from public view in a barrel or box, was brought in while a number of stalwart guards took their stations around the cage to prevent possible injury to the bystanders. At the proper moment the hero was brought to the scene, so carefully coached by the promoters and encouraged by the crowd that he deemed it a distinct honor to be allowed to pull the "badger" from his cage. In order to protect him from injury, he was provided with makeshift shin guards, usually of metal, and had his hands encased in heavy gloves. When all was ready, the cord attached to the "badger" was placed in the hero's hands, and while the slack in the rope was taken up, a path down the middle of the street was cleared and the signal to pull was given. At this moment, the victim with all the vigor at his command set off down the main street as though possessed of demons. The emergence of the "badger" from his cage was the signal for the crowd to burst with laughter. Then came "the moment of truth" as the victim turned to discover that the "badger" now dangling foolishly at the end of the rope was in reality a large, metal chamber pot. Reactions varied. Some continued down the main street more quickly than before to escape the noisy crowd. Others turned, joined in the merriment and quite often bought drinks for the crowd in a nearby bar. But the reaction the spectators liked best came from the soreheads, those who couldn't take it and whose wounded ego demanded some satisfaction for the ignominy they had suffered. When such individuals were the victims, arguments and fist fights inevitably resulted before the evening was over. But no matter what his reaction, as long as he remained in the community, the victim was never allowed to forget the part he had played in one of the mining frontier's oldest amusements.[77]

Fraternal and religious activities played an important role in the social activities of the communities during the early years. When the copper discovery was made in 1900, and for a number of years thereafter, fraternal activity was confined to get-togethers of small groups who belonged to a particular organization from another camp. The Masons were the first to organize a regular lodge in any of the copper towns, organizing Ely Lodge No. 29 at Ely, August 15, 1905.[78] Other fraternal groups to organize in the copper communities before 1920 were the Eagles, the Elks, and the Odd Fellows.[79]

Churches

Although Ely was established as the county seat of White Pine County in 1887, there was no permanent religious establishment there when the copper discoveries were made. As settlers began to move into the area, particularly those with families, religious services were inaugurated. At first, these services were held in offices or private homes, as were also the Sunday School exercises for the children. The first church built at Ely was the Episcopal church, St. Bartholomew, which was completed in time for the Christmas Day services in 1907. The Episcopalian group had been active at Ely for some time before the completion of their church, having established their first missionary there in January, 1902.[80] The next religious group to hold services at Ely was the Roman Catholic Church, when on Sunday, June 10, 1906, Father Mannion of Eureka held services.[81] The Catholic church building was completed in 1907. The Christian Science Church group held services in private homes as early as June, 1907, and were holding services in their own building by 1909.[82] The first Methodist Episcopal church in the area was built at East Ely in 1909, and was followed by the erection of a larger building in Ely in 1910.[83]

At McGill, Sunday school services were held in 1908 and

1909 in private homes under the auspices of a group calling themselves "the Volunteer Ladies." The first religious group at McGill was the Presbyterian, organized May 19, 1909, under the ministry of the Rev. S. C. Gillman. An abandoned ice storage warehouse was the first meeting place of this society.[84] The Greek Orthodox Church established small chapels at both Ruth and McGill, the first divine liturgy being performed in St. Barbara's church at McGill, April 26, 1910.[85] A large Greek church was planned for Central Ely, but was never constructed. The Roman Catholic chapel at McGill was dedicated October 15, 1911.[86] The last church group to erect a church at McGill was the Latter Day Saints who dedicated their church there February 27, 1912.[87]

The population growth of the copper camps was not rapid compared to that of the southern Nevada camps. As in the case of Tonopah, Goldfield, and Rhyolite, the boom period in the copper district came between the censuses of 1900 and 1910, so that it is very difficult to estimate just how many people were attracted to the area in these intermediate years. However, the fact that the newspapers made no fantastic claims concerning the copper camps would seem to indicate that the population movement into the area was not spectacular. The census records indicate a modest growth for White Pine County from 1,961 persons in 1900 to 8,935 in 1920. During that same period, Ely grew from 520 to 2,090; McGill from nothing to 2,846; Ruth from nothing to 1,312; Kimberly from nothing to 459; and East Ely from nothing to 699.[88]

NOTES

[1] Walter N. Frickstad and Edward W. Thrall, *A Century of Nevada Post Offices, 1852–1957* (Oakland: Pacific Rotaprinting Co. ca. 1958). The name Ely City is also referred to in the *Ward*

Reflex of September 28, 1878, and again in the issue of March 1, 1879.

[2] There is some dispute as to the naming of the town of Ely. The most widely accepted version at present maintains that the town was named by A. J. Underhill in honor of John Ely. If so, the naming took place after 1885 when the town was being considered for county seat status. It is quite obvious from the Post Office record and from the papers cited in footnote #1 above that the town was named Ely, in honor of Smith Ely, at the time the town was designated as a Post Office. See, in addition to the above sources: Miller, "Nevada in the Making," p. 346; Davis, *Nevada*, II, 1049–1050; Letter by F. F. Thomas, *Mining and Scientific Press*, XCVIII (January 16, 1909), 114–115; *White Pine News*, First Annual Number, December 25, 1906.

[3] Nevada Legislature. *Journal of the Assembly*, 13th session, 1887, p. 112; *White Pine News*, July 9, 1887.

[4] See Appendix, Table 1.

[4] *White Pine News*, June 8, 1905, August 24, 1906.

[6] Interview with W. Y. McGill, July 24, 1953; *Miscellaneous Records*, White Pine County, Old C 36, pp. 610–623.

[7] Davis, *Nevada*, II, 1056; *White Pine News*, February 8, February 23, October 5, 1906; Adams, *Ely and Her Mines*, p. 27; A. H. Halloran, "Ely, Nevada," *Mining and Scientific Press*, XCIII (July 7, 1906), 11–13.

[8] *Ely Mining Record*, June 8, 1907.

[9] *Ely Mining Record*, November 2, 1907.

[10] *Ely Mining Record*, November 23, 1907.

[11] Davis, *Nevada*, I, 595; *White Pine News*, May 11, 1908. There were a few scheduled trains between Ely City and McGill in the latter part of 1907, but the suburban network, as noted, was not under way until May, 1908.

[12] *Commissioners' Records*, White Pine County, April 7, 1903, II, Part 1, 26–28.

[13] *Ibid.*, pp. 31–33; *White Pine News*, April 23, 1903.

[14] Davis, *Nevada*, II, 1051–1052. The problem of redemption of scrip was not solved until 1909 when Judge George S. Brown issued a writ of mandate compelling the commissioners to issue bonds at 5% to pay off the scrip. White Pine County, during these years, was plagued with financial troubles, which were compounded when Sheriff Al Butler absconded with $5,000 in 1911. Butler left Ely on May 11 on the trail of two Frenchmen, but never returned (*Ely Record*, May 26, 1911).

[15] *White Pine News*, May 8, 1906.

[16] *Commissioners' Records*, White Pine County, Nevada, May 6, 1907, II, Part 2, 266–269.

[17] *Ely Record*, April 16, May 7, 1909.

[18] Parsons, "Nevada Consolidated Copper Company," *Mining and Scientific Press*, p. 333; "Biennial Report of the Secretary of State, 1905–1906", in *Appendix to Journal of Senate and Assembly*, p. 100.

[19] *White Pine News*, December 25, 31, 1906.

[20] *Miscellaneous Records*, White Pine County, Book D-38, p. 176.

[21] *White Pine News*, November 9, 1906.

[22] *White Pine News*, August 24, December 31, 1906.

[23] Davis, *Nevada*, I, 502.

[24] *White Pine News*, March 10, 1908.

[25] *White Pine News*, April 20, 1908.

[26] *White Pine News*, September 17, 1908.

[27] *Miscellaneous Records*, White Pine County, Book D-38, pp. 655–657.

[28] *Ely Mining Record*, October 26, 1907.

[29] *Ely Daily Mining Expositor*, November 2, 1907.

[30] *Miscellaneous Records*, White Pine County, Book D-28, pp. 30–31, 432–435, 644.

[31] Interview, W. Y. McGill, July 24, 1953.

[32] *White Pine News*, October 28, December 6, 1908.

[33] Interview, Mr. and Mrs. Frank Jameson, October 24, 1953.

[34] *Copper Ore*, 1909–1914.

[35] *Ely Record*, November 19, 1909; *Copper Ore*, November 24, 1909.

[36] *Copper Ore*, June 23, 1910.

[37] *White Pine News*, 1st Annual Edition, December 25, 1906.

[38] Russell, "Sagebrush Heritage," pp. 9–11.

[39] *White Pine News*, April 13, 1905.

[40] *Fourteenth Census of the United States*, 1920, I, p. 520.

[41] *White Pine News*, May 18, December 14, 1905.

[42] *Fourteenth Census of the United States*, 1920, I, p. 520.

[43] Interview, Stanley Draper, November 28, 1953. The Copper Saloon or Club was the first and only saloon in McGill. It was established in 1907 and went out of existence with the coming of prohibition. The first pool hall was established in 1907 under the proprietorship of a man named Davis. It was known as the McGill Pool Hall until 1922 when the present name, the McGill Club, was adopted. A second pool hall, the Brunswick, was established in 1919 under the management of Jack Long.

[44] *Commissioners' Records,* White Pine County, (April 6, 1909), II, Part 3, 543.

[45] Much of the information concerning the town of McGill was gathered from numerous interviews with persons who lived in the community during these early years: Louis and Pete Cononelos, Pete Assuras, Sadie and James Elliott, William Merrill, and Stanley Draper.

[46] Interview, Mr. and Mrs. Frank Jameson, October 24, 1953.

[47] Numerous fires occurred which destroyed single residences, and the old McGill Ranch House was destroyed by fire, August 28, 1912 (*Copper Ore,* August 29, 1912).

[48] *Ely Record,* March 5, 1915.

[49] Marriages between the "whites" and "foreigners" had taken place earlier, but if these individuals remained in the company towns they were not allowed to reside in the upper or middle towns. This exclusion policy continued until World War II.

[50] Interview, Stanley Draper, November 28, 1953.

[51] *Commissioners' Records,* White Pine County, (September 4, 1908), II, Part 2, 408–409.

[52] *Ely Record,* February 5, 1909.

[53] *Ely Record,* February 5, 1909.

[54] *White Pine News,* March 4, 5, 1909.

[55] *White Pine News,* June 25, 1909.

[56] *Ely Record,* June 25, 1909.

[57] *Ely Record,* August 21, September 11, 1914.

[58] *Ely Record,* June 15, 1917.

[59] *Ely Record,* July 13, 1917.

[60] *Ely Record,* July 20, 1917.

[61] *Ely Record,* February 1, 8, 1918.

[62] Interview, Mr. and Mrs. A. J. Proctor, July 24, 1953.

[63] *Ely Record,* March 15, 1918, and succeeding issues in 1918.

[64] *Ely Record,* May 9, 1919.

[65] Interview, F. D. Oldfield, July 21, 1953. Mr. Oldfield, the White Pine county clerk at the time, denied ever receiving any records from Mahoney except the town seal.

[66] *Ely Record,* May 21, 28, 1909; *Commissioners' Records,* White Pine County, (July 14, 1909), II, Part 3, 578.

[67] *Ely Record,* May 21, 1909.

[68] Numerous incidents are cited in the files of the local newspapers, the *Ely Record, White Pine News, Ely Daily Mining Expositor,* during the years after 1908.

[69] *White Pine News,* July 7, 1904.

[70] *Copper Ore,* November 4, 1909.

[71] *White Pine News*, July 7, September 8, 1904, July 4, 1908; *Copper Ore*, July 7, 1910.

[72] *Copper Ore*, April 6, 1911, April 11, 1912.

[73] *Ely Daily Mining Expositor*, November 6, 1907; Interview, C. D. Gallagher, November 28, 1953.

[74] *White Pine News*, June 8, 1905, April 24, 1909.

[75] *White Pine News*, March 30, 1909; *Copper Ore*, March 18, May 20, 1909.

[76] *Ely Mining Record*, May 11, 1907.

[77] Interview, Stanley Draper, November 28, 1953.

[78] Davis, *Nevada*, II, 679; Carl W. Torrence, *History of Masonry in Nevada*, (Reno: Carlisle Printers, ca. 1944).

[79] Davis, *Nevada*, II, 697; *Copper Ore*, April 11, 1912.

[80] Davis, *Nevada*, I, 561; *Ely Mining Record*, September 21, 1907.

[81] *White Pine News*, June 12, 1906.

[82] Davis, *Nevada*, I, 552.

[83] *White Pine News*, June 29, 1909; Nevada, Legislature, "Biennial Report of the Secretary of State, 1909–1910," (Nevada), in *Appendices to Journals of Senate and Assembly*, (1909), pp. 54–55.

[84] *Copper Ore*, February 11, November 25, 1909; Davis, *Nevada*, I, 586.

[85] *Ely Daily Times*, August 20, 1953.

[86] *Copper Ore*, October 21, 1911.

[87] *Copper Ore*, February 29, 1912.

[88] *Fourteenth Census of the United States*, (1920) I, 520.

9. Labor Troubles in the Copper Camps

The first serious labor trouble in the copper camps came before the area was known to the outside world. The difficulty began about the middle of December, 1902, when the New York and Nevada Copper Company reduced the wages of underground miners from $3.50 for an eight hour day, to $3.00 for a ten hour day. The reduction in wages was the climax of a series of difficulties between the miners and the local management, which had started when John A. Traylor replaced Joseph Bray as general manager of the company's properties at Copper Flat. One result of the difficulties between Traylor and the miners was the organization of Robinson Miners' Union No. 175, a local of the Western Federation of Miners.

On December 17, 1902, the president of this local, William Lloyd, sent a letter to Mulford Martin, president of the New York and Nevada Copper Company, explaining the union side of the controversy. In this letter Lloyd stated that the miners were of the opinion that Traylor ordered the reduction of wages without authority from the home office in New York City, and that, although they didn't want to tell the company how to operate its own properties, they hoped Mr. Traylor would be removed as general manager. Martin's reply on December 26, 1902, stated that Traylor had acted on orders from the main office and that the company had no intention of removing him as manager.

The union members then took matters into their own hands. On January 6, 1903, Lloyd, as president of the local union, addressed a letter to Traylor which was delivered to him personally the next morning by a group of union men led by Lloyd. The letter was in fact an ultimatum, for it demanded that Traylor accept its terms within twelve hours or be forced to leave the camp.

A few hours after receiving the ultimatum, Traylor and his secretary, James P. Gaskill, left Ely for the mining properties at Copper Flat. Before they reached their destination they were intercepted at Lane City by a group of twenty-five or thirty miners, mostly union men. Traylor was asked what he intended to do about the twelve-hour notice. Before answering, Traylor drew a revolver from his pocket, cocked it, and told the miners to move back. He then indicated that as he was given twelve hours in which to act, he fully intended to take the time allotted. The miners, confused by this action, allowed the two men to proceed, but almost immediately regretted their action. Consequently, they decided to send a committee after Traylor to discuss the matter further.

Traylor and Gaskill, meanwhile, had arrived at the company office at Keystone, a short distance below the Copper Flat property. The committee of miners arrived at Keystone about twelve noon, January 7. The miners, after a short consultation outside, entered the office and again demanded to know what action Traylor contemplated concerning the twelve-hour notice. Traylor told the men that he didn't have to comply with their demands. What happened thereafter is quite confusing, for the stories told later by the participants conflict in most instances. It is clear, however, that one or two of the miners moved toward Traylor and at least one of them seized his arm and shoulder. At this point, Traylor managed to get his revolver from his pocket and began to fire. Of the six men who entered the office, Traylor killed one instantly, fatally wounded two, and wounded two others less seriously. The only one of the group who escaped entirely unharmed was Lloyd, the president of the miners, who according to later testimony was slightly intoxicated at the time. It was brought out later and confirmed by many witnesses that Traylor and Gaskill were the only ones in the office who were armed.

After the shooting, Traylor and Gaskill returned to Ely by a little used route in order to prevent interception at Lane City. When news of the shooting reached Ely there was a great deal of excitement, mixed with some talk of lynching the two men. However, Sheriff Newman and a single deputy took Traylor and Gaskill to Elko where they were placed in the county jail.[1]

A grand jury was called on January 23, 1903, to investigate the whole tragic affair. After seven days of investigation, the grand jury, which had as its foreman former State Senator H. A. Comins, found that John Traylor acted in self-defense in killing the three men, and that no shooting had been done by Gaskill. The antilabor bias of members of the grand jury came more directly into the open when two indictments were brought against William Lloyd, one for kidnap and the second for attempt at false imprisonment.[2] The incident brought a great deal of unfavorable publicity to the camp and resulted within a short time in the elimination of Local No. 175 of the Western Federation of Miners as an effective voice for labor in the district.

No further major labor disturbances occurred in the copper camps until the fall of 1912. In the intervening years a number of labor unions were organized in the district, including two locals of the Western Federation of Miners: Lane City Miners' Union No. 251 chartered on November 10, 1906, and the Steptoe Mine, Mill and Smeltermen's Union No. 233, chartered April 2, 1908.[3] During this same period, organized labor found strong public support for its policy of opposition to the large number of foreigners who began arriving in the district after 1905.

The Foreign-Born Laborers

More than any other county in Nevada during the period from 1900 to 1920, White Pine mirrored the so-called new immigration to the United States with its heavy emphasis on individuals from southern and eastern Europe. The concentration of immigrants from Greece and from the Austrian-Hungarian empire was particularly heavy. In 1910, White Pine County held 702 of the 1,051 Greeks in Nevada, and 259 of the 822 Austrians.[4] Most of these individuals were concentrated in the company towns of McGill, Ruth, and Kimberly, the result of the companies' demand for a cheap and stable labor supply. The fact that these individuals were willing to work longer hours for lower wages stimulated immediate opposition from the ranks of organized labor.

Such opposition was particularly strong in the years 1907 and 1908, and was supported by many businessmen in the district and at least one newspaper editor. In December of 1907, the editor of the *Ely Daily Mining Expositor* led off the opposition with an editorial titled, "White Man's Camp." In it he wrote: "We advocate, especially, the employment of white labor, meaning thereby an American citizen, who would fulfill the requirements of the same . . . A white man's camp for white working men. . . ."[5]

The antiforeign feeling in the district came to a climax at McGill in January, 1908, when Constable Davis was shot and critically wounded by a Greek. A crowd from Ely and neighboring points went to McGill in search of Davis's assailant. During the search, James A. Smith shot and killed a Greek named Diamantes Kalampokos. Smith was not held at first, but was later arrested at the insistence of the Greek government. However, no legal action was taken against him.

During the Smith-Kalampokos incident, the local police authorities from Ely rounded up the entire Greek population of McGill, culled what they thought were the bad ones, and placed them in two box cars. It was evidently the intention of the antiforeign element that the cars be taken to some spot outside the district. However, the Nevada Northern Railroad officials, in the absence of any instructions, refused to haul the cars further than the Ely depot. No one appeared willing to pay the expenses necessary to have the cars hauled away, and so, very shortly, the cars were opened and the Greeks allowed their freedom.[6]

Activity against the foreigners continued during 1908, with the editors of the two other local papers joining the position taken originally by the editor of the *Expositor*. The *White Pine News*, in an editorial in March, 1908, summarized the reaction to the Davis shooting as follows:

> There was haste and a good deal of unnecessary noise on the part of the crowd that went to McGill at the time of the trouble in the Greek quarter at that point. . . . The spilling of the blood of an officer incited hatred of a class that had not been felt to be desirable *and is not desirable* but that at one stage of the development of the camp was absolutely necessary in order that its progress might not

be brought to a standstill at the expense of the entire community. . . .[7]

The Ely Mining Record, in the same month, joined the opposition, protesting the resumption of operations (after the panic of 1907) with the hundreds of Greeks, Hungarians, Slavs, and Japanese coming into the district. The *Record* went on to say that although it could not be determined if these groups were being brought into the district by the companies under a guarantee of employment, they were certainly finding such employment as common laborers. "It would seem far better policy," stated the article,

> for companies to employ home labor, if possible, and thus give the people who are interested in the upbuilding of the country an opportunity to make a living. . . . There is one thing positively certain, and that is if an effort be made to put the foreign labor into the mines there will be trouble in the district. . . .[8]

By the following month, the editor of the *Record* had no doubts as to the conditions under which the foreigners were being brought in. "It is now apparent to all observing people," he wrote on April 18, 1908, that

> a systematic effort has been undertaken by the allied interests in this district to supplant American labor by the employment of Greeks. Several hundred of them have arrived during the past few weeks and as they are not in the habit of traveling for their health, it can be set down as a fact that they are here under the promise of employment. . . . The *Record* does not object to the Greek because of his nationality, or for the reason that he is a foreigner, but does object to him for the reason that he is not here to cast his fortunes with the country. . . . His mission here is too cut wages to a point where an American cannot live, to save a few dollars and return

home. . . . No community can prosper on this cheap class of labor.[9]

Union resentment against cheap foreign labor gradually lessened in the next few years. The fact that most of the foreigners were employed around the pit as unskilled laborers helped to still some of the opposition which developed with their arrival. It was apparent, also, that many foreigners had no intention of returning to their native countries, but instead wished to become citizens of the United States and join the union movement.

By the end of 1908, some of the foreigners had moved close enough to the side of labor to take a stand against an employment practice which they claimed forced them to pay tribute to certain company bosses in order to keep their jobs. These charges were common during the development period here as well as in other porphyry copper developments.

Unable to speak English, these newly arrived employees commonly did business through one of their members, usually designated by the company, who became the "Greek Boss" or the "Jap Boss." It was rumored for years that the Greek and Jap bosses received tribute from their men which in turn was shared with other bosses higher up. These rumors were never completely substantiated, though in January, 1909, District Attorney Reeves charged that certain grafters were forcing wage earners to pay to maintain their jobs. He claimed to have the affidavits of sixty workers to the effect that they paid two dollars per month for such purposes. The charges made by Reeves seemed to be upheld when the grand jury accused Gust Johnson and Superintendent Vanderhoeff of extorting money from alien laborers at Copper Flat from June, 1908, to December, 1908. The grand jury asked the district attorney to take action, but no formal indictments were issued; the matter soon disappeared from the newspapers, but not from the realm of rumor.[10]

During the above activities, the local unions took advantage of the grievances of the foreign employees to attract them to their organizations. These efforts met with some success, and within a short time the new labor union members had an opportunity to demonstrate their loyalty. On January 19, 1909, a strike was called on all construction work at McGill. The dispute arose over lowering of wages while hours of work were being reduced from nine to eight in accordance with a law passed by the Nevada legislature in 1907. The labor unions maintained that the wage for eight hours should remain the same as the previous scale for nine hours work. The company maintained that wages ought to be reduced twenty-five cents in order to take care of the loss of one hour of work. This would cut the wage for foreign labor from $2.00 to $1.75. As a result, many of the foreigners joined other workers on strike.[11]

The company officials, knowing that the foreigners were not yet integrated into the union, acted quickly, giving notice to these men to get back to work at once or draw their time. The threat was effective and most of the foreigners went back to work immediately. The other strikers, mainly carpenters, iron workers, and pipe fitters, receiving no support for a general strike, settled with the company on January 21, on company terms, and returned to work on the twenty-second.[12]

The foreigners showed more strength at the mines during this same period. Here they had been assimilated into Lane City Miners' Union No. 251, the oldest miners' union in the district, and were well organized when they went out on strike in July, 1909, against the Cumberland-

Ely company. Their demand was for $3.50 per day for all men working underground, and recognition of the union by the company. The strikers, about three hundred men, were mostly Greeks and Serbians.[13] This strike closed the Veteran mine for over two years, finally being called off by the union in 1911. The miners lost their main point, the recognition of their union, but did get a slight increase in pay.[14]

The Radical Labor Unions

From the labor strikes of 1909 until the year 1912, labor made substantial gains in the copper camps. In November, 1909, the Smelter Union at McGill, unable to obtain facilities in the company area, erected a labor "home" at Steptoe City. Membership at the time was approximately 450 men.[15] In September, 1910, a local labor party was formed, holding its first convention at the county court house on September 28. The party placed a slate of candidates in the November election and publicized a platform favoring the direct primary, the initiative, the referendum, the recall, free textbooks in the schools, and safety devices in the mines. The party was not strong enough to place any of its candidates in office, but made enough of a showing in the election to indicate the growing emphasis on organized labor in the district.[16]

During the latter part of 1910 and throughout 1911, evidence accumulated that the more radical labor unions in the West were moving into the district. A Socialist local was organized Septemer 3, 1911, but did not become very important in the labor movement of the district. In addition, throughout the year 1911 many members of the IWW moved into the area and made their headquarters at Riepetown, which had become the center of union activity after the Veteran strike of 1909. The IWW soon proved to be a disrupting influence for it brought with it into the copper camps grievances and hatreds accumulated from many years of unsuccessful warfare against employers at Coeur d'Alene, Cripple Creek, Goldfield, and other mining areas of the West.

In spite of the entrance of the Socialists and the IWW, the labor organizations in the Robinson district were definitely in the hands of conservative forces when a major labor disturbance rocked the Guggenheim copper holdings at Bingham, Utah, on September 18, 1912.[17] Working conditions which brought about the strike at Bingham were recognized by many as among the most deplorable of any mining areas in the United States. The strike was led by the Western Federation of Miners, officially separated, by this time, from the IWW on a national scale, but very closely allied with it on the local level. Charles H. Moyer, president of the WFM, took personal charge of the Bingham strike.

The progress of the strike at Bingham was followed closely by both employees and employers in the Ely district, for the two copper areas were controlled by the same general financial interests. Knowing that the Bingham strike might well spread to the Guggenheim properties in the Ely district, the Ely Central Labor League (dominated by AFL craft unions) on September 21 voted against support of the Bingham strike. This action was somewhat weakened when President Moyer of the WFM visited McGill Miners' Union No. 233 and obtained from that group a unanimous vote, on September 23, to support the Bingham strike. This was followed on September 24 by similar action from Lane City Miners' Union No. 251, also at the instigation of Moyer.[18]

This little struggle between the laboring forces within the district was the result of two widely different approaches to the solution of labor's problems. Similar struggles had taken place in earlier labor difficulties in the mining areas, and many more were to follow in succeeding years as the contestants struggled for labor leadership. The viewpoint held by the conservative AFL unions in the district was to move slowly, use no violence, but maintain steady pressure for legitimate objectives. This viewpoint emphasized local solution of local problems, and obviously was encouraged by the company officials as soon as the strike developed. The opposing viewpoint, held by the WFM and the IWW, was that only united action, violent if necessary, would be to any avail in gaining objectives from well organized companies who could well afford to close down one camp while continuing to operate their other holdings. The WFM and the IWW knew from past experience that they could expect little success if the strike remained a local one at Bingham. Thus, every effort was made to extend it to other Guggenheim properties. It was inevitable under these circumstances that the strike would, in course of time, reach the Ely district in spite of the fact that there were no major conflicts between the employees and the company at McGill and Ruth at this time.[19]

There were, it is true, numerous grievances that needed attention, particularly, the wage scale in effect and some minor working conditions. Moyer took advantage of these small grievances to demand that the company provide a wage increase, and that it recognize the union. The initial demand by Moyer was for a wage increase of twenty-five cents per day for all employees. The company, when presented with these two demands, indicated a willingness to raise wages, and went so far as to post a notice to the effect that wages would be increased twenty-five cents per day for those receiving $3.00 or more, and twenty cents per day for those receiving less than $3.00. The raises were to be effective October 1. The company refused point blank to recognize the union, or even to discuss the issue with the union leaders.[20]

Following the pay increase, a mass meeting of employees was called at McGill for October 2. The meeting had been announced by placards placed throughout the community, but no one admitted responsibility for this action; even the local newspaper, *Copper Ore*, indicated its inability to find anyone responsible for the distribution.[21] The Mine, Mill and Smelter Union officials said both the raise in pay and the mass meetings were moves by the employers to weaken the labor movement in the district so that they could continue to exploit the working man.

At the mass meeting which was attended by an estimated one thousand employees and townspeople, a number of speakers, mostly working men, voiced loyalty to the company and opposition to the strike. Moyer tried to speak but was shouted down and left the meeting accompanied by many of the members of the local miners' union.[22] The same evening, this group met at their hall in Steptoe City and, with Moyer present, voted to walk out at McGill on receipt of orders from the WFM officials. The vote of the union was taken on October 2, with an estimated two hundred members present.[23] The action at McGill followed a similar meeting at Riepetown, called by Moyer, at which time the Lane City union decided to strike at the mines on October 2.[24] This strike directly affected only those men employed at the mines—approximately 1,600 workers. However, with the mines closed it was but a few days before the smelter at McGill was forced to cease operations because of lack of ore.

Antiforeign Moods

During these preliminaries, many people of the district and at least one newspaper editor revived the antiforeign feeling by blaming the foreign element for fomenting labor troubles. There is little doubt that the WFM leaders had been busy recruiting these laborers for the past few years, and were now using them to gain their own objectives against the Guggenheims. However, many of the foreign element were loyal to the company and publicly attested to this fact through a notice in one of the papers which pointed out that only about 13 or 14 percent of the Greek employees at McGill belonged to the union, that most of the Greek employees were against the strike, and that they were in no way to blame for the situation and were being condemned unjustly.[25]

The call for a general strike in the Robinson district came on Monday, October 14, on orders from Moyer, and was signed by local leaders who were then in conference with Moyer and other WFM officials in Utah. The announcement came so suddenly that more than a hundred smelter employees (mainly operational crews) were unaware that a strike had been called and appeared for work the next morning. Many of these, as well as others from the graveyard shift, were inside the gates when pickets were placed by the union officials. The former were encouraged by company officials to remain inside. Thus, a situation developed in which a sizeable group of employees were inside the yards, obviously on the company's side, while surrounding the gates were the pickets stationed by the

WFM. Most of the employees, for one reason or another, respected the picket lines and remained at home or gathered from time to time to watch the activities near the gates. It is quite obvious, from newspapers and the reports of numerous individuals who participated in the proceedings, that only a small part of the entire labor force at McGill was actively involved in this strike. It is equally obvious that the picket lines were effective enough by Tuesday morning to prevent operations by the company.

It was during the second day of the strike, October 15, that activities near the gates between strikers and nonstrikers turned from a battle of words to one of rocks. The fact that many individuals on both sides of the fence were armed indicated that more violent action could be expected. The sheriff agreed with General Manager C. B. Lakenan that the situation might get out of control and so both wired the governor of Nevada the same day for help. Meanwhile, County Sheriff Crain deputized sixty men to help patrol the mines and the smelter.[26]

On October 16, thirty strikebreakers, or guards, as company officials called them, from the Waddell-Mahon Corporation, arrived at McGill from the Western Pacific terminal at Shafter. Lakenan assumed that these company guards would be deputized by the sheriff. However, when Sheriff Crain was asked to do this he refused, insisting he had the situation under control. The entrance of the strikebreakers, who had reputations as professional gunmen, was a mistake on the part of the company, for it turned the sympathy of many from the company to the strikers, and led to charges that the company was unwilling to negotiate in good faith with the workers. Lakenan's decision, or perhaps more realistically, that of his superiors, no doubt was conditioned by the general reputation of the

IWW, by previous experiences with the radical leaders during the Veteran strike, and above all by the general antilabor feeling prevalent in Western mining areas.

Regardless of the motives in calling for the strikebreakers, their arrival created an explosive situation, for the strikers refused to allow them entrance into the smelter area. Governor Oddie, who arrived late Tuesday evening, indicated at the time that he was ready to call for the state police if necessary. The arrival of the strikebreakers disturbed the governor, but he managed to convince Lakenan that they should be sent to Ely until he, Oddie, had a chance to talk to the employees. The train bearing the strikebreakers was then sent to Ely. Shortly thereafter, Oddie made a speech to the strikers at the entrance to the smelter. In the course of his address he asked for a peaceful settlement and offered the workers his offices in bringing about a settlement fair to both sides. He asked also that food provisions be allowed to enter the gates. That there was a sizeable foreign element engaged in the strike was evidenced by the fact that an interpreter was used during the address.[27]

On Wednesday morning two wagonloads of food were delivered to the men inside the gates without opposition from the strikers, but on the third trip the strikers became suspicious that company officials were trying to open the gates to allow more men to enter, and so refused to permit the wagon to pass. A few hours after the governor's speech, company officials decided to make another attempt to move the food wagon inside the gates. Tacit approval was given by the strikers, but in the general confusion they did not at first realize that the thirty strikebreakers were moved in at the same time by flatcar. The strikers were now in an ugly mood. Governor Oddie was disturbed by Lakenan's decision to move in the strikebreakers without consulting with him. Under the circumstances he thought it best to wire that evening for the state police.

On the following morning, October 17, an attempt was made by the company to admit a man through the gates. Strikers hurriedly assembled, giving evidence by their threats that they were in no mood to let this challenge go without protest. In order to frighten the strikers, many of whom were armed, the leader of the Waddell-Mahon guards ordered his men to fire. Two men were killed and a third was severely wounded; all three were Greeks. The situation was critical. Reprisals against the strikebreakers were threatened but, before any definite action could be taken, Governor Oddie, who had been summoned immediately after the killings, declared martial law. Union officials, through their lawyer, then obtained warrants for the arrest of two company officials, C. B. Lakenan and C. V. Jenkins, for the murder of the two men. Governor Oddie, after the declaration of martial law, refused to allow the warrants to be served.[28]

State troops, numbering ninety men under the command of Captain Donnelly, arrived in McGill October 18. They immediately closed all saloons near the mines and the smelter, and disarmed the strikebreakers and the strikers who were carrying weapons. Under the protection of the state police, company employees gradually returned to work at the mines and the smelter.[29]

Following his promise of October 16 to the employees, the governor appointed a commission made up of a company representative, a union representative, and a representative from his office. A settlement was reached late in October whereby the men were to be returned to their old positions without recrimination and given the increase that had been offered before the strike; the union, however, was not granted recognition by the company. The Ely Central Labor League then called off the strike October 28.[30] D. C. Jackling, president of the Utah Copper Company, was accused, almost immediately, of breaking the no-recrimination pledge. In answer to these charges Jackling stated that he would use his own discretion in the matter of reemploying strikers. It could be called discrimination, selective action, good judgment, or whatever one pleases, but "only those workmen we choose will be hired."[31] Lakenan, however, was careful not to give cause for such charges at McGill and Ruth.

An aftermath of the strike came when the coroner's jury, which had been appointed in the deaths of the strikers at McGill, returned a verdict early in November, 1912. The jury found that George Prinaris and Nicholas Papagianuckus (commonly known as Nick Pappas), "came to their death by gun shot wounds inflicted by parties unknown, and find that the killings was unnecessary by any persons or parties and we recommend a thorough investigation by the grand jury." The report was followed almost immediately by the issuance of warrants against twenty-one of the guards employed by the Nevada Consolidated Copper Company during the October strike. The warrants charged each of the twenty-one with murder, and were sworn by Anthony Jurich, local attorney for the WFM.[32]

The twenty-one were arrested and held for the grand jury which, after taking evidence from both sides, issued its report November 26, 1912, finding no true bill against the alleged slayers of the Greek strikers.[33] During the early months of 1913, Jurich continued his attempts to have the case resubmitted to the grand jury. District Judge Coleman refused Jurich's petition, pointing out that evidence indicated that some of the hired guards shot over the heads of the strikers and some shot into the strikers. Thus, some of the guards were innocent and some guilty, but that it would have been impossible to find the guilty ones and unheard of to convict the innocent with the guilty.[34] There were those who pondered the responsibility of the leader who had given the order to fire.

Rising Prices and the Unions

After the 1912 labor strike in the copper camps there was comparative peace in the Nevada mining areas until after World War I. Unlike many western mineral areas, the Nevada boom camps survived the war without serious labor difficulties.[35] The excellent self-restraint of Nevada labor organizations during the war elicited the following comments from Governor Emmet D. Boyle in his annual legislative message of 1919:

> Moreover, on the record, labor, over the wartime period, met in the most admirable manner the demands and the request of governments, state and national. In the face of rising costs of living, wage increases over this period were surprisingly moderate. Conspicuously, in this State, no labor group failed to meet the request of the State that differences be arbitrated or adjusted.[36]

The governor and his commissioner of labor, Robert F. Cole, however, were well aware at war's end that labor expected an immediate solution to the many grievances accumulated during that critical period. However, when peace returned in 1918, it brought with it bad news for the metal producers of Nevada. Particularly hard hit were the copper producers. Heavy war demand for copper brought three successive record-breaking years from 1916 to 1918. It also left the copper companies with huge accumulations of reserves when hostilities suddenly ceased. The curtailment of copper demand caused a drop in production from $24,592,922 in 1918, to $15,724,174 in 1919.[37]

Thus, at the very time labor hoped for wage increases to rectify the imbalance between wages and prices created by the war, demand for metals decreased so rapidly that operators found it necessary to curtail production, or to shut down. Living costs, however, continued to soar, forcing the working man to ask for higher wages in order to maintain his standard of living.

Under these conditions, clashes between employee and employer were inevitable. When they came in mineral camps throughout Nevada in 1919, solutions were made more difficult by the wave of antilabor feeling which swept the United States in the wake of postwar reaction and hysteria. Indicative of this hysteria was the insistence of newspapers, operators, and the general public in Nevada on treating any and all labor problems as the work of agitators from the Industrial Workers of the World.[38] By 1919 the reputation of the IWW in fomenting labor unrest had been established by numerous labor conflicts in the mines from Idaho and Montana to Colorado, Arizona, and Nevada. To this unfavorable reputation there was now added the standard charge that the IWW was Bolshevik-dominated. Many states, including Nevada, passed criminal syndicalism laws to control the violent activities of this union.[39] The injection of IWW unionism into the postwar labor strikes in Nevada added fuel to an already combustible situation and too often caused emotion to be substituted for reason in trying to effect solutions.

The first postwar labor trouble in the Nevada mining camps came on January 19, 1919, when 150 men refused to go to work in the copper mines at Ruth, maintaining that living costs had risen out of all proportion to wages during the war and that the copper company should now make an adjustment. The action of the Ruth miners was followed the same day by a walkout of certain employees of the Nevada Northern Railroad.

Almost at once, charges were made to the effect that the strike was the work of the IWW. These charges were made more credible by the fact that during the war many radical labor leaders moved into Riepetown and made it the center of union activities in the mines area. These leaders were, for the most part, former officials or members of the old Western Federation of Miners' union. They found Riepetown a haven for union activities—close enough to the mines of the area to keep in touch with individual miners, but independent of company control.

To insure this independence, these labor leaders joined with the saloon keepers to bring about incorporation for Riepetown on January 29, 1918. Labor strength in the town was sufficient to insure the election of one of its members, C. E. Mahoney, former vice-president of the Western Federation of Miners, as the first mayor.[40] In spite of the fact that C. E. Mahoney had helped to lead the fight of the WFM in its break with the IWW in 1908, his very presence at Riepetown when the 1919 strike was called gave ammunition to the operators and newspapers in their attempts to label the strike the work of the IWW agitators. The initial strike at Ruth did not involve many workers and was considered a little significance.

A much more important issue developed at the reduction plant at McGill on July 21 when union employees addressed a demand to General Manager C. B. Lakenan for, among other things, an increase of $1.25 per day. On July 27, 1919, Mr. Lakenan sent a letter to union officials agreeing to an increase of $0.75 per day, but refusing to add additional social benefits as requested. The union officials, upon receipt of the letter, indicated a willingness to settle for an increase of $1.00 per day if certain hospital benefits were restored. The union answer further indicated that if the company did not agree to this modified request, a strike would be called. No further action was taken by the company at this time, and on July 29, Mine, Mill and Smeltermens' Union No. 233 called a general strike.[41] Negotiations for a settlement began immediately, with Governor Boyle and Federal Mediator J. Lord attempting to work out a compromise between employees and employer.

Settlement was complicated, however, by action of officials of the Nevada Northern Railroad who suspended service between Ely and Cobre without first obtaining permission of the Nevada Railroad Commission. The reason given for this move was the obvious one that the strike made it impossible to continue service. Union officials, however, immediately challenged the position of the railroad officials, maintaining that operations were suspended in order to gain favorable publicity, and that no effort had been made to keep the trains running. Anthony Jurich, attorney for the unions, led the fight to have railroad service restored and was successful in arousing public sentiment in favor of this project. On August 22, 1919, the Nevada Railroad Commission ordered reinstatement of daily mixed train service between Ely and Cobre. At the same time, the commission recommended that the men return to work at the increase offered by the company until such time as a decision in the case could be made by the federal mediator.

Meanwhile, Governor Boyle, Federal Mediator Lord,

and C. B. Lakenan went to San Francisco to confer with D. C. Jackling, president of the Nevada Consolidated Copper Company. As a result of this conference a settlement was reached August 29, 1919, and the men returned to work immediately. Terms of the agreement included a raise in pay ranging up to seventy-five cents per day, and establishment of company commissaries at McGill and Ruth. It was hoped by the employees and the company officials that the establishment of commissaries to operate at or near cost would make up the difference in wage demands and wage settlement.[42]

The strikes in 1909, 1912, and again in 1919, demonstrated that many of the foreigners originally brought into the copper area by the companies had been assimilated into the labor unions of the district. Thus, after 1909, a sizeable proportion of the foreign labor force was on the side of the unions and opposed to the position of the company. Union protest, which had been very strong against these individuals when they first entered the district, had changed rapidly to a recognition that this group could become a potent force in the district.[43]

NOTES

[1] *White Pine News*, January 8, 1903; Samuel W. Traylor, *Out of the Southwest*, (Allentown, Pa: G. P. Schlicher, 1936), pp. 155–173. (Unfortunately this work by John Traylor's brother is marred by almost unbelievable errors).

[2] *White Pine News*, February 5, 1903. (The charges against Lloyd were later dropped and a simple assault charge substituted to which he pleaded guilty).

[3] Letter from Harold Sanderson to Russell Elliott, December 24, 1953. (Mr. Sanderson was assistant to the president of the International Union of Mine, Mill and Smelter Workers, Denver, Colorado).

[4] *Thirteenth Census of the United States: 1910. Population*, III pp. 88–90.

[5] *Ely Daily Mining Expositor*, December 25, 1907.

[6] *Ely Daily Mining Expositor*, January 22, March 10, 1908. (Italics mine).

[7] *White Pine News*, March 11, 1908.

[8] *Ely Mining Record*, March 21, 1908.

[9] *Ely Mining Record*, April 18, 1908.

[10] *Ely Daily Mining Expositor*, December 15, 1908; *Ely Record*, January 8, 22, 1909. For such activity in other camps one should consult Harvey O'Connor's work on the Guggenheims.

[11] *White Pine News*, January 19, 1909.

[12] *White Pine News*, January 22, 1909.

[13] *Ely Record*, July 2, 1909.

[14] *Ely Record*, October 6, 1911.

[15] *Ely Record*, August 13, 1909; *Copper Ore*, March 4, 1910.

[16] *Copper Ore*, September 29, 1910.

[17] *Ely Record*, September 20, 1912.

[18] *Copper Ore*, September 26, 1912.

[19] Interviews: Frank Jameson, October 24, 1953; Stanley Draper, November 28, 1953; William Merrill, November 28, 1953; Pete Assuras, August 27, 1952. Also, the files of the local newspapers during this period fail to reveal any outstanding grievances between the two groups at this time.

[20] *Ely Record*, September 27, 1912.

[21] *Copper Ore*, October 3, 1912.

[22] Interview, Frank Jameson, October 24, 1953.

[23] *Ely Daily Mining Expositor*, October 3, 1912.

[24] *Copper Ore*, October 3, 1912.

[25] *Ely Record*, October 18, 1912; *White Pine News*, October 20, 1912.

[26] *White Pine News*, October 20, 1912.

[27] Interviews, McGill, Nevada: Pete Assuras, August 27, 1952; Stanley Draper, November 28, 1953.

[28] *Ely Record*, October 18, 1912; *White Pine News*, October 20, 1912. (Both of these papers have good summaries of the strike). "Editorial", *Engineering and Mining Journal*, XCIV, (November 9, 1912), 877–878.

[29] "Second Biennial Report of the Nevada State Police, 1911–1912," in *Appendix to Journals of Senate and Assembly*. (Carson City: 1913), pp. 9–10.

[30] *Ely Record*, October 25, November 1, 1912.

[31] Jensen, *Heritage of Conflict*, p. 270.

[32] *Transcript of Testimony—Coroners Inquest, October 18, 1912*, Ely, Nevada; *Ely Record*, November 15, 1912; *White Pine News*, November 17, 1912.

[33] *White Pine News*, December 1, 1912.

[34] *Ely Record*, March 21, 1913.

[35] For example, bitter labor disputes occurred during the war in Arizona and Montana, See Jensen, *Heritage of Conflict*, pp. 381–411, 430–451.

[36] "Third Biennial Report of the Commissioner of Labor 1919–1920," (Nevada), in *Appendix to Journals of Senate and Assembly*. (Carson City: 1921), I, 68.

[37] Couch and Carpenter, *Nevada's Metal and Mineral Production*, p. 13, 147.

[38] Although the Western Federation of Miners had withdrawn officially from the IWW at its 16th Annual Convention in 1908, it was difficult to keep the two unions separate due to the constant attempts by the IWW to infiltrate the older and more conservative union. Adding to the confusion caused by this infiltration was the fact that the WFM changed its name in 1916 to the International Union of Mine, Mill and Smelter Workers. About the same time the IWW established an affiliated union known as the Metal Mine Workers Industrial Union No. 800. Many IWW leaders in the Nevada labor strikes of 1919 were former officials of the Western Federation of Miners and vice-versa. In addition, the operators could and did use the internecine labor war to help withstand the pressure of labor reforms demanded after the war.

[39] *Statutes of the State of Nevada*, 1919. (Carson City: 1919) Ch. 22, 33–34. This act defined criminal syndicalism as the doctrine "which advocates or teaches crime, sabotage, violence or unlawful methods of terrorism as a means of accomplishing industrial or political reform". The act made the advocacy or teaching of such doctrine a felony, punishable by imprisonment for ten years, or a fine of $5,000, or both.

[40] *Ely Record*, March 15, 1918.

[41] *Ely Record*, August 1, 1919; "News", *Engineering and Mining Journal*, CVIII (September 13, 1919), 485; "Fourth Biennial Report of the Commissioners of Labor, 1921–1922," (Nevada), *Appendix to Journals of Senate and Assembly*, (Carson City: 1923), I, 67.

[42] *Ely Record*, August 15, August 22, August 29, 1919.

[43] The "foreign" labor force had little opportunity to demonstrate this effectiveness in the years after 1919, for labor union activity and membership decreased rapidly after 1920. "Fourth Biennial Report of the Commissioner of Labor, 1921–1922," in *Appendix to Journals of Senate and Assembly*, (Carson City: 1923), I, 21.

10. Corporate Control Brings Prosperity

The years from 1908 to 1920 in the Robinson district were marked by the only major speculative venture to occur in the history of the area, by corporate changes which centered basic control of the district in the hands of the Guggenheim brothers, and by a rising ore production which soon made Nevada one of the nation's leading copper-producing states.

Publicity

The copper boom in the Robinson district created no wild speculation to rival that of the Tonopah-Goldfield-Rhyolite discoveries. This was due, in part at least, to the fact that most of the best mineral prospects were monopolized by two or three large companies. In addition, copper stocks, although not unattractive as investments, did not at this time have the lure of gold and silver issues. Thus, the mild boom created by the copper discoveries did not attract the large number of writers and publicists who, at about the same time, were flocking to the southern Nevada camps. There were, however, isolated attempts to publicize the copper camps along lines similar to those which had proven successful at Goldfield and Tonopah. Such, for example, was the attempt by Tex Rickard to promote a championship fight for Ely. In October, 1906, Rickard announced, through one of the local newspapers, that Ely would be the scene of the next Gans-Nelson fight.[1] Much was heard of the fight throughout the summer and fall of 1907 and into the spring of 1908. The bout seemed to be a certainty for the Labor Day celebration of 1908, and enthusiasm was stimulated by local editors who hoped that such a fight would do for Ely what a similar one had done for Goldfield. One wrote as follows:

> and so it will be with Ely. This fight will focus the attention of the world on Ely, and every newspaper correspondent will tell of our wonderful mines and smelters, and of the great future awaiting this section, and the result will be the inpouring of capital, the rapid development of the mines and the general upbuilding of the town. . . .[2]

However, in the latter part of July, 1908, Rickard called off the proposed fight, giving as his reason the failure of the railroads to grant a special low fare to Ely for the fight.[3] The loss of the Gans-Nelson fight didn't stop some local boosters who now thought a championship prize-fight absolutely necessary to insure the success of the copper camps. Within a week of Rickard's first announcement, came another from him that Ely would have a championship heavyweight bout between Tommy Burns and Jack Johnson. The proposed bout was talked about for a few weeks and in turn dropped.[4] It was evident, after these two promotional failures, that the Ely district would have to develop without the benefit of such schemes.

Even the local newspapers, which generally were the backbone of mining camp publicity and promotion, spoke here in rather subdued tones. Nevertheless, newspapers in the copper district, as elsewhere in the mining west, were used effectively by speculators and promoters to give a tone of respectability to their various mining ventures. And at least one newspaper in the district, *Copper Ore*, published at McGill, was owned by a brokerage firm, the E. W. Hulse Company of Salt Lake City, Utah.[5] The other newspapers in the copper camps, the *White Pine News,* the *Ely Record,* and the *Ely Mining Expositor,* in their enthusiasm for the area, were often led to support speculative ventures.[6]

Although the copper district did have a certain amount of wildcat stock promotion when the discoveries were first made known to the outside world, the one major speculative scheme didn't get under way until 1909. In that year a tremendous advertising campaign was initiated concerning a company known as the Ely Central Copper Company. Old timers in the district knew this company well, for it had been incorporated under the laws of Delaware in March, 1906, with a capitalization of 1,200,000 shares at $10 per share, par value. Its president at the time of incorporation was O. A. Turner, the original purchaser of the Butler mining interests at Tonopah. The treasurer of the company was John W. Woodside, a Philadelphia capitalist, who had been one of the financial backers of Turner at Tonopah.[7] The fact that these men organized the company, coupled with the fact that by the end of March, 1906, the company controlled a number of claims lying between the Star Pointer and Ruth mines (the original Gray-Bartley discovery), and the Eureka shaft (the area known as Copper Flat), gave it an air of respectability.

The Nevada Consolidated Copper Company's properties, which were on either side of the Ely Central property, were known to have untold thousands of tons of copper ore reserves. It seemed reasonable to assume that with proper development the Ely Central claims would exhibit copper ore similar in type to that developed on the Nevada Consolidated properties. Activity on the Ely Central property during the years 1907 and 1908 was confined to the sinking of a number of test holes. This was followed by a drop in stock value to only a few cents per share, a fact which indicated a lack of copper ore. In spite of this, in the summer of 1909 a series of articles appeared in the *Financial and Mining News*, under the name of Sam C. Dunham, extolling the virtues of the Ely Central property and of the plans for development which would make Ely Central second only to the Nevada Consolidated Copper Company as a copper producer. The local newspapers, reaching for any news that might add luster to the district, eagerly accepted these stories and reprinted the articles almost verbatim.[8] As a result of this buildup, the stock rose from $0.87 to over one dollar in one week, and by October, 1909, had reached $2.50. Few, if any, of the local people suspected that this buildup was nothing more than a speculative attempt, and many were righteously indignant when the editors of the *Engineering and Mining Journal* began a campaign to expose this speculative swindle.[9]

In a series of articles beginning in the fall of 1909, the editors of this magazine pointed out that the *Financial and Mining News*, which had started the buildup of the Ely Central, was edited by none other than George Graham Rice, the notorious speculator whose recent stock manipulations at Goldfield had caused his abrupt departure from that camp. It was also noted that the B. H. Scheftels stock agency, which was handling the Ely Central stock, was nothing but a front for the operations of Rice. For those who doubted that the fine hand of Rice was manipulating the Ely Central stock, the *Engineering and Mining Journal* editors pointed to the fact that a recent transaction had given 750,000 shares, at $0.50 each, on contract to George Graham Rice, and that he had obtained an option on the remainder of the stock for from \$0.375 to \$0.75 per share. The editors further stated that the Ely Central property was an ideal speculative venture, located as it was between two of the best proven copper deposits in the district. Actually, however, the claims were nothing but an overflow of rhyolite, with little copper showing anywhere; if that had not been true, the Nevada Consolidated no doubt would long before have obtained the ground.[10]

Rice and his co-workers shrugged off these attacks and countered them by additional activity. What appeared to be a stroke of genius was accomplished by Rice when he sent a well known mining engineer, Col. William A. Farrish, to inspect the property. Farrish's arrival in the district was greeted with a great deal of enthusiasm. The local newspapers (copying word for word from Rice's own newsletters) gave the engineer a tremendous buildup.[11] Farrish inspected the property in a cursory fashion, making no trial assays, and digging no test holes. His report, dated September 6, 1909, was a mass of generalities filled with optimism for the future of the Ely Central property. Two parts of the report were seized on eagerly by Rice and the local enthusiasts. The first:

> There is enough ore practically assured from present developments to make of this a large mine, and the prospective values are such that on full development they should, and in my opinion will, place this property in the rank of the largest and best dividend-payers (of the same acreage) now being worked, if ably managed and properly equipped.

The second and more important part read as follows:

> Near the southern portion of your property, or, more properly speaking, that portion of it lying in a direct line between the steam-shovel pit of the Nevada Consolidated

Copper Company on the West and the Star Pointer shaft and the workings of the same company on the East, has been partially developed by these workings. That is to say, that whereas there has been no development work upon your property within the area between the above works, *we take but little risk in assuming that the deposit will extend through your ground.*[12]

This report obviously became a key weapon for Rice and his supporters. It was made part of a fancy prospectus issued from the B. H. Scheftels office which carried, besides Farrish's report, a full page picture of Farrish, a story of his life with particular emphasis on the numerous properties he had discovered, a market and mine history of the Ely Central company, a description of the geology of the copper district, and a map of the property portraying pictorially the important fact that this property was sandwiched between the two excellent deposits of the Nevada Consolidated Copper Company.[13]

Publication of the report and the resulting publicity which followed caused the stock of the Ely Central company to rise to $4.25 by November 6. On this same day the *Engineering and Mining Journal* carried a story titled, "A New Scheme to Hook Suckers"—a story which brought Rice's venture to an untimely end. In this article, Rice's background was carefully traced from his first brush with the law in New York, when as a youth he had been convicted for larceny and sent to the reformatory at Elmira, to his speculative deals at Goldfield and subsequent hurried exit from that area. The editors of the *Journal* pointed out that Rice was trying to trap suckers by erroneous impressions such as the following: that the Nevada Consolidated Copper Company was a great company, and thus by virtue of being next to it so also must be the Ely Central; that the directors of the Nevada Consolidated were in back of the Ely Central venture (which they were not); and that the *Mining and Financial News* was a real newspaper (although it was nothing but a stock booster).[14] The above article was picked up and copied by numerous other magazines and papers throughout the Western area. Evidence that these were read and believed by many is indicated by the rapid decline in Ely Central stock from $4.25 on November 6, to $1.00 just one week later.[15] The local newspapers were reluctant to face the truth and, when the Ely Central stock plummeted, blamed the fall in price on "the scandalous attack" by the *Engineering and Mining Journal.*[16]

The final act in this speculative drama began September 29, 1910, when federal officers made simultaneous raids on the B. H. Scheftels office in New York and its branches in other large cities. The officers of the company were charged with misusing the mails, of operating a bucket shop, of making false quotations, of charging interest on false securities, and converting securities belonging to customers.[17] Within a week Rice was arrested by federal officers. He blamed his arrest on the Guggenheims (convenient whipping boys for almost anything connected with the copper industry), stating, "wait until the true story comes out. I am the victim of a conspiracy. The Guggenheim people are after me. But they won't get me. I am innocent." The local paper, the *Ely Record,* remained steadfast in its support of Rice, adding to his quotation that there must have been an ulterior motive in the unwarranted attacks on him by the *Engineering and Mining Journal.*[18]

While Rice was awaiting trial he put his talents to the task of writing a series of articles for publication in *Adventure Magazine,* titled appropriately, "My Adventures With Your Money."[19] The difficulty of convicting anyone in that day and age on such speculative charges as faced Rice was apparent when, after five months of trial, Rice was sentenced on March 7, 1912, to one year in the federal penitentiary, while Scheftels was allowed his freedom on a suspended sentence.[20] The Ely Central property was placed in the hands of a receiver in November, 1910, and after many attempts at reorganization, was absorbed in the Consolidated Coppermines merger of 1913.[21] The last note on Rice in this period came in March, 1919, with a declaration of bankruptcy with liabilities of $700,000 and assets which he listed at $237,000, but which included some $200,000 of worthless securities.[22] The Rice episode was by far the outstanding speculative attempt in the copper camps. There were numerous local speculative ventures in the years from 1906 through 1920, but they were of little importance and caused little public reaction in the copper communities.

Corporate Mergers

The corporate moves whereby the Guggenheim brothers came to control the Nevada Consolidated Copper Company were part of an intricate series of manipulations which ultimately brought them dominance of the copper industry in the United States. As noted in an earlier chapter, the Guggenheims had entered the copper field with the organization of the Guggenheim Exploration Company in 1899, and had marked their first major success in that area by gaining control of the American Smelting and Refining Company in 1901. They had moved quickly into the Nevada copper mines when Requa needed funds to build a railroad and a reduction plant, and by various pressures had effected a reorganization of the Nevada

Consolidated Copper Company, in 1906, which dumped Requa and brought their own man, S. W. Eccles, into the presidency of the company.[23] With Requa out of the way, the Guggenheims then proceeded to gain stronger control of the company and to attempt to merge it with their other operations.

The first attempt at merger in 1906–1907 envisioned a combination of the two Utah properties (Boston Consolidated and Utah Copper), with the Nevada Consolidated Copper Company. A great deal of opposition to the proposed merger arose in financial and mining circles and, as a result, the Guggenheims withdrew their support.[24] It was a temporary withdrawal, however, for by 1908 they were involved in another, more complex scheme for a consolidation of all the western porphyry coppers.

The 1908 scheme originally contemplated the establishment of a holding company, Copper Mines, Incorporated, capitalized at $60,000,000, to include the Guggenheim properties as well as those of Chino Copper at Santa Rita, New Mexico. The latter company was controlled by Thomas W. Lawson, a Boston promoter who acted with William Boyce Thompson as the front man for the Copper Mines proposal. It soon became apparent to the Guggenheims that their association with Lawson was an unfortunate one, and within a short time the grandiose scheme collapsed.[25]

The Guggenheims were not discouraged by their initial failures to merge their properties and returned to the fray in the latter months of 1909. A new proposal was soon publicized calling again for a merger of the Nevada Consolidated company with Utah Copper and Boston Consolidated. As a preliminary to the proposed merger, the Guggenheims forced a consolidation of the Cumberland-

Ely company with the Nevada Consolidated in November, 1909. This was accomplished by increasing the capital stock of the latter company by 400,000 shares in order to acquire the Cumberland-Ely shares; the transfer was made on a basis of three and one-fourth shares of Cumberland-Ely for one share of Nevada Consolidated. The merger gave the Nevada Consolidated company complete control of the Nevada Northern Railroad and the Steptoe Valley Smelting and Milling Company, as well as all of the physical assets of the Cumberland-Ely company.[26] It did not, however, prevent the rise of opposition to the bigger proposal.

In spite of the strengthening of the Nevada Consolidated company, a number of Utah Copper stockholders objected to including the former company in any such consolidation. One of these, Colonel Enos A. Wall, an early locator at Bingham and a consistent critic of Utah Copper after its formation in 1903, instituted injunction proceedings against the directors of the latter company to prevent the merger with Nevada Consolidated. Opposition from within Nevada Consolidated was just as strong. James Phillips, Jr., president of that company, issued a circular letter in January, 1910, to all stockholders of Nevada Consolidated protesting the merger with Utah Copper. It was his contention that Nevada stockholders were giving up too much in being asked to transfer stock at two and one-fourth shares of Nevada Consolidated to one share of Utah Copper.[27] The editor of the *Engineering and Mining Journal*, in rather strong language, joined the opposition to the merger on the basis that Utah Copper was badly financed and inefficiently operated, while Nevada Consolidated was in good financial condition. It was the opinion of this editor that Nevada Consolidated stock was being used as a "sweetener" to manipulate consolidation of Utah Copper and Boston Consolidated.[28]

The opposition was successful in blocking the three-way merger of Nevada Consolidated, Utah Copper and Boston Consolidated, and the Guggenheims had to be satisfied, temporarily at least, with a consolidation of Boston Consolidated and Utah Copper, and stock control of Nevada Consolidated. The merger of these two companies was completed on January 25, 1910, on the basis of two and one-half shares of Boston Consolidated for one share of Utah Copper. Although Nevada Consolidated was able to escape consolidation, it did not escape the fight without feeling the heavy hand of Guggenheim control. A short time after the merger of Boston Consolidated and Utah Copper, the latter company obtained enough additional Nevada Consolidated shares to give it undisputed control of the Nevada company.[29]

The other important copper producer in the Robinson district, the Giroux, later to become the Consolidated Coppermines Company, had a limited development in the period before 1920. As noted previously, there were three main mineral areas in the eastern Nevada copper belt; two of these, the Copper Flat properties and the Ruth Mine, were owned by the Nevada Consolidated company. The third, known in the early days as the West End or Pilot Knob area, was owned by various companies until the formation of Giroux Consolidated in 1903. The Giroux company had difficulty getting into production, although many experts acknowledged that it had good ore prospects. A mill and smelter were planned in 1905, but were not completed until 1907 and 1908, respectively. The 400-ton-capacity mill was built at a cost of about $160,000, but was hampered from the beginning by an insufficient water supply. The smelter, a 250-ton blast furnace, was completed in March, 1908, but burned to the ground in December of the same year before it could be put in operation.[30] Difficulties such as these, plus numerous mine accidents, gave the company a bad name in mining circles during these years.

In August, 1909, four directors of the Giroux company, including Thomas F. Cole, who was also a director of the large Amalgamated Copper Company, visited the Ely district and indicated to news reporters that new concentrator units and a smelter would be constructed by the Giroux company in the near future.[31] The reduction plant was not constructed, although rumors kept the possibility alive until the early part of 1912, when Giroux Consolidated entered into a five-year contract with the Steptoe Valley Smelting and Milling Company for the reduction of between nine- and twelve-hundred tons of ore daily. The first ore under this contract was sent to the McGill plant on May 1, 1912.[32]

In 1913, there occurred a consolidation of the Giroux properties and other West End companies into a new company to be known as the Consolidated Coppermines Company, organized under the laws of Delaware with a capitalization of $8,000,000. The merger brought together on the board of directors many strange bedfellows: Thomas F. Cole, of Amalgamated Copper; Mulford Martin, first president of the old New York and Nevada Copper Company which had merged in 1904 with White Pine Copper to form the Nevada Consolidated Copper Company; James Phillips, Jr., onetime president of the Nevada Consolidated company; William B. Thompson, Guggenheim associate and former vice-president of the Cumberland-Ely Company; and W. Hinckle Smith, for many years a member of

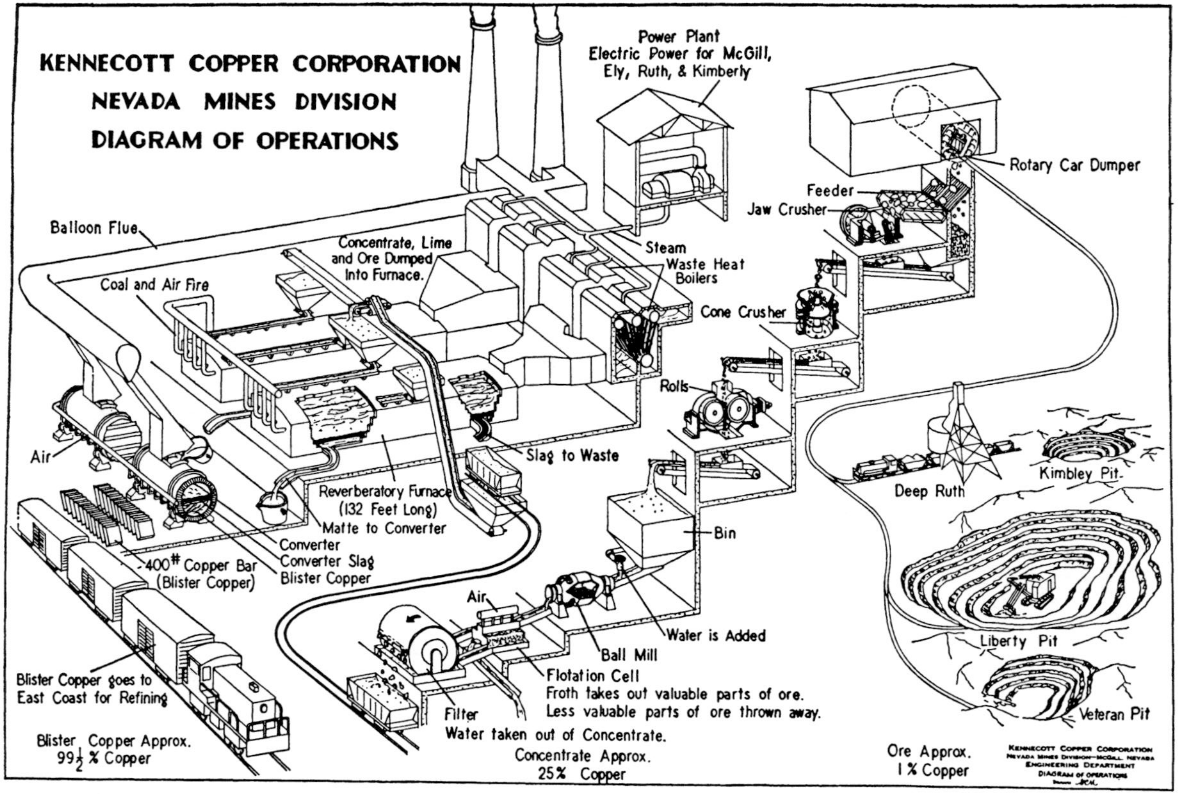

Diagram of mining, milling, and reducing operations at McGill (courtesy of Kennecott Copper Corporation).

the board of directors of the Nevada Consolidated company. Edwin F. Gray, codiscoverer of the Ruth Mine and first superintendent of the Nevada Consolidated Copper Company, was made superintendent of the new company. The merger included four companies, the Giroux, the Butte and Ely, the Ely Coppermines, and the Chainman Consolidated.[33]

Under Gray's management, Consolidated Coppermines added many valuable claims to its total property. Gray's knowledge of the district, particularly of the Nevada Consolidated company property, made it possible for him to file many new claims and acquire many old ones which became invaluable to the Consolidated company in later years.

Inevitably, after the consolidation there came the expected announcements that a smelter and mill would be built by the new company. According to Superintendent Gray, the new concentrator and smelter were to be built at Warm Springs, about three miles from the business center of Ely.[34] This was the same location which Requa had desired for the Nevada Consolidated Smelter which was to have been built in 1905. The area had been sold by Nevada Consolidated to Thompson and Gunn in order to develop the Ely City townsite. It came into the hands of Consolidated Coppermines by virtue of the merger of 1913.

A new 500-ton concentrator was completed in January, 1917, but not at the location contemplated; and, instead of building a smelter, the Consolidated company entered into a new contract with Nevada Consolidated whereby the McGill smelter was to treat Coppermines concentrates. The blister copper then was to be sent to the Raritan Refinery of the Anaconda Copper Mining Company.[35]

The Consolidated Coppermines Company failed to develop the potential of its mines during the period to 1920.

By the middle of that year this company had 19,569,135 tons of copper ore reserve, and was in possession of some of the best property in the Robinson district. However, it wasn't until after another reorganization in 1922 that the wealth of this part of the copper belt began to be efficiently exploited.[36] The reorganization brought into being the Consolidated Coppermines Corporation and effected, for the first time in many years, a healthy financial development.

Throughout 1909 and 1910 there were numerous rumors circulated in the Robinson district to the effect that Giroux and Nevada Consolidated were going to merge. In March, 1911, the local newspapers indicated that negotiations were under way whereby the Cole-Ryan interests would purchase Nevada Consolidated from the Utah Copper Company. Again the rumor proved to be without foundation. Similar stories appeared from time to time in the period from 1913 to 1920, suggesting consolidation of Nevada Consolidated with the new Consolidated Copper, but neither company seemed inclined to give serious consideration to such a move.[37]

Reducing Production Costs

When the Steptoe Valley Smelting and Milling Company shipped its first blister copper in August, 1908, it became the third "porphyry copper" in the United States to start production, preceded only by those at Bingham, Utah, and at Morenci, Arizona. The term "porphyry coppers" came into common use at this time to describe all of the large, low-grade, disseminated copper deposits lying mainly in the Rocky Mountains of the United States and in the Andes of South America. Little attention had been focused on these low-grade coppers before 1900, mainly because of the high costs of production and the low price of copper. After that year, however, improved methods of mining and reduction of the copper ore, plus an increasing demand for the red metal, made possible the exploitation of copper deposits which previously had been cast aside as useless.[38]

Of particular importance in reducing production costs was the introduction of the open-cut or open-pit method of mining. The adaptation of this method to the porphyry coppers was the work of Daniel C. Jackling, at the time general manager of the Utah Copper Company, and his newly appointed general superintendent, Robert C. Gemmell. In April of 1906, Jackling and Gemmell visited the Mesabi iron range in Minnesota to view at first hand the open-cut mining methods employed there. After a short visit the two men were convinced that open-cut mining was the answer to their need for a low cost method of mining the huge ore reserves uncovered at Bingham, Utah. As a result, the first steam shovels were placed in operation there in August, 1906, and at once proved successful in reducing mining costs.[39] It was quite clearly demonstrated by these two men at Bingham that where the copper tonnage was great, the overburden thin, and the ore uniform, the open-cut method had many advantages over the underground mining of copper ores.

The two major copper deposits of the Nevada Consolidated company, as well as the properties of the Cumberland-Ely and the Giroux companies, were opened originally as underground developments. However, the Eureka and Liberty shafts of Nevada Consolidated's Copper Flat properties, where the overburden was from 40 to 100 feet, appeared to warrant the use of the open-cut method. Consequently, in August, 1907, steam shovels were introduced at Copper Flat and began the task of stripping the overburden in the Eureka mine area. By the spring of 1910, operations there had produced an oval pit 160 feet deep, 1,000 feet in width, and 2,000 feet in length. Similar operations were started in 1909 at the Liberty shaft, located about 1,500 feet west of the Eureka pit. The two pits were connected in 1916 to form a single, large pit, known as the Ruth.[40]

The stripping activities, or removal of the overburden, was a Herculean task which increased constantly as more ore reserves were proven and as the demand for copper continued to grow. One of the amazing features of the tremendous ore body was its seemingly endless extent. A policy of continuous exploration, plus improved techniques in mining and milling and higher prices for the copper metal, made possible the expansion of the proven ore reserve; this was in spite of a heavier and heavier production and a lower average copper content of the ore. In 1907, there was a known ore reserve of 14,432,962 tons, averaging 1.97 percent copper. At the end of 1919, after a production of over 150 million dollars, there was a proven ore reserve of 66,414,219 tons, averaging 1.56 percent copper.[41]

The conditions which favored open-cut mining at the Copper Flat properties were not present at the Ruth mine, and so this ore was removed by underground methods. The process used was a variation of the block-caving system, known generally as the branch-raise-caving system. The particular method used so successfully at the Ruth mine was developed by W. S. Larsh who introduced the system in 1915. The main idea in this method was to use and control the force of gravity in such a way as to remove all the ore and leave the cap rock. In order to remove as much of the guesswork as possible, Mr. Larsh developed a system of records which were kept meticulously. These records made it possible for the engineers to chart the efficiency of their operations. By December 31, 1920, ore milled from the Ruth mine totalled 4,484,096 tons, and the recoverable ore remaining was estimated at 11,205,672 tons.[42]

The Veteran mine, the most important mineral deposit of the Cumberland-Ely company, proved to be a disappointment in the early years of development. Drilling had indicated a sizeable deposit of fairly high-grade copper ore, but the expense per ton, compared with that at Copper Flat and with the Ruth mine, caused officials to close the Veteran shaft in 1914, and to consider the ore deposit as only a possible future ore reserve. Although the Nevada Consolidated company had other properties in the district including the Wedge and the Kimbley claims, practically all of the production of the company through the year 1919 came from the Ruth pit and the Ruth mine.

The choice of a reduction site and the construction of the mill and smelter have been considered in Chapter 7. The story from 1908, then, is the story of the successful exploitation of the low-grade copper deposits of the Robinson district which demanded an attention to detail that was unheard of in the gold and silver producers. The large mass of ore decreased in average value as more and more tons were taken from the earth, and it was a continuing challenge to engineers, metallurgists, chemists, labor, and management to devise or adapt new methods for mining and reduction, and to reduce costs in order that the companies could operate at a profit.

From the moment the mill was contemplated, constant revisions were made to increase its capacity. Thus, before it was completed, its capacity was increased from 4,000 tons to 8,000 tons per day. Later, mill capacity was raised to

12,000 tons per day, and finally to 14,000 tons per day in 1917, where it remained until the mill building was destroyed by fire in 1922.[43] The mill as originally constructed used tables and vanners for concentrating, and Huntington and Chilean mills for fine crushing. Operational costs from the first compared favorably with similar operations at other porphyry properties, and recovery was generally better.

In 1912 there appeared in the United States a new concept in concentration called flotation. In the flotation process the copper minerals were made to float off at the top of the pulp, rather than settle to the bottom as under the older process where tables or vanners were used. The magic in flotation was the fact that the particles of copper adhered to the rising bubbles, made by reagents and air being forced through a flotation cell, while the particles of gangue, or waste rock, did not. There was no simple scientific explanation for this phenomenon, but none was needed from a practical standpoint, for flotation soon proved its advantages over other concentrating processes and was adopted almost universally throughout the copper industry.[44] The Nevada Consolidated Copper Company began installing equipment for the flotation process in the latter part of 1914, using the pneumatic cell, or bubble-column process of flotation, to try to avoid infringement of patents held by Minerals Separation, Ltd., a British company with a subsidiary in the United States.[45] Oils were used exclusively at first as reagents in the flotation process. Experiments conducted after 1914 indicated that good results could be obtained by a combination of oils and chemicals. Then, in 1917, the Magma Copper Company at Superior, Arizona, adopted what was known as X-cake (alphanaphthylamine) as its flotation agent, and with good results. Nevada Consolidated followed this lead, using X-cake and xylidine successfully from 1920 until the destruction of the mill in the summer of 1922.

The achievements of researchers in finding new flotation agents should not blind one to the achievements by mill mechanics, and others, in devising new machines and cells and in adapting old ones to new purposes as their contribution to the continuing fight to keep milling costs to a minimum. And, of course, what was true in regard to the flotation process was true of each of the major steps necessary in milling, for only with constant experimentation were milling costs kept low enough to insure profitable operation.[46]

Improvements in smelting practices at McGill during these years were as continuous, if less spectacular, as those in milling. The main difficulty experienced by the smelter personnel was the problem of adapting their smelting practices to a varying pattern of concentrates. This problem was not solved until direct smelting was introduced in the years between 1928 and 1931,[47] although constant attention to detail made possible the continued reduction of smelter costs, enabling the company to remain competitive with other copper producers during the intervening years.

It should be emphasized that the best practices of mining and reduction would not have been sufficient in themselves to insure a profitable operation in the face of the rising costs of labor and materials. The price of copper was a major key to successful operations, for there was a certain price level below which even the most efficient companies could not operate at a profit. Consequently, producers at the low-grade copper properties, if they wished to operate at a profit, had to maintain a fine balance between copper price, mining and reduction costs, and the costs of labor, materials, and administration. The success of the Nevada Consolidated Copper Company in accomplishing that end in the years from 1908 through 1920, is told clearly in the payment of dividends, which by the latter year reached $46,768,616, and in the production figures for those years of $166,767,581. During this same period the Tonopah district produced $109,582,248 and the Goldfield area, $80,243,945.[48] Although such a comparison indicates the relative importance of the three districts to the mineral production in Nevada through 1920, it does not show the potentialities of the three areas as of that year. Generally speaking, the southern gold and silver camps had reached their peak before 1920. On the other hand, the copper area had more ore reserves in 1920 than ever before. It had shown its production abilities during the war years, when the demand for copper was great, by producing over twenty-four million dollars per year for each of the three years, 1916, 1917, and 1918.[49] By 1920, it was quite apparent that copper had replaced silver and gold as Nevada's most important metal. By that time, too, Nevada had become one of the most important copper-producing states in the nation, ranking fifth behind Arizona, Montana, Michigan, and Utah, from 1909 through 1920.[50]

NOTES

1 *White Pine News*, October 23, 1906.

2 *Ely Mining Record*, July 18, 1908.

3 *White Pine News*, July 23, 1908.

4 *White Pine News*, July 28, 1908.

5 *Copper Ore*, February 11, 1909.

6 See the files of these newspapers for the years 1906 to 1912.

7 Adams, *Ely and Her Mines*, p. 10; *White Pine News*, May 25, 1906.

8 *Ely Record*, June 11, 1909.

9 "Editorial," *Engineering and Mining Journal*, LXXXVIII (October 9, 1909), 739.

[10] *Ibid.*

[11] *Ely Record*, August 20, 1909.

[12] William A. Farrish, "Report on the property of the Ely Central Copper Company," in *Ely Central Copper Company in the Robinson Mining District*, (A prospectus, New York: Scheftels and Company, 1909), pp. 6–9. (Farrish's italics).

[13] *Ibid.*

[14] "Editorial," *Engineering and Mining Journal*, LXXXVIII (November 6, 1909), 931–935.

[15] "Editorial," *Engineering and Mining Journal*, LXXXVIII (November 13, 1909), 988.

[16] *Ely Record*, November 12, 1909.

[17] "Editorial," *Engineering and Mining Journal*, XC (October 8, 1910), 709–710.

[18] *Ely Record*, October 7, 1910.

[19] *Ely Record*, March 10, 1911; *White Pine News*, March 12, 1911. These "adventures" were later published in book form in George Graham Rice, *My Adventures With Your Money*, (Boston: R. G. Badger, ca. 1913). Rice's story in the book is that he and Scheftels were honest brokers pitted against the bad Wall Street financiers, the Guggenheims.

[20] *Ely Record*, March 15, 1912; "Editorial," *Engineering and Mining Journal*, XCIII (March 16, 1912), 542.

[21] "Special Correspondence," *Mining and Scientific Press*, CVII (November 8, 1913), 741.

[22] *Ely Record*, March 14, 1919.

[23] See Chapter 8.

[24] Arrington and Hansen, *The Richest Hole on Earth*, pp. 57–60.

[25] *Ibid.*, pp. 60–61; O'Connor, *The Guggenheims*, pp. 286–287.

[26] Nevada Consolidated Copper Company, *Fourth Annual Report* . . . (1910); *White Pine News*, October 23, 1909.

[27] *Ely Record*, January 28, 1910, February 11, 1910.

[28] "Editorial," *Engineering and Mining Journal*, LXXXVIII (December 25, 1909), 275–276.

[29] Arrington and Hansen, *The Richest Hole on Earth*, pp. 63–66.

[30] Stevens, *The Copper Handbook* (1908), VIII, 716–719, and X, 859.

[31] *Ely Record*, August 6, 1909.

[32] *Ely Record*, February 9, May 3, 1912; *Copper Ore*, February 8, 1912.

[33] Weed, *The Copper Handbook* (1912–1913), XI, 254–258;

Ely Record, May 23, 1913. The basis of stock exchange was 1 share of the new Consolidated stock for 2½ of Giroux, or 6¼ of Butte and Ely, or 3⅛ of Coppermines, or 25 of Chainman Consolidated.

[34] *Ely Record,* September 12, 1913.

[35] *Ely Record,* January 26, 1917.

[36] Weed, *Mines Handbook,* (1926), XVII, 1153.

[37] Finally, however, on February 1, 1958, J. C. Kinnear, Jr., general manager of the Nevada Mines Division, Kennecott Copper Corporation, announced the purchase of all the Consolidated Coppermines Corporation property in White Pine County. The actual transfer took place, January 31, 1958. *Kennevadan,* Vol. 5, No. 2 (February, 1958), 2.

[38] Parsons, *Porphyry Coppers,* pp. 338–340.

[39] Arrington and Hansen, *Richest Hole on Earth,* p. 52.

[40] Parsons, "Nevada Consolidated Copper Company," *Mining and Scientific Press,* pp. 525–526.

[41] Nevada Consolidated Copper Company, *Fourteenth Annual Report of the President, the Consulting Engineer and the Comptroller,* (1920).

[42] Parsons, *Porphyry Coppers,* pp. 400–406.

[43] Weed, *The Mines Handbook,* XV, 1271.

[44] Parsons, *Porphyry Coppers,* pp. 441–445.

[45] Although flotation proved successful, the attempt to avoid litigation did not, and Nevada Consolidated found itself, along with other Jackling copper interests in Utah, Arizona, and New Mexico, party to a suit brought against it by Minerals Separation for infringement of patent. The suit was settled out of court in 1922.

[46] Parsons, *Porphyry Coppers,* pp. 454–480.

[47] *Nevada State Journal,* February 22, 1964, p. 7. Although direct smelting experiments took place between 1928 and 1931, the new direct smelting operation did not go into effect at McGill until January, 1935.

[48] Couch and Carpenter, "Nevada's Metal and Mineral Production," pp. 50, 115, 147. Total production at Tonopah through 1940 was $146,336, 102; for Goldfield, $86,765,044; and for the Ely district, $382,464,292.

[49] *Ibid.,* p. 147.

[50] *Mineral Resources of the United States* for 1913, p. 525, and for 1920, p. 453.

Epilogue

Nevada's second great mining era, initiated almost casually by Jim Butler's discovery of ore at Tonopah in the spring of 1900, and stimulated during the next few years by the excitement of dozens of additional mining booms throughout the state, dominated Nevada's economic and political development until well into the 1930's. Because these discoveries occurred in isolated areas of a vast and sparsely populated state, the effects of twentieth-century developments in transportation, mining and reduction techniques, labor organization, and industrial management were slow in coming. Thus, for the first few years of development, the new boom areas followed the basic social, political, and economic pattern established earlier by the camps of the Comstock era. The problems of mining, transportation, water, food and fuel supply, and government were met as before: by pick, shovel, and windlass to obtain the first ore; by mules, horses, and freight wagons to get supplies in and ore out; by burros to haul water from mountain springs; and by local squatter movements to provide the necessary law and order. Yet within a very few years, the twentieth century enveloped the new boom areas and brought with it not only new techniques in mining and reduction which gave new finesse to the exploitation of the mineral bodies, but also a growing animosity between organized labor and monopolistic industry which, from time to time during the period, disrupted normal relations between labor and management at each of the major camps. But in spite of the differences in development brought about mainly by the different time settings, the effects of the two booms on the state of Nevada, and on the West in general, were much alike in pattern if not in degree.

The most immediate result of the Tonopah-Goldfield-Ely booms was the increased impetus given to the mining industry in Nevada. The discoveries occurred when Nevada's economy was seriously depressed; production from the new bonanzas lifted the state once more into the mining limelight. The three mining booms, each emphasizing the extraction of a different metal, added $356,593,774 to the mineral wealth of the United States in the years from 1901 through 1920. The production for the entire state of Nevada for these years was $471,850,633.[1] The heavy production of the Tonopah and Goldfield areas for the fifteen years after 1901 had a pronounced effect on the total gold and silver production of the United States. The effect, although not as great as that of the Comstock in 1875 when Nevada's production accounted for 62 percent of the total gold and silver produced in the United States, was nevertheless quite noticeable: Nevada's production increased from about 2 percent of the United States total in 1900, to 20 percent in 1910.[2]

The Tonopah-Goldfield-Rhyolite rush led to an increase in the activity of prospectors throughout the southern Nevada deserts and focused attention on types of outcrops hitherto neglected. The entrance of the railroads made it possible for these prospectors to penetrate deeper and more thoroughly into these regions, and ultimately to discover or relocate numerous properties that in a few years became producers.[3] The most important of these were: Manhattan, discovered in the spring of 1905; Round Mountain, in the spring of 1906; Rawhide, located in the winter of 1906; Greenwater, reopened in December, 1906; Silver Peak, relocated in the fall of 1906; Kawich, discovered in the spring of 1905; the Walker River District, organized in the spring of 1907; Ramsey, relocated in the fall of 1906; and Wonder and Fairview, both discovered in 1906.[4]

The opening of the vast copper deposits in White Pine County had similar effects on the eastern part of Nevada, and the mineral production from this area was sufficient in these years to place Nevada in the ranks of the leading copper-producing states. Its total of $166,767,581 for the thirteen years from 1908 through 1920 gave indication of the great potential wealth of the district.[5]

The second great Nevada mineral rush, like the earlier Comstock, attracted thousands of people to the state thus causing a population jump from 47,335 in 1900, to 81,875 in 1910.[6] Many old towns like Ely and Reno were revitalized by this movement; and many new ones like Tonopah, Goldfield, and Las Vegas sprang into existence, some to become stable and growing communities, others to decline into ghost camps. These camps demanded a vast quantity of supplies and equipment which added immeasurably to the general prosperity of Nevada, and to cities like San Francisco, Los Angeles, and Salt Lake City. Although San Francisco benefitted most from this trade, the completion of the Tonopah and Tidewater and the Las Vegas and Tonopah railroads into the southern Nevada area made it possible for Los Angeles and Salt Lake City to become minor supply centers for these districts, and markets for their ores.

A lasting effect of the Tonopah-Goldfield-Rhyolite boom was the opening in Nevada of a north-south trade with Reno on one end and Las Vegas on the other. The city of

Reno grew from a population of 4,500 in 1900, to a population of 10,867 in 1910, largely as a result of the new mining discoveries. At the same time, the town of Las Vegas, which had been built in 1905 as a station on the San Pedro, Los Angeles and Salt Lake Railroad, was saved from obscurity by the new mining boom, and by 1910 was a growing community of 945 people.[7]

The twentieth-century mining booms in Nevada, however, did not succeed in welding the state into an economic unit. On the contrary, the geographic divisiveness of the state was again emphasized, for the southern mining districts found their markets and supply centers in California, while the eastern copper areas found theirs in Salt Lake City and points further east.

The boom towns showed interesting variations in local governmental control. Tonopah, Goldfield, and particularly Rhyolite demonstrated again the ability of individuals on the frontier to provide necessary political control when outside the range of effective legal government and faced with specific problems which demanded immediate action. In this respect they were following a practice, initiated with the Mayflower Compact, which was repeated over and over again as westward settlement continued to jump beyond the political boundaries of legally constituted governments. On the other hand, the company towns of the copper boom in White Pine County illustrated how easily citizens lost interest in local town government when needed services were provided by a benevolent company.

Numerous laws to regulate and control mining were passed by the Nevada legislature as a result of pressure from the new districts. Many were simply extensions or modifications of laws passed during the Comstock era. Such were the laws of March 14 and March 29, 1907. The first of these was an important amendment to laws passed in 1875 and 1887 which declared that "Mining for gold, silver, copper, lead, cinnabar, and other valuable mineral, is the paramount interest of this state, and is hereby declared to be a public use." The earlier laws gave the prospector the right to search for gold, silver, or other valuable minerals or metals on any unfenced and unimproved land held in private ownership (except mining claims and mining property already located or occupied for mining purposes). The law of 1907 went further and established specific means whereby the prospector could locate a claim on such land and then acquire title to it.[8] The mining law approved March 29, 1907, simply rewrote and extended previous laws regulating the location and filing of mining claims.[9]

It was also during the legislative session of 1907 that attention was focused on the mining abuses of high-grading and wildcatting. The result was the passage of the following three acts in March, 1907: the first, "to facilitate the recovery of ores, gold, silver, lead or copper taken by theft or trespass, and to provide a punishment for the violations of the provisions thereof"; the second was a corporation law to halt wildcatting; and the third established the State Industrial and Publicity Commission to help control both abuses.[10] The legislative session of 1909 added two important mining laws. The first established the office of Inspector of Mines, and the second legislated further against wildcatting.[11] All of the above laws and many others were a direct result of the mining boom in southern Nevada. This region was also instrumental in the passage of both the act of March 5, 1907, which established the Nevada Railroad Commission,[12] and the State Police Law of 1908, mentioned earlier.

Centers of the mining industry in Nevada generally have

dominated the politics of the state. Such was the situation during the Comstock era when men like William M. Stewart, John P. Jones, William Sharon, James G. Fair, and others controlled the political destiny of Nevada. Within a short time after their discovery, the new mining areas of southern Nevada began to exert a similar influence, first dominating the state political picture and then controlling the Nevada delegation to Congress.

The first of the men from the southern Nevada booms to gain national fame was George Nixon, whose election to the United States Senate in 1904, replacing the venerable William M. Stewart of Virginia City fame, symbolized the new Nevada mining era supplanting the old. Nixon remained in the Senate until his death on June 5, 1912.[13] The most important national political figure to emerge from the Tonopah-Goldfield rush was Key Pittman. Pittman was elected to the United States Senate for the first time in 1913 to complete the unexpired term of George Nixon. He died on November 10, 1940, just five days after his election to a fifth consecutive term.[14] Pittman was joined in the Senate in 1921 by Tasker L. Oddie, one of the original locators of the Tonopah mining district and a former Nevada governor. Oddie's place was taken in 1933 by Pat McCarran, a native of Washoe County, but a prominent resident of the Tonopah-Goldfield area during the boom years.[15]

Thus, from 1905 until 1921, at least one of Nevada's three representatives in Congress came from the Tonopah-Goldfield region; and from 1921 until the death of Key Pittman in 1940, the Nevada delegation in Congress was controlled by men who were products of these twentieth-century mining booms in Nevada. These men, without exception, in their legislative actions, were true to the mining industry which had given the impetus to their political careers. In this respect, they were worthy successors to William M. Stewart and John P. Jones in the long and continuous struggle for the remonetization of silver and for any and all legislation to benefit the mining industry.

The most powerful political and financial figure in Nevada during the years from 1910 to the early 1930's was George Wingfield. Wingfield never sought public office. On the contrary, he avoided such honor and in 1912 refused the appointment offered by Governor Oddie to fill the vacancy in the United States Senate caused by the death of George Nixon. Wingfield, until the failure of his banking system in 1932 wiped out his fortune and forced him into temporary retirement, was content to remain in the background and control Nevada politics through his domination of a smoothly functioning bipartisan machine.[16]

The copper camps had little effect on the political history of Nevada in the years from 1906 through 1920. With the exception of Denver Dickerson, who became lieutenant governor and later acting governor, no important political figure emerged from these districts to enter state or national politics until the 1940's. The important reasons for this seeming exception to the rule that Nevada mining booms dominated the politics of the state appear to be: the distance of the copper camps from the state capitol; the fact that these regions were geographically oriented to Salt Lake City and financially to New York; and the fact that the dominant company, the Nevada Consolidated, paid little attention to state politics during these years.

The Comstock boom had been on such a grand scale

that when it collapsed so did the economy of Nevada. This was not true of the Tonopah-Goldfield rush, for as production from those two camps declined, that from the copper camps increased enough to more than cover any possible loss in the state's total production. It should be noted also that much of the Wingfield fortune remained in Nevada after the collapse of the Goldfield boom, to support hotels, a chain of banks, and extensive livestock interests.

Although these three twentieth-century mining booms had a marked effect on Nevada's mineral production, population, politics, and general prosperity, the immediate impact was in no respect comparable to that of the Comstock which had literally created the state as a political and economic unit. However, the importance of the Tonopah-Goldfield-Ely boom should not be minimized, for it revitalized a dying economy and showed the way to a more stable future for the state.

NOTES

[1] In comparison, the Comstock mines produced $308,894,721 of a total state production of $447,330,536 in the years from 1859 to 1881. (See Couch and Carpenter, *Nevada's Mineral Production,* for all production statistics.)

[2] Lincoln, *Mining Districts of Nevada,* p. 268.

[3] Henry Ferguson, "The Mining Districts of Nevada," *Economic Geology,* XXIV, (1929), 115–148.

[4] See Appendix.

[5] See Appendix, Table 1.

[6] *Thirteenth Annual Census of the United States,* 1910, I, 113–114, and III, 88–91.

[7] *Ibid.*

[8] Under the 1907 act, the prospector in order to acquire title had to file a petition with the district court describing the discovery. The court, after hearing such petition, could allow the locator to acquire title in accordance with the Nevada Mining Act of March 1, 1875. See Hillyers, *Compiled Statutes of Nevada,* p. 1221; Copp, *American Mining Code* (1907), pp. 118–119.

[9] Hillyers, *Compiled Statutes of Nevada,* p. 1226; *Goldfield News,* August 31, 1912.

[10] Hillyers, *Compiled Statutes of Nevada,* p. 1227; *Nevada Statutes,* 23d Sess., 109; Sam Davis, "Nevada's Safeguard for Mine Buyers," *Harper's Weekly,* LII (1908), 10–18.

[11] The act creating the Inspector of Mines was approved March 24, 1909. It required mine owners to report annually to the inspector, giving full particulars of their mining activities for that period. The Inspector of Mines in turn had to file annual reports with the governor. (See Hillyers, *Compiled Statutes of Nevada,* p. 1236; Davis, *Nevada,* I, 364. The anti-wildcat law, passed in April, 1909, required each corporation in the state to file a statement with the county recorder and attorney general giving complete data on its property.

[12] *Nevada Statutes,* 23d Sess., pp. 73–91.

[13] A biographical sketch of the life of George Nixon can be found in the *Third Biennial Report of the Nevada Historical Society,* (1911–1912), pp. 45–46, 56–61, and in the *Congressional Directory,* 62d Cong., 2d Sess., April, 1912, p. 61.

[14] A sketch of Key Pittman's life can be found in the *Congressional Directory,* 76th Cong., 3d Sess., December 19, 1939, p. 66. See also the recent work by Fred L. Israel, *Nevada's Key Pittman.*

[15] For the life of Tasker L. Oddie, see *Who's Who in America,* Vol. 19, 1936–1937; the *Congressional Directory,* 72d Cong., 2d Sess., January 13, 1933, p. 63. For the life of Patrick McCarran see *Who's Who in America,* Vol. 27, 1952–1953, p. 1608; the *Congressional Directory,* 83d Cong., 2d Sess, February, 1954, p. 78 and the *Nevada State Journal,* September 29, 1954.

[16] A sketch of the life of George Wingfield may be found in the following books and articles: Scrugham, *Nevada,* II, 14–16; Davis, *Nevada,* II, 1265–1266; A. Dunn, "Cowboy who refused a toga," *Sunset,* XXIX (October, 1912), 446–447; "From Faro-Table to Senate," *Literary Digest,* XLV (July 6, 1912), 33–36; B. W. Currie, "Pluck and Luck in the Desert," *Harper's Weekly,* LII (April 11, 1908), 28–29; *Nevada State Journal,* December 27, 1959.

Appendix

MINOR CAMPS DISCOVERED OR RELOCATED AS A RESULT OF THE TONOPAH-GOLDFIELD-BULLFROG MINING BOOM

Manhattan.—Located approximately forty-five miles north of Tonopah on April 1, 1905, by George Humphrey. Rich ore led to a speculative boom backed almost entirely by San Francisco capital. As so often was the case, Manhattan as a town outgrew Manhattan as a mining district, until checked by the San Francisco earthquake in 1906. The boom was over after that event but the mines continued to produce sporadically.[1]

Round Mountain.—Located approximately ten miles northeast of Manhattan. The district was discovered on March 2, 1906, by L. R. Scott and Luther Morgan, although Louis D. Gordon had been working a silver property nearby when the discovery of rich ore was made by Scott and Morgan. The district had a steady growth and continued to produce for many years after its discovery.[2]

Greenwater.—Located in the Funeral Mountains on the edge of Death Valley. Although in California, its revival was a part of the Tonopah-Goldfield-Bullfrog rush. Greenwater was originally located in 1884 as a silver-gold property. In the early 1900's the camp became famous as a potential copper producer attracting such men as August Heinze, W. A. Clark, Charles M. Schwab, and John Hays Hammond. About $5,000,000 worth of claims were sold but the camp produced nothing. One writer summed up the Greenwater boom in the following words, "Greenwater had everything that makes a mining town, except water and some mines." [3] The boom was over by 1908 and the camp soon disappeared.

Silver Peak.—Located approximately thirty-nine miles west of Goldfield. This camp had been discovered in 1864, but the early boom was over by 1870. As a result of the Tonopah-Goldfield rush, the mines of this area were re-opened and new dis-

TABLE 1

PRODUCTION STATISTICS FOR TONOPAH, GOLDFIELD, AND ELY (1901–1920), AND FOR ROUND MOUNTAIN, BULLFROG, MANHATTAN, AND RAWHIDE (1907–1920)[a]

(Total dollar value)

Year	Tonopah	Goldfield	Ely (Robinson)	Round Mountain	Bullfrog (Rhyolite)	Manhattan	Rawhide
1901	254,231	......	......				
1902	1,543,204	......	......				
1903	883,088	14,804	......				
1904	924,918	874,789	......				
1905	2,768,645	1,169,341	......				
1906	3,481,923	6,690,385	......				
1907	4,747,941	7,781,038	......	89,032	264,964	1,099	......
1908	5,151,496	4,355,160	622,470	291,947	608,031	156,061	6,694
1909	5,371,826	8,956,204	6,561,787	422,601	442,894	16,933	......
1910	8,108,745	10,711,664	8,552,644	388,912	371,903	37,609	......
1911	8,427,154	9,916,851	8,548,372	413,650	46,051	497,526	93,266
1912	8,927,518	6,109,865	11,642,390	283,597	......	155,847	42,465
1913	8,880,027	5,149,466	11,024,415	340,982	......	34,082	127,047
1914	9,042,471	4,803,834	7,236,051	428,098	......	34,661	151,482
1915	7,324,757	4,667,169	11,960,497	325,581	29,505	89,953	89,606
1916	7,564,032	2,932,226	25,150,122	266,587	11,287	50,006	60,744
1917	5,956,039	2,215,119	24,982,487	329,722	......	17,785	......
1918	9,311,560	2,916,725	24,592,922	294,629	......	249,635	......
1919	4,832,009	626,469	15,724,174	493,942	......	253,202	......
1920	6,080,664	352,836	10,169,250	165,439	5,693	29,829	5,072
Total	109,582,248	80,243,945	166,767,581	4,534,719	1,780,328	1,624,228	576,376

[a] Statistics from Bertrand F. Couch and Jay A. Carpenter, *Nevada's Metal and Mineral Production, 1859–1940* ("University of Nevada Bulletin," No. 4 [Reno, Nov. 1, 1943]), pp. 50, 102, 111–115, 147.

coveries made in the surrounding area. The Pittsburgh Silver Peak Gold Mining Company became the dominant company here, building a branch line from the Tonopah and Goldfield Railroad to its properties. The camp has produced sporadically to the present day.[4]

Kawich.—Located approximately fifty-four miles east of Goldfield at the foot of the Quartzite Mountains. The discovery was made in 1904, with a rush to the district taking place in the spring of 1905. An early visitor remarked, "Kawich is a h-ll of a place! No mines, no water, no feed, no women." The camp produced very little and soon passed out of the picture.[5]

Fairview.—Located approximately one hundred and thirty miles northwest of Goldfield. It was discovered by F. O. Norton in the spring of 1905, but the rush to the area did not begin until 1906. Development work began with purchase of various claims in the district by George Wingfield and George Nixon. At one time the town had a temporary population of 2,000. However, the mines soon stopped production and the town disappeared.[6]

Wonder.—Located some one hundred and forty miles northwest of Goldfield. The first locations were made by Thomas J. Stroud in March, 1906. The rich ore caused a stampede reminiscent of the Tonopah-Goldfield rush. The camp produced approximately $6,000,000 worth of gold and silver from 1907 to 1921. The town declined rapidly after the latter date.[7]

Walker River Reservation.—Located some one hundred and thirty miles northwest of Tonopah. This district, which was originally located on land which was part of an Indian reservation, was opened for mining purposes on October 29, 1906. Fabulous stories had grown up about the wealth within this area. The result was a massing of prospectors, speculators, gamblers, businessmen, and the others who followed the mining game, at the entrance to the reservation. The miners had even formed a mining district before the area had been opened. Those with automobiles were thought to have an unfair advantage so when the signal was given that the reservation was open, those on foot and horseback shot the tires of the automobiles and the latter soon became more of a hindrance than an aid. The people literally carried a town into the reservation with them.

TABLE 2

BREAKDOWN OF FINANCES FOR FIVE NEVADA RAILROADS (1906–1920)[a]
FISCAL YEAR ENDS JUNE 30 UNLESS OTHERWISE NOTED
(Value in dollars)

Railroad	Year	Total operating revenue	Total operating expense	Net operating revenue	Net corporate income
Tonopah and Goldfield	1906....	951,432	614,300	337,132	186,632
	1907....	2,388,042	1,531,998	856,044	138,530
	1908....	1,517,576	1,083,810	433,766	198,509
	1909....	910,019	681,584	228,435	26,529
	1910....	789,205	585,140	204,065	27,124
	1911....	788,977	560,935	228,042	64,716
	1912....	760,442	460,670	299,772	146,484
	1913....	696,398	371'085	325,313	268,347
	1914....	688,850	410,874	277,976	220,986
	1915....	682,714	364,243	318,471	261,497
	1916....	681,781	355,093	326,688	269,109
	1917[b]...	625,612	311,717	313,895	259,029
	1918[b]...	472,608	312,885	159,723	118,460
	1919[b]...	481,471	341,072	140,399	102,550
	1920[b]...	464,180	350,576	113,604	67,607
Las Vegas and Tonopah	1907....	428,176	193,068	235,108	......
	1908....	486,614	433,737	52,877	......
	1909....	304,365	286,295	35,658	−61,508
	1910....	162,617	206,040	−42,276	−98,720
	1911....	148,017	185,732	−37,715	−69,012
	1912....	194,550	184,364	10,186	−4,727
	1913....	196,713	191,506	5,207	−41,715
	1914....	194,883	189,529	5,354	−47,972
	1915....	134,959	107,748	27,211	−9,273
	1916....	142,108	107,709	34,399	−9,037
	1917[b]...	100,102	83,392	−16,710	−20,315
	1918[b]...	65,444	75,664	−10,220	−66,926
Tonopah and Tidewater	1907....	42,029	47,249	−5,220	......
	1908....	352,461	220,696	131,765	......
	1909....	458,278	299,396	158,882	−57,694
	1910....	421,529	278,695	142,834	−58,495
	1911....	317,424	233,945	83,479	−100,610
	1912....	291,391	197,330	94,061	−69,513
	1913....	328,240	191,691	136,549	−25,141
	1914....	340,428	204,737	134,879	−54,900
	1915....	323,028	207,472	115,556	−60,129
	1916....	433,939	221,614	212,325	20,163
	1917[b]...	469,392	199,184	270,208	68,311
	1918[b]...	347,849	222,401	125,448	−89,706
	1919[b]...	423,240	243,468	179,772	−7,831
	1920[b]...	594,297	336,980	257,317	46,969

TABLE 2 (*Continued*)

Railroad	Year	Total operating revenue	Total operating expense	Net operating revenue	Net corporate income
Bullfrog-Goldfield	1908....	92,333	118,369	−26,136	......
	1909....	177,745	165,756	13,989	−79,282
	1910....	128,559	132,402	−3,843	−111,069
	1911....	99,679	132,084	−32,405	−137,301
	1912....	100,163	99,368	795	−37,225
	1913....	99,034	92,786	6,248	−63,379
	1914....	84,972	91,306	−6,334	−117,449
	1915....	126,596	101,270	25,326	6,183
	1916....	142,516	103,924	38,592	9,619
	1917[b]...	114,330	87,178	27,152	6,854
	1918[b]...	78,536	76,476	2,060	−15,938
	1919[b]...	77,033	78,661	−1,628	−22,069
	1920[b]...	65,608	84,607	−18,999	−39,066
Nevada Northern	1907....	826,298	295,808	530,490	......
	1908....	869,526	300,990	568,536	446,779
	1909....	1,099,320	429,648	669,672	534,532
	1910....	1,511,310	581,267	930,043	777,384
	1911....	1,468,006	689,628	778,378	656,988
	1912....	1,509,863	710,663	799,200	673,743
	1913....	1,644,589	797,534	847,055	707,243
	1914....	1,761,197	925,708	835,489	719,402
	1915....	1,204,326	691,935	512,391	424,339
	1916....	1,885,753	791,916	1,093,837	986,659
	1917....	2,512,402	1'067,865	1,444,537	982,863
	1918....	2,706,332	1,343,756	1,362,576	1,117,747
	1919....	1,579,440	1,095,557	483,883	381,394
	1920....	1,588,639	1,081,951	506,688	607,854

[a] Statistics from *Annual Reports on the Statistics of Railways in the United States* (Interstate Commerce Commission [Washington, D. C., 1889–.]).
[b] For the year ending December 31.

However, little ore was discovered in the area, and the boom was soon over.[8]

Other Districts.—The following districts, though of lesser importance than the above, each had its boom and added to the general excitement and prosperity of the era: Reveille, Gold Crater, and Silverbow in 1904; Johnnie, Cloverdale, Flourine, Golden Arrow, and Cuprite in 1905; Ramsey, Bellehelen, Clifford, and Bonnie Clare, in 1906; Gold Circle in 1907; and Ellendale in 1908.[9]

NOTES

[1] J. L. Cowan, "How the World's Great Mines were found," *Pacific Monthly*, XXIII (April, 1910), 383–398; H. Hedrick, "The Newest Manhattan," *Sunset*, XVII (September, 1906), 258–262; Lincoln, *Mining* Districts, p. 175.

[2] *Goldfield News, Second Annual Edition*, February 1907, 106–110; Lincoln, *op. cit.*

[3] *Death Valley Chuck-Walla*, January 1, 15, 1907; Lee, *Death Valley*, p. 145.

[4] C. E. Douglas, "Those Nevada Bonanzas," *sunset*, XVII (September 1906), 262–265; Lincoln, *op. cit.*, pp. 81–82.

[5] R. H. Chapman, "The Deserts of Nevada and Death Valley," *Scientific American, Supplement*, LXIII (April 6, 1907), 26–27; Lincoln, *op. cit.*, p. 173.

[6] *Goldfield News, Second Annual Edition*, February 1907, pp. 110–113; Lincoln, *op. cit.*, p. 4.

[7] *Goldfield News, Second Annual Edition*, February 1907, pp. 113–115; Lincoln, *op. cit.*

[8] *Goldfield News*, October 27, 1906; *Tonopah Daily Sun*, February 9, 1907; *Goldfield News, Second Annual Edition*, February 1907, p. 118.

[9] Brief descriptions of each of these mining districts may be obtained from Lincoln, *Mining Districts of Nevada.*

Bibliography

I. UNPUBLISHED MATERIALS

A. Nye County Records:

clerk's vaults:

Articles of Incorporations, 1902–1917. 6 vols. (D–I). *Court Minutes–District Court, Nye County, 1865.* Vols. A–Z.

Franchises, 1903–1925.

Index to Corporations, 1864. 1 vol.

Minute Book of the Hall of Tonopah Lodge No. 7 *of Ancient Order of United Workmen.*

Proceedings of the Board of County Commissioners, Nye County, 1864–. 14 vols. (A–N).

Proceedings of the Town Board, Rhyolite, Nye County, Nevada, 1907–1913.

Proceedings of the Town Board, Tonopah, Nye County, Nevada, 1905–. 3 vols. (A–C).

Reports of the Auditor for the Towns of Tonopah and Rhyolite for the year 1909. Separate reports for each town for years 1910 through 1915.

Reports of the Constable of Tonopah Township (Nye County), for the year 1911.

Record of Naturalization, Nye County, June 14, 1904, to August 16, 1906.

Petition for Reduction of Toll Rates on the Goldfield Automobile Toll Road, June 5, 1905. Filed June 7, 1905.

recorder's vaults:

Index to Mining Locations, Nye County, 1864–. 26 vols. (A–T).

Index to Tonopah Mining District Records, 1901–1905. 2 vols. (A–J, K–L).

Mining Districts, 1866–1919. Cardex of mining districts.

Mining Locations, 1864–. 122 vols. (A–Z).

Tonopah Mining District Records, 1901–1905. 12 vols. (A–L).

Record of Births and Deaths, 1887–. 9 vols. (A–G).

B. ESMERALDA COUNTY RECORDS:

CLERK'S VAULTS:

Clerk's Register of Action and Fee Book. Criminal.

Minutes, Board of County Commissioners, 1901–1923. (I–M). Includes the minutes of the town board of Goldfield.

Naturalization: Record of Declaration of Intention. Vol. 23, 1907–1919.

RECORDER'S VAULTS:

Index to Leases, Esmeralda County. January 7, 1904, to April 1, 1907.

Journal of Deaths. Death Record, Esmeralda County, Nevada. September 29, 1904, to February 11, 1911.

Official Map of Goldfield and South Goldfield. U. S. Mineral Surveyor, J. H. Parks, 1910.

Records of Goldfield Mining District, Esmeralda County, Nevada. October 26, 1903, to January 7, 1914. (A–E).

Records of Mining Locations, Esmeralda County, Nevada, 1863–. (A–Z).

C. WHITE PINE COUNTY RECORDS:

CLERK'S VAULTS:

Commissioners' Records, 1885–.

RECORDER'S VAULTS:

District Mining Recorder Records, Robinson District, 1881–1895.

Mining Locations, White Pine County, Nevada, 1885–.

Miscellaneous Records, Real Estate Deeds. White Pine County, Nevada, 1885–.

D. ARCHIVES (INVENTORIES):

Inventory of the County Archives of Nevada, No. 12, Nye County (Tonopah). Reno, the Nevada Historical Records Survey Project, September, 1940.

Inventory of the Church Archives of Nevada: Protestant Episcopal Church. Reno, the Nevada Historical Records Survey Project, January, 1941.

Inventory of the Church Archives of Nevada: Roman Catholic Church. Reno, the Nevada Historical Records Survey Project, August, 1939.

E. GOLDFIELD, NEVADA:

Correspondence of several mining companies, 1904–1920. 32,420 numbered letters wrapped in 40 bundles. The entire set is listed as No. 1526 of Crampton Accessions to the Bancroft Library, University of California, Berkeley.

Ledger of various mining companies, 1905. Goldfield, Nevada,

1905. 110 pp. No. 1288 of the Crampton Accessions to the Bancroft Library, University of California, Berkeley.

F. Other

Carpenter, Jay. "Mine Taxation in Nevada," unpublished address given before the Mining Committee, Los Angeles Chamber of Commerce, April 8, 1941.

Crampton, Gregory C. "An alphabetical list by author of books . . . collected for the Bancroft Library, University of California . . . from May to August, 1936, and from January, 1937, to June, 1939." (Berkeley, 1940).

Kirk, George. "A History of the San Pedro, Los Angeles and Salt Lake Railroad." Unpublished M.A. thesis, University of California, Berkeley, 1935.

Leavitt, Francis. "Influence of the Mormon people in the settlement of Clark County (Nevada)." Unpublished M.A. thesis, University of Nevada, Reno, 1934.

Mack, Effie M. "Life and letters of William M. Stewart, 1827–1909." Unpublished Ph.D. thesis, University of California, Berkeley, 1930.

Russell, Amy Requa. "A Sagebrush Heritage." Unpublished manuscript in the possession of the Nevada Historical Society, Reno.

Sawyer, Byrd F. "The Gold and Silver Rushes of Nevada, 1900–1910." Unpublished M.A. thesis, University of California, Berkeley, 1931.

Van Doren, Leon H. "Tasker L. Oddie in Nevada Politics, 1900–1914." Unpublished M.A. thesis, University of Nevada, Reno, 1960.

White, Laura A. "History of the Labor Struggles in Goldfield, Nevada." Unpublished M.A. thesis, University of Nebraska, Lincoln, 1912.

II. PUBLISHED MATERIALS

A. United States Government Publications:

INTERSTATE COMMERCE COMMISSION:

Annual Reports on the Statistics of Railways in the United States. Washington: Government Printing Office, 1889.

Reports. Washington: Government Printing Office, 1887.

TREASURY REPORTS, U. S. BUREAU OF THE MINT:

Colcord, R. K. "Nevada," *Production of Gold and Silver in the United States for 1899*. Washington: Government Printing Office, 1900. Same for the years 1900 through 1915 under different authors.

U. S. BUREAU OF THE CENSUS:

Thirteenth Census of the United States, 1910. Population. Washington: Government Printing Office, 1912.

Fourteenth Census of the United States, 1920. Population. Washington: Government Printing Office, 1921.

Fifteenth Census of the United States, 1930. Population. Washington: Government Printing Office, 1931.

U. S. CONGRESS:

Congressional Record, 60th Cong., 1st Sess., January 23 to February 14, 1908.

Congressional Directory, 72d Cong., 2d Sess., January 13, 1933, p. 63; 76th Cong., 3rd Sess., December 19, 1939, p. 66; 79th Cong., 1st Sess., August 14, 1945, p. 66.

U. S. GEOLOGICAL SURVEY—BULLETINS:

Ball, Sydney H. *Geological Reconnaissance of Southwestern Nevada and Eastern California* (Bulletin No. 308.) Washington: Government Printing Office, 1906.

Hewett, D. F. and others. *Mineral Resources of the Region around Boulder Dam.* (Bulletin No. 871.) Washington: Government Printing Office, 1936.

Hill, J. M. *The Mining Districts of the Western United States.* (Bulletin No. 507.) Washington: Government Printing Office, 1912.

Lindgren, Waldemar. *Geology and Mineral Deposits of the National Mining District, Nevada.* (Bulletin No. 601.) Washington: Government Printing Office, 1915.

Ransome, Frederick L. *The Hornsilver District.* (Bulletin No. 340.) Washington: Government Printing Office, 1908.

———. *Preliminary Account of Goldfield, Bullfrog and Other Mining Districts in Southern Nevada, with notes on the Manhattan District.* (Bulletin No. 303.) Washington: Government Printing Office, 1906.

Ransome, Frederick L. and others. *Geology and Ore Deposits of the Bullfrog District, Nevada.* (Bulletin No. 408.) Washington: Government Printing Office, 1910.

Spurr, Josiah E. *Descriptive Geology of Nevada South of the Fortieth Parallel.* (Bulletin No. 208.) Washington: Government Printing Office, 1903.

———. *Developments at Tonopah, Nevada, during 1904.* (Bulletin No. 260.) Washington: Government Printing Office, 1904.

———. *Ore Deposits at Tonopah, Nevada, Preliminary Re-*

port. (Bulletin No. 219.) Washington: Government Printing Office, 1903.

———. *Ore Deposits of the Silver Peak Triangle.* (Bulletin No. 225.) Washington: Government Printing Office, 1903.

U. S. GEOLOGICAL SURVEY—PROFESSIONAL PAPERS:

Bastian, E. S. and Laney, F. B. *The Genesis of the Ores at Tonopah, Nevada.* (Paper No. 104.) Washington: Government Printing Office, 1918.

Ransome, Frederick L. *The Geology and Ore Deposits of Goldfield, Nevada.* (Paper No. 66.) Washington: Government Printing Office, 1909.

Spurr, Josiah E. *Geology of the Tonopah Mining District, Nevada.* (Paper No. 42.) Washington: Government Printing Office, 1905.

U. S. GEOLOGICAL SURVEY—OTHERS:

Heikes, V. C. *Precious and Semi-Precious Metals in Nevada in 1912.* Washington: Government Printing Office, 1913.

Mineral Resources of the United States for the year 1900. Washington: Government Printing Office, 1901. Same for the years 1901 through 1916.

U. S. STATE DEPARTMENT:

Report of Special Commission on Labor Troubles at Goldfield, Nevada, and Papers Relating Thereto. 60th Cong., 1st Sess., H. Doc. 607. Washington: Government Printing Office, 1908.

B. NEVADA (STATE):

Attorney-General. "Biennial Reports . . . 1901/1902 to 1915/1916," in *Appendix to Journals of Senate and Assembly.* Carson City: State Printing Office, 1903–1917.

Journal of the Assembly, 13th Session, 1887. Carson City: State Printing Office, 1888.

Railroad Commission. *Reports* . . . 1908–1919. Carson City: State Printing Office, 1919.

Secretary of State. *Biennial Reports* . . . 1901/1902 to 1915/1916, in *Appendix to Journals of Senate and Assembly.* Carson City: State Printing Office, 1903–1917.

Secretary of State's Office. *Articles of Incorporation,* 1869–.

———. *Report of Tonopah and Goldfield Railroad Company.* Carson City: State Printing Office, 1906.

State Bank Examiner. *Annual Reports* . . . 1909–1915, in *Appendix to Journals of Senate and Assembly.* Carson City: State Printing Office, 1910–1916.

State Board of Health. *Biennial Reports* . . . 1901/1902 to 1915/1916, in *Appendix to Journals of Senate and Assembly*. Carson City: State Printing Office, 1903–1917.

State Commissioner of Labor. *Biennial Reports* . . . 1915/1916 to 1923/1924, in *Appendix to Journals of Senate and Assembly*. Carson City: State Printing Office, 1917–1923.

State Engineer. *Biennial Reports* . . . 1901/1902 to 1915/1916, in *Appendix to Journals of Senate and Assembly*. Carson City: State Printing Office, 1903–1917.

State Inspector of Mines. *Annual Reports* . . . 1910–1916, in *Appendix to Journals of Senate and Assembly*. Carson City: State Printing Office, 1911–1917.

State License and Bullion Tax Agent. *Annual Reports* . . . 1909–1915, in *Appendix to Journals of Senate and Assembly*. Carson City: State Printing Office, 1910–1916.

State Police. *Biennial Reports* . . . 1909/1910 and 1911/1912, in *Appendix to Journals of Senate and Assembly*. Carson City: State Printing Office, 1911–1913.

Superintendent of Public Instruction. *Biennial Reports* . . . 1901/1902 to 1915/1916, in *Appendix to Journals of Senate and Assembly*. Carson City: State Printing Office, 1903–1917.

Surveyor-General. *Biennial Reports* . . . 1901/1902 to 1915/1916, in *Appendix to Journals of Senate and Assembly*. Carson City: State Printing Office, 1903–1917.

Statutes, General, of the State of Nevada 1961 to 1885, inclusive. Compiled by David E. Bailey and John D. Hammond. Carson City: State Printing Office, 1885.

Statutes of Nevada, 20th Session of the legislature, 1901. Carson City; State Printing Office, 1901. Also for the years 1903, 1905, 1907, 1909, 1911, 1913, and 1915.

Tax Commission. *Report* . . . 1913–1914. Carson City: State Printing Office, 1915.

C. Books, Including Biographies:

Adams, Romanzo C. *Taxation in Nevada: A History*. Carson City: Nevada Historical Society, 1918.

Arrington, Leonard J. and Gary B. Hansen. *The Richest Hole on Earth: A History of the Bingham Copper Mine*. Logan: Utah State University Press, 1963.

Bancroft, Hubert Howe. *History of Nevada, California and Wyoming*. San Francisco: The History Co., 1890.

Bratter, Herbert M. *The Silver Market Dictionary*. New York: Commodity Exchange, Inc., 1933.

Brissenden, Paul F. *The I.W.W.: A Study of American Syndicalism.* (Columbia University *Studies in History, Economics and Public Law,* Vol. LXXXIII.) New York: Columbia University Press, 1919. 2nd ed. New York: Russell and Russell, 1957.

Carpenter, Jay, Russell R. Elliott, and B. F. Sawyer. *The History of Fifty Years of Mining at Tonopah, 1900–1950,* ("University of Nevada Geology and Mining Series," No. 51.) Reno, 1953.

Chalfant, Willie A. *Death Valley: The Facts.* Stanford: Stanford University Press, 1936.

———. *The Story of Inyo.* Published by the author, 1922. Rev. ed. Los Angeles: Citizens Print Shop, 1933.

Copp, Henry N. *American Mining Code.* Washington: Copp and Co., 1903. Rev. ed. Washington: Copp and Co., 1907.

Couch, Bertrand F. and Jay A. Carpenter. *Nevada's Metal and Mineral Production, 1859–1940,* ("University of Nevada Geology and Mining Series," No. 38.) Reno, 1943.

Crane, Walter R. *Index of Mining Engineering Literature.* 2 vols. New York: John Wiley and Sons, 1909–1912.

Daggett, Stuart. *Chapters on the History of the Southern Pacific.* New York: Ronald Press, 1922.

Davis, Samuel P. (ed.). *The History of Nevada.* 2 vols. Reno: Elms Publishing Co., 1913.

Driggs, Don W. *The Constitution of the State of Nevada: A Commentary.* ("Nevada Studies in History and Political Science," No. 1.) Reno: University of Nevada Press, 1961.

Frickstad, Walter N. and Edward W. Thrall. *A Century of Nevada Post Offices, 1852–1957.* Oakland: Pacific Rotaprinting Co., ca. 1958.

Gates, William B., Jr. *Michigan Copper and Boston Dollars.* Cambridge: Harvard University Press, 1951.

Glasscock, Carl B. *Gold in Them Hills: the Story of the West's Last Wild Mining Days.* Indianapolis: Bobbs-Merrill, ca. 1931.

———. *Here's Death Valley.* Indianapolis: Bobbs-Merrill, 1940.

Gorman, Thomas K. *Seventy-five Years of Catholic Life in Nevada.* Reno: The Journal Press, 1935.

Hillyer, Curtis (ed.). *Nevada Compiled Laws.* 6 vols. San Francisco: Bender and Moss, 1930.

Hunt, Rockwell D. and William S. Ament. *Oxcart to Airplane.* California Series, edited by John R. McCarthy. Los Angeles: Powell Publishing Co., 1929.

Israel, Fred L. *Nevada's Key Pittman.* Lincoln: University of Nebraska Press, 1963. 210 pp.

Jensen, Vernon H. *Heritage of Conflict: Labor Relations in the Non-ferrous Metals' Industry up to 1930.* Ithaca: Cornell University Press, 1950.

King, Joseph L. *History of the San Francisco Stock and Exchange Board.* San Francisco: J. L. King, 1910.

Lawson, Andrew C. *The Copper Deposits of the Robinson Mining District, Nevada.* ("University of California Publications, Bulletin of the Department of Geology," Vol. 4, No. 14.) Berkeley, 1906.

Lee, Bourke. *Death Valley.* New York: The Macmillan Co., 1930.

Lillard, Richard G. *Desert Challenge, an Interpretation of Nevada.* New York: A. A. Knopf, 1942.

Lincoln, Francis Church. *Mining Districts and Mineral Resources of Nevada.* Reno: Nevada Newsletter Publishing Co., 1923.

Lindgren, Waldemar. *Mineral Deposits.* 4th ed. New York: McGraw-Hill, 1933.

Lindley, Curtis. *A Treatise on the American Law Relating to Mining and Mineral Lands.* 3 vols. San Francisco: Bancroft-Whitney Co., 1914.

Maestretti, A. J. and Charles R. Hicks. *The Constitution of the State of Nevada.* ("University of Nevada Bulletin," No. 27.) Reno, 1933.

Miller, Ben F. "Nevada in the Making," Nevada State Historical Society *Papers*, IV, 1923–25. Carson City, 1925.

Moody, John. *Moody's Manual of Railroads and Corporation Securities.* New York: Moody, 1900. Same for years 1901 through 1918.

Moore, Boyd. *Nevada Personalities.* Reno: (no publisher), ca. 1915.

Myrick, David F. *Railroads of Nevada and Eastern California.* 2 vols. Berkeley: Howell-North Books, 1962 and 1963.

Nevada: A Guide to the Silver State. Writers' Program, Work Projects Administration. Portland: Binfords and Mort, 1940.

Nevada State Historical Society. *Third Biennial Report, 1911–1912.* Carson City, 1913.

———. *Papers*, I, 1913–1916. Carson City, 1917.

Nicholas, Francis C. *Mining Investments and How to Judge Them.* New York: The Moody Corporation, 1907.

Nolan, Thomas B. *The Underground Geology of the Tonopah*

Mining District, Nevada. ("University of Nevada Bulletin," Vol. 29, No. 5.) Reno, 1935.

O'Connor, Harvey. *The Guggenheims: The Making of an American Dynasty.* New York: Covici Friede, 1937.

Official Guide of the Railways . . . of the United States. New York: The National Railway Publication Company, 1909.

Parsons, Arthur B. *The Porphyry Coppers.* New York: American Institute of Mining and Metallurgical Engineers, 1933.

Poor, Henry V. *Poor's Manual of the Railroads of the United States, 1905.* New York and London: American Bank Note Co., 1905. Same for the years 1906 through 1918.

Quiett, Glenn C. *Pay Dirt, A Panorama of American Gold Rushes.* New York: Appleton-Century, 1936.

Rastall, Benjamin M. *The Labor History of the Cripple Creek District.* ("Bulletin of the University of Wisconsin," No. 198.) Madison: University of Wisconsin, 1908.

Rice, George Graham. *My Adventures With Your Money.* Boston: R. G. Badger, ca. 1913.

Rickard, Thomas A. *Man and Metals.* 2 vols. New York and London: McGraw-Hill, 1932.

Samuels, Charles. *The Magnificent Rube: The Life and Gaudy Times of Tex Rickard.* New York: McGraw-Hill, 1957.

Scrugham, James G. *Nevada, a Narrative of the Conquest of a Frontier Land.* 3 vols. Chicago: American Historical Society, 1935.

Shinn, Charles Howard. *Mining Camps: A Study in American Frontier Government.* New York: Charles Scribner's Sons, 1884.

Sketches of the Intermountain States, 1847–1900. Salt Lake City: Salt Lake Tribune, 1909.

Smith, Grant H. *The History of the Comstock Lode, 1850–1920.* ("University of Nevada Geology and Mining Series," No. 37) Reno, 1943.

Stevens, Horace J. (compiler). *A Manual of the Copper Industry of the United States and Foreign Countries.* (Known generally as *The Copper Handbook.*) Michigan: Houghton, 1901–1913.

Successful American. *Portraits and Biographies of Prominent Engineers, Miners, and Business Men of Nevada.* Reno, 1906.

Torrence, Carl W. *History of Masonry in Nevada.* Reno: Carlisle Printers, ca. 1944.

Traylor, Samuel W., Sr. *Out of the Southwest.* Allentown: G. R. Schlicher, 1936.

Trottman, Nelson. *History of the Union Pacific, A Financial and Economic Survey.* New York: The Ronald Press, 1923.

Weed, Walter. *The Mines Handbook* (formerly *A Manual of the Copper Industry*). XII. New York, 1916–.

White, Douglas (compiler). *The Story of a Trail . . .* Los Angeles, Passenger Department of the San Pedro, Los Angeles and Salt Lake Railroad, 1905.

Who's Who in America. Chicago: Marquis, 1936–1937, 1940–41, 1944–1945.

Wren, Thomas. *A History of the State of Nevada, Its Resources and People.* New York: Lewis Publishing Co., 1904.

D. Miscellaneous Pamphlets, Reports, Reprints, Directories, etc.:

Adams, Frank H. *Ely and Her Mines.* Salt Lake City, Utah, 1907.

Advance Sheets of the World's Fair Edition of Nevada's Natural and Industrial Resources. Carson City, 1904.

Annual Reports (to the stockholders) *of the President, the Consulting Engineer and the Comptroller.* Nevada Consolidated Copper Company, McGill, Nevada, 1907–1920.

Atlas of the Goldfield, Tonopah and Bullfrog Mining Districts of Nevada. San Francisco, 1905.

Constitution and By-Laws of the San Francisco and Tonopah Mining Exchange. San Francisco, 1903.

City Directory of Goldfield, Nevada. New York, 1907.

Directory of Southern Nevada Consolidated Telephone and Telegraph Company. Tonopah, 1906. Also for the year 1907.

Dutton, Alfred H. *Notable Nevadans in Caricature.* Reno: n.p., 1915.

Ely Central Copper Company in the Robinson Mining District, A Prospectus. (Includes *Report on the Property of the Ely Central Copper Company* by W. A. Farrish). New York: B. H. Scheftels Company, 1909.

Farrish, William A. "Report on the property of the Ely Central Copper Company," in *Ely Central Copper Company in the Robinson Mining District,* (a prospectus of the B. H. Scheftels Co., New York) 1909.

Friedman, Samuel. *For Mine Owners and Business Men of Goldfield and the Tonopah and Tidewater Railroad.* n.p., 1908.

Lincoln Highway Association. *A Brief for the Lincoln Highway in Utah and Nevada.* Detroit, 1913.

Miscellaneous printed matter on mining and stock companies, Goldfield, Nevada, 1906–1922. No. 1905 of Crampton Accessions to the Bancroft Library, University of California, Berkeley, 1940.

Nelson-Gans Fight Program. n.p., September, 1906.

Nevada—the Mineral Empire. Souvenir of the American Mining Congress, Goldfield, Nevada, 1909.

Railroad Day, Ely, Nevada, September 29, 1906. Salt Lake City: Houlder and Hudgens, 1906.

Ralston, W. C. *Report on Tonopah and Gold Fields to the San Francisco Stock and Exchange Board.* San Francisco, 1904.

Requa Mark. *Driving of the Last Spike at Ely, Nevada, September 29, 1906.* n.p., n.d.

Rhyolite. Bullfrog District Chamber of Commerce. Rhyolite, 1907.

Rhyolite. Voorhees and Taylor promoters. Los Angeles, 1906.

Ritter, Betsy. *Life in the Ghost City of Rhyolite, Nevada.* Terra Bella: Terra Bella News, 1939.

Sanderson, Harold to Russell Elliot, December 24, 1953. Denver, Colorado.

Smith, E. W. (publisher). *Tonopah and Her Mines.* n.p., n.d.

The Smith-Preston Case. A Review of the Trial and Subsequent Proceedings in the Persecution of Union Men. Reno, 1915.

Tenth Annual Report, Goldfield Consolidated Mines Company, 1916. Goldfield, Nevada, 1916.

Transcript of Testimony—Coroners Inquest, Oct. 18, 1912, Ely, Nevada.

Travers, J. S. *Tonopah, Past, Present and Future* (partial reprint of book). New York: Stoneham Co., 1914.

E. Magazine Articles. The articles listed herein are only a small portion of the innumerable ones written on the new Nevada mining camps during the period 1900–1920. The pages of the following magazines contain hundreds of references to the Nevada camps: *Death Valley Prospector, Death Valley Magazine, Death Valley Chuck-Walla, Economic Geology, Engineering and Mining Journal, Greater Nevada, Inyo Magazine, Los Angeles Mining Review, Mineral Industry, Mining and Engineering Review, Mining and Engineering World, Mining and Scientific Press, Pacific Coast Miner, Progressive West.*

PROFESSIONAL ARTICLES

Abbott, James W. "A Visit to Ely, Nevada," *Mining and Scientific Press*, XCIV (June 15, 1907), 759–61.

Barbour, P. E. "The Goldfield Consolidated 600-ton Mill," *Engineering and Mining Journal*, LXXXVI (September 5, 1908), 467–474, 680.

Bosqui, F. L. "Milling Versus Smelting in the Treatment of Tonopah-Goldfield Ores," *Mining and Scientific Press*, XCII (March 31, 1906), 217.

Bradshaw, F. "Tonopah in 1914," *Engineering and Mining Journal*, XCIX (January 16, 1915), 154–155.

Bullock, William Starr. "The Low-grade Copper Deposits at Ely, Nevada," *Engineering and Mining Journal*, LXXXIII (March 16, 1907), 509–512.

Burgess, J. A. "The geology of the producing part of the Tonopah Mining District," *Economic Geology*, IV (December, 1909), 681–712.

Cutting, H. C. "Mizpah ledge—A Tonopah miner's experience," *Scientific American*, XCIII (September 16, 1905), 218–219.

DeKalb, Courtenay. "Copper Mining at Ely, Nevada," *Mining and Scientific Press*, XCVIII (January 2, 1909), 58–61.

Duncan, Lindsay, "The Water Supply of the Nevada Consolidated," *Engineering and Mining Journal*, CIX (April 10, 1920), 857–858.

Editorials. *Engineering and Mining Journal*, LXXXVIII (October 9, 1909), 739; LXXXVIII (November 13, 1909), 988; LXXXVIII (December 25, 1909), 275–76; XC (October 8, 1910), 709–710; XCIII (March 16, 1912), 542; XCIV (November 9, 1912), 877–888.

"A New Scheme to Hook Suckers," *Engineering and Mining Journal*, LXXXVIII (November 6, 1909), 931–935.

"Inspection Department of the Goldfield Consolidated," *Engineering and Mining Journal*, XCI (February 25, 1911) 408.

"Safety in Mines and Mills," *Engineering and Mining Journal*, XC (July 2, 1910), 11–12.

Pacific Coast Miner, IX (February 23, 1904), 49.

Ferguson, H. "Mining Districts of Nevada," *Economic Geology*, XXIV (March–April, 1929), 115–148.

Halloran, Arthur. "Ely, Nevada," *Mining and Scientific Press*, XCIII (July 7, 1906), 11–13.

Ingalls, Walter R. "The Copper Mines of Ely, Nevada," *En-*

gineering and Mining Journal, LXXXIV (October 12, 1907), 675–683; LXXXIV (October 19, 1907), 719–723.

Knapp, S. A. "Tonopah District, Nevada," *Mining and Scientific Press,* LXXXVIII (May 28, 1904), 364.

Locke, A. "The Cost of the Goldfield Mining Boom," *Mining and Scientific Press,* CXI (October 22, 1916), 797–802.

———. "The Ore deposits of Goldfield, Nevada," *Engineering and Mining Journal,* XCIV (October 26, 1912), 541–543.

Long, C. L. "The Bullfrog District, Nevada," *Mining and Scientific Press,* XC (April 29, 1905), 273.

Morris, J. "Tonopah Going Deep," *Los Angeles Mining Review,* XXVI (March 27, 1909), 39–40.

News. *Engineering and Mining Journal,* LXXXIV (October 5, 1907), 646–647; CVIII (September 13, 1919), 485.

Parsons, Arthur B. "Nevada Consolidated Copper Company," *Mining and Scientific Press,* CXXII (March 5, 1921), 325–335; CXXII (April 16, 1921), 525–535; CXXII (May 21, 1921), 709–717.

Prince, E. "A Long Distance Electric Power Transmission Line in Nevada," *Engineering News,* XLIV (July 6, 1905), 16.

Ralph, Edward W. "Mining Conditions at Ely, Nevada," *Mining and Scientific Press,* XCIV (January 26, 1907), 120–121.

Requa, Mark L. "Copper Mining in Nevada," *Mining and Scientific Press,* XCIII (November 2, 1906), 546.

Rice, C. T. "Bullfrog Mining District," *Engineering and Mining Journal,* LXXXII (September 22, 1906), 534–536.

———. "Development of Goldfield Mines," *Engineering and Mining Journal,* XCI (January 14, 1911), 119–122.

———. "Goldfield, Nevada," *Engineering and Mining Journal,* LXXXII (August 25, 1906), 339–342.

———. "Goldfield Consolidated Fire Equipment," *Engineering and Mining Journal,* XCI (February 11, 1911), 311–312.

———. "Leasing at Goldfield," *Engineering and Mining Journal,* LXXXII (September 15, 1906) 482–484.

———. "Mining Costs at Goldfield, Nevada," *Engineering and Mining Journal,* XCII (November 18, 1911), 985.

———. "Mining Methods at Goldfield," *Engineering and Mining Journal,* XCII (October 21, 1911), 797–802.

———. "Mining at Tonopah," *Engineering and Mining Journal*, LXXXII (July 21, 1906), 199.

———. "Tonopah, Nevada," *Engineering and Mining Journal*, LXXXII (July 21, 1906), 106–108.

Richie, R. L. "The Touch of Gold," *Los Angeles Mining Review*, XXVI (March 27, 1909), 32–35.

Rickard, Thomas A. "Goldfield, Nevada," *Mining and Scientific Press*, XCVI (May 16, 1908), 664–667.

———. "Goldfield, Nevada—Metallurgical Development," *Mining and Scientific Press*, XCVI (June 20, 1908), 840–843.

———. "Goldfield Revisited," *Mining and Scientific Press*, CX (June 12, 1915), 907–909.

———. "Rich Ore and its Moral Effects," *Mining and Scientific Press*, XCVI (June 6, 1908), 774–777.

Selwyne-Brown, A. "Mining Developments in Nevada," *Engineering Magazine*, XXXIV (January, 1908), 643–651.

Shaw, E. S. "The Goldfield Consolidated Bullion Refinery," *Engineering and Mining Journal*, XCI (April 22, 1911), 799.

Special Correspondence. *Mining and Scientific Press*, CVII (November 8, 1913), 741.

Spencer, Arthur C. "The Geology and Ore Deposits of Ely, Nevada," *Mining and Scientific Press*, CXVI (June 22, 1918), 857–863.

Spurr, J. E. "Geology of the Tonopah District," *Mining and Scientific Press*, XC (June 10, 1905), 369.

———. "Geology of Tonopah," *Mining and Scientific Press*, XCI (November 25, 1905), 360.

Taft, H. H. "Goldfield and Tonopah," *Engineering and Mining Journal*, LXXXI (March 24, 1906), 557–558.

Tyssowski, J. "Goldfield and the Goldfield District of Neada," *Engineering and Mining Journal*, LXXXVII (June 19, 1909), 1229–1231.

Wiel, S. C. "Observations on Tonopah and Goldfield," *Mining and Scientific Press*, LXXXIX (October 8, 1904), 238–239.

Wolcott, G. E. "The Mines and Mills of Tonopah, Nevada," *Engineering and Mining Journal*, LXXXVII (March 20, 1909), 594–597.

Wolf, Albert G. "Important Nevada Mining Legislation," *Engineering and Mining Journal*, XCVII (May 16, 1914), 1–14.

POPULAR ARTICLES

Abbott, J. W. "Nixon and Wingfield," *Los Angeles Mining Review*, XXVI (March 27, 1909), 33–36.

Barbour, P. W. "The Labor Troubles at Goldfield," *Engineering and Mining Journal*, LXXXV (January 11, 1908), 124–125.

Beach, Rex. "Flight at Tonopah," *Everybody's*, XVI (April, 1907), 464–474.

Bechdolt, F. R. "The Bride Comes to the Desert," *Saturday Evening Post*, CCIX (April 10, 1937), 30–31.

Black, W. "Gold of the Burning Desert," *Cosmopolitan*, XXXIX (September, 1905), 519–526.

Burrows, A. "Social Life Among the Western Miners," *Sunset*, XVI (March, 1906), 434–435.

Caspar, K. R. "Silver State Gold Surprises," *Sunset*, XVI (March, 1906), 435–440.

Chapman, R. H. "The Deserts of Nevada and Death Valley," *Scientific American Supplement*, LXIII (April 6, 1907, 26125–26129.

"Confessions of a Stock Speculator," *Independent*, LXII (March 21, 1907), 669–672.

Cowan, J. L. "How the World's Great Mines were Found," *Pacific Monthly*, XXIII (April, 1910), 383–398.

Cowdrick, S. "Promoting Wildcat Mines," *World Today*, XIII (December, 1907), 1231–1234.

Currie, Barton W. "Gasoline Camel of the American Desert," *Harper's Weekly*, LI (March 16, 1907), 376–378.

———. "Housekeeping in Alkali Land," *Good Housekeeping*, IL (August, 1909), 119–128.

———. "How the West Dealt with one Labor Union," *Harper's Weekly*, LI (June 22, 1907), 908–910.

———. "Pluck and Luck in the Desert," *Harper's Weekly*, LII (April 11, 1908), 28–29.

———. "Prize Fights as Mine Boomers," *Harper's Weekly*, LII (August 22, 1908), 25.

Cutier, H. C. "Goldfield and its Present Boom," *Engineering and Mining Journal*, IC (January 30, 1915), 221–224.

Davis, R. H. "Nevada, The Glory of the States," *American Magazine*, LXXXII (October, 1916), 39.

Davis, S. P. "Nevada's Safeguard for Mine Buyers," *Harper's Weekly*, LII (April 11, 1908), 16–18.

Douglas, C. E. "Father of Tonopah," *Sunset*, XXVII (August, 1911), 165–167.

———. "Silver Peak," *Sunset*, XVIII (December, 1907), 162–163.
———. "Those Nevada Bonanzas," *Sunset*, XVII (September, 1906), 262–263.
———. "What Tonopah's Gold has Wrought," *Sunset*, XVI (February, 1906), 350–354.
Dunn, Arthur. "A Cowboy who Refused a Toga," *Sunset*, XXIX (October, 1912), 446–447.
Editorial. "Gambling in Mining Shares," *Mining and Scientific Press*, XCIII (December 15, 1906), 700–701.
———. "The Innocent Investor and the Mining Boom," *World's Work*, XIII (January, 1907), 8383–8386.
Escher, F. "The Investor and the Matter of Gold Production," *Harper's Weekly*, LVI (April 20, 1912), 20.
Fairbanks, R. J. "My Seventy-three Years on Southwestern Deserts," *Touring Topics*, XXII (June, 1930), 20–26.
Finlay, J. "Tonopah," *Overland Monthly*, XLI (January, 1903 69–74.
Flower, Elliott. "The Diary of a Small Investor," *Collier's Weekly*, XXXIX (August 10, 1907), 9–12; XXXIX (August 17, 1907), 11–13; XXXIX (August 24, 1907), 9–11; XXXIX (August 31, 1907), 12–15.
"From Faro-table to Senate," *Literary Digest*, XLV (July 6, 1912), 33–36.
Gates, C. R. "Gold amid the Sagebrush," *Pacific Monthly*, XVII (June, 1907), 739.
Gillies, D. B. "The Millions at Tonopah," *Harper's Weekly*, LII (April 11, 1908), 18–19.
Guenther, L. "Pirates of Promotion . . . ," *World's Work*, XXXVI (October, 1918), 584–591.
Harris, Frank S. "Goldfield Mines," *Mining and Scientific Press*, XCIV (January 5, 1907), 16.
———. "Half a Century Chasing Rainbows," *Touring Topics*, XXII (October, 1930), 12–21.
Hedrick, H. "The Newest Manhattan," *Sunset*, XVII (September, 1906), 258–262.
Hite. W. W. "Conquering the Desert," *Los Angeles Mining Review*, XXVI (March 27, 1909), 42.
Hogaboom, W. "The Last Stand at Goldfield," *Overland Monthly*, LI (February, 1908), 111–119.
Hough, E. "Gold Brick and the Gold Mine," *Everybody's*, XXIII (July, 1910), 44–55.

"Innocent Investor and the Mining Boom," *World's Work*, XIII (January, 1907), 8383–8385.

"Kennecott's Newest Property," *Kennevadan*, V (February, 1958), 2–6.

Keyes, C. M. "Constant Crop of Promoters' Victims," *World's Work*, XVI (September, 1908), 10642–10644.

———. "Swindling Promoter at Work," *World's Work*, XVIII (September, 1909), 11987–11990.

Knapp, H. R. "William Andrews Clark," *Cosmopolitan*, XXXIV (February, 1903), 474–476.

Lamb, Mark R. "Reminiscences of Goldfield, Nevada," *Engineering and Mining Journal*, LXXXVII (February 27, 1909), 441–442.

Mannix, F. P. "Bullfrog and Its Suburbs," *Harper's Weekly*, LII (April 11, 1908), 20–21.

Martin, Anne. "Nevada; Beautiful Desert of Buried Hopes," *Nation*, CXV (July 26, 1922), 89–92.

Matson, C. "The Awakening of Nevada," *Review of Reviews*, XXXIV (July–December, 1906), 56–63.

Mead, F. S. "Investor and the Gold Supply," *Lippincott*, XCI (January–March, 1913), 126–128, 263–266, 381–384.

Mighels, Philip V. "When Mammon Makes a Camp," *Harper's Monthly Magazine*, CX (April, 1905), 719–728.

"Miner's Disturbance at Goldfield," *Outlook*, LXXXVIII (January 11, 1908), 57–58.

"Miner's Strike at Goldfield," *Outlook*, LXXXVII (December 21, 1907), 838–839.

Newlands, F. G. "Future of Nevada," *Independent*, LIII (April 18, 1901), 885–888.

Norman, W. "The Father of Goldfield," *Los Angeles Mining Review*, XXVI (March 27, 1909), 37–39.

———. "Nevada's Baby Camp," *Los Angeles Mining Review*, XXVI (March 27, 1909), 53–54.

Paine, R. D. "Gold Camps of the Desert," *Outing*, XLVIII (June, 1906), 259–275.

Ralston, W. C. "Cost of Production of Gold," *Harper's Weekly*, LIII (May 1, 1909), 32.

Rice, C. T. "Automobiling in Nevada," *Engineering and Mining Journal*, LXXXII (October 6, 1906), 631.

Rinehart, R. E. "Seizing the Desert's Last Stronghold," *World's Work*, XV (April, 1908), 10143–10150.

Seymour, R. T. "Cripple Creek Dies," *Sunset*, XLVI (May, 1921), 41–43.

Smythe, W. E. "Shall Nevada be Deprived of Statehood?," *Forum*, XXIII (April, 1897), 228–237.

Speare, C. F. "Craze for Mining Stocks," *Review of Reviews*, XXXV (January, 1907), 59–62.

Spectator. "New Gold Mines," *Outlook*, LXXXII (April 7, 1906), 785–786.

"Speculation, Legitimate and Illegitimate," *World Today*, XIV (January, 1908), 50–52.

Stinchcomb, J. K. "Nevada's Progress in Mining," *Overland Monthly*, XLI (June, 1903), 412–414.

"Stock-gambling and the Innocent Investors," *Outlook*, LXXXVII (October 26, 1907), 365–366.

Stout, Wesley, "High, Wide and Handsome," *Saturday Evening Post*, CCIII (February 28, 1931), 18–19, 82, 84, 87.

Stroether, F. "Swinging the March of Empire Southwestward," *World's Work*, XI (January, 1906), 7072–7081.

Stymmes, H. S. "In the Land of Chance," *Putnam's*, II (July, 1907), 481–488.

Thomas, A. E. "Goldfield: The New Eldorado," *Putnam's*, I (March, 1907), 658–672.

"Tricks of the High-graders," *Popular Mechanics*, LXIV (August, 1935), 188–189.

Wilcox, Walter. "Adams-McGill: Range Barons," *The Nevada Magazine*, (February, 1949), 18–19.

Willard, C. D. "Salt Lake and Los Angeles Railway," *Land of Sunshine*, XIII (September-October, 1900), 301–305.

F. NEWSPAPERS

Bullfrog Miner, 1906–1909.

Copper Ore, (McGill), 1909–1914.

Death Valley Chuck-Walla, 1907.

Ely Daily Mining Expositor, 1907–.

Ely Mining Record, 1907–1909.

Ely Record, 1909–1921.

Fairview News, Anniversary Edition, April, 1907.

Goldfield Daily Chronicle, 1907–1908.

Goldfield News, 1904–1911.

Goldfield News, Second Annual Edition, February, 1907.

Goldfield News and Weekly Tribune, 1911–1916.

Goldfield Review, 1905–1908.

Goldfield Daily Sun, 1905–1906.

Goldfield Daily Tribune, 1906–1911.

Las Vegas Age, 1905–1915.

Los Angeles Times, 1901–1905.

Los Angeles Examiner, 1905.
Manhattan News, 1906–1907.
Manhattan Post, 1909–1914.
Manhattan Times, 1907–1908.
Nevada State Journal, 1900–1911.
Nevada State Journal, Souvenir Edition, July 28, 1912.
New York Sun, November 19, 1905.
Rawhide Press-Times, 1908–1911.
Rawhide Rustler, 1907–1909.
Reno Evening Gazette, 1900–1905.
Reno Evening Gazette, Annual Number, 1904–1905.
Rhyolite Daily Bulletin, 1907–1909.
Rhyolite Herald, 1905–1912.
Rhyolite Herald, Pictorial Supplement, March, 1909.
Round Mountain Nugget, 1908–1910.
Salt Lake Tribune, 1905–1908.
San Francisco Chronicle, April 12, 1903.
San Francisco Examiner, 1906–1908.
Tonopah Bonanza, 1901–1906.
Tonopah Daily Bonanza, 1906–1916.
Tonopah Miner, 1902–1913, 1918–1920.
Tonopah Nevadan, 1912.
Tonopah Daily Sun, 1905–1910.
Ward Reflex, 1878–1879, 1887–1888.
White Pine News, 1894–1920.
White Pine News, Annual Number, December 25, 1906.
Wonder Mining News, 1908–1912.

III. INTERVIEWS

CARSON CITY, NEVADA.
Dave Bartley, July 9, 1952.
Mr. and Mrs. Frank Jameson, October 24, 1953.
ELY, NEVADA.
Charles D. Gallagher, August 29, 1952 and November 28, 1953.
Ruth McDonald Marcott, August 30, 1952.
William Merrill, November 28, 1953.
Fred Oldfield, July 21, 1953.
KIMBERLY, NEVADA.
John Eaby, July 24, 1953.
Arthur O'Connor, July 24, 1953.
Mr. and Mrs. A. J. Proctor, July 24, 1953.
MCGILL, NEVADA.
Pete Assuras, August 27, 1952.

Louis Cononelos, August 27, 1952.
Pete Cononelos, August 27, 1952.
Stanley Draper, November 28, 1953.
James and Sadie Elliott, November 28, 1953.
RUTH, NEVADA.
W. Y. McGill, July 24, 1953.

Index